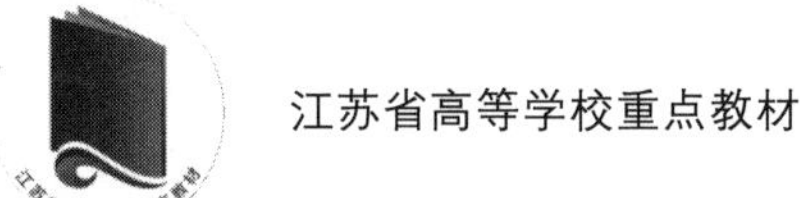

解析几何

主　编：史雪荣
副主编：王作雷
参　编：周　燕

镇　江

图书在版编目(CIP)数据

解析几何/史雪荣主编. — 镇江：江苏大学出版社，2022.6
ISBN 978-7-5684-1825-6

Ⅰ.①解… Ⅱ.①史… Ⅲ.①解析几何 Ⅳ.①O182

中国版本图书馆 CIP 数据核字(2022)第 109941 号

解析几何
Jiexi Jihe

主　　编/史雪荣
责任编辑/张小琴
出版发行/江苏大学出版社
地　　址/江苏省镇江市梦溪园巷 30 号(邮编：212003)
电　　话/0511-84446464(传真)
网　　址/http://press.ujs.edu.cn
排　　版/镇江文苑制版印刷有限责任公司
印　　刷/镇江文苑制版印刷有限责任公司
开　　本/710 mm×1 000 mm　1/16
印　　张/17.25
字　　数/348 千字
版　　次/2022 年 6 月第 1 版
印　　次/2022 年 6 月第 1 次印刷
书　　号/ISBN 978-7-5684-1825-6
定　　价/52.00 元

序　言

“解析几何”又名“坐标几何”，是几何学的一个分支.解析几何的基本思想是用代数的方法研究几何问题，基本方法是坐标法.坐标法就是通过坐标把几何问题表示成代数形式，然后通过代数方程表示和研究曲线.

解析几何的产生更多来自人们对变量数学的需求.从16世纪开始，欧洲资本主义逐渐发展起来，人类进入一个生产迅速发展、思想普遍活跃的时代.人们通过生产实践积累了大量的新经验，提出了大量的新问题.但是，对于机械、建筑、水利、航海、造船、显微镜和火器制造等领域的许多数学问题，已有的常量数学已无能为力，人们迫切需要解决变量问题的新的数学方法.

解析几何产生之前，几何学是静态的几何，既没有把曲线看成一种动点的轨迹，也没有赋予它一般的表示方法.16世纪以后，日心说的提出、惯性定律和自由落体定律的发现向人们提出了新的课题：建立在运动观点上的几何学——解析几何.17世纪前半叶，笛卡儿和费马创立了解析几何，建立了数学内部数与形、代数与几何等基本对象之间的联系，在数学史上具有划时代的意义.从此，代数与几何两门学科互相吸取营养而得到迅速发展，并在此基础上产生出许多新的学科.18世纪前半叶，克雷洛和拉盖尔将平面解析几何推广到空间，建立了空间解析几何.目前，解析几何的发展已经相当完备，但并不意味着其活力已经结束，经典的解析几何正在向近代数学的多个方向延伸.

本书编者参考和汲取了现行解析几何教材的优点，结合多年的教学经验和体会，编写了这本《解析几何》教材.本教材具有以下特点：① 面向本科生培养需求，以解析几何和向量代数的相关理论为基础，是一部知识型和应用型相结合的实用教材；② 内容论述详细，案例丰富，符合高等教育大众化背景下对学生的要求；③ 内容全面，可塑性强，可适应不同层次的教学要求.

本教材共分为6章，详尽地讲述了相关预备知识、空间直角坐标与向量代数、空间平面与直线、空间曲面与曲线、二次曲线的一般理论、二次曲面的一般理论,并附有相关的应用案例和练习题,以便于学生巩固知识和提高能力.

由于编者水平有限,书中难免会有疏漏和不足之处,恳请广大读者批评指正.

编　者

2021 年 12 月

目　录

第 1 章　预备知识

1.1　行列式

在向量乘法的坐标运算、求解线性方程组以及其他应用方面，都要用到行列式的性质和计算.为了满足后续学习的需要，本章主要介绍本书将涉及的二阶、三阶行列式的性质和计算，对于更高阶的行列式，在高等代数课程中将有详细介绍.同时，本书对于简单的线性方程组的求解和解的判定也给出相关介绍.

1.1.1　二阶行列式

$$D_2=\begin{vmatrix} a_{11} & a_{12} \\ a_{21} & a_{22} \end{vmatrix}=a_{11}a_{22}-a_{12}a_{21},$$

其中 a_{ij} 称为行列式 D_2 的元素，i 和 j 分别表示元素所在的行和列，如 a_{12} 表示位于第 1 行第 2 列的元素.

例 1　$D_2=\begin{vmatrix} 2 & -1 \\ 7 & -3 \end{vmatrix}=2\times(-3)-(-1)\times 7=1.$

1.1.2　三阶行列式

$$\begin{aligned} D_3 &= \begin{vmatrix} a_{11} & a_{12} & a_{13} \\ a_{21} & a_{22} & a_{23} \\ a_{31} & a_{32} & a_{33} \end{vmatrix} \\ &= a_{11}a_{22}a_{33}+a_{12}a_{23}a_{31}+a_{13}a_{21}a_{32}-a_{13}a_{22}a_{31}-a_{12}a_{21}a_{33}-a_{11}a_{23}a_{32}. \end{aligned}$$

例 2　$$\begin{aligned} D_3 &= \begin{vmatrix} 1 & 2 & -4 \\ -2 & 2 & 1 \\ -3 & 4 & -2 \end{vmatrix} \\ &= 1\times 2\times(-2)+2\times 1\times(-3)+(-4)\times(-2)\times 4-(-4)\times 2\times \\ &\quad (-3)-2\times(-2)\times(-2)-1\times 1\times 4 \\ &= -14. \end{aligned}$$

1.1.3 余子式与代数余子式

在 n 阶行列式 $D_n=\begin{vmatrix} a_{11} & a_{12} & \cdots & a_{1n} \\ a_{21} & a_{22} & \cdots & a_{2n} \\ \vdots & \vdots & & \vdots \\ a_{n1} & a_{n2} & \cdots & a_{nn} \end{vmatrix}$ 中,划去元素 a_{ij} 所在的第 i 行和第 j 列,余下的元素按原来的顺序构成的 $n-1$ 阶行列式,称为元素 a_{ij} 的**余子式**,记作 M_{ij};$A_{ij}=(-1)^{i+j}M_{ij}$ 称为元素 a_{ij} 的**代数余子式**.

例如,三阶行列式 $\begin{vmatrix} a_{11} & a_{12} & a_{13} \\ a_{21} & a_{22} & a_{23} \\ a_{31} & a_{32} & a_{33} \end{vmatrix}$ 中,元素 a_{23} 的余子式为 $M_{23}=\begin{vmatrix} a_{11} & a_{12} \\ a_{31} & a_{32} \end{vmatrix}$,元素 a_{23} 的代数余子式为 $A_{23}=(-1)^{2+3}M_{23}=-M_{23}$.

于是,三阶行列式还有一种更有效的计算方法——降阶法,即行列式按行(列)展开法:行列式的值等于任一行(列)的每一个元素与其代数余子式的乘积之和.如三阶行列式按照第 1 行降阶展开,就有

$$D_3=\begin{vmatrix} a_{11} & a_{12} & a_{13} \\ a_{21} & a_{22} & a_{23} \\ a_{31} & a_{32} & a_{33} \end{vmatrix}=a_{11}\begin{vmatrix} a_{22} & a_{23} \\ a_{32} & a_{33} \end{vmatrix}-a_{12}\begin{vmatrix} a_{21} & a_{23} \\ a_{31} & a_{33} \end{vmatrix}+a_{13}\begin{vmatrix} a_{21} & a_{22} \\ a_{31} & a_{32} \end{vmatrix}.$$

例 3 $D_3=\begin{vmatrix} 3 & 0 & -1 \\ 2 & -4 & 3 \\ -1 & -2 & 2 \end{vmatrix}$

$$=3\begin{vmatrix} -4 & 3 \\ -2 & 2 \end{vmatrix}-0\begin{vmatrix} 2 & 3 \\ -1 & 2 \end{vmatrix}+(-1)\begin{vmatrix} 2 & -4 \\ -1 & -2 \end{vmatrix}$$

$$=3\times(-2)-(-8)=2.$$

1.1.4 行列式的性质

在行列式的计算中,经常要用到行列式的性质,这里给出行列式的几个主要性质.

记 $$D=\begin{vmatrix} a_{11} & a_{12} & \cdots & a_{1n} \\ a_{21} & a_{22} & \cdots & a_{2n} \\ \vdots & \vdots & & \vdots \\ a_{n1} & a_{n2} & \cdots & a_{nn} \end{vmatrix},\ D^{\mathrm{T}}=\begin{vmatrix} a_{11} & a_{21} & \cdots & a_{n1} \\ a_{12} & a_{22} & \cdots & a_{n2} \\ \vdots & \vdots & & \vdots \\ a_{1n} & a_{2n} & \cdots & a_{nn} \end{vmatrix},$$

则行列式 D^{T} 称为行列式 D 的**转置行列式**.即转置行列式是把原行列式的相应

行换成相应列.

性质 1　行列式与它的转置行列式相等(行列互换,其值不变).

例 4　$\begin{vmatrix} 2 & 1 & 4 \\ 3 & -1 & 2 \\ 1 & 2 & 3 \end{vmatrix} = \begin{vmatrix} 2 & 3 & 1 \\ 1 & -1 & 2 \\ 4 & 2 & 3 \end{vmatrix}$.

说明:行列式中行与列具有同等的地位,因此,行列式的性质凡是对行成立的,对列也同样成立.

性质 2　互换行列式的两行(列),行列式变号(对调两行(列),其值变号).

例 5　$\begin{vmatrix} 1 & 7 & 5 \\ 6 & 6 & 2 \\ 3 & 5 & 8 \end{vmatrix} = -\begin{vmatrix} 1 & 7 & 5 \\ 3 & 5 & 8 \\ 6 & 6 & 2 \end{vmatrix}$, $\begin{vmatrix} 1 & 7 & 5 \\ 6 & 6 & 2 \\ 3 & 5 & 8 \end{vmatrix} = -\begin{vmatrix} 7 & 1 & 5 \\ 6 & 6 & 2 \\ 5 & 3 & 8 \end{vmatrix}$.

推论　如果行列式有两行(列)完全相同,那么此行列式的值为零(两行(列)相同,其值为零).

若互换行列式中相同的两行(列),有 $D=-D$,则 $D=0$.

性质 3　行列式的某一行(列)中的所有元素都乘以同一个数 k,等于用数 k 乘以此行列式(某行(列)乘 k,其值乘 k).

$$\begin{vmatrix} a_{11} & a_{12} & \cdots & a_{1n} \\ \vdots & \vdots & & \vdots \\ ka_{i1} & ka_{i2} & \cdots & ka_{in} \\ \vdots & \vdots & & \vdots \\ a_{n1} & a_{n2} & \cdots & a_{nn} \end{vmatrix} = k\begin{vmatrix} a_{11} & a_{12} & \cdots & a_{1n} \\ \vdots & \vdots & & \vdots \\ a_{i1} & a_{i2} & \cdots & a_{in} \\ \vdots & \vdots & & \vdots \\ a_{n1} & a_{n2} & \cdots & a_{nn} \end{vmatrix}.$$

推论　行列式中某行(列)的公因子可以提到行列式的外面(行(列)有因子,可以提出).

性质 4　如果行列式中有两行(列)元素对应成比例,那么此行列式的值为零(两行(列)成比例,其值为零).

$$\begin{vmatrix} a_{11} & a_{12} & \cdots & a_{1n} \\ \vdots & \vdots & & \vdots \\ a_{i1} & a_{i2} & \cdots & a_{in} \\ \vdots & \vdots & & \vdots \\ ka_{i1} & ka_{i2} & \cdots & ka_{in} \\ \vdots & \vdots & & \vdots \\ a_{n1} & a_{n2} & \cdots & a_{nn} \end{vmatrix} = k\begin{vmatrix} a_{11} & a_{12} & \cdots & a_{1n} \\ \vdots & \vdots & & \vdots \\ a_{i1} & a_{i2} & \cdots & a_{in} \\ \vdots & \vdots & & \vdots \\ a_{i1} & a_{i2} & \cdots & a_{in} \\ \vdots & \vdots & & \vdots \\ a_{n1} & a_{n2} & \cdots & a_{nn} \end{vmatrix} = 0.$$

性质 5　如果行列式的某一行(列)都是两数之和,那么该行列式可拆成两个行列式的和(某行(列)有和,可以拆开).

$$D=\begin{vmatrix} a_{11} & a_{12} & \cdots & (a_{1i}+a'_{1i}) & \cdots & a_{1n} \\ a_{21} & a_{22} & \cdots & (a_{2i}+a'_{2i}) & \cdots & a_{2n} \\ \vdots & \vdots & & \vdots & & \vdots \\ a_{n1} & a_{n2} & \cdots & (a_{ni}+a'_{ni}) & \cdots & a_{nn} \end{vmatrix}$$

$$=\begin{vmatrix} a_{11} & a_{12} & \cdots & a_{1i} & \cdots & a_{1n} \\ a_{21} & a_{22} & \cdots & a_{2i} & \cdots & a_{2n} \\ \vdots & \vdots & & \vdots & & \vdots \\ a_{n1} & a_{n2} & \cdots & a_{ni} & \cdots & a_{nn} \end{vmatrix}+\begin{vmatrix} a_{11} & a_{12} & \cdots & a'_{1i} & \cdots & a_{1n} \\ a_{21} & a_{22} & \cdots & a'_{2i} & \cdots & a_{2n} \\ \vdots & \vdots & & \vdots & & \vdots \\ a_{n1} & a_{n2} & \cdots & a'_{ni} & \cdots & a_{nn} \end{vmatrix}.$$

性质 6 行列式的某一行(列)的各元素乘以同一个数,然后加到另一行(列)的对应元素上,行列式的值不变(倍某加它,其值不变).

$$\begin{vmatrix} a_{11} & a_{12} & \cdots & a_{1n} \\ \vdots & \vdots & & \vdots \\ a_{i1} & a_{i2} & \cdots & a_{in} \\ \vdots & \vdots & & \vdots \\ a_{j1} & a_{j2} & \cdots & a_{jn} \\ \vdots & \vdots & & \vdots \\ a_{n1} & a_{n2} & \cdots & a_{nn} \end{vmatrix}=\begin{vmatrix} a_{11} & a_{12} & \cdots & a_{1n} \\ \vdots & \vdots & & \vdots \\ (a_{i1}+ka_{j1}) & (a_{i2}+ka_{j2}) & \cdots & (a_{in}+ka_{jn}) \\ \vdots & \vdots & & \vdots \\ a_{j1} & a_{j2} & \cdots & a_{jn} \\ \vdots & \vdots & & \vdots \\ a_{n1} & a_{n2} & \cdots & a_{nn} \end{vmatrix}.$$

性质 7 行列式的值等于它的任一行(列)的各元素与其对应的代数余子式的乘积之和.

推论 如果行列式第 i 行(列)除了元素 a_{ij} 外都为零,那么行列式的值等于 a_{ij} 与它的代数余子式的乘积:$D=a_{ij}A_{ij}$.

1.2 矩阵

1.2.1 矩阵的概念及运算

由 $m\times n$ 个数 a_{ij} 所排成的 m 行 n 列矩形数字阵表

$$\boldsymbol{A}=\begin{bmatrix} a_{11} & a_{12} & \cdots & a_{1n} \\ a_{21} & a_{22} & \cdots & a_{2n} \\ \vdots & \vdots & & \vdots \\ a_{m1} & a_{m2} & \cdots & a_{mn} \end{bmatrix}$$

称为 $m\times n$ **矩阵**,记作 $\boldsymbol{A}_{m\times n}$ 或 $(a_{ij})_{m\times n}$,a_{ij} 称为矩阵的**元素**.

若 $m=n$,则称 $\boldsymbol{A}$ 为 n 阶方阵.如果方阵 $\boldsymbol{A}$ 不在对角线上的元素都是 0,那么称 $\boldsymbol{A}$ 为**对角矩阵**.对角线上的元素都是 1 的对角矩阵称为**单位矩阵 $\boldsymbol{E}$**.已知方阵

A 可以计算行列式 $|\boldsymbol{A}|$，且 $|\boldsymbol{AB}|=|\boldsymbol{A}|\cdot|\boldsymbol{B}|$，其中 **A**，**B** 均为方阵.

若两个矩阵行数相等，列数也相等，则称其为**同型矩阵**.把矩阵 **A** 的行换成相应列得到的矩阵，称为矩阵 **A** 的**转置矩阵**，记作 $\boldsymbol{A}^{\mathrm{T}}$.

对于 n 阶方阵 **A**，如果存在 n 阶方阵 **B**，使得 $\boldsymbol{AB}=\boldsymbol{BA}=\boldsymbol{E}$，那么称方阵 **A** 可逆，**B** 称为 **A** 的**逆矩阵**，记作 $\boldsymbol{B}=\boldsymbol{A}^{-1}$.方阵 **A** 可逆的充要条件是 $|\boldsymbol{A}|\neq0$.

如果 n 阶方阵 **P** 的元素满足正交条件 $\boldsymbol{PP}^{\mathrm{T}}=\boldsymbol{E}$，那么 **P** 为**正交矩阵**.对于正交矩阵 **P**，有 $\boldsymbol{P}^{-1}=\boldsymbol{P}^{\mathrm{T}}$.

两个同型的矩阵 **A** 和 **B** 相加减，等于其对应元素相加减.

数 λ 与矩阵 **A** 相乘记作 $\lambda\boldsymbol{A}$，其元素等于用 λ 乘以 **A** 的相应元素.

$\boldsymbol{A}_{m\times k}$ 与 $\boldsymbol{B}_{k\times n}$ 的乘积是一个 $m\times n$ 矩阵 $\boldsymbol{C}_{m\times n}$，记作 $\boldsymbol{C}=\boldsymbol{AB}$，其中

$$c_{ij}=\sum_{p=1}^{k}a_{ip}b_{pj}\ .$$

例 1 $$\begin{bmatrix}12 & 3 & -5\\ 1 & -9 & 0\\ 3 & 6 & 8\end{bmatrix}+\begin{bmatrix}1 & 8 & 9\\ 6 & 5 & 4\\ 3 & 2 & 1\end{bmatrix}=\begin{bmatrix}12+1 & 3+8 & -5+9\\ 1+6 & -9+5 & 0+4\\ 3+3 & 6+2 & 8+1\end{bmatrix}=\begin{bmatrix}13 & 11 & 4\\ 7 & -4 & 4\\ 6 & 8 & 9\end{bmatrix}.$$

例 2 设 $\boldsymbol{A}=\begin{bmatrix}1 & 0 & -1 & 2\\ -1 & 1 & 3 & 0\\ 0 & 5 & -1 & 4\end{bmatrix}$，$\boldsymbol{B}=\begin{bmatrix}0 & 3 & 4\\ 1 & 2 & 1\\ 3 & 1 & -1\\ -1 & 2 & 1\end{bmatrix}$，求 **AB**.

解 $$\boldsymbol{AB}=\begin{bmatrix}1 & 0 & -1 & 2\\ -1 & 1 & 3 & 0\\ 0 & 5 & -1 & 4\end{bmatrix}\begin{bmatrix}0 & 3 & 4\\ 1 & 2 & 1\\ 3 & 1 & -1\\ -1 & 2 & 1\end{bmatrix}$$

$$=\begin{bmatrix}1\times0+0\times1+ & 1\times3+0\times2+ & 1\times4+0\times1+\\ (-1)\times3+2\times(-1) & (-1)\times1+2\times2 & (-1)\times(-1)+2\times1\\ -1\times0+1\times1+ & -1\times3+1\times2+ & -1\times4+1\times1+\\ 3\times3+0\times(-1) & 3\times1+0\times2 & 3\times(-1)+0\times1\\ 0\times0+5\times1+ & 0\times3+5\times2+ & 0\times4+5\times1+\\ (-1)\times3+4\times(-1) & (-1)\times1+4\times2 & (-1)\times(-1)+4\times1\end{bmatrix}$$

$$=\begin{bmatrix}-5 & 6 & 7\\ 10 & 2 & -6\\ -2 & 17 & 10\end{bmatrix}.$$

1.2.2 方阵的特征值和特征向量

设 $\boldsymbol{A}$ 是 n 阶方阵，如果存在数 λ 和非零向量 $\boldsymbol{x}$ 使得

$$\boldsymbol{A}\boldsymbol{x}=\lambda\boldsymbol{x},$$

那么 λ 称为方阵 $\boldsymbol{A}$ 的**特征值**（**特征根**），非零向量 $\boldsymbol{x}$ 称为 $\boldsymbol{A}$ 的对应于特征值 λ 的**特征向量**.

设 $\boldsymbol{A}$ 是 n 阶方阵，由

$$|\boldsymbol{A}-\lambda\boldsymbol{E}|=0$$

得到的以 λ 为未知数的一元 n 次方程，称为 $\boldsymbol{A}$ 的**特征方程**.解这个特征方程，就得到方阵 $\boldsymbol{A}$ 的特征值 λ.n 阶方阵有 n 个特征根.

设 $\lambda=\lambda_i$ 为方阵 $\boldsymbol{A}$ 的一个特征值，则由方程

$$(\boldsymbol{A}-\lambda_i\boldsymbol{E})\boldsymbol{x}=\boldsymbol{0},$$

可求得非零解 $\boldsymbol{x}=\boldsymbol{\xi}_i$，称为 $\boldsymbol{A}$ 的对应于特征值 λ_i 的特征向量.

例 3 求矩阵 $\boldsymbol{A}=\begin{bmatrix}-1&1&0\\-4&3&0\\1&0&2\end{bmatrix}$ 的特征值和特征向量.

解 $\boldsymbol{A}$ 的特征多项式为

$$|\boldsymbol{A}-\lambda\boldsymbol{E}|=\begin{vmatrix}-1-\lambda&1&0\\-4&3-\lambda&0\\1&0&2-\lambda\end{vmatrix}=-(\lambda-2)(\lambda-1)^2,$$

所以 $\boldsymbol{A}$ 的特征值为 $\lambda_1=2,\lambda_2=\lambda_3=1$.

对 $\lambda_1=2$，解线性方程组 $(\boldsymbol{A}-2\boldsymbol{E})\boldsymbol{x}=\boldsymbol{0}$，即

$$\begin{cases}-3x_1+x_2=0,\\-4x_1+x_2=0,\\x_1=0,\end{cases}$$

得其基础解系中的一个非零解为

$$\boldsymbol{\alpha}_1=\begin{bmatrix}0\\0\\1\end{bmatrix},$$

故属于 $\lambda_1=2$ 的全部特征向量为 $k_1\boldsymbol{\alpha}_1$（$k_1\neq0$ 为实数）.

同理，对 $\lambda_2=\lambda_3=1$，解线性方程组 $(\boldsymbol{A}-\boldsymbol{E})\boldsymbol{x}=\boldsymbol{0}$，即

$$\begin{cases}-2x_1+x_2=0,\\-4x_1+2x_2=0,\\x_1+x_3=0,\end{cases}$$

得其基础解系中的一个非零解为

$$\boldsymbol{\alpha}_2=\begin{bmatrix}1\\2\\-1\end{bmatrix},$$

故属于 $\lambda_2=\lambda_3=1$ 的全部特征向量为 $k_2\boldsymbol{\alpha}_2$($k_2\neq 0$ 为实数).

综上,矩阵 $\boldsymbol{A}$ 的全部特征向量为 $k_1\boldsymbol{\alpha}_1,k_2\boldsymbol{\alpha}_2$($k_1\neq 0,k_2\neq 0$ 为实数).

1.2.3 实对称矩阵的对角化

设 $\boldsymbol{A}$ 是 n 阶方阵,如果 $\boldsymbol{A}$ 和它的转置矩阵 $\boldsymbol{A}^{\mathrm{T}}$ 相等,即 $\boldsymbol{A}=\boldsymbol{A}^{\mathrm{T}}$,那么 $\boldsymbol{A}$ 称为**对称矩阵**.平面一般二次曲线方程和空间一般二次曲面方程的系数矩阵都是实对称矩阵.对于实对称矩阵,有下面的结论:

(1) 实对称矩阵 $\boldsymbol{A}$ 的特征值 λ 为实数.

(2) 设 $\boldsymbol{A}$ 为 n 阶对称矩阵,则必存在正交矩阵 $\boldsymbol{P}$,使得

$$\boldsymbol{P}^{-1}\boldsymbol{AP}=\boldsymbol{P}^{\mathrm{T}}\boldsymbol{AP}=\boldsymbol{\Lambda},$$

其中 $\boldsymbol{\Lambda}$ 是以 $\boldsymbol{A}$ 的 n 个特征值为对角元素的对角矩阵.

1.3 线性方程组

本节主要介绍三元线性方程组的求解及解的判定.

定理 1 (克莱姆法则)对于三元线性方程组

$$\begin{cases}a_{11}x_1+a_{12}x_2+a_{13}x_3=b_1,\\a_{21}x_1+a_{22}x_2+a_{23}x_3=b_2,\\a_{31}x_1+a_{32}x_2+a_{33}x_3=b_3.\end{cases}\tag{1.3.1}$$

如果其系数行列式不为零,即

$$D=\begin{vmatrix}a_{11}&a_{12}&a_{13}\\a_{21}&a_{22}&a_{23}\\a_{31}&a_{32}&a_{33}\end{vmatrix}\neq 0,$$

则方程组(1.3.1)有唯一解

$$x_1=\frac{D_1}{D},\ x_2=\frac{D_2}{D},\ x_3=\frac{D_3}{D},$$

其中 $D_1=\begin{vmatrix}b_1&a_{12}&a_{13}\\b_2&a_{22}&a_{23}\\b_3&a_{32}&a_{33}\end{vmatrix},D_2=\begin{vmatrix}a_{11}&b_1&a_{13}\\a_{21}&b_2&a_{23}\\a_{31}&b_3&a_{33}\end{vmatrix},D_3=\begin{vmatrix}a_{11}&a_{12}&b_1\\a_{21}&a_{22}&b_2\\a_{31}&a_{32}&b_3\end{vmatrix}$.

当方程组(1.3.1)中右端的常数均为 0,即 $b_1=b_2=b_3=0$ 时,

$$\begin{cases}a_{11}x_1+a_{12}x_2+a_{13}x_3=0,\\a_{21}x_1+a_{22}x_2+a_{23}x_3=0,\\a_{31}x_1+a_{32}x_2+a_{33}x_3=0\end{cases}\tag{1.3.2}$$

称为方程组(1.3.1)对应的**齐次线性方程组**,而方程组(1.3.1)称为**非齐次线性方程组**.由定理1可得定理2.

定理2 若方程组(1.3.2)的系数行列式不为零,则方程组(1.3.2)只有零解.即齐次线性方程组有非零解的充要条件是其系数行列式 $D=0$.

例1 解线性方程组

$$\begin{cases}x_1-2x_2+x_3=-2,\\2x_1+x_2-3x_3=1,\\-x_1+x_2-x_3=0.\end{cases}$$

解 方程组的系数行列式

$$\begin{aligned}D&=\begin{vmatrix}1&-2&1\\2&1&-3\\-1&1&-1\end{vmatrix}\\&=1\times1\times(-1)+(-2)\times(-3)\times(-1)+1\times2\times1-\\&\quad 1\times1\times(-1)-(-2)\times2\times(-1)-1\times(-3)\times1\\&=-5\neq0,\end{aligned}$$

同理可得

$$D_1=\begin{vmatrix}-2&-2&1\\1&1&-3\\0&1&-1\end{vmatrix}=-5,D_2=\begin{vmatrix}1&-2&1\\2&1&-3\\-1&0&-1\end{vmatrix}=-10,$$

$$D_3=\begin{vmatrix}1&-2&-2\\2&1&1\\-1&1&0\end{vmatrix}=-5,$$

故方程组的解为

$$x_1=\frac{D_1}{D}=1,x_2=\frac{D_2}{D}=2,x_3=\frac{D_3}{D}=1.$$

数学史话1:行列式与矩阵的发展

行列式最初出现于线性方程组的求解中,是一种速记的表达式,现在已经成为数学中一种非常有用的工具.1693年,德国数学家莱布尼茨在写给洛必达的一

封信中给出了行列式以及方程组的系数行列式为零的条件.同时代的日本数学家关孝和在其著作《解伏题之法》中也提出了行列式的概念与算法.

1750年,瑞士数学家克莱姆在其著作《代数曲线的分析引论》中对行列式的定义和展开法给出了比较完整、明确的阐述,并给出了解线性方程组的克莱姆法则.随后,法国数学家贝祖对确定行列式每一项符号的方法进行了系统化处理,利用系数行列式的概念指出了判断一个齐次线性方程组有非零解的方法.

总之,在很长一段时间内,行列式只是作为解线性方程组的一种工具,并没有人意识到它可以独立于线性方程组之外单独形成一门理论,并加以研究.

在行列式的发展史上,第一个对行列式理论做出连贯的有逻辑的阐述,即把行列式理论与线性方程组的求解分离的人,是法国数学家范德蒙.范德蒙虽然自幼在父亲的指导下学习音乐,但是对数学有着浓厚的兴趣,最终成为法兰西科学院院士.他给出了用二阶子式和它们的余子式展开行列式的法则.就行列式本身来说,范德蒙是这个理论的奠基人.1772年,拉普拉斯在一篇论文中证明了范德蒙提出的一些法则,并推广了他的展开行列式的方法.

继范德蒙之后,在行列式的理论方面有突出奉献的是法国数学家柯西.1815年,柯西在一篇论文中给出了行列式的第一个系统的、非常接近近代的处理,其主要结果之一是行列式的乘法定理.另外,他第一次把行列式的元素排成方阵,采用双足标记法;引进了行列式特征方程的术语;给出了相似行列式的概念;改良了拉普拉斯的行列式展开定理并给出了一种证明方法;等等.

继柯西之后,在行列式理论方面最多产的人就是德国数学家雅可比.他引进了函数行列式,即雅可比行列式,指出了函数行列式在多重积分的变量替换中的作用,给出了函数行列式的导数公式.雅可比的著名论文《论行列式的形成与性质》标志着行列式系统理论的建成.由于行列式在数学分析、几何学、线性方程组理论、二次型理论等方面应用广泛,因此行列式理论也得到了很大的发展,整个19世纪都有关于行列式的新结果.除了一般行列式的大量定理之外,还有许多有关特殊行列式的其他定理相继被发现.

19世纪的半个多世纪中,对行列式理论研究始终不渝的学者还有英国数学家西尔维斯特.他是一个活泼、敏感、兴奋、热情,甚至容易冲动的人,他用火一般的热情介绍他的学术思想,他的重要成就之一是改进了从一个n次多项式方程和一个m次多项式方程中消去x的方法,他称之为配析法,并给出了形成的行列式为零时这两个多项式方程有公共根的充分必要条件,但没有给出证明.

1850年,西尔维斯特在研究方程的个数与未知量的个数不相同的线性方程

组时，因无法使用行列式而引入了矩阵的概念.①

1855年，英国数学家凯莱在研究线性变换下的不变量时，为了简洁、方便，也引入了矩阵的概念.1858年，凯莱在《矩阵论的研究报告》中定义了两个矩阵相等、相加以及数与矩阵的数乘等运算和算律，同时，定义了零矩阵、单位矩阵等特殊矩阵.更重要的是，他在该文中给出了矩阵相乘、矩阵可逆等概念，以及利用伴随矩阵求逆矩阵的方法；证明了有关的算律，如矩阵乘法满足结合律、不满足交换律，两个非零矩阵的乘积可以为零矩阵等结论；定义了转置阵、对称阵、反对称阵等概念.

1878年，德国数学家弗罗贝尼乌斯在他的论文中引入了λ矩阵的行列式因子、不变因子和初等因子等概念，证明了两个λ矩阵等价当且仅当它们有相同的不变因子和初等因子，同时给出了正交矩阵的定义.1879年，他又在自己的论文中引入矩阵秩的概念.

矩阵理论的发展非常迅速，到19世纪末，矩阵理论体系已基本形成.20世纪，矩阵理论得到了进一步的发展.目前，它已经发展成为在物理、控制论、机器学习、生物学、经济学等学科中有大量应用的数学分支.

在矩阵论的发展史上，弗罗贝尼乌斯的贡献是不可磨灭的.他讨论了最小多项式问题，引进了矩阵的秩、不变因子和初等因子、正交矩阵、矩阵的相似变换、合同矩阵等概念，以符合逻辑的形式整理了不变因子和初等因子的理论，并讨论了正交矩阵与合同矩阵的一些重要性质.1854年，法国数学家约旦研究了将矩阵化为标准形的问题.1892年，加拿大数学家梅茨勒引进了矩阵的超越函数的概念并将其写成矩阵的幂级数的形式.此外，傅里叶、西尔和庞加莱还讨论了无限阶矩阵问题.

经过两个多世纪的发展，矩阵由最初的一种工具变为一个独立的数学分支——矩阵论.而矩阵论又可分为矩阵方程论、矩阵分解论和广义逆矩阵论等矩阵的现代理论.现在矩阵及其理论已被广泛地应用于现代科技的各个领域.

第1章练习题

1. 计算下列二阶行列式的值：

(1) $\begin{vmatrix} 1 & -1 \\ 3 & 5 \end{vmatrix}$；　(2) $\begin{vmatrix} 4 & 2 \\ 1 & 3 \end{vmatrix}$；　(3) $\begin{vmatrix} -2 & -1 \\ 4 & 2 \end{vmatrix}$.

① 事实上，我国在公元前就已经有了矩阵理论的萌芽，在《九章算术》一书中有相关描述，只是没有将它作为一个独立的概念加以研究，而仅用它解决实际问题，所以没能形成独立的矩阵理论.

2. 计算下列三阶行列式的值：

(1) $\begin{vmatrix} 1 & 2 & -4 \\ -2 & 2 & 1 \\ -3 & 4 & -2 \end{vmatrix}$；　(2) $\begin{vmatrix} 3 & 0 & -2 \\ 2 & 1 & 3 \\ -2 & 3 & 1 \end{vmatrix}$；　(3) $\begin{vmatrix} 1 & 2 & 3 \\ 4 & 5 & 6 \\ 7 & 8 & 9 \end{vmatrix}$.

3. 设 $\boldsymbol{A}=\begin{bmatrix} 1 & 2 & 3 \\ 3 & 1 & 2 \end{bmatrix}$，$\boldsymbol{B}=\begin{bmatrix} 1 & x & 3 \\ y & 1 & z \end{bmatrix}$，已知 $\boldsymbol{A}=\boldsymbol{B}$，求 x,y,z.

4. 计算下列乘积：

(1) $\boldsymbol{C}=\begin{bmatrix} -2 & 4 \\ 1 & -2 \end{bmatrix}\begin{bmatrix} 2 & 4 \\ -3 & -6 \end{bmatrix}$；

(2) $\boldsymbol{AB}=\begin{bmatrix} 2 & 0 & -1 \\ 1 & 3 & 2 \end{bmatrix}\begin{bmatrix} 1 & 7 & -1 \\ 4 & 2 & 3 \\ 2 & 0 & 1 \end{bmatrix}$.

5. 求解三元线性方程组：

$$\begin{cases} 2x_1-x_2-x_3=2, \\ x_1+x_2+4x_3=0, \\ 3x_1-7x_2+5x_3=-1. \end{cases}$$

第 2 章　空间直角坐标与向量代数

解析几何的基本思想是用代数的方法研究几何问题，基本方法是坐标法，基本工具是向量.通过在几何空间中建立坐标系，使得点与坐标一一对应，在几何与代数之间架起桥梁，从而将几何问题转化为代数问题，这就是坐标法的基本思想.17 世纪初，法国数学家笛卡儿(Descartes)和费马(Fermat)利用这种思想研究几何图形，创立了解析几何.从此，变数被引进数学，成为数学发展中的转折点，为微积分的创立奠定了基础.本章首先建立空间直角坐标系，然后引入向量的概念，并讨论向量的运算及其规律.

向量代数不仅是研究空间解析几何的重要工具，而且是力学、物理学和其他工程技术中解决问题的有力工具.

2.1　空间直角坐标

2.1.1　平面直角坐标系的回顾

在平面上，作两条互相垂直且相交于点 O 的数轴 Ox 和 Oy，它们具有相同的单位长度，交点 O 称为坐标原点，两条数轴分别称为 x 轴(横轴)和 y 轴(纵轴)，x 轴(横轴)和 y 轴(纵轴)统称为坐标轴.这样的两条坐标轴就组成了一个**平面直角坐标系**，记作 $O-xy$(如图 2-1).

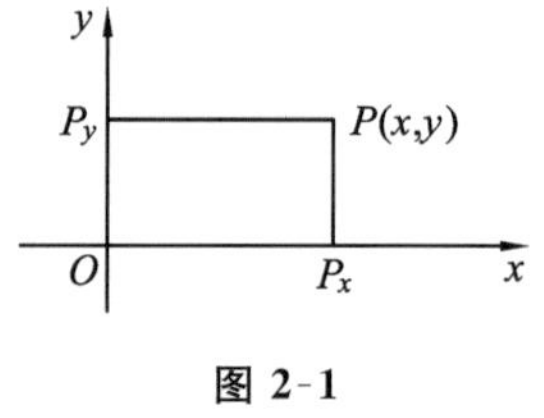

图 2-1

平面直角坐标系是由两两垂直、相交于一点且带有单位长度的两条有向直线构成的.

设 P 是平面上任意一点，过 P 作 x 轴和 y 轴的垂线，分别交两轴于点 P_x 和 P_y，这两点在 x 轴、y 轴上的坐标分别为 x，y.于是，点 P 就唯一确定了一个有序实数组 (x,y).该有序实数组 (x,y) 称为点 P 的坐标，记作 $P(x,y)$.这样，就建立了平面上点和坐标的一一对应关系.

建立平面直角坐标系后，就可以用代数的方法研究平面上的几何图形了，这

是平面解析几何的研究内容.

2.1.2　空间直角坐标系

用代数方法研究空间图形，首先要建立空间直角坐标系.空间直角坐标系是平面直角坐标系的自然推广.

在空间中，作三条互相垂直且相交于点 O 的数轴 Ox，Oy 和 Oz，使它们具有相同的单位长度.它们的交点 O 称为坐标原点，这三条数轴分别称为 x 轴(横轴)、y 轴(纵轴)与 z 轴(竖轴)，统称为坐标轴(如图 2-2).三条轴的正向按**右手法则**确定，即以右手握住 z 轴，当右手的四指从 x 轴正向以角度 $\frac{\pi}{2}$ 转向 y 轴正向时，右手大拇指的指向就是 z 轴的正向(如图 2-3).这样的三条坐标轴就构成了一个**右手笛卡儿空间直角坐标系**，记作 $O-xyz$.

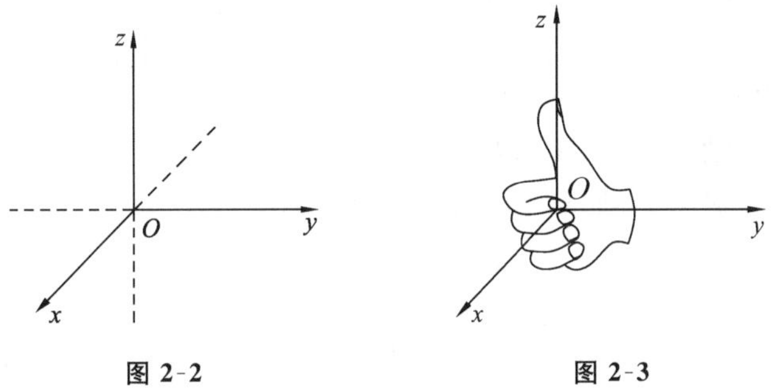

图 2-2　　　　图 2-3

定义 1　在空间中，两两垂直、相交于一点且带有单位长度的三条有向直线构成空间直角坐标系.

在空间直角坐标系中，任意两条坐标轴所确定的平面称为坐标平面.显然，空间直角坐标系中有三个坐标平面，分别称为 xOy 面、yOz 面和 zOx 面，简称 xy 面、yz 面和 zx 面.这三个坐标平面把空间分成八个部分，每一部分称为一个卦限.这八个卦限分别用Ⅰ，Ⅱ，Ⅲ，Ⅳ，Ⅴ，Ⅵ，Ⅶ，Ⅷ表示(如图 2-4).规定：Ⅰ，Ⅱ，Ⅲ，Ⅳ卦限在 xy 面的上方，含有 x 轴、y 轴、z 轴正半轴的卦限称为第Ⅰ卦限，其余依逆时针方向确定；Ⅴ，Ⅵ，Ⅶ，Ⅷ卦限在 xy 面的下方，与前面的四个卦限依次对应.

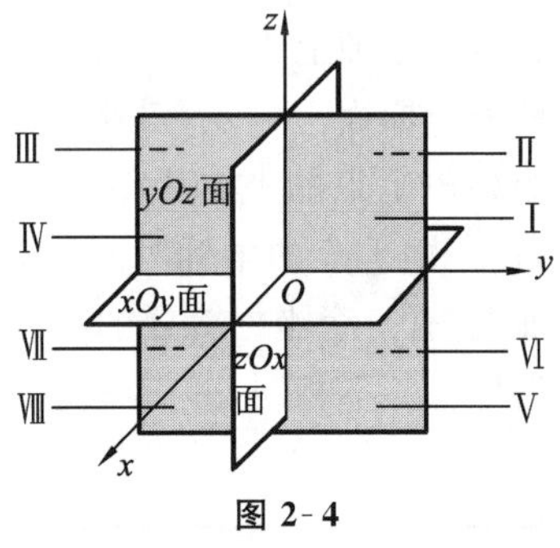

图 2-4

空间直角坐标系的作图通常有两种基本方法：正等测法和斜二测法.正等测

法：三条坐标轴的夹角均为$\frac{2\pi}{3}$，各轴单位长度相等；斜二测法(如图 2-2)：y 轴和 z 轴的夹角为$\frac{\pi}{2}$，单位长度为 1，x 轴与 y 轴的夹角为$\frac{3\pi}{4}$，单位长度为 $\cos\frac{\pi}{4}\approx 0.707$.

2.1.3 空间点的坐标

建立空间直角坐标系后，就可以定义空间点的坐标了.

设 P 为空间直角坐标系中的任意一点，过点 P 分别作与 x 轴、y 轴和 z 轴垂直的平面，它们与三条坐标轴的交点分别记作 P_x, P_y, P_z(如图 2-5). 这三个点在 x 轴、y 轴、z 轴上的坐标分别为 x, y, z，于是，空间中的点 P 就唯一确定了一个有序实数组(x,y,z).

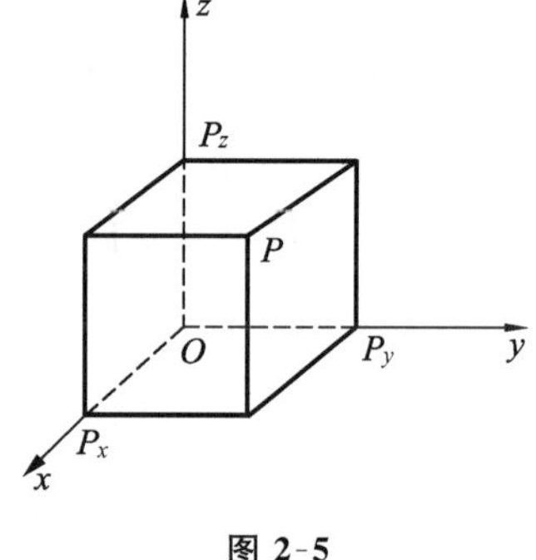

图 2-5

反过来，任给一组有序实数组(x,y,z)，可以分别在 x 轴、y 轴、z 轴上找到对应的点 P_x, P_y, P_z，过此三点分别作 x 轴、y 轴、z 轴的垂面，这三个垂直平面必相交于唯一的一点 P.这样，通过空间直角坐标系，就建立了空间中的点 P 与一组有序实数组(x,y,z)之间的一一对应关系.这组有序实数组(x,y,z)就称为空间点 P 的直角坐标，简称为点 P 的坐标，记作 $P(x,y,z)$，其中 x,y,z 分别称为点 P 的横坐标、纵坐标和竖坐标.

这样就建立了最基本的空间图形"点"与"数组"之间的关系，即给出空间中的点 P，就有一个有序实数组(x,y,z)与之相对应.例如，原点的坐标为 $O(0,0,0)$，三条坐标轴上正向单位点的坐标分别为$(1,0,0)$，$(0,1,0)$和$(0,0,1)$.对于坐标轴和坐标面上的点，其坐标也各有一定的特征：坐标轴上的点有两个坐标为零，如 x 轴上点的坐标为$(x,0,0)$，有 $y=z=0$；坐标平面上的点有一个坐标为零，如 yz 面上点的坐标为$(0,y,z)$，有 $x=0$.反之，有两个坐标为零的点一定在坐标轴上，有一个坐标为零的点一定在坐标平面上.此外，八个卦限中点的坐标的正负号也各不相同，并有一定的规律可循，具体符号参见表 2-1.

表 2-1

卦限	Ⅰ	Ⅱ	Ⅲ	Ⅳ	Ⅴ	Ⅵ	Ⅶ	Ⅷ
符号	(+,+,+)	(−,+,+)	(−,−,+)	(+,−,+)	(+,+,−)	(−,+,−)	(−,−,−)	(+,−,−)

根据空间中点的坐标的定义和八个卦限中点的坐标的正负号，可以得到空

间中任一点 $P(x,y,z)$关于三条坐标轴、三个坐标平面和原点的对称点的坐标，请读者自己给出答案.

例 1　指出点 $P(2,-1,-3)$所在的卦限,并求出它关于 xz 面、y 轴、原点和点 $M(x_0,y_0,z_0)$的对称点的坐标.

解　点 $P(2,-1,-3)$所在的卦限为第Ⅷ卦限.

它关于 xz 面的对称点的坐标是$(2,1,-3)$；

关于 y 轴的对称点的坐标是$(-2,-1,3)$；

关于原点的对称点的坐标是$(-2,1,3)$；

关于点 $M(x_0,y_0,z_0)$的对称点的坐标是 $P'(2x_0-2,2y_0+1,2z_0+3)$.

例 2　自点 $N(x_0,y_0,z_0)$分别作 xz 面和 y 轴的垂线,求垂足的坐标.

解　自点 N 作 xz 面的垂线,垂足的坐标是 $N'(x_0,0,z_0)$.

自点 N 作 y 轴的垂线,垂足的坐标是 $N''(0,y_0,0)$.

2.1.4　空间两点之间的距离

建立了空间直角坐标系并规定了点的坐标之后,就可以推导出空间中两点间的距离公式.

设 $P_1(x_1,y_1,z_1)$，$P_2(x_2,y_2,z_2)$为空间中的两个点,它们之间的距离记作 $d=|P_1P_2|$.

过 P_1，P_2 各作三个分别垂直于三条坐标轴的平面,这六个平面围成一个以 P_1P_2 为对角线的长方体(如图 2-6).根据勾股定理容易求得长方体对角线的长度.

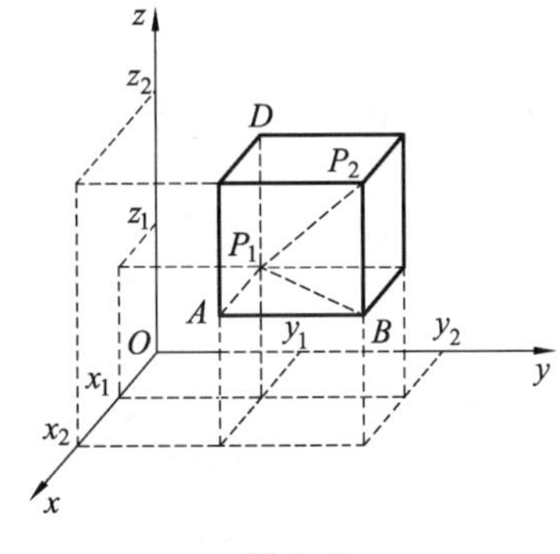

图 2-6

由图 2-6 可知，$|P_1A|=|x_2-x_1|$，$|AB|=|y_2-y_1|$，$|BP_2|=|z_2-z_1|$，在 $\mathrm{Rt}\triangle P_1AB$ 中，$|P_1B|^2=|P_1A|^2+|AB|^2$，在 $\mathrm{Rt}\triangle P_1BP_2$ 中，$|P_1P_2|^2=|P_1B|^2+|BP_2|^2$，于是

$$\begin{aligned} d^2 &=|P_1P_2|^2=|P_1A|^2+|AB|^2+|BP_2|^2 \\ &=(x_2-x_1)^2+(y_2-y_1)^2+(z_2-z_1)^2, \end{aligned}$$

所以

$$d=|P_1P_2|=\sqrt{(x_2-x_1)^2+(y_2-y_1)^2+(z_2-z_1)^2}. \tag{2.1.1}$$

这就是**空间中两点间的距离公式**,它是平面上两点间距离公式的推广.

特别地,空间中任一点 $P(x,y,z)$到原点 $O(0,0,0)$的距离为

$$d=|OP|=\sqrt{x^2+y^2+z^2}. \tag{2.1.2}$$

与平面解析几何一样，空间中两点间的距离公式是一个重要公式，被称为空间解析几何的基本公式.它是描述空间动点运动轨迹的重要手段，很多空间几何问题的讨论中都会涉及.

例 3 试证以 $A(4,1,9)$，$B(10,-1,6)$，$C(2,4,3)$ 为顶点的三角形是等腰直角三角形.

证明 $|AB|^2=(10-4)^2+(-1-1)^2+(6-9)^2=49$，

$|AC|^2=(2-4)^2+(4-1)^2+(3-9)^2=49$，

$|BC|^2=(2-10)^2+(4+1)^2+(3-6)^2=98$.

因为 $|AB|^2+|AC|^2=|BC|^2$，且 $|AB|=|AC|$，所以 $\triangle ABC$ 是等腰直角三角形.

例 4 在 y 轴上求到点 $A(-3,2,7)$ 和 $B(3,1,-7)$ 等距离的点.

解 因为所求点在 y 轴上，所以设该点的坐标为 $P(0,y,0)$，依题意有 $|PA|=|PB|$，即

$$(0+3)^2+(y-2)^2+(0-7)^2=(0-3)^2+(y-1)^2+(0+7)^2,$$

化简得
$$-2y+3=0,$$

解之得
$$y=\frac{3}{2}.$$

故所求点为 $P\left(0,\frac{3}{2},0\right)$.

2.2 向量的概念及线性运算

2.2.1 向量的概念

数学来自实践，而高于实践.在力学、物理学及日常生活中，经常会遇到许多量.除了温度、时间、长度、面积、体积等只有大小没有方向的量(称之为数量)之外，还有一些比较复杂的量，例如力、力矩、位移、速度、加速度等，它们不但有大小，而且有方向，这种量就是向量.在中学已经学习了平面向量，本节在其基础上介绍空间向量.在学习中要注意空间向量与平面向量的区别与联系.

定义 1 既有大小又有方向的量称为**向量**(或**矢量**).

可以用有向线段表示向量，有向线段的长度表示向量的大小，有向线段的方向(即从起点 P_1 到终点 P_2 的方向)表示向量的方向，记作 $\overrightarrow{P_1P_2}$，这种表示法称为**向量的几何表示法**(如图 2-7).有时也用粗体字母或一个上面加箭头的字母表示向量，如 $\boldsymbol{a}$，$\boldsymbol{b}$，$\boldsymbol{x}$ 或 $\vec{a}$，$\vec{b}$，$\vec{x}$

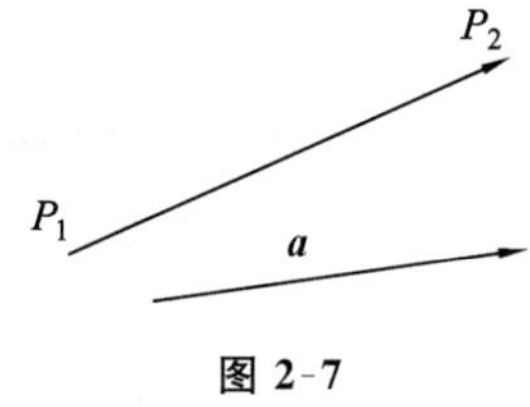

图 2-7

等.大小和方向称为向量的两个要素.

在许多问题中,研究向量时只考虑它的大小和方向,而不考虑它的起点位置,这种向量称为**自由向量**.也就是说,自由向量可以任意自由平行移动,移动后的向量仍然代表原来的向量.在本书中,如果没有特别指明,所讨论的向量都是指自由向量.

向量的大小称为**向量的模**,记作$|\overrightarrow{P_1P_2}|$或$|\boldsymbol{a}|$.模等于 1 的向量称为**单位向量**(或**幺矢**),与 $\boldsymbol{a}$ 具有相同方向的单位向量记作 $\boldsymbol{a}^{\circ}$.

模等于零的向量称为**零向量**,记作 $\mathbf{0}$,零向量的方向是任意的.相应地,把模不为零的向量称为非零向量.

如果两个向量 $\boldsymbol{a}$ 和 $\boldsymbol{b}$ 的模相等、方向相同,就称这两个向量是**相等向量**,记作 $\boldsymbol{a}=\boldsymbol{b}$.设 $\boldsymbol{a}$ 为一个向量,与 $\boldsymbol{a}$ 的模相等而方向相反的向量称为 $\boldsymbol{a}$ 的**负向量**(或**反向量**),记作 $-\boldsymbol{a}$.

在自由向量的意义下,相等的向量都可看作同一个自由向量.由于自由向量始点的任意性,按照需要可以选取某一点作为一些向量的公共始点.在这种场合,我们就把那些向量归结到共同的始点.

两个非零向量如果方向相同或者相反,就称这两个向量平行或共线,记作 $\boldsymbol{a}/\!/\boldsymbol{b}$.在自由向量的定义下,平行于同一直线的一组向量称为**平行向量**或**共线向量**.

平行于同一平面的一组向量称为**共面向量**.显然,零向量与任何共面的向量组共面;一组共线向量一定是共面向量;三个向量中如果有两个向量共线,那么这三个向量一定也是共面的.

例 1　如图 2-8,设$\triangle ABC$ 和$\triangle A'B'C'$分别是三棱台 $ABC-A'B'C'$的上、下底面,试在向量 $\overrightarrow{AB}$,$\overrightarrow{BC}$,$\overrightarrow{CA}$,$\overrightarrow{A'B'}$,$\overrightarrow{B'C'}$,$\overrightarrow{C'A'}$,$\overrightarrow{AA'}$,$\overrightarrow{BB'}$,$\overrightarrow{CC'}$中找出共线向量和共面向量.

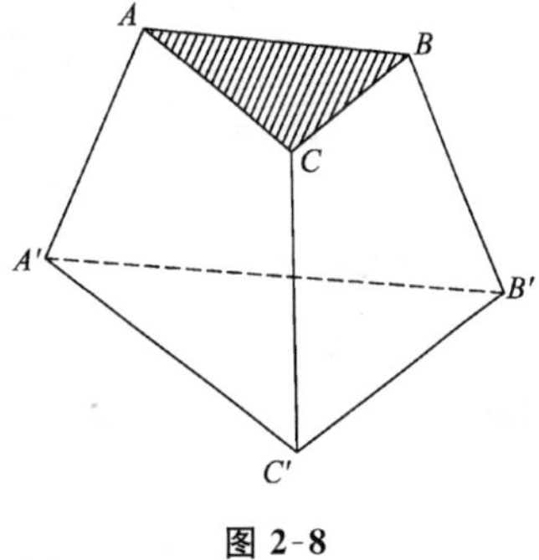

图 2-8

解　共线向量有 3 组:(1) $\overrightarrow{AB}$ 和 $\overrightarrow{A'B'}$;(2) $\overrightarrow{BC}$和$\overrightarrow{B'C'}$;(3) $\overrightarrow{CA}$和$\overrightarrow{C'A'}$.

共面向量有 7 组:(1) $\overrightarrow{AB}$,$\overrightarrow{BC}$,$\overrightarrow{CA}$,$\overrightarrow{A'B'}$,$\overrightarrow{B'C'}$ 和 $\overrightarrow{C'A'}$;(2) $\overrightarrow{AA'}$,$\overrightarrow{CC'}$,$\overrightarrow{CA}$ 和 $\overrightarrow{C'A'}$;(3) $\overrightarrow{AA'}$,$\overrightarrow{BB'}$,$\overrightarrow{AB}$和$\overrightarrow{A'B'}$;(4) $\overrightarrow{BB'}$,$\overrightarrow{CC'}$,$\overrightarrow{BC}$和$\overrightarrow{B'C'}$;(5) $\overrightarrow{CA}$,$\overrightarrow{C'A'}$和$\overrightarrow{BB'}$;(6) $\overrightarrow{BC}$,$\overrightarrow{B'C'}$和$\overrightarrow{AA'}$;(7) $\overrightarrow{AB}$,$\overrightarrow{A'B'}$和$\overrightarrow{CC'}$.

2.2.2 向量的加减法

2.2.2.1 两个向量加法的平行四边形法则和三角形法则

定义 2 已知两个向量 $\boldsymbol{a}$ 和 $\boldsymbol{b}$，取定一点 O，作 $\overrightarrow{OA}=\boldsymbol{a}$，$\overrightarrow{OB}=\boldsymbol{b}$，以 $\overrightarrow{OA}$，$\overrightarrow{OB}$ 为邻边作平行四边形 $OACB$（如图 2-9），则对角线向量 $\overrightarrow{OC}=\boldsymbol{c}$ 称为向量 $\boldsymbol{a}$ 和 $\boldsymbol{b}$ 的和，记作 $\boldsymbol{c}=\boldsymbol{a}+\boldsymbol{b}$.

这样得到两向量和的方法称为向量加法的**平行四边形法则**，它源自力学中求合力的平行四边形法则.平行四边形法则的核心思想是以两向量为邻边作平行四边形.

定义 3 已知两个向量 $\boldsymbol{a}$ 和 $\boldsymbol{b}$，取定点 O，作 $\overrightarrow{OA}=\boldsymbol{a}$，以 $\overrightarrow{OA}$ 的终点 A 为起点作 $\overrightarrow{AC}=\boldsymbol{b}$，连接 $\overrightarrow{OC}$，就得到 $\boldsymbol{a}+\boldsymbol{b}=\boldsymbol{c}=\overrightarrow{OC}$（如图 2-10）.

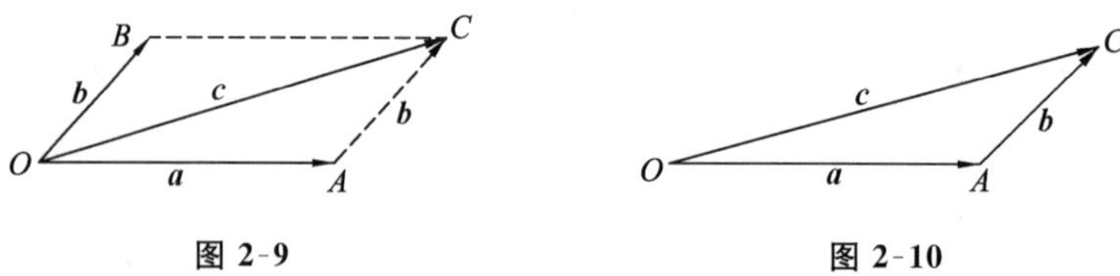

图 2-9　　图 2-10

这种方法称为两个向量加法的**三角形法则**.它源自物理学中两个位移的合成法.三角形法则的核心思想是以两向量为邻边作三角形.

向量的加法满足下列运算规律：

(1) 交换律：$\boldsymbol{a}+\boldsymbol{b}=\boldsymbol{b}+\boldsymbol{a}$；

(2) 结合律：$(\boldsymbol{a}+\boldsymbol{b})+\boldsymbol{c}=\boldsymbol{a}+(\boldsymbol{b}+\boldsymbol{c})$.

事实上，按照向量加法的三角形法则，从图 2-9 中可发现

$$\boldsymbol{a}+\boldsymbol{b}=\overrightarrow{OA}+\overrightarrow{AC}=\overrightarrow{OC}=\boldsymbol{c}.$$

由于 $\overrightarrow{OB}=\overrightarrow{AC}$，$\overrightarrow{OA}=\overrightarrow{BC}$，因此，

$$\boldsymbol{b}+\boldsymbol{a}=\overrightarrow{OB}+\overrightarrow{BC}=\overrightarrow{OC}=\boldsymbol{c}.$$

交换律成立.

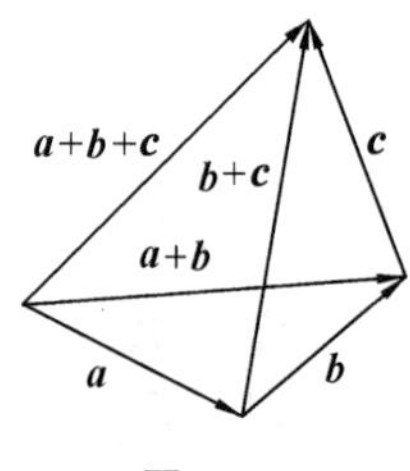

图 2-11

对于结合律，如图 2-11 所示，先作 $\boldsymbol{a}+\boldsymbol{b}$ 再加上 $\boldsymbol{c}$，即得 $(\boldsymbol{a}+\boldsymbol{b})+\boldsymbol{c}$；若以 $\boldsymbol{a}$ 与 $\boldsymbol{b}+\boldsymbol{c}$ 相加，则可得同一结果.因此，结合律成立.

2.2.2.2 多个向量求和的多边形法则

由于向量的加法满足交换律和结合律，因此三角形法则可以推广到有限个向量 $\boldsymbol{a}_1$，$\boldsymbol{a}_2$，…，$\boldsymbol{a}_n$ 的和.从任意点 O 开始，依次引 $\overrightarrow{OA_1}=\boldsymbol{a}_1$，$\overrightarrow{A_1A_2}=\boldsymbol{a}_2$，…，$\overrightarrow{A_{n-1}A_n}=\boldsymbol{a}_n$，得折线 $OA_1A_2\cdots A_n$（如图 2-12），则向量 $\overrightarrow{OA_n}=\boldsymbol{a}$ 就是 n 个向量的和，即

$$\boldsymbol{a}=\boldsymbol{a}_1+\boldsymbol{a}_2+\cdots+\boldsymbol{a}_n.$$

这种求多个向量和的方法称为多个向量求和的**多边形法则**或**折线法则**.

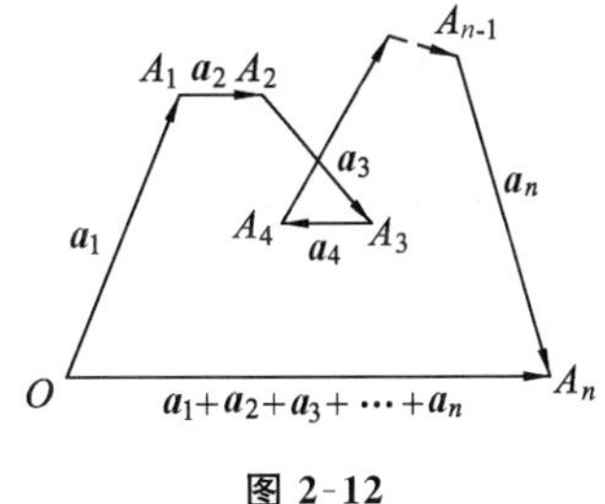

图 2-12

2.2.2.3　向量的减法

利用负向量，可以规定两个**向量的减法**：

若 $\boldsymbol{b}+\boldsymbol{c}=\boldsymbol{a}$，则

$$\boldsymbol{c}=\boldsymbol{a}-\boldsymbol{b}=\boldsymbol{a}+(-\boldsymbol{b}).$$

利用向量减法的定义可以得到下面两个有用的结论：

(1) 任给向量 $\overrightarrow{AB}$ 及点 O(如图 2-13)，有

$$\overrightarrow{AB}=\overrightarrow{OB}-\overrightarrow{OA}.$$

设 P 为空间任一点，则 $\overrightarrow{OP}$ 称为点 P 的**向径**或**径矢**.这个结论给出了一个向量与它的起点和终点的向径之间的关系.

(2) 若以 $\boldsymbol{a},\boldsymbol{b}$ 为邻边作平行四边形，则 $\boldsymbol{a}+\boldsymbol{b}$ 和 $\boldsymbol{a}-\boldsymbol{b}$ 分别是该平行四边形的两个对角线向量(如图 2-14).

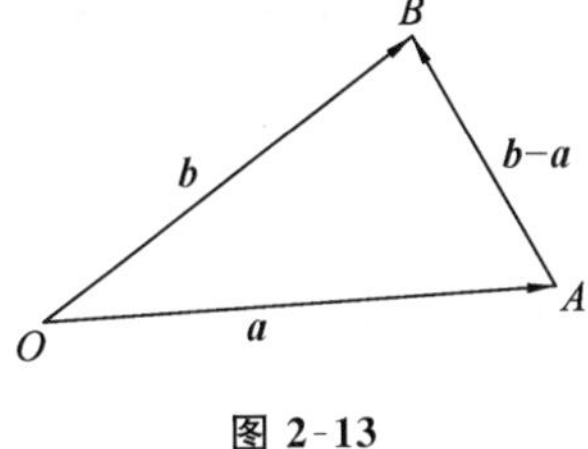

图 2-13

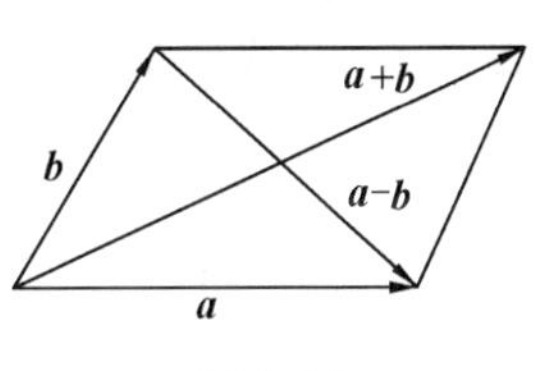

图 2-14

利用向量的加减法，还可以得到下面两个常用的结果：

(1) 不共线的三个向量 $\boldsymbol{a},\boldsymbol{b},\boldsymbol{c}$ 顺次首尾连接构成三角形的充要条件是 $\boldsymbol{a}+\boldsymbol{b}+\boldsymbol{c}=\boldsymbol{0}$.

(2) 三角不等式成立：$|\boldsymbol{a}+\boldsymbol{b}|\leqslant|\boldsymbol{a}|+|\boldsymbol{b}|$.这个不等式还可以推广到有限多个向量的情形 $|\boldsymbol{a}_1+\boldsymbol{a}_2+\cdots+\boldsymbol{a}_n|\leqslant|\boldsymbol{a}_1|+|\boldsymbol{a}_2|+\cdots+|\boldsymbol{a}_n|$.

例 2　如图 2-15，在平行六面体 $ABCD-A_1B_1C_1D_1$ 中，$\overrightarrow{AB}=\boldsymbol{a}$，$\overrightarrow{AD}=\boldsymbol{b}$，$\overrightarrow{AA_1}=\boldsymbol{c}$，试用 $\boldsymbol{a},\boldsymbol{b},\boldsymbol{c}$ 表示对角线向量 $\overrightarrow{AC_1}$，$\overrightarrow{A_1C}$.

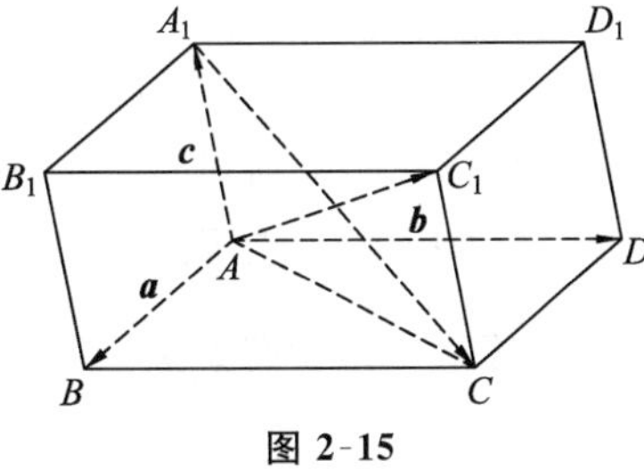

图 2-15

解　$\overrightarrow{AC_1}=\overrightarrow{AB}+\overrightarrow{BC}+\overrightarrow{CC_1}=\overrightarrow{AB}+\overrightarrow{AD}+\overrightarrow{AA_1}=\boldsymbol{a}+\boldsymbol{b}+\boldsymbol{c}$；

$\overrightarrow{A_1C}=\overrightarrow{A_1A}+\overrightarrow{AB}+\overrightarrow{BC}=-\overrightarrow{AA_1}+\overrightarrow{AB}+\overrightarrow{AD}=-\boldsymbol{c}+\boldsymbol{a}+\boldsymbol{b}=\boldsymbol{a}+\boldsymbol{b}-\boldsymbol{c}$，或者 $\overrightarrow{A_1C}=\overrightarrow{AC}-\overrightarrow{AA_1}=(\overrightarrow{AB}+\overrightarrow{AD})-\overrightarrow{AA_1}=\boldsymbol{a}+\boldsymbol{b}-\boldsymbol{c}$.

2.2.3 数乘向量

定义4 设k是一个数量，规定向量$\boldsymbol{a}$与数量k的乘积$k\boldsymbol{a}$是一个向量.它的模为$|k\boldsymbol{a}|=|k||\boldsymbol{a}|$.当$k>0$时，$k\boldsymbol{a}$的方向与$\boldsymbol{a}$相同；当$k<0$时，$k\boldsymbol{a}$的方向与$\boldsymbol{a}$相反；当$k=0$或$\boldsymbol{a}=\boldsymbol{0}$时，$k\boldsymbol{a}=\boldsymbol{0}$.

数乘向量满足下列运算规律：

(1) 结合律：$\lambda(\mu\boldsymbol{a})=\mu(\lambda\boldsymbol{a})=(\lambda\mu)\boldsymbol{a}$.

由定义4可知，向量$\lambda(\mu\boldsymbol{a})$，$\mu(\lambda\boldsymbol{a})$，$(\lambda\mu)\boldsymbol{a}$都是与$\boldsymbol{a}$平行的向量，它们的方向相同，且

$$|\lambda(\mu\boldsymbol{a})|=|\mu(\lambda\boldsymbol{a})|=|(\lambda\mu)\boldsymbol{a}|=|\lambda\mu||\boldsymbol{a}|,$$

所以
$$\lambda(\mu\boldsymbol{a})=\mu(\lambda\boldsymbol{a})=(\lambda\mu)\boldsymbol{a}.$$

(2) 分配律：$(\lambda+\mu)\boldsymbol{a}=\lambda\boldsymbol{a}+\mu\boldsymbol{a}$，$\lambda(\boldsymbol{a}+\boldsymbol{b})=\lambda\boldsymbol{a}+\lambda\boldsymbol{b}$.

这个规律同样可以按向量的加法及向量与数的乘积的定义来证明，请读者自行证明.

由数乘向量的定义可知，$k\boldsymbol{a}$是与$\boldsymbol{a}$平行的向量.可以得到如下两个结论：

①（**单位向量公式**）设$\boldsymbol{a}^{\circ}$是与$\boldsymbol{a}$同方向的单位向量，则$\boldsymbol{a}=|\boldsymbol{a}|\boldsymbol{a}^{\circ}$ $\left(\text{或 }\boldsymbol{a}^{\circ}=\dfrac{\boldsymbol{a}}{|\boldsymbol{a}|}\right)$.

②（**向量共线条件**）设$\boldsymbol{a}\neq\boldsymbol{0}$，则$\boldsymbol{b}/\!/\boldsymbol{a}$的充要条件是：存在唯一实数$k$，使得$\boldsymbol{b}=k\boldsymbol{a}$.

证明 充分性是显然的，下面证明必要性.

设$\boldsymbol{b}/\!/\boldsymbol{a}$.取$|k|=\dfrac{|\boldsymbol{b}|}{|\boldsymbol{a}|}$，当$\boldsymbol{b}$与$\boldsymbol{a}$同向时$k$取正值，当$\boldsymbol{b}$与$\boldsymbol{a}$反向时$k$取负值，即有$\boldsymbol{b}=k\boldsymbol{a}$.这是因为$\boldsymbol{b}$与$k\boldsymbol{a}$同向，且

$$|k\boldsymbol{a}|=|k||\boldsymbol{a}|=\frac{|\boldsymbol{b}|}{|\boldsymbol{a}|}|\boldsymbol{a}|=|\boldsymbol{b}|.$$

再证实数k的唯一性.设$\boldsymbol{b}=k\boldsymbol{a}$，又设$\boldsymbol{b}=\lambda\boldsymbol{a}$，两式相减，得

$$(\lambda-k)\boldsymbol{a}=\boldsymbol{0},\text{即}|\lambda-k||\boldsymbol{a}|=0.$$

因为$|\boldsymbol{a}|\neq0$，所以$|\lambda-k|=0$，即$\lambda=k$. 证毕.

一般来讲，不能用向量去除数或向量，即向量不能作除数(分母或比).例如，$\dfrac{6}{\boldsymbol{b}}$，$\dfrac{2\boldsymbol{a}}{\boldsymbol{c}}$等式子是没有意义的.但是，可以用向量的长度去除数或向量，因为它是一个数.

向量的加减与数乘统称为向量的线性运算，例如，$2\boldsymbol{a}+3\boldsymbol{b}-4\boldsymbol{c}$，$k_1\boldsymbol{a}+k_2\boldsymbol{b}$等.

例 3　设 $\boldsymbol{a}=2\boldsymbol{e}_1+3\boldsymbol{e}_2+5\boldsymbol{e}_3$，$\boldsymbol{b}=-\boldsymbol{e}_1-\boldsymbol{e}_3$，$\boldsymbol{c}=4\boldsymbol{e}_2-2\boldsymbol{e}_3$，求 $2\boldsymbol{a}+3\boldsymbol{b}-2\boldsymbol{c}$.

解　
$$\begin{aligned}2\boldsymbol{a}+3\boldsymbol{b}-2\boldsymbol{c}&=2(2\boldsymbol{e}_1+3\boldsymbol{e}_2+5\boldsymbol{e}_3)+3(-\boldsymbol{e}_1-\boldsymbol{e}_3)-2(4\boldsymbol{e}_2-2\boldsymbol{e}_3)\\&=\boldsymbol{e}_1-2\boldsymbol{e}_2+11\boldsymbol{e}_3.\end{aligned}$$

例 4　已知 $\boldsymbol{a}=\boldsymbol{e}_1+\boldsymbol{e}_2+2\boldsymbol{e}_3$，$\boldsymbol{b}=-\boldsymbol{e}_1+\boldsymbol{e}_3$，$\boldsymbol{c}=-2\boldsymbol{e}_1-\boldsymbol{e}_2-\boldsymbol{e}_3$，试证 $\boldsymbol{a},\boldsymbol{b},\boldsymbol{c}$ 构成三角形.

证明　$\boldsymbol{b}-\boldsymbol{a}=(-\boldsymbol{e}_1+\boldsymbol{e}_3)-(\boldsymbol{e}_1+\boldsymbol{e}_2+2\boldsymbol{e}_3)=-2\boldsymbol{e}_1-\boldsymbol{e}_2-\boldsymbol{e}_3=\boldsymbol{c}$，即$\boldsymbol{a}+\boldsymbol{c}=\boldsymbol{b}$，由向量加法的三角形法则知 $\boldsymbol{a},\boldsymbol{b},\boldsymbol{c}$ 构成三角形.

例 5　设 M 是平行四边形 $ABCD$ 对角线的交点，O 是任意一点，试证：
$$\overrightarrow{OA}+\overrightarrow{OB}+\overrightarrow{OC}+\overrightarrow{OD}=4\,\overrightarrow{OM}.$$

证明　如图 2-16，利用向量加法的定义，有
$$\overrightarrow{OM}=\overrightarrow{OA}+\overrightarrow{AM},$$
$$\overrightarrow{OM}=\overrightarrow{OB}+\overrightarrow{BM},$$
$$\overrightarrow{OM}=\overrightarrow{OC}+\overrightarrow{CM},$$
$$\overrightarrow{OM}=\overrightarrow{OD}+\overrightarrow{DM}.$$
把上面 4 式相加，便知结论成立.

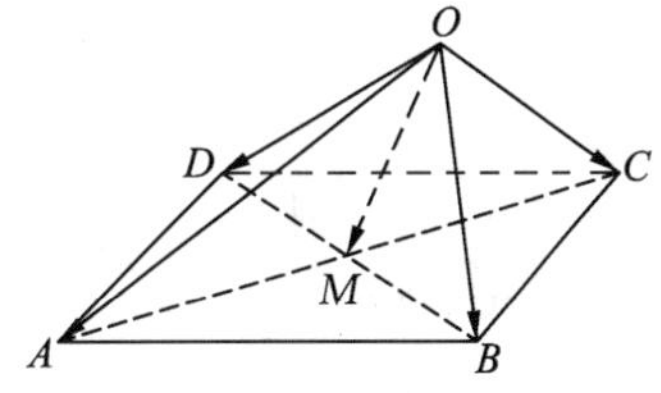

图 2-16

2.2.4　向量的坐标

2.2.4.1　向量在轴上的射影

给定轴 l 和向量$\overrightarrow{AB}$，过 A，B 分别作轴 l 的垂直平面，平面与轴 l 的交点 A_0，B_0 分别称为点 A 和点 B 在轴 l 上的**射影**(或**垂足**)(如图 2-17)，$\overrightarrow{A_0B_0}$称为$\overrightarrow{AB}$在轴 l 上的**射影向量**(或**投影向量**).

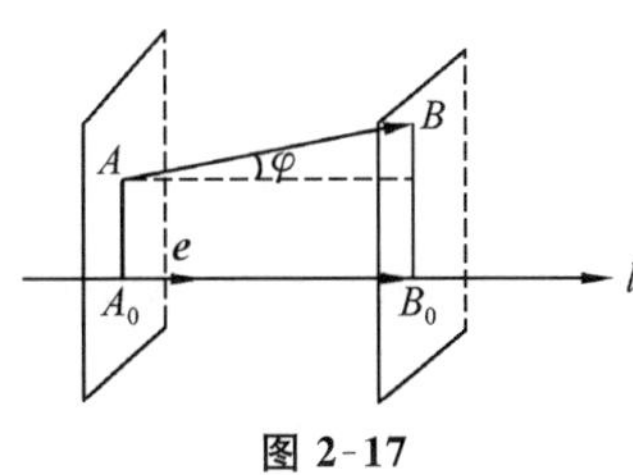

图 2-17

如果在轴 l 上取与轴同向的单位向量 $\boldsymbol{e}$，那么有$\overrightarrow{A_0B_0}\,/\!/\,\boldsymbol{e}$，且
$$\overrightarrow{A_0B_0}=x\boldsymbol{e},$$
这里的数量 x 称为向量$\overrightarrow{AB}$在轴 l 上的射影(或投影)，记作
$$\mathrm{Prj}_l\,\overrightarrow{AB}=x. \tag{2.2.1}$$

当$\overrightarrow{A_0B_0}$与轴 l 方向一致时，$x>0$；当$\overrightarrow{A_0B_0}$与轴 l 方向相反时，$x<0$.

关于向量在轴上的射影，有下面两个性质：

性质 1　向量$\overrightarrow{AB}$在轴 l 上的射影等于向量的模$|\overrightarrow{AB}|$和向量$\overrightarrow{AB}$与轴 l 正向夹角 φ 的余弦的乘积(如图 2-17)，即
$$\mathrm{Prj}_l\,\overrightarrow{AB}=|\overrightarrow{AB}|\cdot\cos\varphi. \tag{2.2.2}$$

性质 2 向量在轴上的射影保持线性运算不变(如图 2-18),即

$$\mathrm{Prj}_l(\boldsymbol{a}+\boldsymbol{b})=\mathrm{Prj}_l\boldsymbol{a}+\mathrm{Prj}_l\boldsymbol{b},$$

$$\mathrm{Prj}_l(\lambda\boldsymbol{a})=\lambda\cdot\mathrm{Prj}_l\boldsymbol{a}. \tag{2.2.3}$$

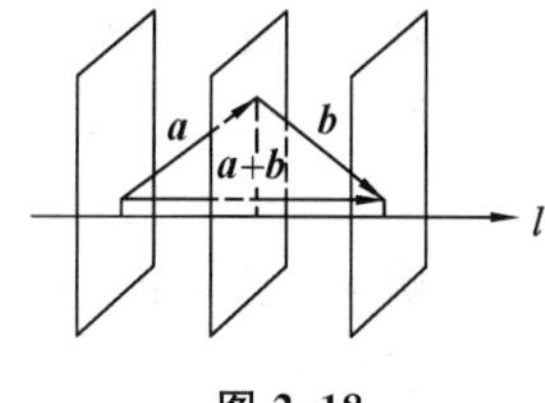

图 2-18

特别地,若向量$\overrightarrow{OA}$的点 O 位于轴 l 上,则只需过点 A 作轴 l 的垂足 A_0 即可.

2.2.4.2 向量的坐标

在空间直角坐标系 $O-xyz$ 的三条坐标轴上分别取单位向量 $\boldsymbol{i},\boldsymbol{j},\boldsymbol{k}$,将向量 $\boldsymbol{a}$ 的起点置于坐标原点 O,设向量 $\boldsymbol{a}$ 的终点为 P,则 $\boldsymbol{a}=\overrightarrow{OP}$.

设点 P 在三条坐标轴上的射影(垂足)分别为 P_x, P_y, P_z,点 P 在 xy 面上的射影(垂足)为 P_0(如图 2-19),则有

$$\boldsymbol{a}=\overrightarrow{OP}=\overrightarrow{OP_x}+\overrightarrow{P_xP_0}+\overrightarrow{P_0P}=\overrightarrow{OP_x}+\overrightarrow{OP_y}+\overrightarrow{OP_z}.$$

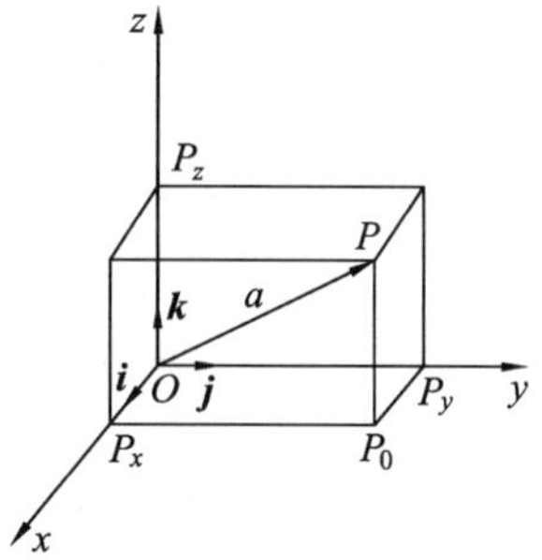

由于$\overrightarrow{OP_x}$与 $\boldsymbol{i}$ 平行,因此存在唯一的 x,使$\overrightarrow{OP_x}=x\boldsymbol{i}$.类似可得存在唯一的 y,z,使$\overrightarrow{OP_y}=y\boldsymbol{j}$, $\overrightarrow{OP_z}=z\boldsymbol{k}$,从而

$$\boldsymbol{a}=x\boldsymbol{i}+y\boldsymbol{j}+z\boldsymbol{k},$$

图 2-19

称有序数组(x,y,z)为向量 $\boldsymbol{a}=\overrightarrow{OP}$ 的**分量**或**坐标**,记作

$$\boldsymbol{a}=x\boldsymbol{i}+y\boldsymbol{j}+z\boldsymbol{k}=(x,y,z).$$

根据向量的坐标定义过程不难看出,$\overrightarrow{OP_x}$, $\overrightarrow{OP_y}$和$\overrightarrow{OP_z}$是向量 $\boldsymbol{a}=\overrightarrow{OP}$ 在三条坐标轴上的射影向量,x,y,z 是向量 $\boldsymbol{a}$ 在三条坐标轴上的射影,这就是直角坐标系下向量的三个坐标的几何意义.根据空间点的直角坐标的定义可知,x,y,z 亦同时为空间点 P 的坐标.这样就建立了空间中的点 P、向量$\overrightarrow{OP}$与坐标(x,y,z)之间的一一对应关系.

显然,空间直角坐标系 $O-xyz$ 也可以由原点 O 和 $\boldsymbol{i},\boldsymbol{j},\boldsymbol{k}$ 所确定,因此也称 O-$\boldsymbol{ijk}$ 为直角坐标系或空间标架,$\boldsymbol{i},\boldsymbol{j},\boldsymbol{k}$ 称为直角坐标系 $O-xyz$ 的**坐标基向量**,它们是一组空间标准正交基.

根据向量坐标的定义,可知三个坐标向量的坐标分别为 $\boldsymbol{i}=(1,0,0)$, $\boldsymbol{j}=(0,1,0)$, $\boldsymbol{k}=(0,0,1)$.

2.2.4.3 利用坐标作向量的线性运算

设 $\boldsymbol{a}=(x_1,y_1,z_1)$, $\boldsymbol{b}=(x_2,y_2,z_2)$,利用向量加法的交换律、结合律,以及向量与数量乘法的结合律和分配律,可以得到如下运算关系(读者自证):

(1) $\boldsymbol{a}+\boldsymbol{b}=(x_1+x_2)\boldsymbol{i}+(y_1+y_2)\boldsymbol{j}+(z_1+z_2)\boldsymbol{k}=(x_1+x_2,y_1+y_2,z_1+z_2)$；

(2) $\boldsymbol{a}-\boldsymbol{b}=(x_1-x_2)\boldsymbol{i}+(y_1-y_2)\boldsymbol{j}+(z_1-z_2)\boldsymbol{k}=(x_1-x_2,y_1-y_2,z_1-z_2)$；

(3) $\lambda\boldsymbol{a}=\lambda x_1\boldsymbol{i}+\lambda y_1\boldsymbol{j}+\lambda z_1\boldsymbol{k}=(\lambda x_1,\lambda y_1,\lambda z_1)$；

(4)（向量共线的条件）向量 $\boldsymbol{a}/\!/\boldsymbol{b}$ 的充要条件是$\dfrac{x_1}{x_2}=\dfrac{y_1}{y_2}=\dfrac{z_1}{z_2}$.

注　在(4)中，当 x_2,y_2,z_2 之中有一个为零，如 $x_2=0$ 时，应理解为 $x_1=0$ 且$\dfrac{y_1}{y_2}=\dfrac{z_1}{z_2}$；当 x_2,y_2,z_2 之中有两个为零，如 $x_2=y_2=0,z_2\neq0$ 时，应理解为 $x_1=0$ 且 $y_1=0$.

由此可见，对向量进行加减和数乘的线性运算，只需对向量的各个坐标进行相应的数量运算即可.

例 6　设 $\boldsymbol{a}=(3,5,-1)$，$\boldsymbol{b}=(2,2,3)$，$\boldsymbol{c}=(2,-1,-3)$，求 $2\boldsymbol{a}-3\boldsymbol{b}+4\boldsymbol{c}$.

解　$2\boldsymbol{a}-3\boldsymbol{b}+4\boldsymbol{c}=2(3,5,-1)-3(2,2,3)+4(2,-1,-3)=(8,0,-23)$.

例 7　已知 $P_1(x_1,y_1,z_1)$，$P_2(x_2,y_2,z_2)$，求$\overrightarrow{P_1P_2}$.

解　如图 2-20，因为$\overrightarrow{P_1P_2}=\overrightarrow{OP_2}-\overrightarrow{OP_1}$，且$\overrightarrow{OP_2}=(x_2,y_2,z_2)$，$\overrightarrow{OP_1}=(x_1,y_1,z_1)$，所以由向量的减法得$\overrightarrow{P_1P_2}=(x_2-x_1,y_2-y_1,z_2-z_1)$.

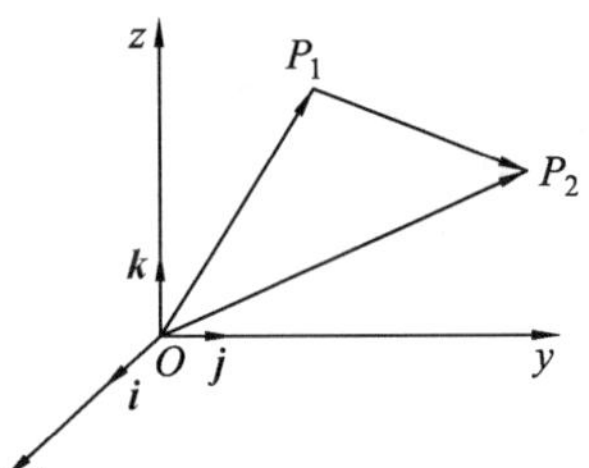

图 2-20

此例说明，向量$\overrightarrow{P_1P_2}$的坐标等于向量终点的坐标减去起点的坐标.

由例 7 知，若 $\boldsymbol{a}=\overrightarrow{P_1P_2}$，则 $\boldsymbol{a}$ 的三个射影分别为 x_2-x_1，y_2-y_1，z_2-z_1，为了方便，分别记 $a_x=x_2-x_1$，$a_y=y_2-y_1$，$a_z=z_2-z_1$，所以 $\boldsymbol{a}$ 又可表示为 $\boldsymbol{a}=(a_x,a_y,a_z)$，$a_x,a_y,a_z$ 称为向量 $\boldsymbol{a}$ 的三个坐标.

例 8　已知$\triangle ABC$ 三个顶点的坐标分别为 $A(3,1,2)$，$B(4,-2,-2)$，$C(0,5,1)$，求三边向量$\overrightarrow{AB},\overrightarrow{AC},\overrightarrow{BC}$.

解　由例 7 结论可得

$$\overrightarrow{AB}=(4-3,-2-1,-2-2)=(1,-3,-4).$$

类似可得

$$\overrightarrow{AC}=(-3,4,-1),\ \overrightarrow{BC}=(-4,7,3).$$

2.2.4.4　定比分点公式

已知 $P_1(x_1,y_1,z_1)$，$P_2(x_2,y_2,z_2)$，如果直线 P_1P_2 上的点 $P(x,y,z)$满足$\overrightarrow{P_1P}=\lambda\overrightarrow{PP_2}(\lambda\neq-1)$，那么称点 P 为分 P_1P_2 成定比 λ 的**定比分点**.

如图 2-21,因为

$$\overrightarrow{P_1P}=\overrightarrow{OP}-\overrightarrow{OP_1},\ \overrightarrow{PP_2}=\overrightarrow{OP_2}-\overrightarrow{OP},$$

所以

$$\overrightarrow{OP}-\overrightarrow{OP_1}=\lambda(\overrightarrow{OP_2}-\overrightarrow{OP}),$$

解得

$$\overrightarrow{OP}=\frac{1}{1+\lambda}(\overrightarrow{OP_1}+\lambda\overrightarrow{OP_2}).$$

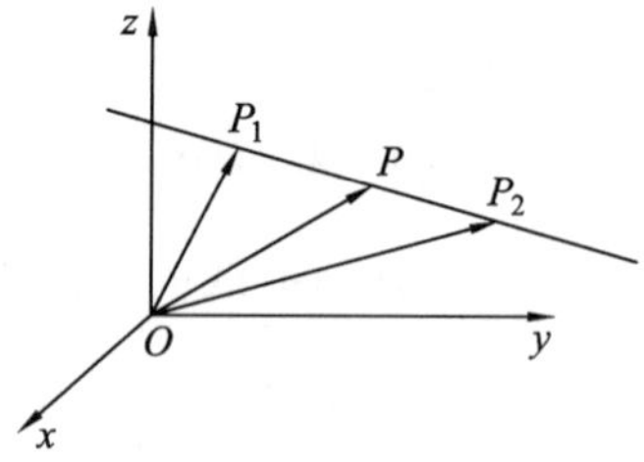

图 2-21

将坐标代入上式得

$$\begin{aligned}(x,y,z)&=\frac{1}{1+\lambda}[(x_1,y_1,z_1)+\lambda(x_2,y_2,z_2)]\\&=\frac{1}{1+\lambda}(x_1+\lambda x_2,y_1+\lambda y_2,z_1+\lambda z_2).\end{aligned}$$

从而点 P 的坐标为

$$x=\frac{x_1+\lambda x_2}{1+\lambda},\ y=\frac{y_1+\lambda y_2}{1+\lambda},\ z=\frac{z_1+\lambda z_2}{1+\lambda}. \tag{2.2.4}$$

式(2.2.4)称为**空间点的定比分点坐标公式**,它与平面上的定比分点坐标公式类似.

特别地,当 $\lambda=1$ 时,P 为 P_1P_2 的中点,此时

$$x=\frac{x_1+x_2}{2},\ y=\frac{y_1+y_2}{2},\ z=\frac{z_1+z_2}{2}. \tag{2.2.5}$$

式(2.2.5)称为空间点的中点坐标公式.

2.2.4.5 模与方向余弦公式

根据向量坐标的定义,设 $\boldsymbol{r}=(x,y,z)$,则 $|\boldsymbol{r}|=|\overrightarrow{OP}|$ 是长方体的对角线长(如图 2-19),$|x|=|\overrightarrow{OP_x}|$, $|y|=|\overrightarrow{OP_y}|$, $|z|=|\overrightarrow{OP_z}|$.因此,

$$|\boldsymbol{r}|^2=|\overrightarrow{OP}|^2=|\overrightarrow{OP_x}|^2+|\overrightarrow{OP_y}|^2+|\overrightarrow{OP_z}|^2=x^2+y^2+z^2,$$

$$|\boldsymbol{r}|=\sqrt{x^2+y^2+z^2}. \tag{2.2.6}$$

若已知向量的坐标,则代入式(2.2.6)即可求出**向量的模**.

下面引入两个向量的夹角的概念.设有两个非零向量 $\boldsymbol{a},\boldsymbol{b}$,取空间一点 O,作 $\overrightarrow{OA}=\boldsymbol{a},\overrightarrow{OB}=\boldsymbol{b}$,规定不超过 π 的 $\angle AOB$(设 $\varphi=\angle AOB,0\leqslant\varphi\leqslant\pi$)为向量 $\boldsymbol{a}$ 与 $\boldsymbol{b}$ 的夹角,记作 $\angle(\boldsymbol{a},\boldsymbol{b})$ 或 $\angle(\boldsymbol{b},\boldsymbol{a})$,即 $\angle(\boldsymbol{a},\boldsymbol{b})=\varphi$.如果向量 $\boldsymbol{a}$ 与 $\boldsymbol{b}$ 中有一个是零向量,规定它们的夹角可以在 0 与 π 之间任意取值.

类似地,可以规定向量与一轴的夹角或空间两轴的夹角,这里不再赘述.

一个向量 $\boldsymbol{a}$ 与三条坐标轴的夹角 α, β, γ 称为 $\boldsymbol{a}$ 的**方向角**;方向角的余弦值 $\cos\alpha$,$\cos\beta$, $\cos\gamma$ 称为 $\boldsymbol{a}$ 的**方向余弦**.

由向量坐标的定义可知,若 $\boldsymbol{a}=(x,y,z)$,则

$$x=|\boldsymbol{a}|\cos\alpha,\ y=|\boldsymbol{a}|\cos\beta,\ z=|\boldsymbol{a}|\cos\gamma.$$

再由公式(2.2.6)得 $\boldsymbol{a}$ 的方向余弦公式

$$\begin{cases}\cos\alpha=\dfrac{x}{|\boldsymbol{a}|}=\dfrac{x}{\sqrt{x^2+y^2+z^2}},\\ \cos\beta=\dfrac{y}{|\boldsymbol{a}|}=\dfrac{y}{\sqrt{x^2+y^2+z^2}},\\ \cos\gamma=\dfrac{z}{|\boldsymbol{a}|}=\dfrac{z}{\sqrt{x^2+y^2+z^2}}.\end{cases}\tag{2.2.7}$$

由方向余弦的公式易得

(1) $\cos^2\alpha+\cos^2\beta+\cos^2\gamma=1$; (2.2.8)

(2) $\boldsymbol{a}^\circ=\dfrac{\boldsymbol{a}}{|\boldsymbol{a}|}=\dfrac{1}{\sqrt{x^2+y^2+z^2}}(x,\ y,\ z)=(\cos\alpha,\ \cos\beta,\ \cos\gamma)$. (2.2.9)

例 9　设 $\boldsymbol{a}=(1,-1,-2)$,求 $\boldsymbol{a}$ 的模、同向单位向量 $\boldsymbol{a}^\circ$ 及方向余弦.

解　(1) $|\boldsymbol{a}|=\sqrt{1^2+(-1)^2+(-2)^2}=\sqrt{6}$;

(2) $\boldsymbol{a}^\circ=\dfrac{\boldsymbol{a}}{|\boldsymbol{a}|}=\dfrac{1}{\sqrt{6}}(1,-1,-2)=\left(\dfrac{\sqrt{6}}{6},-\dfrac{\sqrt{6}}{6},-\dfrac{\sqrt{6}}{3}\right)$;

(3) 由(2)知 $\cos\alpha=\dfrac{\sqrt{6}}{6}$, $\cos\beta=-\dfrac{\sqrt{6}}{6}$, $\cos\gamma=-\dfrac{\sqrt{6}}{3}$.

例 10　三个力 $\boldsymbol{F}_1=(1,2,3)$, $\boldsymbol{F}_2=(-2,3,-4)$, $\boldsymbol{F}_3=(3,-4,5)$同时作用于一点,求合力 $\boldsymbol{F}$ 的大小及方向余弦.

解　$\boldsymbol{F}=\boldsymbol{F}_1+\boldsymbol{F}_2+\boldsymbol{F}_3=(1,2,3)+(-2,3,-4)+(3,-4,5)=(2,1,4)$.

合力 $\boldsymbol{F}$ 的大小为 $|\boldsymbol{F}|=\sqrt{2^2+1^2+4^2}=\sqrt{21}$.

$$\boldsymbol{F}^\circ=\frac{1}{\sqrt{21}}(2,1,4)=\left(\frac{2\sqrt{21}}{21},\frac{\sqrt{21}}{21},\frac{4\sqrt{21}}{21}\right),$$

方向余弦为 $\cos\alpha=\dfrac{2\sqrt{21}}{21}$, $\cos\beta=\dfrac{\sqrt{21}}{21}$, $\cos\gamma=\dfrac{4\sqrt{21}}{21}$.

2.3　向量的乘积运算

与数量的乘积运算不同,向量的乘积运算有向量的内积、向量的外积、三向量的混合积等多种形式.在学习中要注意它们与数量的乘积运算的区别与联系,以及向量的几种乘积运算之间的关系.

2.3.1 向量的内积

2.3.1.1 向量内积的定义

在物理学中,一个物体在常力 $\boldsymbol{F}$ 的作用下沿直线移动的位移为 $\boldsymbol{s}$,则力 $\boldsymbol{F}$ 所做的功为

$$W=|\boldsymbol{F}||\boldsymbol{s}|\cos\theta,$$

其中 θ 为 $\boldsymbol{F}$ 与 $\boldsymbol{s}$ 的夹角(如图 2-22).这里的功 W 是由向量 $\boldsymbol{F}$ 和 $\boldsymbol{s}$ 按上式确定的一个数量.

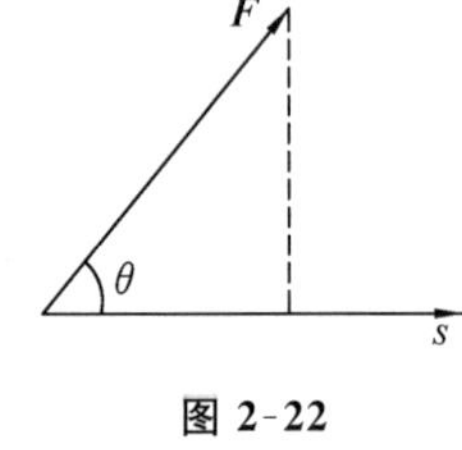

图 2-22

在实际问题中,有时也会遇到这样的情况.

定义 1 两个向量 $\boldsymbol{a}$ 和 $\boldsymbol{b}$ 的模与它们夹角余弦的乘积,称为向量 $\boldsymbol{a}$ 和 $\boldsymbol{b}$ 的**内积**(也称**数量积**、**点积**、**数积**等),记作 $\boldsymbol{a}\cdot\boldsymbol{b}$ 或 $\boldsymbol{ab}$,即

$$\boldsymbol{a}\cdot\boldsymbol{b}=|\boldsymbol{a}||\boldsymbol{b}|\cos\theta,\ \theta=\angle(\boldsymbol{a},\boldsymbol{b}). \tag{2.3.1}$$

两个向量的内积是一个数量.

2.3.1.2 向量内积的性质

由向量内积的定义可以得到以下结论:

(1)(内积的几何意义)$\boldsymbol{a}\cdot\boldsymbol{b}=|\boldsymbol{a}|\mathrm{Prj}_{\boldsymbol{a}}\boldsymbol{b}=|\boldsymbol{b}|\mathrm{Prj}_{\boldsymbol{b}}\boldsymbol{a}$.特别地,若 $\boldsymbol{e}$ 为单位向量,则 $\boldsymbol{a}\cdot\boldsymbol{e}=\mathrm{Prj}_{\boldsymbol{e}}\boldsymbol{a}$.

(2)(模长公式)$\boldsymbol{a}\cdot\boldsymbol{a}=\boldsymbol{a}^2=|\boldsymbol{a}|^2$.

因为 $\boldsymbol{a}$ 与 $\boldsymbol{a}$ 的夹角 $\theta=0$,所以

$$\boldsymbol{a}\cdot\boldsymbol{a}=|\boldsymbol{a}|^2\cos 0=|\boldsymbol{a}|^2.$$

(3)(向量垂直的条件)两个非零向量 $\boldsymbol{a},\boldsymbol{b}$ 相互垂直的充要条件是 $\boldsymbol{a}\cdot\boldsymbol{b}=0$.

如果 $\boldsymbol{a}\cdot\boldsymbol{b}=0$,因为 $|\boldsymbol{a}|\neq0$,$|\boldsymbol{b}|\neq0$,所以 $\cos\theta=0$,从而 $\theta=\dfrac{\pi}{2}$,即 $\boldsymbol{a}\perp\boldsymbol{b}$;反之,如果 $\boldsymbol{a}\perp\boldsymbol{b}$,那么 $\theta=\dfrac{\pi}{2}$,$\cos\theta=0$,于是有 $\boldsymbol{a}\cdot\boldsymbol{b}=|\boldsymbol{a}||\boldsymbol{b}|\cos\theta=0$.

由此推出,$\boldsymbol{i}\cdot\boldsymbol{j}=\boldsymbol{j}\cdot\boldsymbol{k}=\boldsymbol{k}\cdot\boldsymbol{i}=0$, $\boldsymbol{i}\cdot\boldsymbol{i}=\boldsymbol{j}\cdot\boldsymbol{j}=\boldsymbol{k}\cdot\boldsymbol{k}=1$.

两个向量的内积满足下列运算规律:

(1) 交换律:$\boldsymbol{a}\cdot\boldsymbol{b}=\boldsymbol{b}\cdot\boldsymbol{a}$.

根据定义有

$$\boldsymbol{a}\cdot\boldsymbol{b}=|\boldsymbol{a}||\boldsymbol{b}|\cos\angle(\boldsymbol{a},\boldsymbol{b}),\boldsymbol{b}\cdot\boldsymbol{a}=|\boldsymbol{b}||\boldsymbol{a}|\cos\angle(\boldsymbol{b},\boldsymbol{a}),$$

而 $|\boldsymbol{a}||\boldsymbol{b}|=|\boldsymbol{b}||\boldsymbol{a}|$,且 $\cos\angle(\boldsymbol{a},\boldsymbol{b})=\cos\angle(\boldsymbol{b},\boldsymbol{a})$,

所以 $$\boldsymbol{a}\cdot\boldsymbol{b}=\boldsymbol{b}\cdot\boldsymbol{a}.$$

(2) 分配律：$(\boldsymbol{a}+\boldsymbol{b})\cdot\boldsymbol{c}=\boldsymbol{a}\cdot\boldsymbol{c}+\boldsymbol{b}\cdot\boldsymbol{c}$.

当 $\boldsymbol{c}=\boldsymbol{0}$ 时，上式显然成立；当 $\boldsymbol{c}\neq\boldsymbol{0}$时，有

$$(\boldsymbol{a}+\boldsymbol{b})\cdot\boldsymbol{c}=|\boldsymbol{c}|\ \mathrm{Prj}_c(\boldsymbol{a}+\boldsymbol{b}),$$

由射影的定义可知

$$\mathrm{Prj}_c(\boldsymbol{a}+\boldsymbol{b})=\mathrm{Prj}_c\boldsymbol{a}+\mathrm{Prj}_c\boldsymbol{b},$$

因此，

$$(\boldsymbol{a}+\boldsymbol{b})\cdot\boldsymbol{c}=|\boldsymbol{c}|\mathrm{Prj}_c\boldsymbol{a}+|\boldsymbol{c}|\mathrm{Prj}_c\boldsymbol{b}=\boldsymbol{a}\cdot\boldsymbol{c}+\boldsymbol{b}\cdot\boldsymbol{c}.$$

(3) 数乘结合律：$(\lambda\boldsymbol{a})\cdot\boldsymbol{b}=\boldsymbol{a}\cdot(\lambda\boldsymbol{b})=\lambda(\boldsymbol{a}\cdot\boldsymbol{b})$.

当 $\boldsymbol{b}=\boldsymbol{0}$ 时，上式显然成立；当 $\boldsymbol{b}\neq\boldsymbol{0}$时，由射影的定义可得

$$(\lambda\boldsymbol{a})\cdot\boldsymbol{b}=|\boldsymbol{b}|\ \mathrm{Prj}_b(\lambda\boldsymbol{a})=|\boldsymbol{b}|\lambda\ \mathrm{Prj}_b\,\boldsymbol{a}=\lambda|\boldsymbol{b}|\ \mathrm{Prj}_b\,\boldsymbol{a}=\lambda(\boldsymbol{a}\cdot\boldsymbol{b}).$$

根据向量内积的运算规律，可以得出如下结论：向量的内积可以像代数多项式一样展开.

注　向量的内积不满足消去律，即

$$\boldsymbol{a}\cdot\boldsymbol{b}=\boldsymbol{a}\cdot\boldsymbol{c},\ \boldsymbol{a}\neq\boldsymbol{0}\nRightarrow\boldsymbol{b}=\boldsymbol{c},$$

特别地，　$\boldsymbol{a}\cdot\boldsymbol{b}=0\nRightarrow\boldsymbol{a}=\boldsymbol{0}$或 $\boldsymbol{b}=\boldsymbol{0}$.

此外，向量的内积不满足结合律，即 $\boldsymbol{a}\cdot\boldsymbol{b}\cdot\boldsymbol{c}$ 无意义.

例 1　(1) $(\boldsymbol{a}+\boldsymbol{b})(\boldsymbol{a}-\boldsymbol{b})=\boldsymbol{a}\cdot\boldsymbol{a}-\boldsymbol{a}\cdot\boldsymbol{b}+\boldsymbol{a}\cdot\boldsymbol{b}-\boldsymbol{b}\cdot\boldsymbol{b}=\boldsymbol{a}^2-\boldsymbol{b}^2$;

(2) $(\boldsymbol{a}+\boldsymbol{b})^2=(\boldsymbol{a}+\boldsymbol{b})(\boldsymbol{a}+\boldsymbol{b})=\boldsymbol{a}^2+2\boldsymbol{a}\cdot\boldsymbol{b}+\boldsymbol{b}^2$;

(3) $(2\boldsymbol{a}+\boldsymbol{b}-\boldsymbol{c})(3\boldsymbol{a}-2\boldsymbol{b}+2\boldsymbol{c})=6\boldsymbol{a}^2-4\boldsymbol{a}\cdot\boldsymbol{b}+4\boldsymbol{a}\cdot\boldsymbol{c}+3\boldsymbol{b}\cdot\boldsymbol{a}-2\boldsymbol{b}^2+2\boldsymbol{b}\cdot\boldsymbol{c}-3\boldsymbol{c}\cdot\boldsymbol{a}+2\boldsymbol{c}\cdot\boldsymbol{b}-2\boldsymbol{c}^2=6\boldsymbol{a}^2-2\boldsymbol{b}^2-2\boldsymbol{c}^2-\boldsymbol{a}\cdot\boldsymbol{b}+\boldsymbol{a}\cdot\boldsymbol{c}+4\boldsymbol{b}\cdot\boldsymbol{c}$.

2.3.1.3　向量内积的坐标运算

下面在直角坐标系下推导两个向量内积的坐标表示式.设

$$\boldsymbol{a}=(a_x,a_y,a_z)=a_x\boldsymbol{i}+a_y\boldsymbol{j}+a_z\boldsymbol{k},$$

$$\boldsymbol{b}=(b_x,b_y,b_z)=b_x\boldsymbol{i}+b_y\boldsymbol{j}+b_z\boldsymbol{k},$$

根据内积的运算规律可得

$$\begin{aligned}\boldsymbol{a}\cdot\boldsymbol{b}&=(a_x\boldsymbol{i}+a_y\boldsymbol{j}+a_z\boldsymbol{k})(b_x\boldsymbol{i}+b_y\boldsymbol{j}+b_z\boldsymbol{k})\\&=a_xb_x\boldsymbol{i}^2+a_xb_y\boldsymbol{i}\cdot\boldsymbol{j}+a_xb_z\boldsymbol{i}\cdot\boldsymbol{k}+a_yb_x\boldsymbol{j}\cdot\boldsymbol{i}+a_yb_y\boldsymbol{j}^2+\\&\quad a_yb_z\boldsymbol{j}\cdot\boldsymbol{k}+a_zb_x\boldsymbol{k}\cdot\boldsymbol{i}+a_zb_y\boldsymbol{k}\cdot\boldsymbol{j}+a_zb_z\boldsymbol{k}^2\\&=a_xb_x+a_yb_y+a_zb_z.\end{aligned}\tag{2.3.2}$$

这就是两个向量内积的坐标表示式.即**两个向量的内积等于它们对应坐标的乘积之和.**

根据内积的定义 $\boldsymbol{a}\cdot\boldsymbol{b}=|\boldsymbol{a}||\boldsymbol{b}|\cos\theta$，可得两个非零向量的夹角公式.

$$\cos\theta=\frac{\boldsymbol{a}\cdot\boldsymbol{b}}{|\boldsymbol{a}||\boldsymbol{b}|}=\frac{a_xb_x+a_yb_y+a_zb_z}{\sqrt{a_x^2+a_y^2+a_z^2}\sqrt{b_x^2+b_y^2+b_z^2}}. \tag{2.3.3}$$

由此公式可以看出,两个非零向量垂直,即 $\boldsymbol{a}\perp\boldsymbol{b}$ 的充要条件是

$$a_xb_x+a_yb_y+a_zb_z=0. \tag{2.3.4}$$

2.3.1.4 向量内积的基本应用

由上面的讨论可知,向量的内积有以下三个方面的基本应用:

① 求长度(模长公式、距离公式);

② 求角度(夹角公式);

③ 证明垂直问题(垂直条件).

例 2 证明平行四边形对角线的平方和等于它各边的平方和.

证明 如图 2-23,在平行四边形 $OACB$ 中,设 $\overrightarrow{OA}=\boldsymbol{a}$, $\overrightarrow{OB}=\boldsymbol{b}$, $\overrightarrow{OC}=\boldsymbol{m}$, $\overrightarrow{BA}=\boldsymbol{n}$,则 $\boldsymbol{m}=\boldsymbol{a}+\boldsymbol{b}$, $\boldsymbol{n}=\boldsymbol{a}-\boldsymbol{b}$,于是,

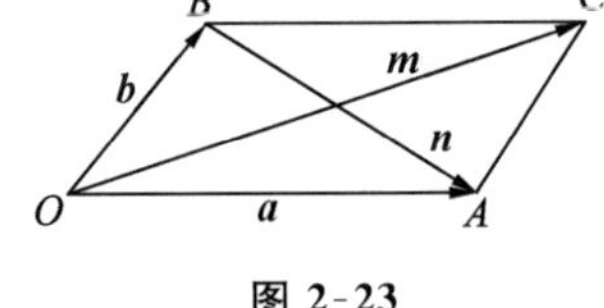

图 2-23

$$\boldsymbol{m}^2=(\boldsymbol{a}+\boldsymbol{b})^2=\boldsymbol{a}^2+2\boldsymbol{a}\cdot\boldsymbol{b}+\boldsymbol{b}^2,$$

$$\boldsymbol{n}^2=(\boldsymbol{a}-\boldsymbol{b})^2=\boldsymbol{a}^2-2\boldsymbol{a}\cdot\boldsymbol{b}+\boldsymbol{b}^2,$$

所以

$$\boldsymbol{m}^2+\boldsymbol{n}^2=2(\boldsymbol{a}^2+\boldsymbol{b}^2),$$

即

$$|\boldsymbol{m}|^2+|\boldsymbol{n}|^2=2(|\boldsymbol{a}|^2+|\boldsymbol{b}|^2).$$

结论得证.

例 3 试确定 λ 的值,使 $\boldsymbol{a}=(\lambda,-3,2)$ 与 $\boldsymbol{b}=(1,2,-\lambda)$ 相互垂直.

解 由 $\boldsymbol{a}\perp\boldsymbol{b}$ 得 $\boldsymbol{a}\cdot\boldsymbol{b}=\lambda-6-2\lambda=0$,解得 $\lambda=-6$.

例 4 已知 $A(-1,2,3)$, $B(1,1,1)$, $C(0,0,5)$,求证 $\triangle ABC$ 是直角三角形,并求 $\angle B$.

证明 如图 2-24,由题中条件可得 $\overrightarrow{BA}=(-2,1,2)$, $\overrightarrow{BC}=(-1,-1,4)$, $\overrightarrow{AC}=(1,-2,2)$.

因为 $\overrightarrow{BA}\cdot\overrightarrow{AC}=-2-2+4=0$,所以 $\overrightarrow{BA}\perp\overrightarrow{AC}$,即 $\triangle ABC$ 是直角三角形.

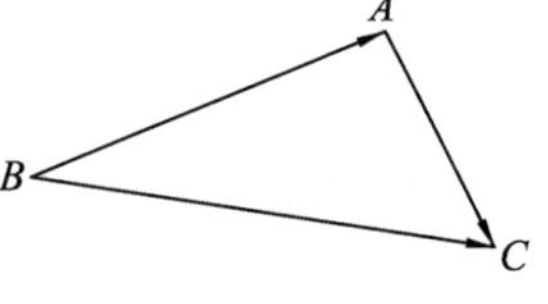

图 2-24

又因为

$$\cos\angle B=\frac{\overrightarrow{BA}\cdot\overrightarrow{BC}}{|\overrightarrow{BA}||\overrightarrow{BC}|}=\frac{2-1+8}{3\sqrt{18}}=\frac{\sqrt{2}}{2},$$

所以 $\angle B=\frac{\pi}{4}$.(注意向量方向及夹角)

2.3.2 向量的外积

2.3.2.1 向量外积的定义

物理学中，在研究物体转动问题时，不但要考虑物体所受到的力，还要分析由这些力产生的力矩.如图 2-25，设 O 为一根杠杆的支点，如果有一个力 $\boldsymbol{F}$ 作用于这根杠杆的点 A 处，$\overrightarrow{OA}=\boldsymbol{r}$，$\boldsymbol{r}$ 与 $\boldsymbol{F}$ 的夹角为 θ，那么力 $\boldsymbol{F}$ 对支点 O 的力矩是一个向量 $\boldsymbol{m}$，它的模为

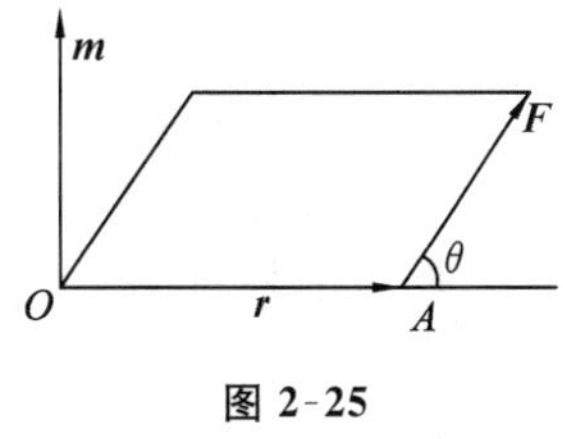

图 2-25

$$|\boldsymbol{m}|=|\boldsymbol{r}||\boldsymbol{F}|\sin\theta,$$

而向量 $\boldsymbol{m}$ 的方向垂直于由 $\boldsymbol{r}$ 和 $\boldsymbol{F}$ 确定的平面，且遵循右手法则，即由 $\overrightarrow{OA}$ 转至 $\overrightarrow{AF}$ 时拇指的指向为向量 $\boldsymbol{m}$ 的方向.这种由两个已知向量按照上面的规则确定另一个向量的情况，在其他物理问题中也会遇到，从而可以抽象出两个向量的外积的概念.

定义 2　两个向量 $\boldsymbol{a}$ 和 $\boldsymbol{b}$ 的**外积**（也称**向量积**、**叉积**、**矢量积**等）是一个向量，记作 $\boldsymbol{a}\times\boldsymbol{b}$.

（1）$\boldsymbol{a}\times\boldsymbol{b}$ 的模：$|\boldsymbol{a}\times\boldsymbol{b}|=|\boldsymbol{a}||\boldsymbol{b}|\sin\theta,\theta=\angle(\boldsymbol{a},\boldsymbol{b})$；

（2）$\boldsymbol{a}\times\boldsymbol{b}$ 的方向：与 $\boldsymbol{a},\boldsymbol{b}$ 都垂直，并且按 $\boldsymbol{a},\boldsymbol{b},\boldsymbol{a}\times\boldsymbol{b}$ 的顺序构成右手系（如图 2-26）.

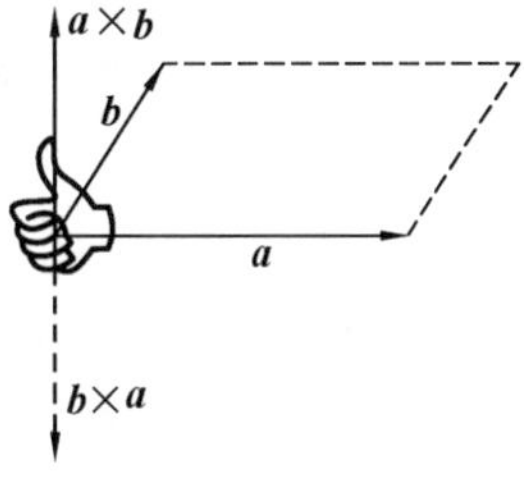

图 2-26

2.3.2.2 向量外积的性质

由两个向量的外积定义可得以下性质：

（1）$\boldsymbol{a}\times\boldsymbol{a}=\boldsymbol{0}$.

因为向量 $\boldsymbol{a}$ 与 $\boldsymbol{a}$ 的夹角 $\theta=0$，所以 $|\boldsymbol{a}\times\boldsymbol{a}|=|\boldsymbol{a}|^2\sin 0=0$，即 $\boldsymbol{a}\times\boldsymbol{a}=\boldsymbol{0}$.

（2）（向量共线的条件）两个非零向量 $\boldsymbol{a},\boldsymbol{b}$ 平行的充要条件是 $\boldsymbol{a}\times\boldsymbol{b}=\boldsymbol{0}$.

如果 $\boldsymbol{a}\times\boldsymbol{b}=\boldsymbol{0}$，由于 $|\boldsymbol{a}|\neq 0$，$|\boldsymbol{b}|\neq 0$，因此必有 $\sin\theta=0$，于是 $\theta=0$ 或 π，即 $\boldsymbol{a}/\!/\boldsymbol{b}$；反之，如果 $\boldsymbol{a}/\!/\boldsymbol{b}$，那么 $\theta=0$ 或 π，于是 $\sin\theta=0$，从而 $|\boldsymbol{a}\times\boldsymbol{b}|=0$，即 $\boldsymbol{a}\times\boldsymbol{b}=\boldsymbol{0}$.

（3）（外积的几何意义）两个向量 $\boldsymbol{a},\boldsymbol{b}$ 的外积 $\boldsymbol{a}\times\boldsymbol{b}$ 的模的几何意义是：$|\boldsymbol{a}\times\boldsymbol{b}|$ 等于以 $\boldsymbol{a},\boldsymbol{b}$ 为邻边的平行四边形的面积，即 $|\boldsymbol{a}\times\boldsymbol{b}|=S$.

两个向量的外积满足下列运算规律：

（1）反交换律：$\boldsymbol{a}\times\boldsymbol{b}=-\boldsymbol{b}\times\boldsymbol{a}$.

按右手法则从 $\boldsymbol{b}$ 转至 $\boldsymbol{a}$ 得到的方向恰好与按右手法则从 $\boldsymbol{a}$ 转至 $\boldsymbol{b}$ 得到的方向相反.它表明交换律对外积不成立.

（2）分配律：$(\boldsymbol{a}+\boldsymbol{b})\times\boldsymbol{c}=\boldsymbol{a}\times\boldsymbol{c}+\boldsymbol{b}\times\boldsymbol{c}$.

（3）数乘结合律：$(\lambda\boldsymbol{a})\times\boldsymbol{b}=\boldsymbol{a}\times(\lambda\boldsymbol{b})=\lambda(\boldsymbol{a}\times\boldsymbol{b})$.

这两个规律请读者自证.

特别地,有

$$\boldsymbol{i}\times\boldsymbol{i}=\boldsymbol{j}\times\boldsymbol{j}=\boldsymbol{k}\times\boldsymbol{k}=\boldsymbol{0},\ \boldsymbol{i}\times\boldsymbol{j}=-\boldsymbol{j}\times\boldsymbol{i}=\boldsymbol{k},$$
$$\boldsymbol{j}\times\boldsymbol{k}=-\boldsymbol{k}\times\boldsymbol{j}=\boldsymbol{i},\ \boldsymbol{k}\times\boldsymbol{i}=-\boldsymbol{i}\times\boldsymbol{k}=\boldsymbol{j}.$$

根据向量外积的运算规律,亦可得到如下结论:向量的外积也可以像代数多项式一样展开,但要注意乘积因子的次序.

向量的外积不满足消去律,即

$$\boldsymbol{a}\times\boldsymbol{b}=\boldsymbol{a}\times\boldsymbol{c},\boldsymbol{a}\neq\boldsymbol{0}\nRightarrow\boldsymbol{b}=\boldsymbol{c},$$

特别地,$\boldsymbol{a}\times\boldsymbol{b}=\boldsymbol{0}\nRightarrow\boldsymbol{a}=\boldsymbol{0}$或 $\boldsymbol{b}=\boldsymbol{0}$.

此外,向量的外积也不满足结合律,即$(\boldsymbol{a}\times\boldsymbol{b})\times\boldsymbol{c}\neq\boldsymbol{a}\times(\boldsymbol{b}\times\boldsymbol{c})$.

例 5 (1) $(\boldsymbol{a}-\boldsymbol{b})\times(\boldsymbol{a}+\boldsymbol{b})=\boldsymbol{a}\times\boldsymbol{a}+\boldsymbol{a}\times\boldsymbol{b}-\boldsymbol{b}\times\boldsymbol{a}-\boldsymbol{b}\times\boldsymbol{b}=2(\boldsymbol{a}\times\boldsymbol{b})$;

(2) $(3\boldsymbol{a}+2\boldsymbol{b})\times(\boldsymbol{a}-2\boldsymbol{b}+\boldsymbol{c})=3\boldsymbol{a}\times\boldsymbol{a}-6\boldsymbol{a}\times\boldsymbol{b}+3\boldsymbol{a}\times\boldsymbol{c}+2\boldsymbol{b}\times\boldsymbol{a}-4\boldsymbol{b}\times\boldsymbol{b}+2\boldsymbol{b}\times\boldsymbol{c}=-8\boldsymbol{a}\times\boldsymbol{b}+3\boldsymbol{a}\times\boldsymbol{c}+2\boldsymbol{b}\times\boldsymbol{c}$.

2.3.2.3 向量外积的坐标运算

下面在直角坐标系下推导两个向量外积的坐标表示式.设

$$\boldsymbol{a}=(a_x,a_y,a_z)=a_x\boldsymbol{i}+a_y\boldsymbol{j}+a_z\boldsymbol{k},$$
$$\boldsymbol{b}=(b_x,b_y,b_z)=b_x\boldsymbol{i}+b_y\boldsymbol{j}+b_z\boldsymbol{k},$$

根据外积的运算规律可得

$$\begin{aligned}\boldsymbol{a}\times\boldsymbol{b}&=(a_x\boldsymbol{i}+a_y\boldsymbol{j}+a_z\boldsymbol{k})\times(b_x\boldsymbol{i}+b_y\boldsymbol{j}+b_z\boldsymbol{k})\\&=a_xb_x\boldsymbol{i}\times\boldsymbol{i}+a_xb_y\boldsymbol{i}\times\boldsymbol{j}+a_xb_z\boldsymbol{i}\times\boldsymbol{k}+a_yb_x\boldsymbol{j}\times\boldsymbol{i}+a_yb_y\boldsymbol{j}\times\boldsymbol{j}+\\&\quad a_yb_z\boldsymbol{j}\times\boldsymbol{k}+a_zb_x\boldsymbol{k}\times\boldsymbol{i}+a_zb_y\boldsymbol{k}\times\boldsymbol{j}+a_zb_z\boldsymbol{k}\times\boldsymbol{k}\\&=(a_yb_z-b_ya_z)\boldsymbol{i}+(b_xa_z-a_xb_z)\boldsymbol{j}+(a_xb_y-b_xa_y)\boldsymbol{k}.\end{aligned}$$

利用三阶行列式,上式常写成容易记忆的形式:

$$\boldsymbol{a}\times\boldsymbol{b}=\begin{vmatrix}\boldsymbol{i}&\boldsymbol{j}&\boldsymbol{k}\\a_x&a_y&a_z\\b_x&b_y&b_z\end{vmatrix}.\tag{2.3.5}$$

2.3.2.4 向量外积的基本应用

由上面的讨论可知,向量的外积有以下三个方面的基本应用:

① 求面积(平行四边形的面积 $S=|\boldsymbol{a}\times\boldsymbol{b}|$,三角形的面积 $S=\frac{1}{2}|\overrightarrow{AB}\times\overrightarrow{AC}|$);

② 求垂直向量(已知 $\boldsymbol{a},\boldsymbol{b}$,求与 $\boldsymbol{a},\boldsymbol{b}$ 都垂直的向量 $\boldsymbol{n}=\lambda(\boldsymbol{a}\times\boldsymbol{b})$);

③ 证明平行问题(平行条件:$\boldsymbol{a}\parallel\boldsymbol{b}\Leftrightarrow\boldsymbol{a}\times\boldsymbol{b}=\boldsymbol{0}$).

例 6 已知 $\boldsymbol{a}=(2,2,1),\boldsymbol{b}=(4,5,3)$,求 $\boldsymbol{a}\times\boldsymbol{b}$,$|\boldsymbol{a}\times\boldsymbol{b}|$及其同向单位向量$(\boldsymbol{a}\times\boldsymbol{b})^{\circ}$.

解　$\boldsymbol{a}\times\boldsymbol{b}=\begin{vmatrix}\boldsymbol{i} & \boldsymbol{j} & \boldsymbol{k}\\ 2 & 2 & 1\\ 4 & 5 & 3\end{vmatrix}$

$=(2\times3-5\times1)\boldsymbol{i}+(1\times4-2\times3)\boldsymbol{j}+(2\times5-2\times4)\boldsymbol{k}$

$=(1,-2,2)$,

$|\boldsymbol{a}\times\boldsymbol{b}|=\sqrt{1^2+(-2)^2+2^2}=3$,

$(\boldsymbol{a}\times\boldsymbol{b})^\circ=\frac{1}{3}(1,-2,2)=\left(\frac{1}{3},-\frac{2}{3},\frac{2}{3}\right)$.

例 7　已知三角形的三个顶点 $A(1,2,3)$,$B(2,-1,5)$,$C(3,2,-5)$,试求(1) $\triangle ABC$ 的面积;(2) $\triangle ABC$ 的边 AB 上的高.

解　(1)如图 2-27,由题中条件可得

$\overrightarrow{AB}=(1,-3,2)$,$\overrightarrow{AC}=(2,0,-8)$,

$\overrightarrow{AB}\times\overrightarrow{AC}=\begin{vmatrix}\boldsymbol{i} & \boldsymbol{j} & \boldsymbol{k}\\ 1 & -3 & 2\\ 2 & 0 & -8\end{vmatrix}=24\boldsymbol{i}+12\boldsymbol{j}+6\boldsymbol{k}$,

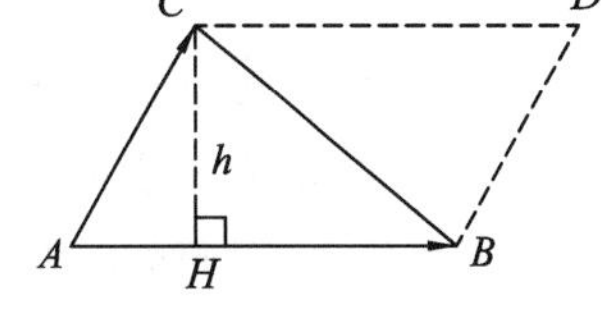

图 2-27

因此,$|\overrightarrow{AB}\times\overrightarrow{AC}|=\sqrt{24^2+12^2+6^2}=6\sqrt{21}$,

所以 $S_{\triangle ABC}=\frac{1}{2}S_{\square ABCD}=\frac{1}{2}|\overrightarrow{AB}\times\overrightarrow{AC}|=3\sqrt{21}$.

(2) $\triangle ABC$ 的边 AB 上的高 CH 即$\square ABCD$ 的边 AB 上的高,因此,

$$|\overrightarrow{CH}|=\frac{S_{\square ABCD}}{|\overrightarrow{AB}|}=\frac{|\overrightarrow{AB}\times\overrightarrow{AC}|}{|\overrightarrow{AB}|},$$

又
$$|\overrightarrow{AB}|=\sqrt{1^2+(-3)^2+2^2}=\sqrt{14},$$

所以
$$|\overrightarrow{CH}|=\frac{6\sqrt{21}}{\sqrt{14}}=3\sqrt{6}.$$

2.3.3　三向量的混合积

两个向量 $\boldsymbol{a}$,$\boldsymbol{b}$ 的外积 $\boldsymbol{a}\times\boldsymbol{b}$ 仍是一个向量,这个向量还可以与第三个向量 $\boldsymbol{c}$ 再作内积或外积.作内积得到的结果是一个数量$(\boldsymbol{a}\times\boldsymbol{b})\cdot\boldsymbol{c}$,即本节讨论的三向量的混合积;作外积得到的结果仍是一个向量$(\boldsymbol{a}\times\boldsymbol{b})\times\boldsymbol{c}$,即下一节要讨论的二重外积.

2.3.3.1　三向量混合积的定义

定义 3　已知空间三向量 $\boldsymbol{a}$,$\boldsymbol{b}$,$\boldsymbol{c}$,如果先作向量 $\boldsymbol{a}$ 和 $\boldsymbol{b}$ 的外积,再作所得向量与第三个向量 $\boldsymbol{c}$ 的内积,那么可得数量$(\boldsymbol{a}\times\boldsymbol{b})\cdot\boldsymbol{c}$,该数量称为三向量 $\boldsymbol{a}$,$\boldsymbol{b}$,$\boldsymbol{c}$

的**混合积**,记作$(\boldsymbol{a},\boldsymbol{b},\boldsymbol{c})$或$(\boldsymbol{abc})$.

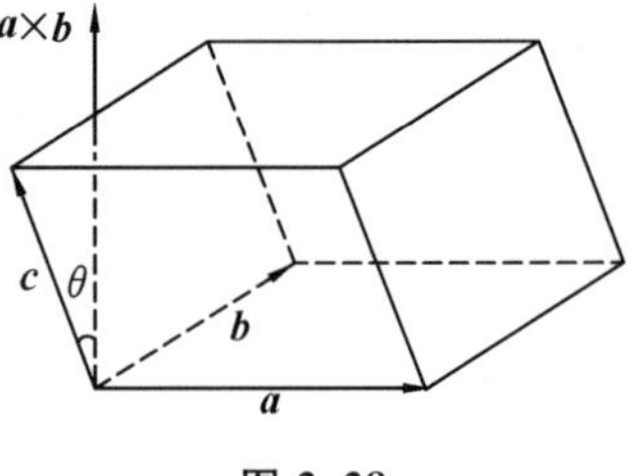

图 2-28

事实上,按外积的定义,$\boldsymbol{a}\times\boldsymbol{b}$是一个向量,它的模在数值上等于以向量$\boldsymbol{a}$和$\boldsymbol{b}$为边所作平行四边形的面积,它的方向垂直于这个平行四边形所在的平面.当$\boldsymbol{a},\boldsymbol{b},\boldsymbol{c}$组成右手系时,向量$\boldsymbol{a}\times\boldsymbol{b}$与向量$\boldsymbol{c}$朝着该平面的同侧(如图 2-28);当$\boldsymbol{a},\boldsymbol{b},\boldsymbol{c}$组成左手系时,向量$\boldsymbol{a}\times\boldsymbol{b}$与向量$\boldsymbol{c}$朝着该平面的异侧.因此,如果设$\boldsymbol{a}\times\boldsymbol{b}$与$\boldsymbol{c}$的夹角为$\theta$,那么当$\boldsymbol{a},\boldsymbol{b},\boldsymbol{c}$组成右手系时,$\theta$为锐角;当$\boldsymbol{a},\boldsymbol{b},\boldsymbol{c}$组成左手系时,$\theta$为钝角.因为

$$(\boldsymbol{a},\boldsymbol{b},\boldsymbol{c})=(\boldsymbol{a}\times\boldsymbol{b})\cdot\boldsymbol{c}=|\boldsymbol{a}\times\boldsymbol{b}||\boldsymbol{c}|\cos\theta,$$

所以当$\boldsymbol{a},\boldsymbol{b},\boldsymbol{c}$组成右手系时,$(\boldsymbol{a},\boldsymbol{b},\boldsymbol{c})$为正;当$\boldsymbol{a},\boldsymbol{b},\boldsymbol{c}$组成左手系时,$(\boldsymbol{a},\boldsymbol{b},\boldsymbol{c})$为负.

2.3.3.2　混合积的性质

以向量$\boldsymbol{a},\boldsymbol{b},\boldsymbol{c}$为棱的平行六面体的底面积等于$|\boldsymbol{a}\times\boldsymbol{b}|$,高$h$等于向量$\boldsymbol{c}$在向量$\boldsymbol{a}\times\boldsymbol{b}$上的射影的绝对值,即

$$h=|\mathrm{Prj}_{\boldsymbol{a}\times\boldsymbol{b}}\boldsymbol{c}|=|\boldsymbol{c}|\cos\theta,$$

该平行六面体的体积为

$$V=|\boldsymbol{a}\times\boldsymbol{b}||\boldsymbol{c}||\cos\theta|=|(\boldsymbol{a},\boldsymbol{b},\boldsymbol{c})|.$$

由以上描述可知,三向量的混合积具有下述几何意义:

(1) (几何意义)不共面的三向量$\boldsymbol{a},\boldsymbol{b},\boldsymbol{c}$的混合积的绝对值等于以$\boldsymbol{a},\boldsymbol{b},\boldsymbol{c}$为棱的平行六面体的体积$V$,即

$$|(\boldsymbol{a},\boldsymbol{b},\boldsymbol{c})|=V.$$

当$\boldsymbol{a},\boldsymbol{b},\boldsymbol{c}$构成右手系时,其混合积是正数;当$\boldsymbol{a},\boldsymbol{b},\boldsymbol{c}$构成左手系时,其混合积是负数.因此,混合积也称**有向体积**.

(2) (共面条件)三个向量$\boldsymbol{a},\boldsymbol{b},\boldsymbol{c}$共面的充要条件是$(\boldsymbol{a},\boldsymbol{b},\boldsymbol{c})=0$.特别地,$(\boldsymbol{a},\lambda\boldsymbol{a},\boldsymbol{c})=0$,$(\boldsymbol{a},\boldsymbol{a},\boldsymbol{c})=0$.

混合积具有下面的运算性质:

① 因子轮换,其值不变,即$(\boldsymbol{a},\boldsymbol{b},\boldsymbol{c})=(\boldsymbol{b},\boldsymbol{c},\boldsymbol{a})=(\boldsymbol{c},\boldsymbol{a},\boldsymbol{b})$;

② 对调其中两个向量,其值变号,即$(\boldsymbol{a},\boldsymbol{b},\boldsymbol{c})=-(\boldsymbol{b},\boldsymbol{a},\boldsymbol{c})=-(\boldsymbol{c},\boldsymbol{b},\boldsymbol{a})=-(\boldsymbol{a},\boldsymbol{c},\boldsymbol{b})$.

推论　$(\boldsymbol{a},\boldsymbol{b},\boldsymbol{c})=(\boldsymbol{a}\times\boldsymbol{b})\cdot\boldsymbol{c}=\boldsymbol{a}\cdot(\boldsymbol{b}\times\boldsymbol{c})$.

例 8　三个向量$\boldsymbol{a},\boldsymbol{b},\boldsymbol{c}$满足$\boldsymbol{a}\times\boldsymbol{b}+\boldsymbol{b}\times\boldsymbol{c}+\boldsymbol{c}\times\boldsymbol{a}=\boldsymbol{0}$,证明$\boldsymbol{a},\boldsymbol{b},\boldsymbol{c}$共面.

证明　等式两端与$\boldsymbol{a}$作内积得

$$(\boldsymbol{a},\boldsymbol{a},\boldsymbol{b})+(\boldsymbol{a},\boldsymbol{b},\boldsymbol{c})+(\boldsymbol{a},\boldsymbol{c},\boldsymbol{a})=0.$$

因为
$$(\boldsymbol{a},\boldsymbol{a},\boldsymbol{b})=0,\ (\boldsymbol{a},\boldsymbol{c},\boldsymbol{a})=0,$$
所以$(\boldsymbol{a},\boldsymbol{b},\boldsymbol{c})=0$,即 $\boldsymbol{a},\boldsymbol{b},\boldsymbol{c}$ 共面.

例 9　设 $\boldsymbol{a},\boldsymbol{b},\boldsymbol{c}$ 为三个不共面的向量,求 $\boldsymbol{d}$ 关于 $\boldsymbol{a},\boldsymbol{b},\boldsymbol{c}$ 的分解式.

解　因为 $\boldsymbol{a},\boldsymbol{b},\boldsymbol{c}$ 不共面,所以设 $\boldsymbol{d}=x\boldsymbol{a}+y\boldsymbol{b}+z\boldsymbol{c}$.

下面确定系数 x,y,z 的值,等式两端分别与 $\boldsymbol{b}\times\boldsymbol{c}$ 作内积得
$$(\boldsymbol{d},\boldsymbol{b},\boldsymbol{c})=x(\boldsymbol{a},\boldsymbol{b},\boldsymbol{c})+y(\boldsymbol{b},\boldsymbol{b},\boldsymbol{c})+z(\boldsymbol{c},\boldsymbol{b},\boldsymbol{c}).$$
由 $\boldsymbol{a},\boldsymbol{b},\boldsymbol{c}$ 不共面知$(\boldsymbol{a},\boldsymbol{b},\boldsymbol{c})\neq 0$,又$(\boldsymbol{b},\boldsymbol{b},\boldsymbol{c})=0$,$(\boldsymbol{c},\boldsymbol{b},\boldsymbol{c})=0$,所以,
$$x=\frac{(\boldsymbol{d},\boldsymbol{b},\boldsymbol{c})}{(\boldsymbol{a},\boldsymbol{b},\boldsymbol{c})}.$$
同理可得 $y=\dfrac{(\boldsymbol{a},\boldsymbol{d},\boldsymbol{c})}{(\boldsymbol{a},\boldsymbol{b},\boldsymbol{c})}$, $z=\dfrac{(\boldsymbol{a},\boldsymbol{b},\boldsymbol{d})}{(\boldsymbol{a},\boldsymbol{b},\boldsymbol{c})}$.(克莱姆法则)

2.3.3.3　混合积的坐标运算

下面在直角坐标系下,讨论三向量混合积的坐标表示式.设
$$\boldsymbol{a}=(x_1,y_1,z_1),\ \boldsymbol{b}=(x_2,y_2,z_2),\ \boldsymbol{c}=(x_3,y_3,z_3),$$
则
$$\boldsymbol{a}\times\boldsymbol{b}=\begin{vmatrix}\boldsymbol{i} & \boldsymbol{j} & \boldsymbol{k}\\ x_1 & y_1 & z_1\\ x_2 & y_2 & z_2\end{vmatrix}=\begin{vmatrix}y_1 & z_1\\ y_2 & z_2\end{vmatrix}\boldsymbol{i}+\begin{vmatrix}z_1 & x_1\\ z_2 & x_2\end{vmatrix}\boldsymbol{j}+\begin{vmatrix}x_1 & y_1\\ x_2 & y_2\end{vmatrix}\boldsymbol{k},$$
根据向量内积的坐标表示式,得
$$(\boldsymbol{a},\boldsymbol{b},\boldsymbol{c})=(\boldsymbol{a}\times\boldsymbol{b})\cdot\boldsymbol{c}=x_3\begin{vmatrix}y_1 & z_1\\ y_2 & z_2\end{vmatrix}+y_3\begin{vmatrix}z_1 & x_1\\ z_2 & x_2\end{vmatrix}+z_3\begin{vmatrix}x_1 & y_1\\ x_2 & y_2\end{vmatrix}$$
$$=\begin{vmatrix}x_1 & y_1 & z_1\\ x_2 & y_2 & z_2\\ x_3 & y_3 & z_3\end{vmatrix},\tag{2.3.6}$$
三向量的混合积等于这三个向量的坐标组成的三阶行列式的值.这样,我们就把行列式的有关性质,相应地推广到混合积中.

2.3.3.4　混合积的应用

由上面的讨论可知,向量的混合积有以下两个方面的基本应用:

① 求体积$\left(\text{平行六面体: } V_6=|(\boldsymbol{a},\boldsymbol{b},\boldsymbol{c})|\text{,四面体: } V_4=\right.$

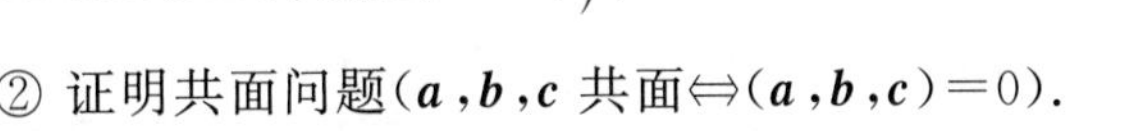

$\left.\dfrac{1}{6}|(\overrightarrow{AB},\overrightarrow{AC},\overrightarrow{AD})|\text{(如图 2-29)}\right)$;

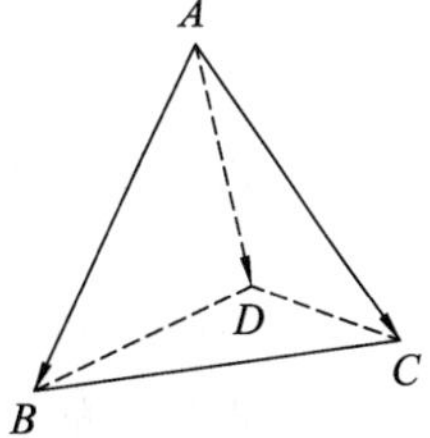

图 2-29

② 证明共面问题($\boldsymbol{a},\boldsymbol{b},\boldsymbol{c}$ 共面$\Leftrightarrow(\boldsymbol{a},\boldsymbol{b},\boldsymbol{c})=0$).

例 10　求以三向量 $\boldsymbol{a}=(2,-3,1)$, $\boldsymbol{b}=(1,-2,0)$, $\boldsymbol{c}=(1,-1,3)$为棱的

平行六面体的体积 V.

解 $(\boldsymbol{a},\boldsymbol{b},\boldsymbol{c})=\begin{vmatrix}2 & -3 & 1\\ 1 & -2 & 0\\ 1 & -1 & 3\end{vmatrix}=-12+9+1=-2.$

由混合积的几何意义得 $V=|(\boldsymbol{a},\boldsymbol{b},\boldsymbol{c})|=2$.

例 11 求顶点为 $A(3,1,2),B(0,1,3),C(2,3,-1),D(4,3,2)$ 的四面体的体积和从点 D 所引的高的长.

解 (1) 由题中条件得

$$\overrightarrow{AB}=(-3,0,1),\overrightarrow{AC}=(-1,2,-3),\overrightarrow{AD}=(1,2,0).$$

$$(\overrightarrow{AB},\overrightarrow{AC},\overrightarrow{AD})=\begin{vmatrix}-3 & 0 & 1\\ -1 & 2 & -3\\ 1 & 2 & 0\end{vmatrix}=-22,$$

因此,$V_4=\dfrac{1}{6}|(\overrightarrow{AB},\overrightarrow{AC},\overrightarrow{AD})|=\dfrac{11}{3}$.

(2) $\overrightarrow{AB}\times\overrightarrow{AC}=\begin{vmatrix}\vec{\boldsymbol{i}} & \vec{\boldsymbol{j}} & \vec{\boldsymbol{k}}\\ -3 & 0 & 1\\ -1 & 2 & -3\end{vmatrix}=-2\vec{\boldsymbol{i}}-10\vec{\boldsymbol{j}}-6\vec{\boldsymbol{k}}$, 因此, $h_D=\dfrac{|(\overrightarrow{AB},\overrightarrow{AC},\overrightarrow{AD})|}{|\overrightarrow{AB}\times\overrightarrow{AC}|}=\dfrac{22}{2\sqrt{35}}=\dfrac{11\sqrt{35}}{35}$.

*2.3.4 二重外积

2.3.4.1 二重外积的定义

定义 4 给定三个空间向量,先作其中两个向量的外积,再作所得向量与第三个向量的外积,所得的结果仍然是一个向量,这个向量就称为所给三个向量的**二重外积**(又称**二重向量积**、**二重叉积**或**二重矢积**).

例如,$(\boldsymbol{a}\times\boldsymbol{b})\times\boldsymbol{c}$ 就是三个向量 $\boldsymbol{a},\boldsymbol{b},\boldsymbol{c}$ 的一个二重外积.

2.3.4.2 二重外积的性质

首先可以确定的是,$(\boldsymbol{a}\times\boldsymbol{b})\times\boldsymbol{c}$ 是与 $\boldsymbol{a},\boldsymbol{b}$ 共面且垂直于 $\boldsymbol{c}$ 的向量.根据向量外积的定义,可知$(\boldsymbol{a}\times\boldsymbol{b})\times\boldsymbol{c}$ 与向量 $\boldsymbol{c}$ 垂直,且与 $\boldsymbol{a}\times\boldsymbol{b}$ 垂直,而 $\boldsymbol{a},\boldsymbol{b}$ 也与 $\boldsymbol{a}\times\boldsymbol{b}$ 垂直,所以$(\boldsymbol{a}\times\boldsymbol{b})\times\boldsymbol{c}$ 与 $\boldsymbol{a},\boldsymbol{b}$ 共面.

二重外积的上述几何关系可以概括为下面的定理.

定理 1 对于所给的三个向量 $\boldsymbol{a},\boldsymbol{b},\boldsymbol{c}$,有

$$(\boldsymbol{a}\times\boldsymbol{b})\times\boldsymbol{c}=(\boldsymbol{a}\cdot\boldsymbol{c})\boldsymbol{b}-(\boldsymbol{b}\cdot\boldsymbol{c})\boldsymbol{a}. \tag{2.3.7}$$

证明 如果 $\boldsymbol{a},\boldsymbol{b},\boldsymbol{c}$ 中有一个为零向量,或 $\boldsymbol{a}$ 与 $\boldsymbol{b}$ 共线,或 $\boldsymbol{c}$ 与 $\boldsymbol{a},\boldsymbol{b}$ 都垂直,

那么式(2.3.7)两边都为零向量,定理显然成立.

现在设 $\boldsymbol{a},\boldsymbol{b},\boldsymbol{c}$ 为三个非零向量,且 $\boldsymbol{a}$ 与 $\boldsymbol{b}$ 不共线.为了证明这时式(2.3.7)也成立,先证明当 $\boldsymbol{c}=\boldsymbol{a}$ 时成立,即证

$$(\boldsymbol{a}\times\boldsymbol{b})\times\boldsymbol{a}=(\boldsymbol{a}^2)\boldsymbol{b}-(\boldsymbol{a}\cdot\boldsymbol{b})\boldsymbol{a}. \tag{2.3.8}$$

由于 $(\boldsymbol{a}\times\boldsymbol{b})\times\boldsymbol{a},\boldsymbol{a},\boldsymbol{b}$ 共面,而 $\boldsymbol{a}$ 与 $\boldsymbol{b}$ 不共线,因此可设

$$(\boldsymbol{a}\times\boldsymbol{b})\times\boldsymbol{a}=\lambda\boldsymbol{a}+\mu\boldsymbol{b}, \tag{2.3.9}$$

上式两边先后与 $\boldsymbol{a},\boldsymbol{b}$ 作内积得

$$\lambda(\boldsymbol{a}^2)+\mu(\boldsymbol{a}\cdot\boldsymbol{b})=0,$$
$$\lambda(\boldsymbol{a}\cdot\boldsymbol{b})+\mu(\boldsymbol{b}^2)=(\boldsymbol{a}\times\boldsymbol{b})^2.$$

又 $\quad(\boldsymbol{a}\times\boldsymbol{b})^2=\boldsymbol{a}^2\boldsymbol{b}^2\sin^2\angle(\boldsymbol{a},\boldsymbol{b}),\ (\boldsymbol{a}\cdot\boldsymbol{b})^2=\boldsymbol{a}^2\boldsymbol{b}^2\cos^2\angle(\boldsymbol{a},\boldsymbol{b}),$

所以 $\quad(\boldsymbol{a}\times\boldsymbol{b})^2+(\boldsymbol{a}\cdot\boldsymbol{b})^2=\boldsymbol{a}^2\boldsymbol{b}^2[\sin^2\angle(\boldsymbol{a},\boldsymbol{b})+\cos^2\angle(\boldsymbol{a},\boldsymbol{b})]=\boldsymbol{a}^2\boldsymbol{b}^2.$

解得 $\quad\lambda=-\boldsymbol{a}\cdot\boldsymbol{b},\ \mu=\boldsymbol{a}^2,$

将 λ,μ 代入式(2.3.9)即得式(2.3.8).

下面证明式(2.3.7)成立.因为三向量 $\boldsymbol{a},\boldsymbol{b},\boldsymbol{a}\times\boldsymbol{b}$ 不共面,所以对于空间中的任意向量 $\boldsymbol{c}$,总有

$$\boldsymbol{c}=\alpha\boldsymbol{a}+\beta\boldsymbol{b}+\gamma(\boldsymbol{a}\times\boldsymbol{b}),$$

从而有

$$\begin{aligned}(\boldsymbol{a}\times\boldsymbol{b})\times\boldsymbol{c}&=(\boldsymbol{a}\times\boldsymbol{b})\times[\alpha\boldsymbol{a}+\beta\boldsymbol{b}+\gamma(\boldsymbol{a}\times\boldsymbol{b})]\\&=\alpha[(\boldsymbol{a}\times\boldsymbol{b})\times\boldsymbol{a}]+\beta[(\boldsymbol{a}\times\boldsymbol{b})\times\boldsymbol{b}],\end{aligned}$$

利用式(2.3.8)可得

$$\begin{aligned}(\boldsymbol{a}\times\boldsymbol{b})\times\boldsymbol{c}&=\alpha[(\boldsymbol{a}^2)\boldsymbol{b}-(\boldsymbol{a}\cdot\boldsymbol{b})\boldsymbol{a}]-\beta[(\boldsymbol{b}^2)\boldsymbol{a}-(\boldsymbol{a}\cdot\boldsymbol{b})\boldsymbol{b}]\\&=[\alpha(\boldsymbol{a}^2)+\beta(\boldsymbol{a}\cdot\boldsymbol{b})]\boldsymbol{b}-[\alpha(\boldsymbol{a}\cdot\boldsymbol{b})+\beta(\boldsymbol{b}^2)]\boldsymbol{a}\\&=\{\boldsymbol{a}\cdot[\alpha\boldsymbol{a}+\beta\boldsymbol{b}+\gamma(\boldsymbol{a}\times\boldsymbol{b})]\}\boldsymbol{b}-\{\boldsymbol{b}\cdot[\alpha\boldsymbol{a}+\beta\boldsymbol{b}+\gamma(\boldsymbol{a}\times\boldsymbol{b})]\}\boldsymbol{a}\\&=(\boldsymbol{a}\cdot\boldsymbol{c})\boldsymbol{b}-(\boldsymbol{b}\cdot\boldsymbol{c})\boldsymbol{a},\end{aligned}$$

即式(2.3.7)成立.定理证毕.

必须指出,一般情况下,

$$(\boldsymbol{a}\times\boldsymbol{b})\times\boldsymbol{c}\neq\boldsymbol{a}\times(\boldsymbol{b}\times\boldsymbol{c}).$$

这是因为

$$\begin{aligned}\boldsymbol{a}\times(\boldsymbol{b}\times\boldsymbol{c})&=-(\boldsymbol{b}\times\boldsymbol{c})\times\boldsymbol{a}=(\boldsymbol{c}\times\boldsymbol{b})\times\boldsymbol{a}\\&=(\boldsymbol{a}\cdot\boldsymbol{c})\boldsymbol{b}-(\boldsymbol{a}\cdot\boldsymbol{b})\boldsymbol{c}.\end{aligned} \tag{2.3.10}$$

比较式(2.3.7)和式(2.3.9)可知,$\boldsymbol{a}\times(\boldsymbol{b}\times\boldsymbol{c})$ 和 $(\boldsymbol{a}\times\boldsymbol{b})\times\boldsymbol{c}$ 在一般情况下是两个不同的向量.因此,二重外积不满足结合律.

但公式(2.3.7)和(2.3.9)有共同的易于记忆的规律:**三向量的二重外积等于中间的向量与其余两向量的内积的乘积减去括号中另一个向量与其余向量的内**

积的乘积.

利用公式(2.3.7)可以证明**拉格朗日恒等式**:

$$(\boldsymbol{a}\times\boldsymbol{b})\cdot(\boldsymbol{a}'\times\boldsymbol{b}')=\begin{vmatrix}\boldsymbol{a}\cdot\boldsymbol{a}' & \boldsymbol{a}\cdot\boldsymbol{b}'\\ \boldsymbol{b}\cdot\boldsymbol{a}' & \boldsymbol{b}\cdot\boldsymbol{b}'\end{vmatrix}. \tag{2.3.11}$$

由混合积的运算性质的推论$(\boldsymbol{a},\boldsymbol{b},\boldsymbol{c})=(\boldsymbol{a}\times\boldsymbol{b})\cdot\boldsymbol{c}=\boldsymbol{a}\cdot(\boldsymbol{b}\times\boldsymbol{c})$和定理1中的式(2.3.7)可得

$$\begin{aligned}(\boldsymbol{a}\times\boldsymbol{b})\cdot(\boldsymbol{a}'\times\boldsymbol{b}')&=[(\boldsymbol{a}\times\boldsymbol{b})\times\boldsymbol{a}']\cdot\boldsymbol{b}'\\&=[(\boldsymbol{a}\cdot\boldsymbol{a}')\boldsymbol{b}-(\boldsymbol{b}\cdot\boldsymbol{a}')\boldsymbol{a}]\cdot\boldsymbol{b}'\\&=(\boldsymbol{a}\cdot\boldsymbol{a}')(\boldsymbol{b}\cdot\boldsymbol{b}')-(\boldsymbol{a}\cdot\boldsymbol{b}')(\boldsymbol{b}\cdot\boldsymbol{a}')\\&=\begin{vmatrix}\boldsymbol{a}\cdot\boldsymbol{a}' & \boldsymbol{a}\cdot\boldsymbol{b}'\\ \boldsymbol{b}\cdot\boldsymbol{a}' & \boldsymbol{b}\cdot\boldsymbol{b}'\end{vmatrix}.\end{aligned}$$

式(2.3.11)得证.

拉格朗日恒等式的一种特殊情况如下:

$$(\boldsymbol{a}\times\boldsymbol{b})^2=\boldsymbol{a}^2\boldsymbol{b}^2-(\boldsymbol{a}\cdot\boldsymbol{b})^2.$$

例 12 试证$(\boldsymbol{a}\times\boldsymbol{b})\times\boldsymbol{c}+(\boldsymbol{b}\times\boldsymbol{c})\times\boldsymbol{a}+(\boldsymbol{c}\times\boldsymbol{a})\times\boldsymbol{b}=\boldsymbol{0}$.

证明 因为

$$\begin{aligned}(\boldsymbol{a}\times\boldsymbol{b})\times\boldsymbol{c}&=(\boldsymbol{a}\cdot\boldsymbol{c})\boldsymbol{b}-(\boldsymbol{b}\cdot\boldsymbol{c})\boldsymbol{a},\\(\boldsymbol{b}\times\boldsymbol{c})\times\boldsymbol{a}&=(\boldsymbol{a}\cdot\boldsymbol{b})\boldsymbol{c}-(\boldsymbol{a}\cdot\boldsymbol{c})\boldsymbol{b},\\(\boldsymbol{c}\times\boldsymbol{a})\times\boldsymbol{b}&=(\boldsymbol{b}\cdot\boldsymbol{c})\boldsymbol{a}-(\boldsymbol{a}\cdot\boldsymbol{b})\boldsymbol{c},\end{aligned}$$

三式相加得$(\boldsymbol{a}\times\boldsymbol{b})\times\boldsymbol{c}+(\boldsymbol{b}\times\boldsymbol{c})\times\boldsymbol{a}+(\boldsymbol{c}\times\boldsymbol{a})\times\boldsymbol{b}=\boldsymbol{0}$.

例 13 证明$(\boldsymbol{a}\times\boldsymbol{b})\times(\boldsymbol{a}'\times\boldsymbol{b}')=(\boldsymbol{a},\boldsymbol{b},\boldsymbol{b}')\boldsymbol{a}'-(\boldsymbol{a},\boldsymbol{b},\boldsymbol{a}')\boldsymbol{b}'=(\boldsymbol{a},\boldsymbol{a}',\boldsymbol{b}')\boldsymbol{b}-(\boldsymbol{b},\boldsymbol{a}',\boldsymbol{b}')\boldsymbol{a}$.

证明 设$\boldsymbol{a}\times\boldsymbol{b}=\boldsymbol{d}$,则

$$\begin{aligned}(\boldsymbol{a}\times\boldsymbol{b})\times(\boldsymbol{a}'\times\boldsymbol{b}')&=\boldsymbol{d}\times(\boldsymbol{a}'\times\boldsymbol{b}')\\&=(\boldsymbol{d}\cdot\boldsymbol{b}')\boldsymbol{a}'-(\boldsymbol{d}\cdot\boldsymbol{a}')\boldsymbol{b}'\\&=[(\boldsymbol{a}\times\boldsymbol{b})\cdot\boldsymbol{b}']\boldsymbol{a}'-[(\boldsymbol{a}\times\boldsymbol{b})\cdot\boldsymbol{a}']\boldsymbol{b}'\\&=(\boldsymbol{a},\boldsymbol{b},\boldsymbol{b}')\boldsymbol{a}'-(\boldsymbol{a},\boldsymbol{b},\boldsymbol{a}')\boldsymbol{b}',\\(\boldsymbol{a}\times\boldsymbol{b})\times(\boldsymbol{a}'\times\boldsymbol{b}')&=-(\boldsymbol{a}'\times\boldsymbol{b}')\times(\boldsymbol{a}\times\boldsymbol{b})\\&=-[(\boldsymbol{a}',\boldsymbol{b}',\boldsymbol{b})\boldsymbol{a}-(\boldsymbol{a}',\boldsymbol{b}',\boldsymbol{a})\boldsymbol{b}]\\&=(\boldsymbol{a},\boldsymbol{a}',\boldsymbol{b}')\boldsymbol{b}-(\boldsymbol{b},\boldsymbol{a}',\boldsymbol{b}')\boldsymbol{a}.\end{aligned}$$

*2.4 向量的应用示例

研究几何问题,一般来说有三种方法:一是在中学开始阶段所学的综合法;二是在中学后阶段所学的坐标法;三是向量法.我们已经知道,运用向量的线性

运算可以解决比较简单的初等几何问题.本节将通过一些例题来说明如何用向量解决比较复杂的初等几何问题,我们将发现,用向量法解决问题比综合法和坐标法便捷.另外,向量在物理学中有着广泛的应用,本节也将通过具体的实例来展示向量法在解决物理问题中的应用.

首先介绍向量在解决初等几何问题中的应用.

例 1　证明四面体对边中点的连线交于一点,且互相平分.

证明　设四面体 $ABCD$ 一组对边 AB,CD 的中点分别为 E,F,EF 的中点为 P_1(如图 2-30),其余两组对边的中点连线的中点分别为 P_2,P_3.只要证明 P_1,P_2,P_3 三点重合即可.取不共面的三个向量 $\overrightarrow{AB}=\boldsymbol{e}_1$,$\overrightarrow{AC}=\boldsymbol{e}_2$,$\overrightarrow{AD}=\boldsymbol{e}_3$,先求 $\overrightarrow{AP_1}$ 用 $\boldsymbol{e}_1$,$\boldsymbol{e}_2$,$\boldsymbol{e}_3$ 线性表示的关系式.

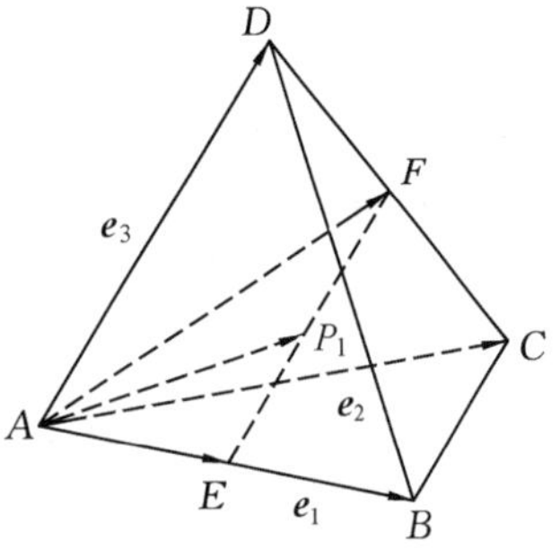

图 2-30

连接 AF,因为 AP_1 是 $\triangle AEF$ 的中线,所以,

$$\overrightarrow{AP_1}=\frac{1}{2}(\overrightarrow{AE}+\overrightarrow{AF}).$$

又因为 AF 是 $\triangle ACD$ 的中线,所以,

$$\overrightarrow{AF}=\frac{1}{2}(\overrightarrow{AC}+\overrightarrow{AD})=\frac{1}{2}(\boldsymbol{e}_2+\boldsymbol{e}_3),$$

而

$$\overrightarrow{AE}=\frac{1}{2}\overrightarrow{AB}=\frac{1}{2}\boldsymbol{e}_1,$$

从而

$$\overrightarrow{AP_1}=\frac{1}{2}\left[\frac{1}{2}\boldsymbol{e}_1+\frac{1}{2}(\boldsymbol{e}_2+\boldsymbol{e}_3)\right]=\frac{1}{4}(\boldsymbol{e}_1+\boldsymbol{e}_2+\boldsymbol{e}_3).$$

同理可得

$$\overrightarrow{AP_i}=\frac{1}{4}(\boldsymbol{e}_1+\boldsymbol{e}_2+\boldsymbol{e}_3)\ (i=2,3),$$

即

$$\overrightarrow{AP_1}=\overrightarrow{AP_2}=\overrightarrow{AP_3},$$

从而 P_1,P_2,P_3 三点重合.命题得证.

此例是带有定比的共点问题,应注意基本向量的选取和证明思路的梳理.

例 2　求证三角形的三条高线共点(此点称为三角形的垂心).

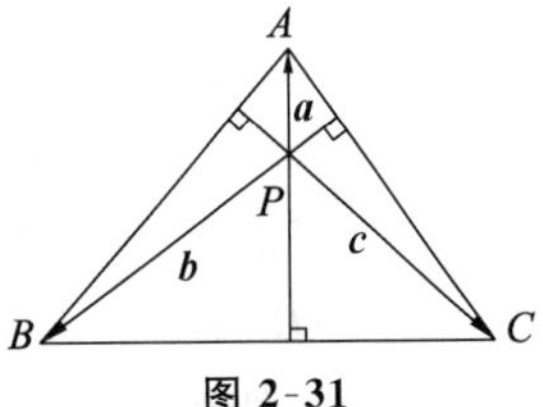

图 2-31

证明　设 $\triangle ABC$ 的边 BC,CA 上的高交于点 P(如图 2-31),$\overrightarrow{PA}=\boldsymbol{a}$,$\overrightarrow{PB}=\boldsymbol{b}$,$\overrightarrow{PC}=\boldsymbol{c}$,则 $\overrightarrow{AB}=\boldsymbol{b}-\boldsymbol{a}$,$\overrightarrow{BC}=\boldsymbol{c}-\boldsymbol{b}$,$\overrightarrow{CA}=\boldsymbol{a}-\boldsymbol{c}$.

因为 $\overrightarrow{PA}\perp\overrightarrow{BC}$,所以 $\boldsymbol{a}(\boldsymbol{c}-\boldsymbol{b})=0$,即 $\boldsymbol{ac}=\boldsymbol{ab}$.

又因为$\overrightarrow{PB}\perp\overrightarrow{CA}$，所以$\boldsymbol{b}(\boldsymbol{a}-\boldsymbol{c})=0$，即$\boldsymbol{ab}=\boldsymbol{bc}$.

从而$\boldsymbol{ac}=\boldsymbol{bc}$，即$\boldsymbol{c}(\boldsymbol{b}-\boldsymbol{a})=0$，$\overrightarrow{PC}\perp\overrightarrow{AB}$.

这也就证明了点 P 在$\triangle ABC$ 第三条边 AB 的高线上.综上，$\triangle ABC$ 的三条高线交于一点 P.

此例是不带定比的共点问题，应注意基本向量的选取和证明思路的梳理.

例 3　已知$\triangle A_1A_2A_3$ 及不在边上的任意一点 P，设 P_1 是 P 关于 A_1 的对称点，P_2 是 P_1 关于 A_2 的对称点，P_3 是 P_2 关于 A_3 的对称点，P_4 是 P_3 关于 A_1 的对称点，P_5 是 P_4 关于 A_2 的对称点，P_6 是 P_5 关于 A_3 的对称点，求证点 P_6 与点 P 重合.

证明　取不在$\triangle A_1A_2A_3$ 的边上的一点 O 为始点(图 2-32)，于是在$\triangle OP_1P$ 中，OA_1 是中线. 因此，

$$2\overrightarrow{OA_1}=\overrightarrow{OP}+\overrightarrow{OP_1}，即\overrightarrow{OP_1}=2\overrightarrow{OA_1}-\overrightarrow{OP}.$$

同理，有

$$\overrightarrow{OP_2}=2\overrightarrow{OA_2}-\overrightarrow{OP_1},\ \overrightarrow{OP_3}=2\overrightarrow{OA_3}-\overrightarrow{OP_2},$$

$$\overrightarrow{OP_4}=2\overrightarrow{OA_1}-\overrightarrow{OP_3},\ \overrightarrow{OP_5}=2\overrightarrow{OA_2}-\overrightarrow{OP_4},$$

$$\overrightarrow{OP_6}=2\overrightarrow{OA_3}-\overrightarrow{OP_5},$$

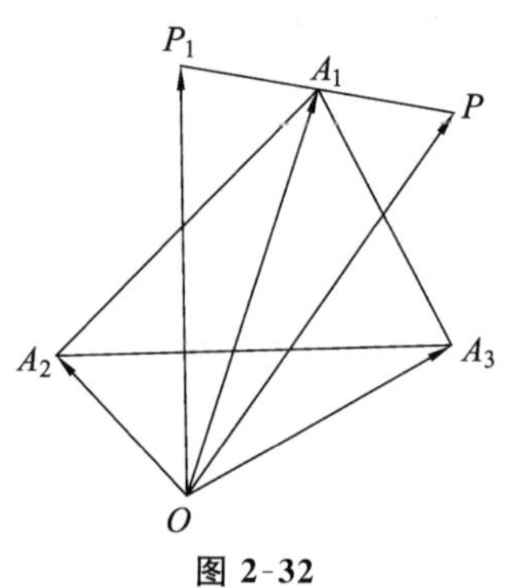

图 2-32

将$\overrightarrow{OP_1}$，$\overrightarrow{OP_3}$，$\overrightarrow{OP_5}$相加得

$$\overrightarrow{OP_1}+\overrightarrow{OP_3}+\overrightarrow{OP_5}=2(\overrightarrow{OA_1}+\overrightarrow{OA_2}+\overrightarrow{OA_3})-(\overrightarrow{OP}+\overrightarrow{OP_2}+\overrightarrow{OP_4}).$$

将$\overrightarrow{OP_2}$，$\overrightarrow{OP_4}$，$\overrightarrow{OP_6}$相加得

$$\overrightarrow{OP_2}+\overrightarrow{OP_4}+\overrightarrow{OP_6}=2(\overrightarrow{OA_1}+\overrightarrow{OA_2}+\overrightarrow{OA_3})-(\overrightarrow{OP_1}+\overrightarrow{OP_3}+\overrightarrow{OP_5}).$$

将得到的两式相减，有$\overrightarrow{OP_6}=\overrightarrow{OP}$，即点 P_6 与点 P 重合.

例 4　已知一个平行六面体，取过同一顶点的三条棱及对角线，以其中的两条棱及这条对角线为棱，且以已知顶点为公共顶点，作三个平行六面体.以每个平行六面体过此顶点的对角线为棱，再作一个平行六面体.求证过公共顶点的对角线必落在已知平行六面体的对角线上，且是原长的 5 倍.

证明　在图 2-33 中分别以 OP，OB，OC；OP，OC，OA；OP，OA，OB 三组线段为棱，作三个平行六面体，且它们的对角线是 OU，OV，OW.再以 OU，OV，OW 为棱，作一个平行六面体，它的对角线是 OQ.由向量加法的多边形法则可知

$$\overrightarrow{OP}=\overrightarrow{OA}+\overrightarrow{OB}+\overrightarrow{OC},$$

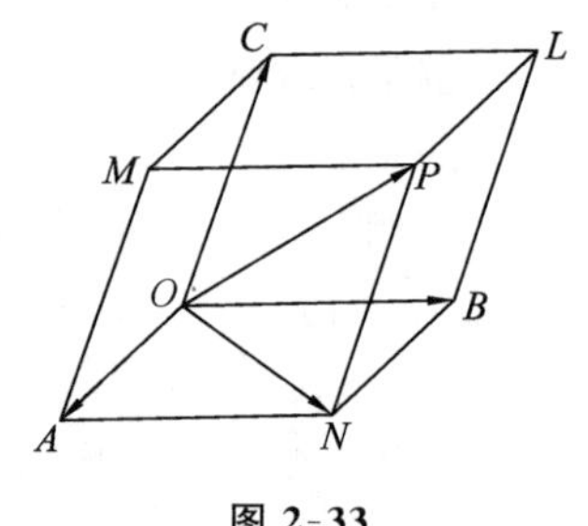

图 2-33

$$\begin{aligned}\overrightarrow{OU}&=\overrightarrow{OP}+\overrightarrow{OB}+\overrightarrow{OC}\\&=(\overrightarrow{OA}+\overrightarrow{OB}+\overrightarrow{OC})+\overrightarrow{OB}+\overrightarrow{OC},\\&=\overrightarrow{OA}+2(\overrightarrow{OB}+\overrightarrow{OC}),\end{aligned}$$

同理可得

$$\overrightarrow{OV}=\overrightarrow{OB}+2(\overrightarrow{OC}+\overrightarrow{OA}),$$
$$\overrightarrow{OW}=\overrightarrow{OC}+2(\overrightarrow{OA}+\overrightarrow{OB}).$$

将此三式相加，得

$$\overrightarrow{OQ}=\overrightarrow{OU}+\overrightarrow{OV}+\overrightarrow{OW}=5(\overrightarrow{OA}+\overrightarrow{OB}+\overrightarrow{OC})=5\,\overrightarrow{OP}.$$

结论得证.

例 5　三个不同的点 A,B,C 共线的充要条件是：存在三个都不是零的数 l,m,n，使

$$l\,\overrightarrow{OA}+m\,\overrightarrow{OB}+n\,\overrightarrow{OC}=\mathbf{0},l+m+n=0.$$

证明　三个点 A,B,C 共线的充要条件是 $\overrightarrow{AB}$ 和 $\overrightarrow{BC}$ 共线（如图 2-34）. 由向量共线的定义知

$$\overrightarrow{AB}=k\,\overrightarrow{BC}\quad(k\neq 0).$$

此时 $k\neq -1$，否则 $\overrightarrow{AB}+\overrightarrow{BC}=\mathbf{0}$，从而 A 与 C 相重合，与假设矛盾.

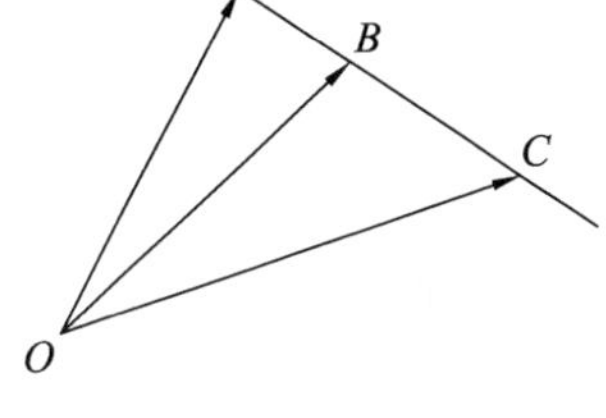

图 2-34

又上式可以写作 $\overrightarrow{OB}-\overrightarrow{OA}=k(\overrightarrow{OC}-\overrightarrow{OB})$，即

$$\overrightarrow{OA}-(1+k)\overrightarrow{OB}+k\,\overrightarrow{OC}=\mathbf{0}.$$

取 $l=1\neq 0,m=-(1+k)\neq 0,n=k\neq 0$，则 $l+m+n=0$. 证毕.

推论　设三个点 A,B,C 不共线，且满足

$$l\,\overrightarrow{OA}+m\,\overrightarrow{OB}+n\,\overrightarrow{OC}=\mathbf{0},l+m+n=0,$$

则 $l=m=n=0$.

例 6　（梅涅劳斯定理）如图 2-35，在 $\triangle ABC$ 的三个边 BC,CA,AB 或其延长线上分别取点 L,M,N，所得线段的分比为

$$\lambda=\frac{BL}{LC},\mu=\frac{CM}{MA},\nu=\frac{AN}{NB}.$$

于是，L,M,N 三点共线的充要条件是 $\lambda\mu\nu=-1$.

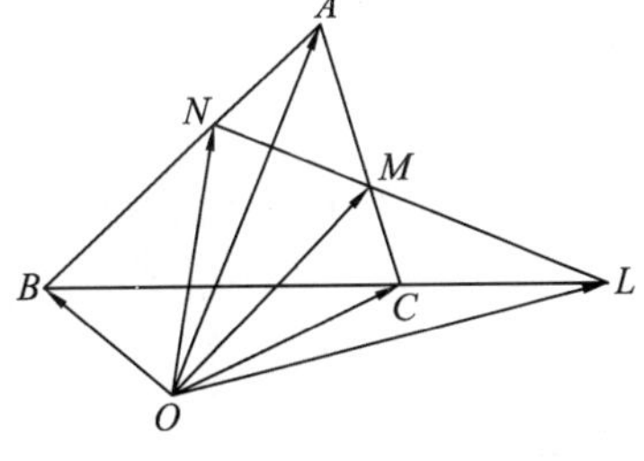

图 2-35

证明　（必要条件）由题意有 $\overrightarrow{OL}=\dfrac{\overrightarrow{OB}+\lambda\,\overrightarrow{OC}}{1+\lambda}$，$\overrightarrow{OM}=\dfrac{\overrightarrow{OC}+\mu\,\overrightarrow{OA}}{1+\mu}$，$\overrightarrow{ON}=\dfrac{\overrightarrow{OA}+\nu\,\overrightarrow{OB}}{1+\nu}$. 如果 L,M,N 三点共线，则由例 5 知，存在三个都不为零的数 $l,m,$

n，使得

$$\begin{cases} l\left(\dfrac{\overrightarrow{OB}+\lambda\overrightarrow{OC}}{1+\lambda}\right)+m\left(\dfrac{\overrightarrow{OC}+\mu\overrightarrow{OA}}{1+\mu}\right)+n\left(\dfrac{\overrightarrow{OA}+\nu\overrightarrow{OB}}{1+\nu}\right)=\mathbf{0}, \\ l+m+n=0 \end{cases} \tag{2.4.1}$$

即
$$\left(\frac{m\mu}{1+\mu}+\frac{n}{1+\nu}\right)\overrightarrow{OA}+\left(\frac{n\nu}{1+\nu}+\frac{l}{1+\lambda}\right)\overrightarrow{OB}+\left(\frac{l\lambda}{1+\lambda}+\frac{m}{1+\mu}\right)\overrightarrow{OC}=\mathbf{0}. \tag{2.4.2}$$

由例 5 的推论知

$$\frac{m\mu}{1+\mu}+\frac{n}{1+\nu}=0,\frac{n\nu}{1+\nu}+\frac{l}{1+\lambda}=0,\frac{l\lambda}{1+\lambda}+\frac{m}{1+\mu}=0,$$

即关于 l,m,n 的三元齐次线性方程组

$$\begin{cases} \dfrac{\mu}{1+\mu}m+\dfrac{1}{1+\nu}n=0 \\ \dfrac{1}{1+\lambda}l+\dfrac{\nu}{1+\nu}n=0 \\ \dfrac{\lambda}{1+\lambda}l+\dfrac{1}{1+\mu}m=0 \end{cases} \tag{2.4.3}$$

有非零解，则

$$\begin{vmatrix} 0 & \dfrac{\mu}{1+\mu} & \dfrac{1}{1+\nu} \\ \dfrac{1}{1+\lambda} & 0 & \dfrac{\nu}{1+\nu} \\ \dfrac{\lambda}{1+\lambda} & \dfrac{1}{1+\mu} & 0 \end{vmatrix}=0,$$

解得

$$\lambda\mu\nu=-1.$$

由(2.4.3)的前两式得

$$\begin{aligned} l:m:n&=\mu\nu(1+\lambda):(1+\mu):[-\mu(1+\nu)] \\ &=(-1+\mu\nu):(1+\mu):[-\mu(1+\nu)], \end{aligned} \tag{2.4.4}$$

且有
$$lmn\neq 0,l+m+n=0.$$

（充分条件）设 $\lambda\mu\nu=-1$ 成立，则方程组(2.4.3)有非零解，由式(2.4.4)知式(2.4.2)成立，因此，L,M,N 三点共线.

向量的概念源于物理学中的力.物理学中的力、位移、速度等都是向量，功是向量的数量积，这使得向量与物理学建立了有机的内在联系，物理学中具有矢量意义的问题也可以转化为向量问题来解决.因此，运用向量法分析和解决物理问题，成为一个值得探讨的课题.接下来展示两个向量在物理学中的应用实例.

例 7　如图 2-36a，用两条夹角为 120°的等长的绳子悬挂一个重量为 10 N 的灯具，根据力的平衡理论，两根绳子的拉力 F_1，F_2 与灯具的重力之间有什么关系？每根绳子的拉力是多少？

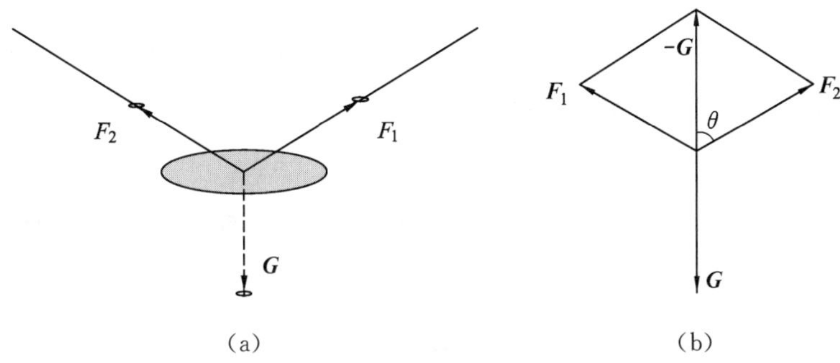

图 2-36

解　根据力的平衡和向量的平行四边形法则可画出简单的示意图（如图 2-36b）.

拉力 $\boldsymbol{F}_1$，$\boldsymbol{F}_2$ 与灯具的重力 $\boldsymbol{G}$ 之间的矢量关系为$\boldsymbol{F}_1+\boldsymbol{F}_2=-\boldsymbol{G}$，转换为数量关系是 $F_1\cos\theta+F_2\cos\theta=G$ 且 $F_1=F_2$.又$G=10$ N，$\theta=\dfrac{120^\circ}{2}=60^\circ$，所以$F_1=F_2=10$ N，即每根绳子上的拉力为 10 N.

例 8　如图 2-37a，一条河的两岸平行，一艘船从点 A 出发垂直驶向河对岸的点 B.已知船在静水中的速度$|\boldsymbol{v}_1|=10$ km/h，水流速度$|\boldsymbol{v}_2|=2$ km/h，问船的实际速度 $\boldsymbol{v}$ 的大小是多少？

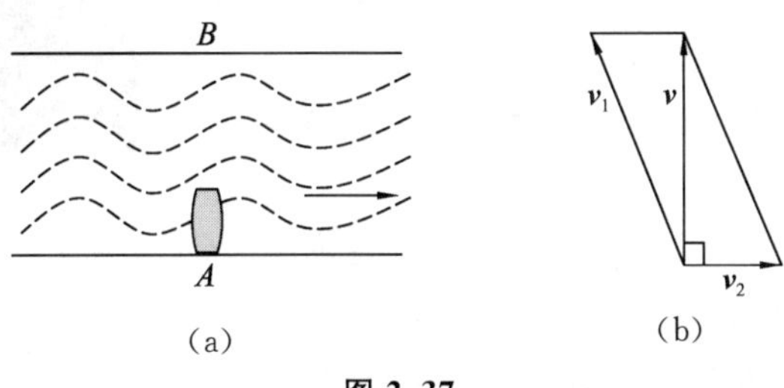

图 2-37

解　根据题意画出示意图（如图 2-37b）.由图可知 $\boldsymbol{v}_2+\boldsymbol{v}_1=\boldsymbol{v}$，又由题知 $\boldsymbol{v}$ 与 $\boldsymbol{v}_2$ 的夹角 $\theta=90^\circ$，从而有$|\boldsymbol{v}_2|^2+|\boldsymbol{v}|^2=|\boldsymbol{v}_1|^2$，又$|\boldsymbol{v}_1|=10$ km/h，$|\boldsymbol{v}_2|=2$ km/h，所以$|\boldsymbol{v}|=\sqrt{|\boldsymbol{v}_1|^2-|\boldsymbol{v}_2|^2}=\sqrt{10^2-2^2}=4\sqrt{6}$ km/h，即船的实际速度 $\boldsymbol{v}$ 的大小为 $4\sqrt{6}$ km/h.

总结：

(1) 利用向量解决物理问题的基本步骤：① 转化问题，即把物理问题转化为数学问题；② 建立模型，即建立以向量为载体的数学模型；③ 求解参数，即求向量的模、夹角、数量积等；④ 回答问题，即把所得的数学结论回归到物理问题.

(2) 利用向量知识解决物理问题时，要注意数形结合.一般先要作出向量示意图，必要时可建立直角坐标系，再通过解三角形或坐标运算，求解有关量的值.

数学史话 2：数学中的转折点——笛卡儿和解析几何的创立

1. 为争取和捍卫理性权利而奋斗的笛卡儿

1647 年深秋的一个夜晚，在巴黎近郊，两辆马车疾驰而过最终在教堂的门前停下.身佩利剑的士兵押着一个瘦小的老人走进教堂.他就是近代数学奠基人、伟大的哲学家和数学家笛卡儿.由于他在著作中宣传科学，触犯了神权，因此遭到了当时教会的残酷迫害.

教堂里，烛光照射在圣母玛利亚的塑像上，塑像前是审判席.被告席上的笛卡儿开始接受天主教会法庭对他的宣判："笛卡儿散布异端邪说，违背教规，亵渎上帝.为净化教义，荡涤谬误，本庭宣判笛卡儿所著之书全为禁书，并由本人当庭焚毁."笛卡儿想申辩，但士兵立即把他从被告席上拉下来，推到火盆旁，笛卡儿用颤抖的手拿起一本本凝结了他毕生心血的著作，无可奈何地投入火盆中.

笛卡儿 1596 年生于法国.8 岁进入一所著名的教会学校，主要学习神学和教会的哲学，也学数学.他勤于思考，成绩优异.20 岁，他获得法学学位后去巴黎当了一名律师.出于对数学的兴趣，他独自研究了两年数学.17 世纪初的欧洲处于教会势力的控制之下，但科学的发展已经开始显示出一些与宗教教义相悖的倾向.于是，笛卡儿和其他一些不满法兰西政治状态的青年一起去荷兰从军，体验军旅生活.

笛卡儿投身数学研究，多少有些偶然性.有一次，部队开进荷兰南部的一个城市.笛卡儿在街上散步时，看见用当地的佛来米语书写的公开征解的几道数学难题.许多人在此议论纷纷，他旁边的一位中年人替他翻译了这几道数学难题的内容.第二天，聪明的笛卡儿兴冲冲地把答案交给了那位中年人.中年人看了笛卡儿的解答后十分惊讶.巧妙的解题方法，准确无误的计算，充分显露了笛卡儿

的数学才华.原来这位中年人就是当时有名的数学家贝克曼.笛卡儿以前读过他的著作,但是一直没有机会认识他.从此,笛卡儿就在贝克曼的指导下开始了对数学的深入研究.所以有人说,贝克曼"把一颗已离开科学的心,带回到正确、完美的成功之路".1621 年,笛卡儿离开军营遍游欧洲.1625 年,他回到巴黎从事科学工作.1628 年,他变卖家产,定居荷兰,潜心钻研科学 20 年.

几何学曾在古希腊有过较高水平的发展,欧几里得、阿基米德、阿波罗尼斯都对圆锥曲线做过深入研究.但古希腊的几何学只是一种静态的几何,既没有把曲线看成动点的轨迹,更没有给出它的一般表示方法.文艺复兴运动以后,哥白尼的日心说得到证实,开普勒发现了行星运动的三大定律,伽利略又证明了炮弹等抛物体的弹道是抛物线,这就使几乎被人们遗忘的阿波罗尼斯曾研究过的圆锥曲线重新引起人们的重视.人们意识到,圆锥曲线不仅是依附在圆锥上的静态曲线,而且是与自然界的物体运动有密切联系的曲线.要计算行星运行的椭圆轨道,要求出炮弹飞行形成的抛物线,古希腊的几何学已不能给出解决这些问题的有效方法.要想反映这类运动的轨迹及其性质,就必须从观点到方法都有一些变革,建立一种运动观点上的几何学.

古希腊数学家过于重视几何学的研究,而忽视了代数方法.代数方法在中国、印度、阿拉伯虽有高度发展,但缺少相关几何学的研究.后来,高度发展的代数方法传入欧洲.文艺复兴运动使得欧洲数学在古希腊几何学和中国等的代数学的基础上有了巨大的发展.

2. 解析几何学的创立

笛卡儿在数学上的杰出贡献就在于将代数和几何巧妙地联系在一起,从而创造了解析几何这门数学学科.

1619 年,在多瑙河畔的军营里,笛卡儿用大部分时间思考数学中的问题:能不能用代数中的计算过程代替几何中的证明过程呢? 要这样做就必须找到一座能连接几何与代数的桥梁,使几何图形数值化.笛卡儿用两条互相垂直且交于原点的数轴作为基准,将平面上点的位置确定下来,这就是后人所说的笛卡儿坐标系.笛卡儿坐标系的建立,使用代数方法研究几何问题成为可能.坐标系中的点的坐标按某种规则连续变化,平面上的曲线就可以用方程来表示.笛卡儿坐标系的建立,把过去并列的两个数学研究对象——"形"和"数"统一起来,把几何方法和代数方法统一起来,使传统的数学有了新的突破.

关于笛卡儿的这一发现,史料中曾有这样一段记载:由于对科学目的和科学方法的狂热追求,新几何的影子不时萦绕脑际.1619 年 11 月 10 日,笛卡儿做了一个触发灵感的梦.他梦见一只苍蝇飞动时画出一条美妙的曲线,然后一个黑点停在有方格的窗纸上,黑点到窗棂的距离确定了它的位置.梦醒后,笛卡儿异常兴奋，理性主义的理性追求竟由此顿悟而生！笛卡儿后来说，这个梦像一把打开宝库的钥匙，这把钥匙就是坐标几何.由于教会势力的控制，笛卡儿的坐标几何的思想未能及时公之于世.为避免教会的迫害，1637 年，也就是奇妙梦境的 18 年以后，笛卡儿在荷兰匿名出版了《方法论》一书.书中，他抨击了烦琐的哲学，倡导利用科学为人类造福，主张人应该主宰自然.笛卡儿的哲学思想反映了 17 世纪法国资产阶级反对封建主义，发展生产，发展科学的历史要求，对当时的科学发展有着决定性的影响.《几何学》是该书的一篇附录.其中，笛卡儿介绍了他所创立的解析几何学.17 世纪以来，数学的巨大发展很大程度上应归功于笛卡儿的解析几何学.《几何学》虽是这位伟大哲学家的唯一一篇数学论文，但它的历史价值却使笛卡儿流芳千古.

1760 年 2 月 11 日，笛卡儿在斯德哥尔摩病逝.受到教会的阻止，仅有几个友人为其送葬.其著作在他死后也被教会列为禁书.然而，这位对科学做出巨大贡献的学者受到了广大科学家和革命者的敬仰和怀念.法国大革命之后，笛卡儿的骨灰和遗物被送入法国历史博物馆.1819 年，其骨灰被移入圣日耳曼的圣心堂中.墓碑上镌刻着：

笛卡儿，欧洲文艺复兴以来，第一个为人类争取并保证理性权利的人.

关于解析几何的产生对数学发展的重要意义，这里可以引用法国著名数学家拉格朗日的一段话："只要代数与几何分道扬镳，它们的进展就变得缓慢，它们的应用就变得狭窄，但当这两门科学结合在一起成为伴侣时，它们就互相吸取新鲜的活力，从而以快速的步伐走向完善."

笛卡儿的这一天才创见，更为微积分的创立奠定了基础，从而开拓了变量数学的广阔领域.伟大的哲人恩格斯，对此做出了高度评价："数学中的转折点是笛卡儿的变数.有了变数，运动进入了数学；有了变数，辩证法进入了数学；有了变数，微分和积分也就立刻成为必要的了，因而它们也就立刻产生了，并且是由牛顿和莱布尼茨大体上完成的."

本章小结

本章在建立空间直角坐标系的基础上，引入向量及坐标的概念，使得向量与有序实数组（坐标或分量）、点与有序实数组（坐标）建立了一一对应的关系，使得空间的几何结构数量化，从而将向量的运算转化为数的运算.

1. 空间直角坐标系

建立空间直角坐标系与建立平面直角坐标系的方法是类似的，通过空间中

的一点 O 引三条相互垂直的坐标轴，一个空间直角坐标系 $O-xyz$ 便建立起来了.有了空间直角坐标系，空间中的点 P 和一组有序实数组 (x,y,z) 之间就建立了一一对应的关系，从而建立了几何中的点与代数中的数量之间的联系.利用点的坐标，可得到空间解析几何的基本公式——两点间的距离公式：

$$|P_1P_2|=\sqrt{(x_2-x_1)^2+(y_2-y_1)^2+(z_2-z_1)^2}.$$

2. 向量的概念和运算

向量的几何表示法是用有向线段表示的.大小和方向是向量的两个要素，向量的大小称为向量的模，由有向线段的长度表示；方向是指从起点到终点的方向.为了使向量的运算代数化，在直角坐标系中给出了向量的代数表示法和向量的坐标

$$\boldsymbol{a}=a_x\boldsymbol{i}+a_y\boldsymbol{j}+a_z\boldsymbol{k}=(a_x,a_y,a_z).$$

利用向量的坐标，可以把向量的各种运算化为坐标的运算.

设 $\boldsymbol{a}=a_x\boldsymbol{i}+a_y\boldsymbol{j}+a_z\boldsymbol{k}$，$\boldsymbol{b}=b_x\boldsymbol{i}+b_y\boldsymbol{j}+b_z\boldsymbol{k}$，$\boldsymbol{c}=c_x\boldsymbol{i}+c_y\boldsymbol{j}+c_z\boldsymbol{k}$，则

$$\boldsymbol{a}\pm\boldsymbol{b}=(a_x\pm b_x)\boldsymbol{i}+(a_y\pm b_y)\boldsymbol{j}+(a_z\pm b_z)\boldsymbol{k}=(a_x\pm b_x,a_y\pm b_y,a_z\pm b_z);$$

$$\lambda\boldsymbol{a}=(\lambda a_x)\boldsymbol{i}+(\lambda a_y)\boldsymbol{j}+(\lambda a_z)\boldsymbol{k}=(\lambda a_x,\lambda a_y,\lambda a_z);$$

$$\boldsymbol{a}\cdot\boldsymbol{b}=a_xb_x+a_yb_y+a_zb_z;$$

$$\boldsymbol{a}\times\boldsymbol{b}=\begin{vmatrix}\boldsymbol{i} & \boldsymbol{j} & \boldsymbol{k}\\ a_x & a_y & a_z\\ b_x & b_y & b_z\end{vmatrix};$$

$$(\boldsymbol{a},\boldsymbol{b},\boldsymbol{c})=\begin{vmatrix}a_x & a_y & a_z\\ b_x & b_y & b_z\\ c_x & c_y & c_z\end{vmatrix}.$$

同时，还可以将向量的模、两向量平行、两向量垂直和三向量共面等用向量的坐标表示：

$$|\boldsymbol{a}|=\sqrt{a_x^2+a_y^2+a_z^2};$$

$$\boldsymbol{a}^\circ=\frac{\boldsymbol{a}}{|\boldsymbol{a}|}=\frac{1}{\sqrt{a_x^2+a_y^2+a_z^2}}(a_x,a_y,a_z);$$

$$\boldsymbol{a}/\!/\boldsymbol{b}\Leftrightarrow\boldsymbol{b}=\lambda\boldsymbol{a}\Leftrightarrow\boldsymbol{a}\times\boldsymbol{b}=\boldsymbol{0}\Leftrightarrow\frac{a_x}{b_x}=\frac{a_y}{b_y}=\frac{a_z}{b_z};$$

$$\boldsymbol{a}\perp\boldsymbol{b}\Leftrightarrow\boldsymbol{a}\cdot\boldsymbol{b}=0\Leftrightarrow a_xb_x+a_yb_y+a_zb_z=0;$$

$$\cos\angle(\boldsymbol{a},\boldsymbol{b})=\frac{\boldsymbol{a}\cdot\boldsymbol{b}}{|\boldsymbol{a}||\boldsymbol{b}|}=\frac{a_xb_x+a_yb_y+a_zb_z}{\sqrt{a_x^2+a_y^2+a_z^2}\sqrt{b_x^2+b_y^2+b_z^2}};$$

$$\boldsymbol{a},\boldsymbol{b},\boldsymbol{c}\text{ 共面}\Leftrightarrow(\boldsymbol{a},\boldsymbol{b},\boldsymbol{c})=\begin{vmatrix} a_x & a_y & a_z \\ b_x & b_y & b_z \\ c_x & c_y & c_z \end{vmatrix}=0.$$

在向量的运算中，乘积运算是要重点掌握的内容，从概念（定义）、性质、算律、坐标表示及应用等方面认真领会、综合比较、熟练掌握.

乘积运算的应用.① 计算：利用内积求长度、角度（夹角）；利用外积求面积，求与两个向量都垂直的向量；利用混合积求体积.② 证明：利用内积证垂直，利用外积证平行，利用混合积证共面.

第 2 章练习题

1. 指出下列点的坐标的特点：

(1) 点 P 在坐标轴上；

(2) 点 P 在坐标面上；

(3) 点 P 在与 xz 面平行且到 xz 面的距离为 3 的平面上；

(4) 点 P 在与 z 轴垂直且到原点的距离为 5 的平面上.

2. 指出下列各点的位置的特殊性：$A(3,0,1)$，$B(0,1,2)$，$C(0,0,1)$，$D(0,-2,0)$.

3. 在空间直角坐标系中，指出下列各点分别在哪个卦限：$A(1,-2,3)$，$B(2,3,-4)$，$C(2,-3,-4)$，$D(-2,-3,1)$.

4. 在空间直角坐标系中，求点 $P(2,-3,-1)$ 和点 $M(a,b,c)$ 关于下列条件对称的点的坐标：

(1) 关于各坐标面；

(2) 关于各坐标轴；

(3) 关于原点.

5. 试证以 $A(4,3,1)$，$B(7,1,2)$，$C(5,2,3)$ 为顶点的三角形是一个等腰三角形.

6. 在 yOz 面上，求与 $A(3,1,2)$，$B(4,-2,-2)$ 和 $C(0,5,1)$ 三点等距离的点.

7. 已知 $\boldsymbol{a}=\boldsymbol{e}_1+2\boldsymbol{e}_2-\boldsymbol{e}_3$，$\boldsymbol{b}=3\boldsymbol{e}_1-2\boldsymbol{e}_2+2\boldsymbol{e}_3$，求 $\boldsymbol{a}+\boldsymbol{b}$，$\boldsymbol{a}-\boldsymbol{b}$ 和 $3\boldsymbol{a}-2\boldsymbol{b}$.

8. 设 $\overrightarrow{AB}=\boldsymbol{a}+5\boldsymbol{b}$，$\overrightarrow{BC}=-2\boldsymbol{a}+8\boldsymbol{b}$，$\overrightarrow{CD}=3(\boldsymbol{a}-\boldsymbol{b})$，证明 A，B，D 三点共线.

9. 向量 $\overrightarrow{AB}=(-3,2,1)$，已知点 $A(1,2,-4)$，求点 B 的坐标.

10. 已知两点 $P_1(1,2,3)$，$P_2(-1,0,1)$，用坐标表示向量 $\overrightarrow{P_1P_2}$ 及 $5\overrightarrow{P_1P_2}$.

11. 分别求出向量 $\boldsymbol{a}=\boldsymbol{i}+\boldsymbol{j}+\boldsymbol{k}$，$\boldsymbol{b}=2\boldsymbol{i}-3\boldsymbol{j}+5\boldsymbol{k}$ 及 $\boldsymbol{c}=-2\boldsymbol{i}-\boldsymbol{j}+2\boldsymbol{k}$ 的模与同向单位向量 $\boldsymbol{a}^{\circ}$，$\boldsymbol{b}^{\circ}$，$\boldsymbol{c}^{\circ}$，并分别用 $\boldsymbol{a}^{\circ}$，$\boldsymbol{b}^{\circ}$，$\boldsymbol{c}^{\circ}$表示向量$\boldsymbol{a}$，$\boldsymbol{b}$，$\boldsymbol{c}$.

12. 已知平行四边形 $ABCD$ 的对角线$\overrightarrow{AC}=\boldsymbol{a}$，$\overrightarrow{BD}=\boldsymbol{b}$，求$\overrightarrow{AB}$，$\overrightarrow{BC}$，$\overrightarrow{CD}$和$\overrightarrow{DA}$.

13. 已知平行四边形 $ABCD$ 的边 BC 和 CD 的中点分别为 K 和 L，且$\overrightarrow{AK}=\boldsymbol{k}$，$\overrightarrow{AL}=\boldsymbol{l}$，求$\overrightarrow{BC}$和$\overrightarrow{CD}$.

14. 设$\overrightarrow{AM}=\overrightarrow{MB}$.证明：对任意一点 O，$\overrightarrow{OM}=\frac{1}{2}(\overrightarrow{OA}+\overrightarrow{OB})$.

15. 设 M 是三角形 ABC 的重心.证明：对任意一点 O，有

$$\overrightarrow{OM}=\frac{1}{3}(\overrightarrow{OA}+\overrightarrow{OB}+\overrightarrow{OC}).$$

16. 设 M 是平行四边形 $ABCD$ 的对角线交点.证明：对任意一点 O，有

$$\overrightarrow{OM}=\frac{1}{4}(\overrightarrow{OA}+\overrightarrow{OB}+\overrightarrow{OC}+\overrightarrow{OD}).$$

17. 设 A，B，C，D 是一个四面体的顶点，M，N 分别是边 AB，CD 的中点.证明：

$$\overrightarrow{MN}=\frac{1}{2}(\overrightarrow{AD}+\overrightarrow{BC}).$$

18. 设 AD，BE，CF 是三角形的中线.

(1) 用$\overrightarrow{AB}$，$\overrightarrow{AC}$表示$\overrightarrow{AD}$，$\overrightarrow{BE}$，$\overrightarrow{CF}$；　　(2) 求$\overrightarrow{AD}+\overrightarrow{BE}+\overrightarrow{CF}$.

19. 设 P_1，P_2，…，P_n 是以 O 为中心的圆周上的 n 等分点，证明：

$$\overrightarrow{OP_1}+\overrightarrow{OP_2}+\cdots+\overrightarrow{OP_n}=\mathbf{0}.$$

20. 设 O 是点 A 和 B 的连线以外的一点.证明：三点 A，B，C 共线必须且只须$\overrightarrow{OC}=\lambda\overrightarrow{OA}+\mu\overrightarrow{OB}$，其中 $\lambda+\mu=1$.

21. 设 O 是不共线的三点 A，B，C 所在平面外的一点.证明：四点 A，B，C，D 共面必须且只须$\overrightarrow{OD}=\lambda\overrightarrow{OA}+\mu\overrightarrow{OB}+\nu\overrightarrow{OC}$，其中 $\lambda+\mu+\nu=1$.

22. 设 AL 和 BM 是三角形 ABC 的中线，AL 和 BM 的交点是 O，证明：

$$\overrightarrow{OA}=-\frac{2}{3}\overrightarrow{AL}，\overrightarrow{BO}=\frac{2}{3}\overrightarrow{BM}.$$

23. 证明三角形 ABC 的三条中线相交于一点.

24. 设 $\boldsymbol{a}=(5,7,2)$，$\boldsymbol{b}=(3,0,4)$，$\boldsymbol{c}=(-6,1,-1)$，求：

(1) $3\boldsymbol{a}-2\boldsymbol{b}+\boldsymbol{c}$；　　(2) $5\boldsymbol{a}+6\boldsymbol{b}+\boldsymbol{c}$.

25. 已知线段 AB 被 $C(2,0,2)$和 $D(5,-2,0)$三等分，试求线段两端点 A，B 的坐标.

26. 设 $\boldsymbol{a}=3\boldsymbol{i}-\boldsymbol{j}-2\boldsymbol{k}$，$\boldsymbol{b}=\boldsymbol{i}+2\boldsymbol{j}-\boldsymbol{k}$，求：(1) $\boldsymbol{a}\cdot\boldsymbol{b}$ 及 $\boldsymbol{a}\times\boldsymbol{b}$；(2) $(-2\boldsymbol{a})\cdot$

$3\boldsymbol{b}$ 及 $\boldsymbol{a}\times 2\boldsymbol{b}$；(3) $\cos\angle(\boldsymbol{a},\boldsymbol{b})$，$\sin\angle(\boldsymbol{a},\boldsymbol{b})$ 及 $\tan\angle(\boldsymbol{a},\boldsymbol{b})$.

27. 当 l 取何值时，向量 $\boldsymbol{a}=6\boldsymbol{i}-3\boldsymbol{j}+3\boldsymbol{k}$ 和 $\boldsymbol{b}=4\boldsymbol{i}+l\boldsymbol{j}+2\boldsymbol{k}$，(1) 垂直；(2) 平行？

28. 已知 $\boldsymbol{a}=2\boldsymbol{i}-3\boldsymbol{j}+\boldsymbol{k}$，$\boldsymbol{b}=\boldsymbol{i}-\boldsymbol{j}+3\boldsymbol{k}$，$\boldsymbol{c}=\boldsymbol{i}-2\boldsymbol{j}$，计算：

(1) $(\boldsymbol{a}\cdot\boldsymbol{b})\boldsymbol{c}-(\boldsymbol{b}\cdot\boldsymbol{c})\boldsymbol{b}$；　(2) $(\boldsymbol{a}+\boldsymbol{b})\times(\boldsymbol{b}+\boldsymbol{c})$；　(3) $(\boldsymbol{a},\boldsymbol{b},\boldsymbol{c})$.

29. 已知 $\boldsymbol{a}=(2,3,1)$，$\boldsymbol{b}=(5,6,4)$.试求：

(1) 以 $\boldsymbol{a},\boldsymbol{b}$ 为边的平行四边形的面积；

(2) 以 $\boldsymbol{a},\boldsymbol{b}$ 为边的平行四边形的两边上的高.

30. 已知四面体的顶点 $A(0,0,0)$，$B(6,0,6)$，$C(4,3,0)$，$D(2,-1,3)$，求该四面体的体积.

31. 证明：

(1) 向量 $\boldsymbol{a}$ 垂直于向量 $(\boldsymbol{ab})\boldsymbol{c}-(\boldsymbol{ac})\boldsymbol{b}$；

(2) 在平面上如果 $\boldsymbol{m}_1\not\parallel\boldsymbol{m}_2$，且 $\boldsymbol{a}\cdot\boldsymbol{m}_i=\boldsymbol{b}\cdot\boldsymbol{m}_i(i=1,2)$，那么 $\boldsymbol{a}=\boldsymbol{b}$.

32. 已知向量 $\boldsymbol{a},\boldsymbol{b}$ 互相垂直，向量 $\boldsymbol{c}$ 与 $\boldsymbol{a},\boldsymbol{b}$ 的夹角都是 $60°$，且 $|\boldsymbol{a}|=1$，$|\boldsymbol{b}|=2$，$|\boldsymbol{c}|=3$.计算：

(1) $(\boldsymbol{a}+\boldsymbol{b})^2$；　(2) $(\boldsymbol{a}+\boldsymbol{b})(\boldsymbol{a}-\boldsymbol{b})$；

(3) $(3\boldsymbol{a}-2\boldsymbol{b})(\boldsymbol{b}-3\boldsymbol{c})$；　(4) $(\boldsymbol{a}+2\boldsymbol{b}-\boldsymbol{c})^2$.

33. 计算：

(1) 已知等边$\triangle ABC$ 的边长为 1，且$\overrightarrow{BC}=\boldsymbol{a}$，$\overrightarrow{CA}=\boldsymbol{b}$，$\overrightarrow{AB}=\boldsymbol{c}$，求 $\boldsymbol{a}\cdot\boldsymbol{b}+\boldsymbol{b}\cdot\boldsymbol{c}+\boldsymbol{c}\cdot\boldsymbol{a}$；

(2) 已知 $\boldsymbol{a},\boldsymbol{b},\boldsymbol{c}$ 两两垂直，且 $|\boldsymbol{a}|=1$，$|\boldsymbol{b}|=2$，$|\boldsymbol{c}|=3$，求 $\boldsymbol{r}=\boldsymbol{a}+\boldsymbol{b}+\boldsymbol{c}$ 的长和它与 $\boldsymbol{a},\boldsymbol{b},\boldsymbol{c}$ 的夹角；

(3) 已知 $\boldsymbol{a}+3\boldsymbol{b}$ 与 $7\boldsymbol{a}-5\boldsymbol{b}$ 垂直，且 $\boldsymbol{a}-4\boldsymbol{b}$ 与 $7\boldsymbol{a}-2\boldsymbol{b}$ 垂直，求 $\boldsymbol{a},\boldsymbol{b}$ 的夹角；

(4) 已知 $|\boldsymbol{a}|=2$，$|\boldsymbol{b}|=5$，$\angle(\boldsymbol{a},\boldsymbol{b})=\dfrac{2}{3}\pi$，$\boldsymbol{p}=3\boldsymbol{a}-\boldsymbol{b}$，$\boldsymbol{q}=\lambda\boldsymbol{a}+17\boldsymbol{b}$.问系数 λ 取何值时，$\boldsymbol{p}$ 与 $\boldsymbol{q}$ 垂直？

34. 判断下列各组中三个向量 $\boldsymbol{a},\boldsymbol{b},\boldsymbol{c}$ 是否共面？能否将 $\boldsymbol{c}$ 表示成 $\boldsymbol{a},\boldsymbol{b}$ 的线性组合？若能表示，写出表示式.

(1) $\boldsymbol{a}=(5,2,1)$，$\boldsymbol{b}=(-1,4,2)$，$\boldsymbol{c}=(-1,-1,5)$；

(2) $\boldsymbol{a}=(6,4,2)$，$\boldsymbol{b}=(-9,6,3)$，$\boldsymbol{c}=(-3,6,3)$；

(3) $\boldsymbol{a}=(1,2,-3)$，$\boldsymbol{b}=(-2,-4,6)$，$\boldsymbol{c}=(1,0,5)$.

35. 设点 C 分线段 AB 为 $5:2$，A 的坐标为 $(3,7,4)$，C 的坐标为 $(8,2,3)$，求 B 的坐标.

36. 已知三角形的三个顶点为 $A(2,5,0)$，$B(11,3,8)$ 和 $C(5,11,12)$，求各

边和各中线的长.

37. 求 $\boldsymbol{a}\cdot\boldsymbol{b}$ 的值,已知:

(1) $|\boldsymbol{a}|=8,|\boldsymbol{b}|=5,\angle(\boldsymbol{a},\boldsymbol{b})=\frac{\pi}{3}$;

(2) $\boldsymbol{a}=(3,5,6),\boldsymbol{b}=(1,-2,3)$.

38. 已知 $\boldsymbol{a}=(3,5,7),\boldsymbol{b}=(0,4,3),\boldsymbol{c}=(-1,2,-4)$.求满足以下条件的 $\boldsymbol{x}\cdot\boldsymbol{y},|\boldsymbol{x}|,|\boldsymbol{y}|$ 和 $\angle(\boldsymbol{x},\boldsymbol{y})$:

(1) $\boldsymbol{x}=3\boldsymbol{a}+4\boldsymbol{b}-\boldsymbol{c},\boldsymbol{y}=2\boldsymbol{b}+\boldsymbol{c}$;　　(2) $\boldsymbol{x}=4\boldsymbol{a}+3\boldsymbol{b}+2\boldsymbol{c},\boldsymbol{y}=\boldsymbol{a}+2\boldsymbol{b}-\boldsymbol{c}$.

39. 已知 $|\boldsymbol{a}|=3,|\boldsymbol{b}|=2,\angle(\boldsymbol{a},\boldsymbol{b})=\frac{\pi}{6}$.求 $3\boldsymbol{a}+2\boldsymbol{b}$ 与 $2\boldsymbol{a}-5\boldsymbol{b}$ 的内积.

40. 证明下列各对向量互相垂直:

(1) $(3,2,1)$ 与 $(2,-3,0)$;　　(2) $\boldsymbol{a}(\boldsymbol{b}\cdot\boldsymbol{c})-\boldsymbol{b}(\boldsymbol{a}\cdot\boldsymbol{c})$ 与 $\boldsymbol{c}$.

41. 设 $OABC$ 是一个四面体,$|\overrightarrow{OA}|=|\overrightarrow{OB}|=2,|\overrightarrow{OC}|=1,\angle AOB=\angle AOC=\frac{\pi}{3},\angle BOC=\frac{\pi}{6}$,$L$ 是 AB 的中点,M 是 $\triangle ABC$ 的重心,求 $|\overrightarrow{OL}|,|\overrightarrow{OM}|$ 和 $\angle(\overrightarrow{OL},\overrightarrow{OM})$.

42. CD,CT 和 CH 分别是三角形 ABC 的中线、角平分线和高,$|\overrightarrow{CA}|=\boldsymbol{a}$,$|\overrightarrow{CB}|=\boldsymbol{b},\angle C=\theta$,求 D,T 和 H 分 AB 的分比.

43. 证明:三角形三条中线长的平方和等于三边长平方和的 $\frac{3}{4}$.

44. 证明:三角形的三条高相交于一点.

45. 求 $\boldsymbol{a}\times\boldsymbol{b}$ 和以 $\boldsymbol{a},\boldsymbol{b}$ 为边的平行四边形的面积:

(1) $\boldsymbol{a}=(2,3,1),\boldsymbol{b}=(5,6,4)$;　　(2) $\boldsymbol{a}=(5,-2,1),\boldsymbol{b}=(4,0,6)$;

(3) $\boldsymbol{a}=(-2,6,4),\boldsymbol{b}=(3,-9,6)$.

46. 已知四面体的四个顶点分别为 $A(1,2,0),B(-1,3,4),C(-1,-2,-3)$ 和 $D(0,-1,3)$,求它的体积.

47. 证明:如果 $\boldsymbol{a}\times\boldsymbol{b}+\boldsymbol{b}\times\boldsymbol{c}+\boldsymbol{c}\times\boldsymbol{a}=0$,那么 $\boldsymbol{a},\boldsymbol{b},\boldsymbol{c}$ 共面.

48. 给定 $\boldsymbol{a}=(1,0,-1),\boldsymbol{b}=(1,-2,0),\boldsymbol{c}=(-1,2,1)$,求:

(1) $\boldsymbol{a}\times\boldsymbol{b},\boldsymbol{b}\times\boldsymbol{a}$;　　(2) $(3\boldsymbol{a}+\boldsymbol{b}-\boldsymbol{c})\times(\boldsymbol{a}-\boldsymbol{b}+\boldsymbol{c})$;

(3) $\boldsymbol{a}\times\boldsymbol{b}\cdot\boldsymbol{c},\boldsymbol{a}\cdot\boldsymbol{b}\times\boldsymbol{c}$;　　*(4) $(\boldsymbol{a}\times\boldsymbol{b})\times\boldsymbol{c},\boldsymbol{a}\times(\boldsymbol{b}\times\boldsymbol{c})$.

49. 证明下列等式:

(1) $\boldsymbol{a}\times\boldsymbol{b}\cdot\boldsymbol{c}\times\boldsymbol{d}=(\boldsymbol{a}\cdot\boldsymbol{b})(\boldsymbol{b}\cdot\boldsymbol{d})-(\boldsymbol{a}\cdot\boldsymbol{d})(\boldsymbol{b}\cdot\boldsymbol{c})$;

*(2) $(\boldsymbol{a}\times\boldsymbol{b})\times\boldsymbol{c}+(\boldsymbol{b}\times\boldsymbol{c})\times\boldsymbol{a}+(\boldsymbol{c}\times\boldsymbol{a})\times\boldsymbol{b}=0$.

第 2 章测验题

一、填空题(每小题 4 分,共 20 分)

1. 点 $P(-4,2,-6)$ 是第________卦限中的点,它关于 yz 面的对称点是________,关于 z 轴的对称点是________,关于 $M(2,-1,1)$ 的对称点是________.

2. 设 $\boldsymbol{a}=(2,3,5)$,$\boldsymbol{b}=(3,1,0)$,$\boldsymbol{c}=(1,-1,2)$,则 $(2\boldsymbol{a}+2\boldsymbol{b}-\boldsymbol{c})(\boldsymbol{b}+2\boldsymbol{c})=$________,$\boldsymbol{a}\times\boldsymbol{b}=$________,$(\boldsymbol{a}\times\boldsymbol{b})\cdot\boldsymbol{c}=$________,$\tan\angle(\boldsymbol{a},\boldsymbol{b})=$________.

3. 向量的外积的三个基本应用是________、________、________.

4. $\boldsymbol{a}\perp\boldsymbol{b}\Leftrightarrow$________,$\boldsymbol{a},\boldsymbol{b},\boldsymbol{c}$ 共面$\Leftrightarrow$________.

5. 直角坐标系中向量坐标的几何意义是__________,向量 $\overrightarrow{OP}$ 与点 P 的坐标是________关系.

二、判断题(正确的打"√",错误的打"×",每小题 2 分,共 10 分)

1. 向量的内积和外积都不满足消去律. (　　)

2. 向量的加减、内积和外积运算满足交换律、结合律. (　　)

3. $(\boldsymbol{a}\cdot\boldsymbol{b})^2+(\boldsymbol{a}\times\boldsymbol{b})^2=\boldsymbol{a}^2\boldsymbol{b}^2$. (　　)

4. $(\boldsymbol{a}\cdot\boldsymbol{b})\boldsymbol{c}=\boldsymbol{a}(\boldsymbol{b}\cdot\boldsymbol{c})$. (　　)

*5. $(\boldsymbol{a}\times\boldsymbol{b})\times\boldsymbol{c}=\boldsymbol{a}\times(\boldsymbol{b}\times\boldsymbol{c})$. (　　)

三、计算题(每小题 10 分,共 50 分)

1. 讨论 $\boldsymbol{x}$ 和 $\boldsymbol{y}$ 的关系,已知:

(1) $\boldsymbol{x}$ 与 $\boldsymbol{x}\times\boldsymbol{y}$ 共线;

(2) $\boldsymbol{x},\boldsymbol{y},\boldsymbol{x}\times\boldsymbol{y}$ 共面.

2. 已知四边形 $ABCD$ 中,$\overrightarrow{AB}=\boldsymbol{a}-2\boldsymbol{c}$,$\overrightarrow{CD}=5\boldsymbol{a}+6\boldsymbol{b}-8\boldsymbol{c}$,对角线 $\overrightarrow{AC}$,$\overrightarrow{BD}$ 的中点分别为 E,F,求 $\overrightarrow{EF}$.

3. 已知 $\boldsymbol{a}=(3,-6,-1)$,$\boldsymbol{b}=(1,4,-5)$,$\boldsymbol{c}=(3,-4,12)$,试求向量 $\boldsymbol{a}+\boldsymbol{b}$ 在 $\boldsymbol{c}$ 上的射影.

4. 已知 $\triangle ABC$ 的顶点 $A(4,10,137)$,$B(7,9,138)$ 和 $C(5,5,138)$,求 $\triangle ABC$ 的面积和顶点 B 对应的高 h.

5. 已知四面体的顶点 $A(2,3,1)$,$B(4,1,-2)$,$C(6,3,7)$,$D(-5,4,8)$,求该四面体的体积和从顶点 D 所引的高的长.

四、证明题(每小题 10 分,共 20 分)

1. 设 $\overrightarrow{AB}=\boldsymbol{a}+5\boldsymbol{b}$,$\overrightarrow{BC}=-2\boldsymbol{a}+8\boldsymbol{b}$,$\overrightarrow{CD}=3(\boldsymbol{a}-\boldsymbol{b})$,证明:$A$,$B$,$D$ 三点共线.

*2. 证明:$\boldsymbol{a},\boldsymbol{b},\boldsymbol{c}$ 不共面必须且只须 $\boldsymbol{a}\times\boldsymbol{b},\boldsymbol{b}\times\boldsymbol{c},\boldsymbol{c}\times\boldsymbol{a}$ 不共面.

第 3 章　空间平面与直线

本章将用向量代数的方法定量地研究空间的基本图形——空间平面与空间直线，建立空间平面与空间直线不同形式的方程，导出空间的点、空间平面和空间直线之间位置关系的解析条件和相应的度量关系，并给出空间平面与空间直线的应用示例，为读者学习复杂的几何图形打下良好的基础.

3.1　空间平面的方程

确定空间平面的条件有很多，如：不共线的三点；一点和一条垂直直线；一条直线和直线外一点；两条平行直线；两条相交直线；等等.根据给定的不同条件，可以确定不同形式的空间平面方程.学习过程中应注意空间平面方程与平面解析几何的直线方程之间的区别与联系.

3.1.1　平面的点法式方程、一般式方程和法式方程

由确定平面的条件"一点和一条垂直直线"可知，由一个点和一个方向可以唯一确定一个平面.如图 3-1 所示，在空间直角坐标系中，给定平面 π 上的一个定点$P_0(x_0,y_0,z_0)$和一个垂直于平面 π 的方向 $\boldsymbol{n}=(A,B,C)$，则平面 π 可以唯一确定，$\boldsymbol{n}$ 称为平面 π 的**法向量**（简称**法向**）.任意一个与平面 π 垂直的非零向量都可以作为平面 π 的法向量.下面求平面 π 的方程.

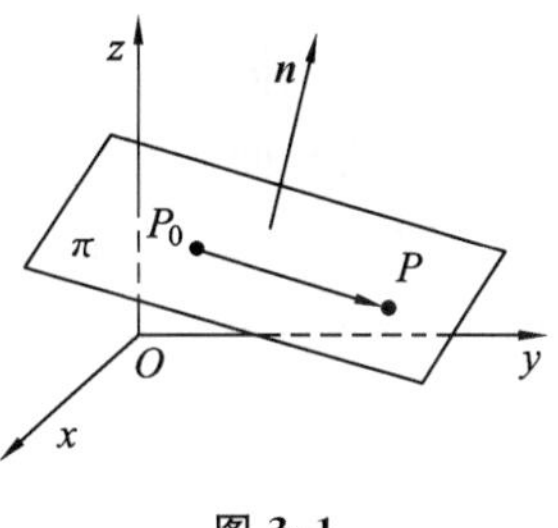

图 3-1

设点 $P(x,y,z)$是平面 π 上任一点，则从点 P_0 到 P 的方向垂直于平面 π 的法向量.即点 P 在平面 π 上的充要条件是向量$\overrightarrow{P_0P}$与法向量 $\boldsymbol{n}$ 垂直，即 $\boldsymbol{n}\cdot\overrightarrow{P_0P}=0$.由 $\boldsymbol{n}=(A,B,C)$，$\overrightarrow{P_0P}=(x-x_0,y-y_0,z-z_0)$得 $\boldsymbol{n}\cdot\overrightarrow{P_0P}=0$ 的坐标表示为

$$A(x-x_0)+B(y-y_0)+C(z-z_0)=0. \tag{3.1.1}$$

这是一个关于 x,y,z 的三元一次方程.显然，平面 π 上任一点的坐标必满足

方程(3.1.1),而不在平面 π 上的点,其坐标均不满足方程(3.1.1).故方程(3.1.1)就是由点 P_0 和法向量 $\boldsymbol{n}$ 所确定的平面方程,称为**平面 π 的点法式方程**.

将平面的点法式方程展开整理,并记 $D=-(Ax_0+By_0+Cz_0)$,则方程(3.1.1)化为

$$Ax+By+Cz+D=0. \tag{3.1.2}$$

方程(3.1.2)称为**平面 π 的一般式方程**,它是关于 x,y,z 的三元一次方程.

特别地,若法向量是从原点指向平面的单位向量 $\boldsymbol{n}^\circ$,其坐标为三个方向余弦$(\cos\alpha,\cos\beta,\cos\gamma)$,则平面 π 的方程可表示为

$$x\cos\alpha+y\cos\beta+z\cos\gamma-p=0. \tag{3.1.3}$$

方程(3.1.3)称为**平面 π 的法式方程**,其中 $p=\boldsymbol{n}^\circ\cdot\overrightarrow{OP_0}=\mathrm{Prj}_{\boldsymbol{n}^\circ}\overrightarrow{OP_0}$,故 $p\geqslant 0$ 是原点到平面的距离.

平面的法式方程是一种特殊的一般式方程,其特点是:① 一次项系数的平方和等于1;② 常数项不大于零,即$-p\leqslant 0$.例如,一次方程$\frac{\sqrt{2}}{2}y+\frac{\sqrt{2}}{2}z-1=0$ 是一个法式方程,而方程$\frac{\sqrt{2}}{2}x+\frac{\sqrt{2}}{2}y+1=0$ 与 $x+2y+z=0$ 都不是法式方程.

例 1 求过点$(2,1,-4)$,且法向量为 $\boldsymbol{n}=(4,-2,3)$的平面方程.

解 根据平面的点法式方程,可得所求平面方程为

$$4(x-2)-2(y-1)+3(z+4)=0,$$

即

$$4x-2y+3z+6=0.$$

例 2 求过点 $P_0(2,3,0)$,且法向量与向量 $\boldsymbol{n}_1=(-2,-3,2)$,$\boldsymbol{n}_2=(-2,3,0)$都垂直的平面方程.

解 先求出平面的法向量 $\boldsymbol{n}$.因为 $\boldsymbol{n}\perp\boldsymbol{n}_1$,$\boldsymbol{n}\perp\boldsymbol{n}_2$,所以由向量外积的定义知$\boldsymbol{n}/\!/\boldsymbol{n}_1\times\boldsymbol{n}_2$,可取 $\boldsymbol{n}=k(\boldsymbol{n}_1\times\boldsymbol{n}_2)$.又

$$\boldsymbol{n}_1\times\boldsymbol{n}_2=\begin{vmatrix}\boldsymbol{i}&\boldsymbol{j}&\boldsymbol{k}\\-2&-3&2\\-2&3&0\end{vmatrix}=-2(3,\ 2,\ 6),$$

所以取 $\boldsymbol{n}=(3,\ 2,\ 6)$,代入平面的点法式方程,得所求平面方程为

$$3(x-2)+2(y-3)+6(z-0)=0,$$

即

$$3x+2y+6z-12=0.$$

现在来讨论平面的一般式方程(3.1.2)的几种特殊情况.一般式方程(3.1.2)是变量为 x,y,z 的三元一次方程,其一次项系数 A,B,C 是平面法向量的三个分量(或坐标),且不全为0.如果方程(3.1.2)的系数 A,B,C 或 D 中有一个或几个等于零,那么对应的平面就具有某种特殊位置.

(1) $D=0$，这时方程(3.1.2)变为 $Ax+By+Cz=0$，显然原点(0,0,0)满足方程，即该平面过原点；反之，若平面过原点，则有 $D=0$.

(2) A,B,C 中有一个为零.例如 $C=0$，方程(3.1.2)变为 $Ax+By+D=0$，平面的法向量 $\boldsymbol{n}=(A,B,0)$ 垂直于 z 轴，即方程表示平行于 z 轴或垂直于 xy 面的平面.特别地，当 $C=D=0$ 时，方程表示过 z 轴的平面.类似地，当 $A=0$ 时，平面平行于 x 轴；当 $B=0$ 时，平面平行于 y 轴.

(3) A,B,C 中有两个为零.例如 $A=B=0$，则方程变为 $Cz+D=0$ 或 $z=-\dfrac{D}{C}$，方程表示既平行于 x 轴又平行于 y 轴的平面，即平面平行于 xy 面.类似地，当 $B=C=0$ 时平面平行于 yz 面；当 $A=C=0$ 时，平面平行于 xz 面.

特别地，$x=0,y=0,z=0$ 分别表示三个坐标面.

例 3　求平行于 z 轴且过点 $P_1(2,-1,1)$ 与 $P_2(3,-2,1)$ 的平面方程.

解　因为所求平面平行于 z 轴，所以设所求平面方程为

$$Ax+By+D=0.$$

又平面过 $P_1(2,-1,1)$ 和 $P_2(3,-2,1)$，所以有

$$\begin{cases}2A-B+D=0,\\3A-2B+D=0,\end{cases}$$

解得 $A=B,D=-B$.代入所设方程并除以 $B(B\neq0)$，得所求平面方程为

$$x+y-1=0.$$

例 4　设平面过三坐标轴上三点 $P_1(a,0,0)$，$P_2(0,b,0)$，$P_3(0,0,c)$，其中 $abc\neq0$(如图 3-2)，求平面的方程.

解　设所求平面的方程为

$$Ax+By+Cz+D=0.$$

因为平面过 P_1，P_2，P_3 三点，所以有

$$\begin{cases}aA+D=0,\\bB+D=0,\\cC+D=0.\end{cases}$$

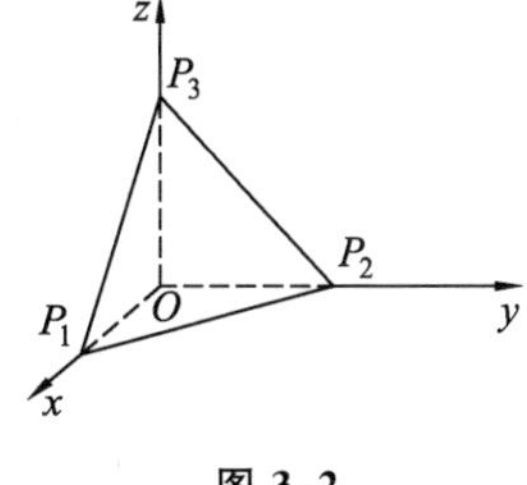

图 3-2

解得 $$A=-\frac{D}{a},\ B=-\frac{D}{b},\ C=-\frac{D}{c},$$

代入所设方程并除以 $D(D\neq0)$，得所求平面的方程为

$$\frac{x}{a}+\frac{y}{b}+\frac{z}{c}=1. \tag{3.1.4}$$

方程(3.1.4)称为**平面的截距式方程**，其中 a,b,c 分别称为平面在三条坐标轴上的截距.

3.1.2 平面的点位式方程和参数方程

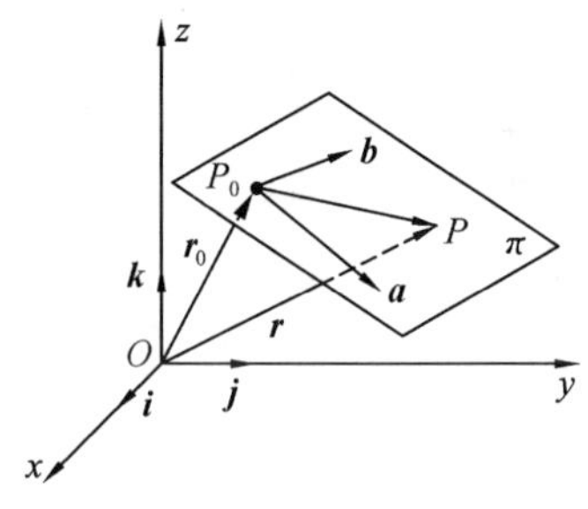

图 3-3

在空间直角坐标系下，给定一点 $P_0(x_0,y_0,z_0)$ 与两个不共线的向量 $\boldsymbol{a}=(a_1,a_2,a_3)$，$\boldsymbol{b}=(b_1,b_2,b_3)$，则过点 P_0 且与 $\boldsymbol{a},\boldsymbol{b}$ 平行的平面 π 就被唯一确定了(如图 3-3).向量 $\boldsymbol{a},\boldsymbol{b}$ 称为平面 π 的**方位向量**.任意两个与 π 平行的不共线的向量都可作为平面 π 的方位向量.

设 $P(x,y,z)$ 为平面 π 上任意一点，则点 P 在平面 π 上的充要条件是向量 $\overrightarrow{P_0P}$ 与向量 $\boldsymbol{a},\boldsymbol{b}$ 共面.根据三向量共面的混合积表示条件，可得

$$(\overrightarrow{P_0P},\boldsymbol{a},\boldsymbol{b})=0,$$

将坐标代入上式得

$$\begin{vmatrix} x-x_0 & y-y_0 & z-z_0 \\ a_1 & a_2 & a_3 \\ b_1 & b_2 & b_3 \end{vmatrix}=0. \tag{3.1.5}$$

式(3.1.5)称为**平面 π 的点位式方程**.

因为 $\boldsymbol{a},\boldsymbol{b}$ 不共线，所以向量 $\overrightarrow{P_0P}$ 与向量 $\boldsymbol{a},\boldsymbol{b}$ 共面的条件也可以写成

$$\overrightarrow{P_0P}=u\boldsymbol{a}+v\boldsymbol{b},$$

又 $\overrightarrow{P_0P}=\boldsymbol{r}-\boldsymbol{r}_0$，所以上式可写成

$$\boldsymbol{r}=\boldsymbol{r}_0+u\boldsymbol{a}+v\boldsymbol{b}. \tag{3.1.6}$$

式(3.1.6)称为**平面 π 的向量式参数方程**，其中 u,v 为参数.将点 P 和 P_0 的坐标代入方程(3.1.6)得

$$\begin{cases} x=x_0+a_1u+b_1v, \\ y=y_0+a_2u+b_2v, \\ z=z_0+a_3u+b_3v, \end{cases} \tag{3.1.7}$$

式(3.1.7)称为**平面 π 的坐标式参数方程**，其中 u,v 为参数.

根据向量的外积定义可知，平面的方位向量 $\boldsymbol{a},\boldsymbol{b}$ 与法向量 $\boldsymbol{n}$ 的关系是 $\boldsymbol{n}=k(\boldsymbol{a}\times\boldsymbol{b})$.

例 5 求过点 $P_0(1,1,-1)$ 且与 $x-y+z-7=0$，$3x+2y-12z+5=0$ 都垂直的平面的点位式方程、一般式方程和参数式方程.

解 所求平面过点 P_0，且平行于 $\boldsymbol{n}_1=(1,-1,1)$，$\boldsymbol{n}_2=(3,2,-12)$，代入方程(3.1.5)得所求平面的点位式方程为

$$\begin{vmatrix} x-1 & y-1 & z+1 \\ 1 & -1 & 1 \\ 3 & 2 & -12 \end{vmatrix}=0.$$

展开化简整理得 $2x+3y+z-4=0$,此即为所求平面的一般式方程.

由方程(3.1.7)得平面的参数式方程为

$$\begin{cases} x=1+u+3v, \\ y=1-u+2v, \\ z=-1+u-12v \end{cases} \quad (u,\ v \text{ 为参数}).$$

例 6　已知不共线的三点 $P_1(x_1,y_1,z_1)$, $P_2(x_2,y_2,z_2)$, $P_3(x_3,y_3,z_3)$,求通过点 P_1, P_2, P_3 的平面 π 的方程.

解　取 P_1 为定点,$\overrightarrow{P_1P_2}$和$\overrightarrow{P_1P_3}$为平面的方位向量,则由点位式方程可得过点 P_1,P_2,P_3 的平面 π 的方程为

$$\begin{vmatrix} x-x_1 & y-y_1 & z-z_1 \\ x_2-x_1 & y_2-y_1 & z_2-z_1 \\ x_3-x_1 & y_3-y_1 & z_3-z_1 \end{vmatrix}=0. \tag{3.1.8}$$

方程(3.1.8)称为**平面的三点式方程**.

3.1.3　平面方程的互化

平面的各种形式的方程之间是等价关系,也就是说在一定条件下可以互化.从前面的讨论可知,平面的方程分为两大类,第一类是点法式、一般式、法式和截距式,第二类是点位式、参数式和三点式.在第一类方程中,其他三种形式都不难化为一般式,而在第二类方程中,三种方程间的相互转化也很容易.下面主要讨论一般式化为法式和点位式.

3.1.3.1　化一般方程为法式方程

在直角坐标系中,若已知平面 π 的一般式方程为 $Ax+By+Cz+D=0$,平面上一点 $P(x,y,z)$,$\boldsymbol{r}=\overrightarrow{OP}$,则 $\boldsymbol{n}=(A,B,C)$是 π 的法向量,$Ax+By+Cz+D=0$ 可写为

$$\boldsymbol{n}\boldsymbol{r}+D=0.$$

与法式方程比较可知,只要将 $\boldsymbol{n}$ 转化为原点指向平面的单位向量 $\boldsymbol{n}^{\circ}$(单位化),即以

$$\lambda=\pm\frac{1}{|\boldsymbol{n}|}=\pm\frac{1}{\sqrt{A^2+B^2+C^2}}$$

去乘一般式,就可得法式方程

$$\lambda Ax+\lambda By+\lambda Cz+\lambda D=0.$$

根据法式方程的特征可知：当 $D\neq 0$ 时，λ 的取值应使法式方程的常数项为负；当 $D=0$ 时，λ 的值可任意选取.

以上过程称为**平面方程的法式化**，$\lambda=\pm\dfrac{1}{\sqrt{A^2+B^2+C^2}}$称为**法式化因子**.

例 7　化平面的一般方程 $x+2y-2z+7=0$ 为截距式方程和法式方程，求原点指向平面的单位法向量及其方向余弦，并求原点到平面的距离.

解　该平面的法向量是$(1,2,-2)$，由于 $D=7>0$，故法式化因子 $\lambda=-\dfrac{1}{3}$，由此得平面的法式方程为

$$-\frac{1}{3}x-\frac{2}{3}y+\frac{2}{3}z-\frac{7}{3}=0.$$

将方程两端同时除以$\dfrac{7}{3}$并移项，得截距式方程为

$$\frac{x}{-7}+\frac{y}{-\frac{7}{2}}+\frac{z}{\frac{7}{2}}=1,$$

平面在三条坐标轴上的截距分别为-7，$-\dfrac{7}{2}$ 和$\dfrac{7}{2}$.（注意：$\dfrac{x}{7}+\dfrac{2y}{7}-\dfrac{2z}{7}=-1$ 不是截距式方程）.

原点指向平面的单位法向量为$\boldsymbol{n}^{\circ}=\left(-\dfrac{1}{3},-\dfrac{2}{3},\dfrac{2}{3}\right)$；它的方向余弦为 $\cos\alpha=-\dfrac{1}{3}$，$\cos\beta=-\dfrac{2}{3}$，$\cos\gamma=\dfrac{2}{3}$；原点 O 到平面的距离$p=\dfrac{7}{3}$.

3.1.3.2　一般式方程与点位式方程的相互转化

显然，将点位式方程展开整理便得一般式方程.因此，主要讨论将一般式方程化为点位式方程.先将一般式方程 $Ax+By+Cz+D=0$ 化成参数方程.由于 A,B,C 不全为 0，不妨设 $A\neq 0$，令 $y=u$，$z=v$，可得

$$\begin{cases}x=-\dfrac{D}{A}-\dfrac{B}{A}u-\dfrac{C}{A}v,\\ y=u,\\ z=v\end{cases}\quad (u,\ v\ 为参数).$$

则平面过点$\left(-\dfrac{D}{A},\ 0,\ 0\right)$，且有方位向量$\left(-\dfrac{B}{A},\ 1,\ 0\right)$，$\left(-\dfrac{C}{A},\ 0,\ 1\right)$，所以其点位式方程为

$$\begin{vmatrix} x+\frac{D}{A} & y & z \\ -\frac{B}{A} & 1 & 0 \\ -\frac{C}{A} & 0 & 1 \end{vmatrix}=0,$$

即
$$\begin{vmatrix} x+\frac{D}{A} & y & z \\ B & -A & 0 \\ C & 0 & -A \end{vmatrix}=0.$$

也可以由一般式方程求出平面上的三个点 P_1,P_2,P_3，再将三点式方程化为点位式方程.

例 8　化平面方程 $x+2y-z+4=0$ 为点位式方程.

解法 1　先将方程化为参数式，令 $y=u$，$z=v$ 得 $x=-2u+v-4$，即平面的参数式为

$$\begin{cases} x=-2u+v-4, \\ y=u, \\ z=v \end{cases}\quad (u,\ v\ \text{为参数}).$$

平面过点 $(-4,0,0)$，且有方位向量 $(-2,1,0)$ 和 $(1,0,1)$，所以平面的点位式方程为

$$\begin{vmatrix} x+4 & y & z \\ -2 & 1 & 0 \\ 1 & 0 & 1 \end{vmatrix}=0.$$

解法 2　由平面方程可知平面过点 $(-4,0,0)$，$(0,-2,0)$ 和 $(0,0,4)$，则三点式方程为

$$\begin{vmatrix} x+4 & y & z \\ 4 & -2 & 0 \\ 4 & 0 & 4 \end{vmatrix}=0.$$

解法 2 中的三点式方程与解法 1 中的点位式方程是等价方程.

在建立平面方程时，除非特别指明，最后都要化为一般式.

3.2　空间直线

根据确定直线的不同几何条件，如两点确定一条直线，一个点与一个方向确定一条直线等可以得到不同形式的直线方程，空间直线也可以看成两个平面的交线.

3.2.1 直线的点向式方程

确定直线方程的一个简单方法是利用一个点和一个方向:在空间中,给定一点$P_0(x_0,y_0,z_0)$与一个非零向量$\boldsymbol{v}=(X,Y,Z)$,则过点P_0且平行于向量$\boldsymbol{v}$的直线L就唯一地被确定.向量$\boldsymbol{v}$叫**直线L的方向向量**.显然,任一与直线L平行的非零向量均可作为直线L的方向向量.

下面建立直线L的方程.

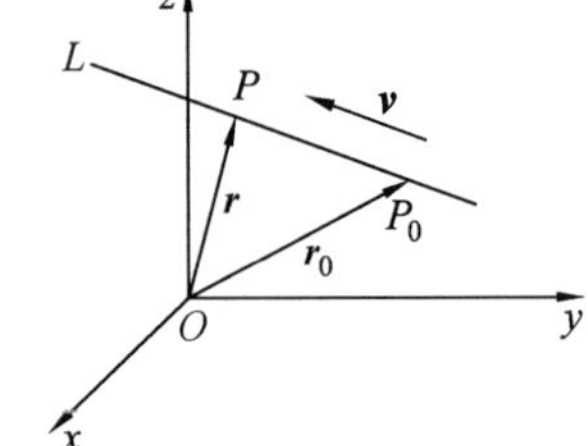

图 3-4

如图 3-4,设$P(x,y,z)$是直线L上任意一点,其对应的向径是$\boldsymbol{r}=(x,y,z)$,$P_0(x_0,y_0,z_0)$对应的向径是$\boldsymbol{r}_0$,则由$\overrightarrow{P_0P}\parallel\boldsymbol{v}$可知,存在$t\in\mathbf{R}$,使得$\overrightarrow{P_0P}=t\boldsymbol{v}$,即

$$\boldsymbol{r}-\boldsymbol{r}_0=t\boldsymbol{v},$$

从而**直线L的点向式向量参数方程**为

$$\boldsymbol{r}=\boldsymbol{r}_0+t\boldsymbol{v}. \tag{3.2.1}$$

把相关向量的坐标代入式(3.2.1),得

$$\begin{pmatrix}x\\y\\z\end{pmatrix}=\begin{pmatrix}x_0\\y_0\\z_0\end{pmatrix}+t\begin{pmatrix}X\\Y\\Z\end{pmatrix}.$$

根据向量加法的性质,得**直线L的点向式坐标参数方程**为

$$\begin{cases}x=x_0+Xt,\\y=y_0+Yt,\\z=z_0+Zt\end{cases}\quad(-\infty<t<+\infty). \tag{3.2.2}$$

消去参数t,得**直线L的点向式对称方程**或**直线L的标准方程**为

$$\frac{x-x_0}{X}=\frac{y-y_0}{Y}=\frac{z-z_0}{Z}. \tag{3.2.3}$$

今后如无特别说明,所求得的直线方程的结果都应写成对称式.

注 (1) 由直线L的对称式方程(3.2.3),可得直线上的定点$P_0(x_0,y_0,z_0)$和直线的方向$\boldsymbol{v}(X,Y,Z)$;反之,由直线上的定点P_0和直线的方向$\boldsymbol{v}$也可写出方程(3.2.3).

(2) 在对称式方程(3.2.3)中,"形式分母"X,Y,Z是方向$\boldsymbol{v}$的三个分量,因此,允许其中一个或两个为0.从参数方程(3.2.2)看,方程(3.2.3)中某一个分母为0,应理解为它的分子为0.

设直线L通过空间两点$P_1(x_1,y_1,z_1)$和$P_2(x_2,y_2,z_2)$,则取P_1为定点,$\overrightarrow{P_1P_2}$为方向向量,可得到**直线L的两点式方程**为

$$\frac{x-x_1}{x_2-x_1}=\frac{y-y_1}{y_2-y_1}=\frac{z-z_1}{z_2-z_1}. \tag{3.2.4}$$

根据前面的分析和直线的点向式向量参数方程(3.2.1)，可得

$$|t|=\frac{|\boldsymbol{r}-\boldsymbol{r}_0|}{|\boldsymbol{v}|}=\frac{|\overrightarrow{P_0P}|}{|\boldsymbol{v}|}.$$

这个式子清楚地给出了直线的参数方程(3.2.1)或(3.2.2)中参数 t 的几何意义：参数 t 的绝对值等于定点 P_0 到动点 P 之间的距离与方向向量的模的比值，表明线段 P_0P 的长度是方向向量 $\boldsymbol{v}$ 的长度的 $|t|$ 倍.

特别地，若取方向向量为单位向量

$$\boldsymbol{v}^{\circ}=(\cos\alpha,\cos\beta,\cos\gamma),$$

则方程(3.2.1)、(3.2.2)和(3.2.3)依次变为

$$\boldsymbol{r}=\boldsymbol{r}_0+t\boldsymbol{v}^{\circ}, \tag{3.2.5}$$

$$\begin{cases}x=x_0+t\cos\alpha,\\ y=y_0+t\cos\beta, \quad (-\infty<t<+\infty)\\ z=z_0+t\cos\gamma\end{cases} \tag{3.2.6}$$

和

$$\frac{x-x_0}{\cos\alpha}=\frac{y-y_0}{\cos\beta}=\frac{z-z_0}{\cos\gamma}. \tag{3.2.7}$$

此时，$|\boldsymbol{v}|=1$，$|t|$ 恰好等于直线 L 上 P_0 与 P 两点之间的距离.

直线 L 的方向向量的方向角 α,β,γ 和方向余弦 $\cos\alpha,\cos\beta,\cos\gamma$ 分别称为**直线 L 的方向角**和**方向余弦**.

由于任意一个与 $\boldsymbol{v}$ 平行的非零向量 $\boldsymbol{v}'$ 都可作为直线 L 的方向向量，且二者的分量是成比例的，因此一般称 X,Y,Z 为**直线 L 的方向数**，用来表示直线 L 的方向.

例 1　求点 $P_1(1,2,3)$ 与 $P_2(3,2,4)$ 的连线的方程.

解　从点 P_1 到 P_2 的方向也是直线的方向，它的方向数是(2,0,1).所以直线的点向式对称方程为

$$\frac{x-1}{2}=\frac{y-2}{0}=\frac{z-3}{1}.$$

例 2　求点 $P_1(3,2,17)$ 在平面 $\pi: 3x+4y+12z-52=0$ 上的垂足.

解　设垂足为 $P_0(x_0,y_0,z_0)$.因为 $P_0\neq P_1$，所以从 P_0 到 P_1 的方向垂直于平面 π，即平行于平面 π 的法向量，又平面 π 的法向量为(3,4,12)，所以

$$\frac{x_0-3}{3}=\frac{y_0-2}{4}=\frac{z_0-17}{12}=t.$$

从而

$$x_0=3+3t,\ y_0=2+4t,\ z_0=17+12t.$$

又因为 P_0 在 π 上，所以

$$3(3+3t)+4(2+4t)+12(17+12t)-52=0,$$

解得
$$t=-1.$$

将 t 回代,得 $x_0=0,y_0=-2,z_0=5$,因此,垂足就是$(0,-2,5)$.

3.2.2 直线的一般方程

空间直线 L 可看成过此直线的两相交平面 π_1 和 π_2 的交线,如图 3-5 所示.事实上,若两个相交平面 π_1 和 π_2 的方程分别为 $A_1x+B_1y+C_1z+D_1=0$ 和 $A_2x+B_2y+C_2z+D_2=0$.那么空间直线 L 上任一点的坐标应同时满足这两个平面方程,即满足方程组

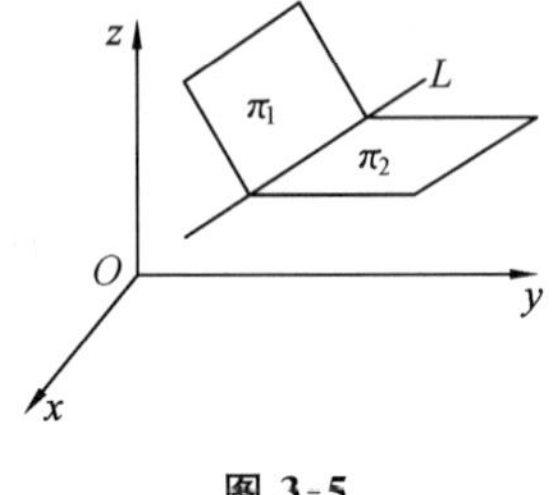

图 3-5

$$\begin{cases}A_1x+B_1y+C_1z+D_1=0,\\A_2x+B_2y+C_2z+D_2=0.\end{cases}\quad(3.2.8)$$

反过来,如果点不在直线 L 上,那么它不可能同时在平面 π_1 和 π_2 上,所以它的坐标不满足方程组(3.2.8).因此,L 可用方程组(3.2.8)表示,方程组(3.2.8)称为**空间直线 L 的一般方程.**

一般来说,过空间一条直线的平面有无限多个,只要在无限多个平面中任选其中两个,将它们的方程联立起来,就可得到一条空间直线的一般方程.

注 直线的方向$\boldsymbol{v}=(X,Y,Z)$与两个平面的法向量$\boldsymbol{n}_1=(A_1,B_1,C_1)$,$\boldsymbol{n}_2=(A_2,B_2,C_2)$的关系是 $\boldsymbol{v}\perp\boldsymbol{n}_1$, $\boldsymbol{v}\perp\boldsymbol{n}_2$,从而$\boldsymbol{v}=\lambda(\boldsymbol{n}_1\times\boldsymbol{n}_2)$,且$\boldsymbol{n}_1$与$\boldsymbol{n}_2$不平行,即$A_1:B_1:C_1\neq A_2:B_2:C_2$.

例 3 在空间直角坐标系中求三条坐标轴的方程.

解 z 轴可以看成 yz 面和 xz 面的交线,故其方程为

$$\begin{cases}x=0,\\y=0.\end{cases}$$

它也可以看成平面 $x+y=0$ 和 $x-y=0$ 的交线,其一般方程亦可表示为 $\begin{cases}x+y=0\\x-y=0\end{cases}$.显然,这两个方程组是等价的,它们可以通过恒等变形相互转化.

类似可得 y 轴的方程为

$$\begin{cases}x=0,\\z=0.\end{cases}$$

x 轴的方程为

$$\begin{cases}y=0,\\z=0.\end{cases}$$

例 4 在空间直角坐标系中,求过点 $P_0(0,0,-2)$与平面 $\pi:3x-y+2z-$

$1=0$ 平行，且与直线 L_1：$\dfrac{x-1}{4}=\dfrac{y-3}{-2}=\dfrac{z}{1}$ 相交的直线 L 的一般方程.

解　L 在过点 P_0 与平面 π 平行的平面 π_1 上，可设 π_1 的方程为

$$3x-y+2z+D=0.$$

将 $P_0(0,0,-2)$ 代入 π_1 的方程中，得 $D=4$，故 π_1 的方程为

$$3x-y+2z+4=0.$$

又 L 在过点 P_0 及直线 L_1 的平面 π_2 上，而 L_1 过定点 $(1,3,0)$，方向为 $(4,-2,1)$，所以平面 π_2 的点位式方程为

$$\begin{vmatrix} x & y & z+2 \\ 4 & -2 & 1 \\ 1 & 3 & 2 \end{vmatrix}=0,$$

即 $x+y-2z-4=0$.

故所求直线 L 的一般方程为

$$\begin{cases} 3x-y+2z+4=0, \\ x+y-2z-4=0. \end{cases}$$

3.2.3　直线的射影式方程

设通过直线 L 分别平行或通过 z 轴、x 轴、y 轴，也就是分别垂直于 xy 坐标面、yz 坐标面、zx 坐标面的三个平面的方程为

$$a_1x+b_1y+c_1=0,$$
$$a_2y+b_2z+c_2=0,$$
$$a_3x+b_3z+c_3=0.$$

则上述平面分别称为直线 L 对 xy 坐标面、yz 坐标面、zx 坐标面的**射影平面**.

因为直线 L 的一般式方程可由通过 L 的任意两个平面的方程联立组成，所以直线 L 的方程也可由它的三个射影平面方程中任取两个不同的方程联立组成，例如

$$\begin{cases} a_1x+b_1y+c_1=0, \\ a_2y+b_2z+c_2=0. \end{cases} \tag{3.2.9}$$

这种由直线的两射影平面的方程联立组成的直线方程称为**直线的射影式方程**.

直线的射影式方程是一般式方程的特殊形式，其特点是：方程中的变量 x，y，z 缺少其中一个或两个.

例 5　已知直线 L 的标准方程为

$$\frac{x-1}{1}=\frac{y-2}{0}=\frac{z+1}{2},$$

求直线 L 对三个坐标面的射影平面和直线 L 的射影式方程.

解 由于方程中第二项的形式分母为 0,故有 $y-2=0$,它可以看成直线 L 对 xy 面和 yz 面的射影平面.由方程的第一项和第三项联立,得 $2(x-1)=z+1$,即 $2x-z-3=0$,此为直线 L 对 xz 面的射影平面.因此,直线 L 的射影式方程为

$$\begin{cases}2x-z-3=0,\\ y-2=0.\end{cases}$$

3.2.4 直线方程的互化

在研究有关直线的各种不同问题时,根据具体情况可选取不同的直线方程.但问题中所给的方程,不一定是所需要的,因此,要研究不同直线方程的互化方法.

直线的方程可分为两大类:一般式和射影式是一类,参数式、两点式和标准式(对称式)是另一类.由于射影式方程是特殊的一般式方程,且参数式和两点式与标准式很容易互化,因此,本节重点讨论一般式和标准式的互化.

将直线的一般式方程化为点向式对称方程有两种方法:一是求出直线与某坐标平面的交点(令其中一个变量为 0),再利用 $\boldsymbol{v}=\boldsymbol{n}_1\times\boldsymbol{n}_2$ 求出方向向量,从而写出标准式方程;也可以先求出两个点,再由两点式化为标准式.二是从一般式方程中分别消去一个变量,得到直线的射影式方程,再化成标准式.

直线的标准方程是一个方程组,它本质上包含两个独立的一次方程.将直线的标准方程化为一般式时,只需将两个等式分别联立,便得两个独立的射影式方程,这实际上就是直线一般式方程的特殊情况.

例 6 将直线的一般方程

$$\begin{cases}x+y+z+1=0,\\ 2x-y+3z+4=0\end{cases}$$

化为标准方程和参数方程.

解 在直线方程中令 $y=0$,解方程得这条直线上的一点 $(1,0,-2)$.两平面的法向量分别为

$$\boldsymbol{n}_1=(1,1,1),\ \boldsymbol{n}_2=(2,-1,3).$$

取 $\boldsymbol{n}_1\times\boldsymbol{n}_2=(4,-1,-3)$ 为直线的方向向量,即得直线的标准方程为

$$\frac{x-1}{4}=\frac{y}{-1}=\frac{z+2}{-3}.$$

令 $\frac{x-1}{4}=\frac{y}{-1}=\frac{z+2}{-3}=t$,得直线的参数方程为

$$\begin{cases} x=1+4t, \\ y=-t, \\ z=-2-3t \end{cases} \quad (-\infty<t<+\infty).$$

例 7　化直线的一般式方程

$$\begin{cases} 5x+8y-3z+9=0, \\ 2x-4y+z-1=0 \end{cases}$$

为标准方程.

解法 1　在直线方程中令 $z=0$,解方程得直线与 xy 面的交点$\left(-\frac{7}{9},-\frac{23}{36},0\right)$;同理,令 $x=0$,解方程得直线与 yz 面的交点$\left(0,\frac{3}{2},7\right)$.两点连线的方向向量为 $\frac{7}{36}(4,11,36)$,故取$\boldsymbol{v}=(4,11,36)$,得直线的标准方程为

$$\frac{x}{4}=\frac{y-\frac{3}{2}}{11}=\frac{z-7}{36}.$$

解法 2　由直线的方程分别消去 y 和 z,得直线的射影式方程为

$$\begin{cases} x=\frac{z-7}{9}, \\ x=\frac{4y-6}{11}, \end{cases}$$

从而得直线的标准方程(解法同解法 1).

例 8　化直线的标准方程

$$\frac{x-1}{2}=\frac{y}{1}=\frac{z-1}{-2}$$

为一般式.

解　直线的标准方程可写为

$$\begin{cases} \frac{x-1}{2}=\frac{y}{1}, \\ \frac{y}{1}=\frac{z-1}{-2}, \end{cases}$$

此即射影式方程,所以直线的一般方程为

$$\begin{cases} x-2y-1=0, \\ 2y+z-1=0. \end{cases}$$

3.3 空间点、平面、直线的关系

3.3.1 空间点与平面的位置关系

3.3.1.1 点与平面的位置关系

点与平面的位置关系有两种情形，即点在平面上和点不在平面上.点在平面上的条件是点的坐标满足平面方程.点不在平面上时，一般要求点到平面的距离，并用离差反映点在平面的哪一侧.

3.3.1.2 点到平面的距离

定义 1 自点 P_0 向平面 π 引垂线，垂足为 P_1.向量 $\overrightarrow{P_1P_0}$ 在平面 π 的单位法向量 $\boldsymbol{n}^\circ$ 上的射影称为 **P_0 与平面 π 之间的离差**，记作

$$\delta=\mathrm{Prj}_{\boldsymbol{n}^\circ}\overrightarrow{P_1P_0}=\overrightarrow{P_1P_0}\cdot\boldsymbol{n}^\circ. \tag{3.3.1}$$

如图 3-6，当 $\overrightarrow{P_1P_0}$ 与 $\boldsymbol{n}^\circ$ 同向时，离差 $\delta>0$；当 $\overrightarrow{P_1P_0}$ 与 $\boldsymbol{n}^\circ$ 反向时，离差 $\delta<0$.当 P_0 在平面 π 上时，离差 $\delta=0$.

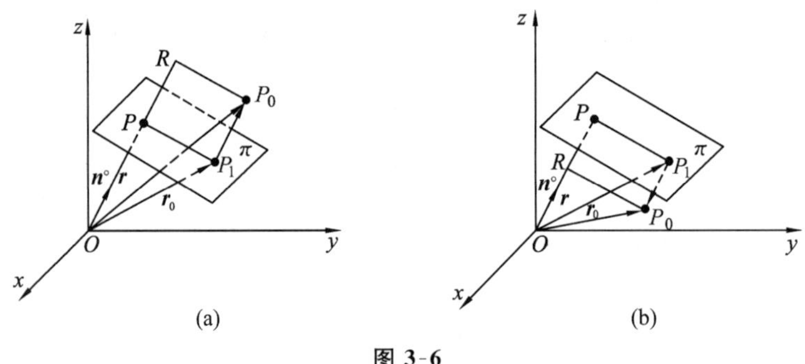

图 3-6

显然，离差的绝对值就是点 P_0 到平面 π 的距离，由此可以推导出点到平面的距离公式.

设 $P_0(x_0,y_0,z_0)$ 是平面 $Ax+By+Cz+D=0$ 外一点，任取平面上一点 $P_1(x_1,y_1,z_1)$，则 $d=|\delta|=|\overrightarrow{P_1P_0}\cdot\boldsymbol{n}^\circ|$，

而
$$\overrightarrow{P_1P_0}=(x_0-x_1,y_0-y_1,z_0-z_1),$$

$$\boldsymbol{n}^\circ=\left(\frac{A}{\sqrt{A^2+B^2+C^2}},\frac{B}{\sqrt{A^2+B^2+C^2}},\frac{C}{\sqrt{A^2+B^2+C^2}}\right),$$

所以

$$\overrightarrow{P_1P_0}\cdot\boldsymbol{n}^\circ=\frac{A(x_0-x_1)}{\sqrt{A^2+B^2+C^2}}+\frac{B(y_0-y_1)}{\sqrt{A^2+B^2+C^2}}+\frac{C(z_0-z_1)}{\sqrt{A^2+B^2+C^2}}$$

$$=\frac{Ax_0+By_0+Cz_0-(Ax_1+By_1+Cz_1)}{\sqrt{A^2+B^2+C^2}},$$

因为点 P_1 在平面 $Ax+By+Cz+D=0$ 上，故 $Ax_1+By_1+Cz_1+D=0$，即 $Ax_1+By_1+Cz_1=-D$，所以

$$\overrightarrow{P_1P_0}\cdot\boldsymbol{n}^{\circ}=\frac{Ax_0+By_0+Cz_0+D}{\sqrt{A^2+B^2+C^2}},$$

从而可得点 P_0 到平面 π 的距离为

$$d=|\overrightarrow{P_1P_0}\cdot\boldsymbol{n}^{\circ}|=\frac{|Ax_0+By_0+Cz_0+D|}{\sqrt{A^2+B^2+C^2}}. \tag{3.3.2}$$

公式(3.3-2)称为**点到平面的距离公式**.显然，当点 $P_0(x_0,y_0,z_0)$ 在平面上时，公式仍然成立.

例 1　求点(1,2,−3)到平面 $2x-y+2z+3=0$ 的距离.

解　由点到平面的距离公式(3.3.2)，得

$$d=\frac{|2\times1-1\times2+2\times(-3)+3|}{\sqrt{2^2+(-1)^2+2^2}}=1.$$

3.3.1.3　平面划分空间问题

设平面 π 的一般方程为

$$Ax+By+Cz+D=0,$$

则空间中任一点 $P(x,y,z)$ 与平面 π 的离差为

$$\delta=\lambda(Ax+By+Cz+D),$$

式中 λ 为平面 π 的法式化因子，由此有

$$Ax+By+Cz+D=\frac{1}{\lambda}\delta. \tag{3.3.3}$$

对于在平面 π 同侧的点，δ 的符号相同；对于在平面 π 异侧的点，δ 有不同的符号，而 λ 一经取定，符号就是固定的.因此，平面 π:$Ax+By+Cz+D=0$ 把空间划分为两部分，对于平面某一侧的点 $P(x,y,z)$，有 $Ax+By+Cz+D>0$；而对于平面另一侧的点，则有 $Ax+By+Cz+D<0$；对于在平面 π 上的点，有 $Ax+By+Cz+D=0$.

例 2　判别点 $M(2,-1,1)$ 和 $N(1,2,-3)$ 是在由平面 π_1:$3x-y+2z-3=0$ 与 π_2:$x-2y-z+4=0$ 所构成的同一个二面角内，还是分别在相邻的二面角内，还是在对顶的二面角内？

解　记 $\delta=(3x-y+2z-3)(x-2y-z+4)$，将点 $M(2,-1,1)$ 代入上式得 $\delta=42>0$，同理，将点 $N(1,2,-3)$ 代入上式得 $\delta=-32<0$.故点 M 和 N 分别在由平面 π_1 与 π_2 所构成的相邻二面角内.

3.3.2 空间点与直线的位置关系

3.3.2.1 点与直线的位置关系

任给一条直线 L 和一点 P_0，则 L 和 P_0 的位置关系只有两种：点在直线上和点不在直线上.从代数上看，这两种情况对应着点的坐标满足直线方程和点的坐标不满足直线方程.

3.3.2.2 点到直线的距离

设空间中有一点 $P_0(x_0,y_0,z_0)$ 和一条直线

$$L:\frac{x-x_1}{X}=\frac{y-y_1}{Y}=\frac{z-z_1}{Z},$$

点 $P_1(x_1,y_1,z_1)$ 是直线 L 上的一点，$\boldsymbol{v}=(X,Y,Z)$ 是直线 L 的方向向量.以 $\boldsymbol{v}$ 和 $\overrightarrow{P_1P_0}$ 为邻边作一个平行四边形，则其面积为 $|\boldsymbol{v}\times\overrightarrow{P_1P_0}|$，$P_0$ 到直线 L 的距离 d 就是此平行四边形的对应于底 $|\boldsymbol{v}|$ 的高(如图 3-7)，所以有

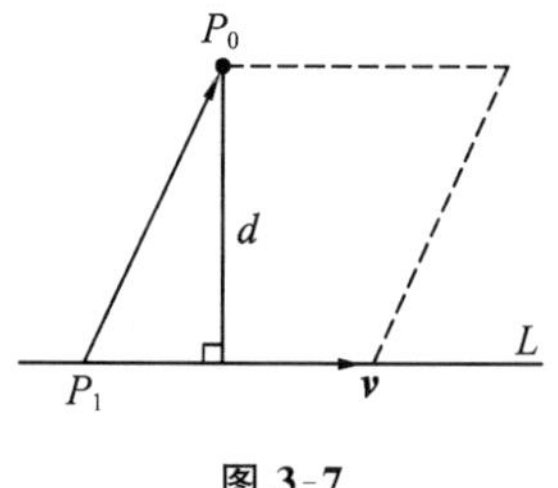

图 3-7

$$d=\frac{|\overrightarrow{P_0P_1}\times\boldsymbol{v}|}{|\boldsymbol{v}|}$$

$$=\frac{\sqrt{\begin{vmatrix} y_1-y_0 & z_1-z_0 \\ Y & Z \end{vmatrix}^2+\begin{vmatrix} z_1-z_0 & x_1-x_0 \\ Z & X \end{vmatrix}^2+\begin{vmatrix} x_1-x_0 & y_1-y_0 \\ X & Y \end{vmatrix}^2}}{\sqrt{X^2+Y^2+Z^2}}. \tag{3.3.4}$$

公式(3.3.4)称为**点到直线的距离公式**.

在实际计算中，记忆上式的第二个等号后面的部分是没有意义的，可根据公式的前半部分计算得到.

也可以先求出过点 P_0 且与直线 L 垂直的平面 π，再求出 L 与 π 的交点 P_0'，最后由两点间的距离公式求出点到直线的距离.

例 3 求点 $P_0(5,4,2)$ 到直线 $\frac{x+1}{2}=\frac{y-3}{3}=\frac{z-1}{-1}$ 的距离 d.

解 令 $P_1(-1,3,1)$，$\boldsymbol{v}=(2,3,-1)$，则

$$\overrightarrow{P_1P_0}=(6,1,1),\ |\boldsymbol{v}|=\sqrt{2^2+3^2+(-1)^2}=\sqrt{14},$$

所以

$$\overrightarrow{P_1P_0}\times\boldsymbol{v}=\begin{vmatrix} \boldsymbol{i} & \boldsymbol{j} & \boldsymbol{k} \\ 6 & 1 & 1 \\ 2 & 3 & -1 \end{vmatrix}=(-4,8,16),$$

$$d=\frac{|\overrightarrow{P_0P_1}\times\boldsymbol{v}|}{|\boldsymbol{v}|}=\frac{\sqrt{(-4)^2+8^2+16^2}}{\sqrt{14}}=2\sqrt{6}.$$

3.3.3　空间两平面的位置关系

3.3.3.1　两平面的位置关系

空间两平面的相关位置有三种情形:相交、平行和重合.

设两平面 π_1 与 π_2 的方程分别是

$$\pi_1:\ A_1x+B_1y+C_1z+D_1=0,$$
$$\pi_2:\ A_2x+B_2y+C_2z+D_2=0,$$

则两平面 π_1 与 π_2 是相交、平行还是重合,取决于由两个方程构成的方程组是有解、无解,还是有无数个解.而方程组的解与两平面的法向量 $\boldsymbol{n}_1,\boldsymbol{n}_2$,即方程的系数密切相关.由于两平面 π_1 与 π_2 的法向量分别为 $\boldsymbol{n}_1=(A_1,B_1,C_1)$,$\boldsymbol{n}_2=(A_2,B_2,C_2)$,当且仅当 $\boldsymbol{n}_1$ 与 $\boldsymbol{n}_2$ 不平行时 π_1 与 π_2 相交,当且仅当 $\boldsymbol{n}_1/\!/\boldsymbol{n}_2$ 时 π_1 与 π_2 平行或重合,由此可得下面的定理.

定理 1　关于空间两平面的相关位置,有下面的充要条件:

(1) 相交:　$A_1:B_1:C_1\neq A_2:B_2:C_2$;　(3.3.5)

(2) 平行:　$\dfrac{A_1}{A_2}=\dfrac{B_1}{B_2}=\dfrac{C_1}{C_2}\neq\dfrac{D_1}{D_2}$;　(3.3.6)

(3) 重合:　$\dfrac{A_1}{A_2}=\dfrac{B_1}{B_2}=\dfrac{C_1}{C_2}=\dfrac{D_1}{D_2}$.　(3.3.7)

3.3.3.2　两平面间的夹角

设两平面的夹角为 θ,规定 θ 为锐角(如图 3-8),则 θ 与两平面的法向量 $\boldsymbol{n}_1$ 和 $\boldsymbol{n}_2$ 的夹角相等,即 $\theta=\angle(\boldsymbol{n}_1,\boldsymbol{n}_2)$,或者 θ 与两平面法向量 $\boldsymbol{n}_1$ 与 $\boldsymbol{n}_2$ 的夹角互补,即 $\theta=\pi-\angle(\boldsymbol{n}_1,\boldsymbol{n}_2)$.

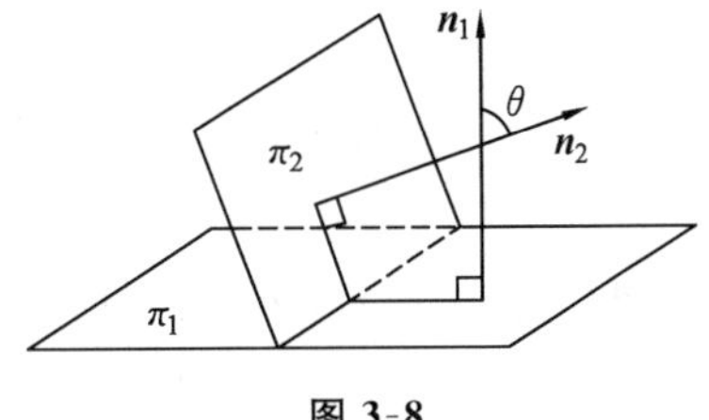

图 3-8

根据两向量的夹角公式可得

$$\cos\theta=|\cos\angle(\boldsymbol{n}_1,\boldsymbol{n}_2)|=\frac{|\boldsymbol{n}_1\cdot\boldsymbol{n}_2|}{|\boldsymbol{n}_1||\boldsymbol{n}_2|}=\frac{|A_1A_2+B_1B_2+C_1C_2|}{\sqrt{A_1^2+B_1^2+C_1^2}\sqrt{A_2^2+B_2^2+C_2^2}}.\tag{3.3.8}$$

公式(3.3.8)称为**两平面的夹角公式**.

由式(3.3.8)可知,两平面垂直的充要条件是

$$A_1A_2+B_1B_2+C_1C_2=0.\tag{3.3.9}$$

例 4　求两平面 $\pi_1:2x-3y+6z-12=0$ 和 $\pi_2:x+2y+2z-7=0$ 的夹角.

解　由题设知$\boldsymbol{n}_1=(2,-3,6)$，$\boldsymbol{n}_2=(1,2,2)$，由公式(3.3.8)得

$$\cos\theta=\frac{|2\times1-3\times2+6\times2|}{\sqrt{2^2+(-3)^2+6^2}\sqrt{1^2+2^2+2^2}}=\frac{8}{21},$$

故所求平面的夹角为

$$\theta=\arccos\frac{8}{21}.$$

例 5　一平面过两点 $P_1(1,1,1)$和 $P_2(0,1,-1)$且垂直于平面 $x+y+z=0$，求此平面的方程.

解　设所求平面的法向量为 $\boldsymbol{n}=(A,B,C)$，由于$\overrightarrow{P_1P_2}=(-1,0,-2)$在所求平面上，因此，

$$\overrightarrow{P_1P_2}\perp\boldsymbol{n}，即\ \overrightarrow{P_1P_2}\cdot\boldsymbol{n}=0.$$

又 $\boldsymbol{n}$ 垂直于平面 $x+y+z=0$ 的法向量 $\boldsymbol{n}_1=(1,1,1)$，所以$\boldsymbol{n}\cdot\boldsymbol{n}_1=0$.从而

$$\boldsymbol{n}=\overrightarrow{P_1P_2}\times\boldsymbol{n}_1=(-1,0,-2)\times(1,1,1)=(2,-1,-1),$$

得所求平面的点法式方程为

$$2(x-1)-(y-1)-(z-1)=0,$$

即

$$2x-y-z=0.$$

例 6　求过点 $A(1,1,-1)$且与两平面 $x-y+z-7=0$，$3x+2y-12z+5=0$ 都垂直的平面方程.

解　设所求平面的法向量为 $\boldsymbol{n}=(A,B,C)$，两个已知平面的法向量分别为 $\boldsymbol{n}_1=(1,-1,1)$，$\boldsymbol{n}_2=(3,2,-12)$.因为$\boldsymbol{n}\perp\boldsymbol{n}_1$，$\boldsymbol{n}\perp\boldsymbol{n}_2$，所以$\boldsymbol{n}\,/\!/\,(\boldsymbol{n}_1\times\boldsymbol{n}_2)$，所以可取$\boldsymbol{n}=k(\boldsymbol{n}_1\times\boldsymbol{n}_2)$.

$$\boldsymbol{n}_1\times\boldsymbol{n}_2=\begin{vmatrix}\boldsymbol{i}&\boldsymbol{j}&\boldsymbol{k}\\1&-1&1\\3&2&-12\end{vmatrix}=(10,15,5)=5(2,3,1),$$

取 $\boldsymbol{n}=(2,3,1)$，得所求平面的点法式方程为

$$2(x-1)+3(y-1)+(z+1)=0,$$

即

$$2x+3y+z-4=0.$$

3.3.3.3　平面束

下面讨论两平面关系的更广泛情形——平面束.

定义 2　通过一条定直线的所有平面的全体，称为一个**有轴平面束**，定直线称为**平面束的轴**.平行于一个定平面的所有平面的全体，称为一个**平行平面束**.

定理 2　以两相交平面

$$\pi_1:A_1x+B_1y+C_1z+D_1=0,$$

$$\pi_2:A_2x+B_2y+C_2z+D_2=0$$

的交线 L 为轴的有轴平面束的方程是

$$\lambda(A_1x+B_1y+C_1z+D_1)+\mu(A_2x+B_2y+C_2z+D_2)=0, \quad (3.3.10)$$

其中,λ,μ 是不同时为零的任意实数,称为参数.

证明　先证明对于任意一组不同时为零的参数值 λ,μ,方程(3.3.10)表示一个平面.

将方程(3.3.10)改写为

$$(\lambda A_1+\mu A_2)x+(\lambda B_1+\mu B_2)y+(\lambda C_1+\mu C_2)z+(\lambda D_1+\mu D_2)=0,$$

其中 x,y,z 的系数不同时为零.否则,若

$$\lambda A_1+\mu A_2=0,\ \lambda B_1+\mu B_2=0,\ \lambda C_1+\mu C_2=0,$$

由于 λ,μ 是不同时为 0 的实数,不妨设 $\lambda\neq0$,则有

$$\frac{A_1}{A_2}=\frac{B_1}{B_2}=\frac{C_1}{C_2}=-\frac{\mu}{\lambda},$$

可知平面 π_1 与 π_2 平行或重合,与题设中 π_1 与 π_2 相交矛盾,所以方程(3.3.10)是三元一次方程,表示平面.

再证对于任意一组不同时为零的参数值 λ,μ,方程(3.3.10)表示的平面过 π_1 与 π_2 的交线 L.

因为 π_1 与 π_2 的交线 L 上任一点的坐标必同时满足 π_1 及 π_2 的方程,所以也必满足方程(3.3.10),从而 L 必在方程(3.3.10)所表示的平面上.

最后证明通过交线 L 的任一平面 π,都可以通过选取适当的 λ,μ 值,用方程(3.3.10)表示.

在平面 π 上任取一点 $P(\alpha,\beta,\gamma)$,且 P 不在交线 L 上.因为 P 不在 L 上,所以 $A_1\alpha+B_1\beta+C_1\gamma+D_1$ 与 $A_2\alpha+B_2\beta+C_2\gamma+D_2$ 不能同时为零.

如果 $A_2\alpha+B_2\beta+C_2\gamma+D_2\neq0$,可取

$$\frac{\mu}{\lambda}=-\frac{A_1\alpha+B_1\beta+C_1\gamma+D_1}{A_2\alpha+B_2\beta+C_2\gamma+D_2},$$

把满足这个关系的一组 λ,μ 值代入方程(3.3.10)得

$$(A_2\alpha+B_2\beta+C_2\gamma+D_2)(A_1x+B_1y+C_1z+D_1)-(A_1\alpha+B_1\beta+C_1\gamma+D_1)(A_2x+B_2y+C_2z+D_2)=0,$$

显然,这个方程既通过直线 L,又通过点 P,是平面 π 的方程.

特别地,当 $\pi=\pi_1$ 时,可以选取 $\lambda=1$,$\mu=0$;当 $\pi=\pi_2$ 时,可以选取 $\lambda=0$,$\mu=1$.

注　为了计算方便,有时也把上述平面束的方程写成

$$(A_1x+B_1y+C_1z+D_1)+\lambda(A_2x+B_2y+C_2z+D_2)=0. \quad (3.3.11)$$

它只含有一个参数 λ,所以计算方便.但要注意:无论 λ 取何值,方程(3.3.11)都

不表示平面

$$A_2x+B_2y+C_2z+D_2=0,$$

即(3.3.11)决定的平面束比(3.3.10)决定的平面束少了一个平面 π_2.

下面讨论平行平面束.已知平面 π 的方程为

$$Ax+By+Cz+D=0.$$

由于平行于 π 的平面可看成与 π 具有相同的法向量,因此平行平面束的方程可写成

$$Ax+By+Cz+\lambda=0, \tag{3.3.12}$$

其中 λ 为参数.

例 7 求过直线 $\begin{cases}2x-y+2z=0,\\x+2y-2z-6=0\end{cases}$ 且与 xy 面垂直的平面.

解 过平面 $2x-y+2z=0$ 和 $x+2y-2z-6=0$ 的交线的平面可看成有轴平面束,设其方程为

$$\lambda(2x-y+2z)+\mu(x+2y-2z-6)=0,$$

即

$$(2\lambda+\mu)x+(-\lambda+2\mu)y+(2\lambda-2\mu)z-6\mu=0.$$

该平面的法向量 $\boldsymbol{n}=(2\lambda+\mu,-\lambda+2\mu,2\lambda-2\mu)$.由该平面与 xy 面垂直,得 $\boldsymbol{n}\cdot\boldsymbol{k}=0$,即 $2\lambda-2\mu=0$,解得 $\lambda=\mu$.取 $\lambda=1$,则 $\mu=1$.由此可得所求平面方程为

$$3x+y-6=0.$$

例 8 求与平面 $3x+y-z+4=0$ 平行且在 z 轴上的截距等于 -2 的平面方程.

解 设所求平面方程为

$$3x+y-z+\lambda=0,$$

因为该平面在 z 轴上的截距为 -2,所以该平面通过点 $(0,0,-2)$,由此得

$$2+\lambda=0,$$

即

$$\lambda=-2.$$

因此,所求平面方程为

$$3x+y-z-2=0.$$

3.3.4 空间两直线的相关位置

3.3.4.1 空间两直线的位置关系

空间两直线的相关位置有异面与共面两种,共面又有相交、平行和重合三种情形.

设空间两条直线的方程为

$$L_i: \frac{x-x_i}{X_i}=\frac{y-y_i}{Y_i}=\frac{z-z_i}{Z_i} \quad (i=1,2). \tag{3.3.13}$$

直线 L_1 上有一定点 $P_1(x_1,y_1,z_1)$，方向向量为 $\boldsymbol{v}_1=(X_1,Y_1,Z_1)$，直线 L_2 上有一定点 $P_2(x_2,y_2,z_2)$，方向向量为 $\boldsymbol{v}_2=(X_2,Y_2,Z_2)$.由图 3-9 容易看出，两直线的相关位置决定于三向量 $\overrightarrow{P_1P_2}$，$\boldsymbol{v}_1$，$\boldsymbol{v}_2$ 的相互关系.当且仅当这三个向量异面时，两直线异面；当且仅当这三个向量共面时，两直线共面.

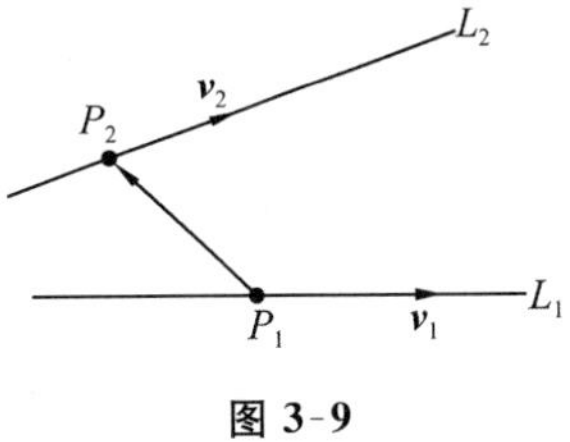

图 3-9

两直线共面时，若 $\boldsymbol{v}_1$，$\boldsymbol{v}_2$ 不平行，则 L_1 与 L_2 相交；若 $\boldsymbol{v}_1 /\!/ \boldsymbol{v}_2$ 但不与 $\overrightarrow{P_1P_2}$ 平行，则 L_1 与 L_2 平行；若 $\boldsymbol{v}_1 /\!/ \boldsymbol{v}_2 /\!/ \overrightarrow{P_1P_2}$，则 L_1 与 L_2 重合.因此，有如下结论.

定理 3　关于空间两直线 L_1 与 L_2 的相关位置，有下面的充要条件：

(1) 异面：

$$\Delta=(\overrightarrow{P_1P_2},\boldsymbol{v}_1,\boldsymbol{v}_2)=\begin{vmatrix} x_2-x_1 & y_2-y_1 & z_2-z_1 \\ X_1 & Y_1 & Z_1 \\ X_2 & Y_2 & Z_2 \end{vmatrix} \neq 0; \tag{3.3.14}$$

(2) 相交：

$$\Delta=0,\ X_1:Y_1:Z_1 \neq X_2:Y_2:Z_2; \tag{3.3.15}$$

(3) 平行：

$$X_1:Y_1:Z_1=X_2:Y_2:Z_2 \neq (x_2-x_1):(y_2-y_1):(z_2-z_1); \tag{3.3.16}$$

(4) 重合：

$$X_1:Y_1:Z_1=X_2:Y_2:Z_2=(x_2-x_1):(y_2-y_1):(z_2-z_1). \tag{3.3.17}$$

例 9　判定直线 $L_1: \frac{x}{1}=\frac{y}{-1}=\frac{z+1}{0}$ 与 $L_2: \frac{x-1}{1}=\frac{y-1}{1}=\frac{z-1}{0}$ 的位置关系.

解　因为直线 L_1 过点 $P_1(0,0,-1)$，方向向量为 $\boldsymbol{v}_1=(1,-1,0)$，而直线 L_2 过点 $P_2(1,1,1)$，方向向量为 $\boldsymbol{v}_2=(1,1,0)$，所以有

$$(\overrightarrow{P_1P_2},\boldsymbol{v}_1,\boldsymbol{v}_2)=\begin{vmatrix} 1 & 1 & 2 \\ 1 & -1 & 0 \\ 1 & 1 & 0 \end{vmatrix}=4 \neq 0.$$

所以 L_1 与 L_2 是异面直线.

3.3.4.2　空间两直线的夹角

平行于空间两直线 L_1，L_2 的两向量的夹角，称为**空间两直线的夹角**.规定：空间两直线的夹角 θ 为锐角.

显然,若两直线的夹角是 θ,则 θ 与两直线的方向向量 $\boldsymbol{v}_1,\boldsymbol{v}_2$ 的夹角关系是 $\theta=\angle(\boldsymbol{v}_1,\boldsymbol{v}_2)$ 或 $\theta=\pi-\angle(\boldsymbol{v}_1,\boldsymbol{v}_2)$.根据两向量的夹角公式可得

$$\cos\theta=\frac{|\boldsymbol{v}_1\cdot\boldsymbol{v}_2|}{|\boldsymbol{v}_1||\boldsymbol{v}_2|}=\frac{|X_1X_2+Y_1Y_2+Z_1Z_2|}{\sqrt{X_1^2+Y_1^2+Z_1^2}\sqrt{X_2^2+Y_2^2+Z_2^2}}. \tag{3.3.18}$$

由此得出直线 L_1 与 L_2 垂直的充要条件是

$$\boldsymbol{v}_1\cdot\boldsymbol{v}_2=X_1X_2+Y_1Y_2+Z_1Z_2=0. \tag{3.3.19}$$

例 10 求下面两条直线的夹角

$$L_1:\frac{x-1}{1}=\frac{y}{-4}=\frac{z+3}{1},$$

$$L_2:\begin{cases}x+y+2=0\\x+2z=0\end{cases}.$$

解 直线 L_1 的方向向量为 $\boldsymbol{v}_1=(1,-4,1)$,直线 L_2 的方向向量为

$$\boldsymbol{v}_2=\begin{vmatrix}\boldsymbol{i}&\boldsymbol{j}&\boldsymbol{k}\\1&1&0\\1&0&2\end{vmatrix}=(2,-2,-1),$$

故
$$\cos\theta=\frac{|1\times2+(-4)\times(-2)+1\times(-1)|}{\sqrt{1^2+(-4)^2+1^2}\sqrt{2^2+(-2)^2+(-1)^2}}=\frac{\sqrt{2}}{2},$$

则两直线的夹角为 $\theta=\frac{\pi}{4}$.

3.3.4.3 异面直线间的距离与公垂线的方程

空间两直线上的点之间的最短距离称为**这两条直线之间的距离**.

两相交或两重合直线间的距离为零;两平行直线间的距离等于其中一直线上的任意一点到另一直线的距离.

与两条异面直线都垂直相交的直线称为**两异面直线的公垂线**.两异面直线间的距离就等于它们的公垂线夹在两异面直线间的线段的长.

设异面直线 L_1 和 L_2 的方程为

$$L_i:\frac{x-x_i}{X_i}=\frac{y-y_i}{Y_i}=\frac{z-z_i}{Z_i},\ i=1,2.$$

L_1 过定点 $M_1(x_1,y_1,z_1)$,方向向量为 $\boldsymbol{v}_1=(X_1,Y_1,Z_1)$,$L_2$ 过定点 $M_2(x_2,y_2,z_2)$,方向向量为 $\boldsymbol{v}_2=(X_2,Y_2,Z_2)$.$L_1$ 和 L_2 与它们的公垂线的交点分别记为 N_1 和 N_2(如图 3-10),则异面直线 L_1 与 L_2 之间的距离为

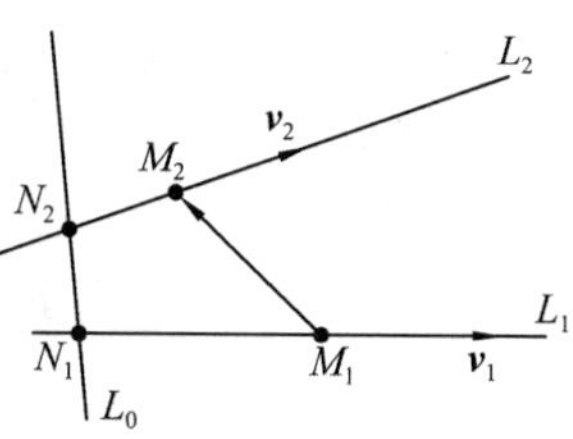

图 3-10

$$d=|\overrightarrow{N_1N_2}|=|\mathrm{Prj}_{\boldsymbol{v}_1\times\boldsymbol{v}_2}\overrightarrow{M_1M_2}|=\frac{|\overrightarrow{M_1M_2}\cdot(\boldsymbol{v}_1\times\boldsymbol{v}_2)|}{|\boldsymbol{v}_1\times\boldsymbol{v}_2|},$$

即

$$d=\frac{\left\|\begin{matrix}x_2-x_1 & y_2-y_1 & z_2-z_1\\ X_1 & Y_1 & Z_1\\ X_2 & Y_2 & Z_2\end{matrix}\right\|}{\sqrt{\begin{vmatrix}Y_1 & Z_1\\ Y_2 & Z_2\end{vmatrix}^2+\begin{vmatrix}Z_1 & X_1\\ Z_2 & X_2\end{vmatrix}^2+\begin{vmatrix}X_1 & Y_1\\ X_2 & Y_2\end{vmatrix}^2}}. \tag{3.3.20}$$

因为$|\overrightarrow{M_1M_2}\cdot(\boldsymbol{v}_1\times\boldsymbol{v}_2)|$为由三向量$\overrightarrow{M_1M_2}$，$\boldsymbol{v}_1$，$\boldsymbol{v}_2$ 构成的平行六面体的体积，而$|\boldsymbol{v}_1\times\boldsymbol{v}_2|$为由两向量$\boldsymbol{v}_1$，$\boldsymbol{v}_2$ 构成的平行四边形的面积，即上述平行六面体的一个面的面积，所以，由公式容易知道，**两异面直线间的距离的几何意义**是：三向量$\overrightarrow{M_1M_2}$，$\boldsymbol{v}_1$，$\boldsymbol{v}_2$ 构成的平行六面体在以两向量 $\boldsymbol{v}_1$，$\boldsymbol{v}_2$ 构成的平行四边形底面上的高.

下面求两异面直线 L_1 和 L_2 的公垂线的方程.

如图 3-10 所示，公垂线 L_0 的方向向量可取作$\boldsymbol{v}_1\times\boldsymbol{v}_2=(X,Y,Z)$，而公垂线可看作两个平面的交线，这两个平面中一个通过点 M_1，以$\boldsymbol{v}_1$ 和$\boldsymbol{v}_1\times\boldsymbol{v}_2$ 为方位向量，另一个通过点 M_2，以$\boldsymbol{v}_2$ 和$\boldsymbol{v}_1\times\boldsymbol{v}_2$ 为方位向量.由平面的点位式方程可得公垂线 L_0 的一般方程为

$$\begin{cases}\begin{vmatrix}x-x_1 & y-y_1 & z-z_1\\ X_1 & Y_1 & Z_1\\ X & Y & Z\end{vmatrix}=0\\ \begin{vmatrix}x-x_2 & y-y_2 & z-z_2\\ X_2 & Y_2 & Z_2\\ X & Y & Z\end{vmatrix}=0\end{cases} \tag{3.3.21}$$

其中，(X,Y,Z)是向量$\boldsymbol{v}_1\times\boldsymbol{v}_2$ 的坐标，即 L_0 的方向数.

例 11　判定两直线 L_1：$\dfrac{x-3}{2}=\dfrac{y}{1}=\dfrac{z-1}{0}$和 L_2：$\dfrac{x+1}{1}=\dfrac{y+2}{0}=\dfrac{z}{1}$是异面直线，并求公垂线方程及两直线之间的距离.

解　直线 L_1 过点 $P_1(3,0,1)$，方向向量为 $\boldsymbol{v}_1=(2,1,0)$，直线 L_2 过点 $P_2(-1,-2,0)$，方向向量为 $\boldsymbol{v}_2=(1,0,1)$则

$$\Delta=(\overrightarrow{P_1P_2},\boldsymbol{v}_1,\boldsymbol{v}_2)=\begin{vmatrix}-4 & -2 & -1\\ 2 & 1 & 0\\ 1 & 0 & 1\end{vmatrix}=1\neq 0,$$

故直线 L_1 与 L_2 为异面直线.又因为 L_1 与 L_2 的公垂线 L_0 的方向向量可取为

$$\boldsymbol{v}_1\times\boldsymbol{v}_2=(1,-2,-1),$$

所以 L_1 与 L_2 之间的距离为

$$d=\frac{|(\overrightarrow{P_1P_2},\boldsymbol{v}_1,\boldsymbol{v}_2)|}{|\boldsymbol{v}_1\times\boldsymbol{v}_2|}=\frac{1}{\sqrt{6}}=\frac{\sqrt{6}}{6}.$$

根据式(3.3.21)得公垂线 L_0 的方程为

$$\begin{cases}\begin{vmatrix}x-3 & y & z-1\\ 2 & 1 & 0\\ 1 & -2 & -1\end{vmatrix}=0\\ \begin{vmatrix}x+1 & y+2 & z\\ 1 & 0 & 1\\ 1 & -2 & -1\end{vmatrix}=0\end{cases},$$

即

$$\begin{cases}x-2y+5z-8=0,\\ x+y-z+3=0.\end{cases}$$

例 12 求过点 $P_0(1,1,1)$ 且与直线 $L_1:\dfrac{x}{1}=\dfrac{y}{2}=\dfrac{z}{3}$,$L_2:\dfrac{x-1}{2}=\dfrac{y-2}{1}=\dfrac{z-3}{4}$都相交的直线方程.

解 设所求直线的方向向量为 $\boldsymbol{v}=(X,Y,Z)$,则所求直线 L 的方程可写成

$$\frac{x-1}{X}=\frac{y-1}{Y}=\frac{z-1}{Z}.$$

因为 L 与 L_1,L_2 都相交,且 L_1 过点 $P_1(0,0,0)$,方向向量为 $\boldsymbol{v}_1=(1,2,3)$,L_2 过点 $P_2(1,2,3)$,方向向量为 $\boldsymbol{v}_2=(2,1,4)$,所以有

$$\Delta_1=(\overrightarrow{P_0P_1},\boldsymbol{v}_1,\boldsymbol{v})=\begin{vmatrix}-1 & -1 & -1\\ 1 & 2 & 3\\ X & Y & Z\end{vmatrix}=0,\text{即 } X-2Y+Z=0,$$

$$\Delta_2=(\overrightarrow{P_0P_2},\boldsymbol{v}_2,\boldsymbol{v})=\begin{vmatrix}0 & 1 & 2\\ 2 & 1 & 4\\ X & Y & Z\end{vmatrix}=0,\text{即 } X+2Y-Z=0,$$

由以上两式得

$$\boldsymbol{v}=(1,-2,1)\times(1,2,-1)=2(0,1,2).$$

由于 $\boldsymbol{v}$ 不平行于 $\boldsymbol{v}_1$,且 $\boldsymbol{v}$ 不平行于 $\boldsymbol{v}_2$,符合相交条件,因此所求直线 L 的方程为

$$\frac{x-1}{0}=\frac{y-1}{1}=\frac{z-1}{2}.$$

3.3.5　空间直线与平面的相关位置

3.3.5.1　直线与平面的相关位置

直线与平面的相关位置有三种情形：直线与平面相交、直线与平面平行和直线在平面上.

设直线 L 与平面 π 的方程分别为

$$L:\frac{x-x_0}{X}=\frac{y-y_0}{Y}=\frac{z-z_0}{Z},$$

$$\pi:Ax+By+Cz+D=0.$$

将直线方程写成参数式

$$\begin{cases}x=x_0+Xt,\\y=y_0+Yt,\\z=z_0+Zt,\end{cases}$$

代入平面方程，整理可得

$$(AX+BY+CZ)t=-(Ax_0+By_0+Cz_0+D).$$

当且仅当 $AX+BY+CZ\neq0$ 时，上式有唯一解

$$t=-\frac{Ax_0+By_0+Cz_0+D}{AX+BY+CZ}.$$

这时直线 L 与平面 π 有唯一公共点；当且仅当 $AX+BY+CZ=0$，$Ax_0+By_0+Cz_0+D\neq0$ 时，方程无解，直线 L 与平面 π 没有公共点；当且仅当 $AX+BY+CZ=0$，$Ax_0+By_0+Cz_0+D=0$ 时，方程有无数多解，直线 L 与平面 π 有无数个公共点，即直线 L 在平面 π 上.于是有下面的定理.

定理 4　关于直线 L 与平面 π 相关位置的判定，有下面的充要条件：

(1) 相交：
$$AX+BY+CZ\neq0;\tag{3.3.22}$$

(2) 平行：
$$AX+BY+CZ=0,Ax_0+By_0+Cz_0+D\neq0;\tag{3.3.23}$$

(3) 直线在平面上：
$$AX+BY+CZ=0,Ax_0+By_0+Cz_0+D=0.\tag{3.3.24}$$

以上条件的几何解释：直线 L 的方向向量 $\boldsymbol{v}$ 与平面 π 的法向量 $\boldsymbol{n}$ 之间的关系.(1) 表示 $\boldsymbol{v}$ 与 $\boldsymbol{n}$ 不垂直；(2) 表示 $\boldsymbol{v}$ 与 $\boldsymbol{n}$ 垂直，且直线 L 上的点 (x_0,y_0,z_0) 不在平面 π 上；(3) 表示 $\boldsymbol{v}$ 与 $\boldsymbol{n}$ 垂直，且直线 L 上的点 (x_0,y_0,z_0) 在平面 π 上.

3.3.5.2　直线与平面的夹角

当直线 L 与平面 π 相交时，可以求它们的夹角.

当直线不与平面垂直时，直线与平面的夹角 φ 是指直线与它在平面上的射影所构成的锐角；当直线与平面垂直时，规定直线与平面的夹角是直角(如图 3-11).

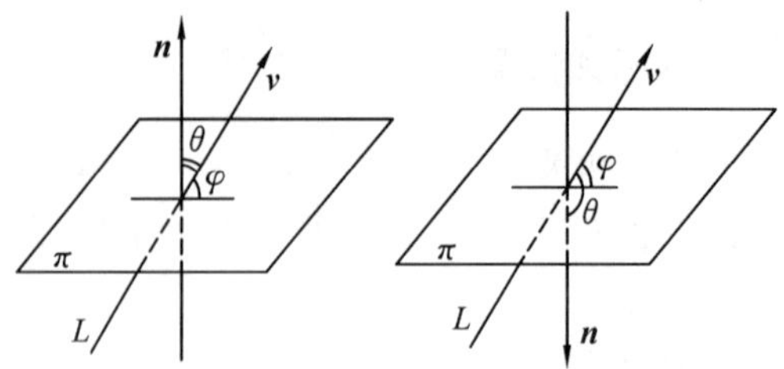

图 3-11

设 $\boldsymbol{v}=(X,Y,Z)$ 是直线 L 的方向向量，$\boldsymbol{n}=(A,B,C)$ 是平面 π 的法向量，若令 $\angle(L,\pi)=\varphi$，$\angle(\boldsymbol{v},\boldsymbol{n})=\theta$，则有 $\varphi=\frac{\pi}{2}-\theta$（$\theta$ 为锐角）或 $\varphi=\theta-\frac{\pi}{2}$（$\theta$ 为钝角），从而

$$\sin\varphi=|\cos\theta|=\frac{|\boldsymbol{n}\cdot\boldsymbol{v}|}{|\boldsymbol{n}||\boldsymbol{v}|}=\frac{|AX+BY+CZ|}{\sqrt{A^2+B^2+C^2}\sqrt{X^2+Y^2+Z^2}}. \quad (3.3.25)$$

公式(3.3.25)称为**直线与平面的夹角公式**.由此公式也可直接得到定理 4 中的条件.

显然，直线 L 垂直于平面 π 的充要条件是 $\boldsymbol{v}/\!/\boldsymbol{n}$，即

$$\frac{A}{X}=\frac{B}{Y}=\frac{C}{Z}. \quad (3.3.26)$$

注 (1) 直线与平面的位置关系是点、直线、平面关系的纽带，是求直线、平面方程的基础.

(2) 当直线与平面平行时，直线与平面间的距离 d 等于直线上的点到平面 π 的距离.

(3) 当直线与平面垂直时，可取直线方向向量 $\boldsymbol{v}$ 作为平面的法向量 $\boldsymbol{n}$，反之亦然.

(4) 直线与平面的夹角公式和平面与平面的夹角、直线与直线的夹角公式不同，应引起注意.

例 13 设直线 L：$\frac{x-1}{2}=\frac{y}{-1}=\frac{z+1}{2}$，平面 π：$x-y+2z=3$，求直线与平面的夹角.

解 因为 $\boldsymbol{n}=(1,-1,2)$，$\boldsymbol{v}=(2,-1,2)$，

$$\sin\varphi=\frac{|\boldsymbol{n}\cdot\boldsymbol{v}|}{|\boldsymbol{n}||\boldsymbol{v}|}=\frac{|1\times2+(-1)\times(-1)+2\times2|}{\sqrt{6}\times\sqrt{9}}=\frac{7\sqrt{6}}{18},$$

所以 $\varphi=\arcsin\frac{7\sqrt{6}}{18}$ 为所求夹角.

例 14　求空间一点 $P(5,2,-1)$ 关于平面 $\pi:2x-y+3z+23=0$ 的对称点的坐标.

解法 1　过 $P(5,2,-1)$ 垂直于平面 π 的直线 L 的方程为

$$\frac{x-5}{2}=\frac{y-2}{-1}=\frac{z+1}{3},$$

化为参数方程为

$$\begin{cases}x=5+2t,\\y=2-t,\\z=-1+3t.\end{cases}$$

将参数方程代入 π 的方程得 $t=-2$.以 $t=-2$ 代回直线的参数方程,得 L 与 π 的交点坐标 $Q(1,4,-7)$.设 $R(x,y,z)$ 使线段 PR 的中点为 Q,则

$$\frac{x+5}{2}=1,\frac{y+2}{2}=4,\frac{z-1}{2}=-7,$$

解之得点 P 关于 π 的对称点 R 的坐标为 $(-3,6,-13)$.

解法 2　设点 P 关于平面 π 的对称点为 $R(x,y,z)$,则有 $\overrightarrow{PR}\mathbin{/\mkern-4mu/}\boldsymbol{n}$,即

$$\frac{x-5}{2}=\frac{y-2}{-1}=\frac{z+1}{3},$$

又由 PR 的中点在 π 上可得

$$2\,\frac{x+5}{2}-\frac{y+2}{2}+3\,\frac{z-1}{2}+23=0.$$

联立求解得 $R(-3,6,-13)$.

例 15　平面 π 垂直于平面 $\pi_1:x+y+z-5=0$,并通过从点 $P_0(5,1,-1)$ 到直线 $L:\dfrac{x+4}{2}=\dfrac{y+8}{3}=\dfrac{z+4}{2}$ 的垂直相交线,求平面 π 的方程.

解　设平面 π 的法向量为 $\boldsymbol{n}=(A,B,C)$,方程为

$$A(x-5)+B(y-1)+C(z+1)=0.$$

平面 π_1 的法向量为 $\boldsymbol{n}_1=(1,1,1)$.因为 $\pi\perp\pi_1$,所以 $\boldsymbol{n}\cdot\boldsymbol{n}_1=0$,即 $A+B+C=0$.

过 $P_0(5,1,-1)$ 作 L 的垂面 π_2,则 π_2 的方程为

$$2(x-5)+3(y-1)+2(z+1)=0,$$

求出 π_2 与 L 的交点 $Q(2,1,2)$.所求平面 π 过点 Q,即 $\boldsymbol{n}\cdot\overrightarrow{P_0Q}=0$,得

$$A(2-5)+B(1-1)+C(2+1)=-3A+3C=0,$$

从而 $\boldsymbol{n}=\boldsymbol{n}_1\times\overrightarrow{P_0Q}=3(1,-2,1)$,即 $(A,B,C)=(1,-2,1)$,代入平面 π 的方程得

$$x-2y+z-2=0.$$

例 16 求通过点 $P(1,0,-2)$，与平面 $3x-y+2z-1=0$ 平行且与直线 $L_1:\dfrac{x-1}{4}=\dfrac{y-3}{-2}=\dfrac{z}{1}$ 相交的直线方程.

解 设所求直线 L 的方向向量为 $\boldsymbol{v}=(X,Y,Z)$，则其方程为

$$\frac{x-1}{X}=\frac{y}{Y}=\frac{z+2}{Z}.$$

因为 L 与 L_1 相交，L_1 过 $P_0(1,3,0)$，方向向量为 $\boldsymbol{v}_1=(4,-2,1)$，$L$ 过 $P(1,0,-2)$，方向向量为 $\boldsymbol{v}=(X,Y,Z)$，所以

$$\Delta=(\overrightarrow{P_0P},\boldsymbol{v}_1,\boldsymbol{v})=\begin{vmatrix}0 & -3 & -2\\ 4 & -2 & 1\\ X & Y & Z\end{vmatrix}=0,$$

即

$$7X+8Y-12Z=0.$$

又所求直线与平面 $3x-y+2z-1=0$ 平行，平面的法向量为 $\vec{\boldsymbol{n}}=(3,-1,2)$，所以 $\boldsymbol{v}\cdot\boldsymbol{n}=0$，即

$$3X-Y+2Z=0.$$

从而得 $\boldsymbol{v}=(7,8,-12)\times(3,-1,2)=(4,-50,-31)$，所求直线方程为

$$\frac{x-1}{4}=\frac{y}{-50}=\frac{z+2}{-31}.$$

*3.4 空间平面与直线的应用示例

直线和平面在生产和生活中有着广泛的应用，如照相机的三脚架、自行车只需安装一个撑脚就能立得稳，门加一把锁就可以固定等，都是平面性质的应用. 下面再通过一些实例展示其具体应用.

例 1 在南北方向的一条公路上，一辆汽车由南驶向北，速度为 100 km/h，一架飞机在一定高度的一条直线上飞行，速度为 $100\sqrt{7}$ km/h.从汽车里看飞机，在某个时刻看见飞机在正西方向，仰角为 30°，36 s 后，看见飞机在北偏西 30°，仰角为 30°，求飞机飞行的高度.

解 作出示意图(如图 3-12)，正北方向为 OF，正西方向为 OA，设看见飞机在正西方向时，汽车位置是点 O，飞机的位置是点 B，飞机正下方是点 A，36 s 后，汽车位置是点 C，飞机位置是点 E，飞机正下方是点 D.

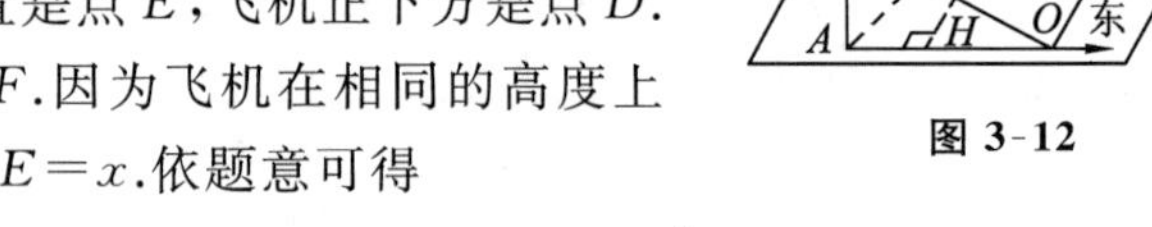

图 3-12

过 D 作 $DF\perp OC$ 于 F.因为飞机在相同的高度上直线飞行，所以设 $AB=DE=x$.依题意可得

$$\angle AOB=\angle ECD=\angle DCF=30°,$$

$$BE=100\sqrt{7}\times\frac{36}{3600}=\sqrt{7},OC=100\times\frac{36}{3600}=1.$$

$$OA=CD=x\cot 30^\circ=\sqrt{3}x,\ DF=CD\sin 30^\circ=\frac{\sqrt{3}}{2}x,CF=CD\cos 30^\circ=\frac{3}{2}x.$$

以 O 为坐标原点，正东方向为 x 轴，正北方向为 y 轴，向上为 z 轴，建立直角坐标系，则有 $O(0,0,0)$，$C(0,1,0)$，$A(-\sqrt{3}x,0,0)$，$B(-\sqrt{3}x,0,x)$，$F\left(0,1+\frac{3}{2}x,0\right)$，$D\left(-\frac{\sqrt{3}}{2}x,1+\frac{3}{2}x,0\right)$，$E\left(-\frac{\sqrt{3}}{2}x,1+\frac{3}{2}x,x\right)$.

根据两点间的距离公式有

$$|\overrightarrow{AD}|^2=|\overrightarrow{BE}|^2=\left(\frac{\sqrt{3}}{2}x\right)^2+\left(1+\frac{3}{2}x\right)^2=7,$$

解得 $x=1$，即飞机飞行的高度为 1 km.

注　汽车行驶的方向$\overrightarrow{OF}$与飞机飞行的方向$\overrightarrow{BE}$就相当于空间的两条异面直线，求飞机飞行的高度也就相当于求直线 BE 到平面 $AOCD$ 的距离.

例 2　某炮兵连的一军事素质科目测试题如下：在图 3-13a 中所示的道路上选一点 R 作为观测点，观测河对岸处彼方指挥所 PQ 的最高点 P 的有关情况.已知 $PQ=150$ m，现提供两种工具：测角器和皮尺.要求视线段 PR 最短，点 R 应该如何选取？这时视线段的长度如何计算？

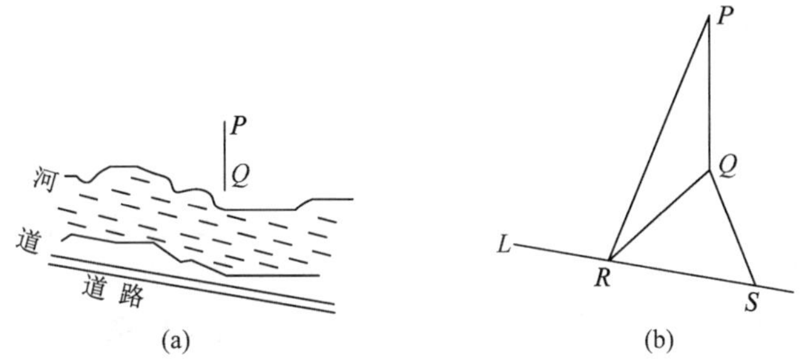

图 3-13

解　如图 3-13b 所示，设道路所在直线为 L，则视线段 PR 最短时，PR 就是点 P 到直线 L 的距离.连接 QR，则 QR 是 PR 在地平面上的射影，于是 $QR\perp L$.

由已知条件 $PQ=150$，得

$$PR=\sqrt{(150)^2+QR^2}=\sqrt{22500+QR^2}.$$

根据以上分析，点 R 的选法及视线段的长度计算方法如下：

在道路 L 上选一点 R，使 QR 与道路所成的水平角等于 90°，这时已经满足

视线段 PR 最短.再在道路 L 上选一点 S,使得水平角 $\angle RSQ=45°$.以 R 为坐标原点,RS 为 x 轴,RQ 为 y 轴,过点 R 且垂直于地面的直线为 z 轴,建立直角坐标系.设 $RS=a$,则有 $R(0,0,0)$,$S(a,0,0)$,$Q(0,a,0)$,$P(0,a,150)$,从而得

$$PR=\sqrt{150^2+a^2}=\sqrt{22500+a^2},$$

而 RS 在道路上,它是可测的,所以视线段的长度依上式计算.

注 本题利用了“垂线段最短”的原理.因为要找到点 R 使 $PR\perp L$,只要 $QR\perp L$ 即可,而 QR 与 L 在同一平面(即地面),所以用测角器找到点 R 使 $QR\perp L$.本题关键是找到点 S 使$\triangle SRQ$ 是等腰直角三角形.

例 3 夏天为了遮阳,很多商铺门面的上方都会搭一个简易遮阳棚,商铺门面如图 3-14a 中平面 $ABHG$ 所示,在上面用角钢焊接成 $AC=3$ cm,$BC=4$ cm,$AB=5$ cm 的一个简易遮阳棚(将 AB 置于墙上).商家认为从正西方向射出的太阳光线与地面成 75°角时,气温最高,要使此时遮阳棚的遮阴面积最大,应使遮阳棚 ABC 与水平面成多少角度?

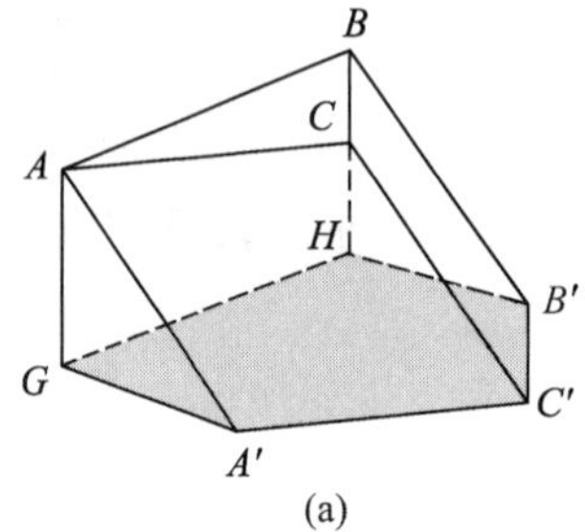

(a)

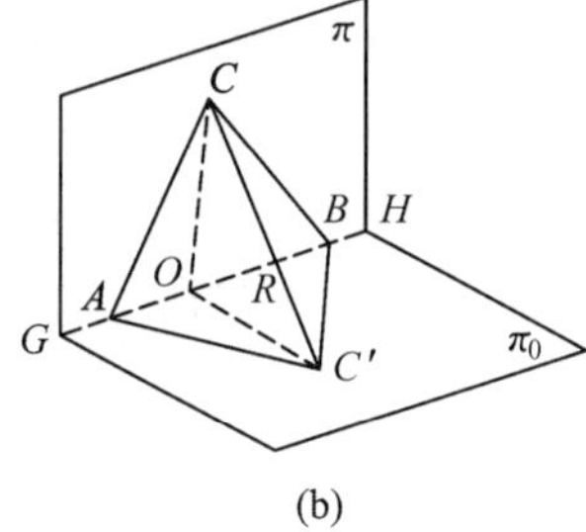

(b)

图 3-14

解 如图 3-14b 所示,设遮阳棚 ABC 所在平面为 π,地面为 π_0,ABC'为遮阳棚遮阴的图形.(为方便起见,设 A 与 A',B 与 B'重合)

以 O 为原点,AB 为 x 轴,OC'为 y 轴,建立直角坐标系,则 π_0 为 xy 面.因此$\angle(\pi,\pi_0)=\angle COC'=\alpha$ 为遮阳棚 ABC 与水平面的角度.过 C 在平面 π 内引 AB 的垂线 CO(O 为垂足),连接 $C'O$.

因为点 C 在平面 π_0 上的射影落在 $C'O$ 上,所以$\angle CC'O$ 即为 CC'与平面 π_0 所成的角,即$\angle CC'O=75°$.

在$\triangle COC'$中应用正弦定理可得

$$CO:\sin 75°=C'O:\sin(180°-75°-\alpha).$$

又由射影定理易得 $CO=\frac{12}{5}$, $AO=\frac{9}{5}$,$BO=\frac{16}{5}$.所以 A,B,C'三点的坐标分别为

$$A\left(-\frac{9}{5},0,0\right),B\left(\frac{16}{5},0,0\right),C'\left(0,\frac{12}{5}\cdot\frac{\sin(105^\circ-\alpha)}{\sin 75^\circ},0\right),$$

$$S_{\triangle ABC'}=\frac{1}{2}|\overrightarrow{AB}\times\overrightarrow{C'O}|=\frac{6\sin(105^\circ-\alpha)}{\sin 75^\circ}.$$

显然，当 $\alpha=15^\circ$ 时，$S_{\triangle ABC'}$ 有最大值，

$$(S_{\triangle ABC'})_{\max}=\frac{6}{\sin 75^\circ}\approx 6.2(\mathrm{m}^2).$$

注　只有当遮阳棚所在平面与太阳光线垂直时，才能挡住最多的光线，遮阴面积才能取得最大值.例如，正午(太阳光线垂直地面)时，遮阳棚只有与地面平行，才能使遮阴面积最大.

数学史话 3：欧几里得和《几何原本》

1. “几何”一词的由来

“几何”，在我国文言文中是“多少”的意思.

意大利传教士利玛窦和我国明末科学家徐光启在 1607 年合译的《几何原本》中，首先把“几何”作为一个数学专有名词的译名，并且沿用下来，成为现代数学分支的名称.

利玛窦和徐光启为什么用“几何”这个译名，国内外学者对此有三种说法：

(1) 音译：“几何”是拉丁文 Geometria 的字头“Geo”的音译；

(2) 意译：“几何”是多少的意思，我国数学书上经常要问“几何”；

(3) 音意并译：上述两种说法的折中.

经考证，以上三种说法都不太确切.这是因为，音译的说法是与当时利玛窦处处力求符合中国传统习惯、迎合中国人民的心理以便于传教的做法相违背的.更重要的是，利玛窦和徐光启合译《几何原本》的底本是德国数学家克拉维乌斯的注释本，书名中根本没有“Geometria”这个词，因此，音译的说法不能成立.当然，音意并译的说法也就不能成立了.

至于意译的说法，认为“几何”是“多少”的意思，也未必确切.用“几何”(量)作为这本书的书名，似乎过分强调了量，而忽略了它的图形性质的内容，欠妥当.但是从全书十五卷内容来看，研究“量”的内容居多、“形”的内容居少.两位译者也着眼于量的研究，甚至把数学看成研究量的学科.可能是既受到中国传统数学的影响,又受到当时欧洲特别重视数量关系的影响,他们把这本书推崇为“度数之宗”,因此取名为《几何原本》.这个名称在当时就被接受,所以尽管后来曾出现过“形学”的名称,“几何”一词仍一直沿用至今.

2. 几何学之父——欧几里得简介

欧几里得是被后人尊为“几何学之父”的希腊数学家.他是古希腊最负盛名、最有影响力的数学家,是亚历山大学派的成员.欧几里得生于雅典,早年曾在柏拉图学园受过教育.约在公元前300年,应托勒密一世的邀请,欧几里得来到亚历山大大学从事研究和教学工作.他治学严谨,“几何中没有王者之路”表达了他尊重科学而不折服帝王权威的学者风度.

欧几里得以《几何原本》著称于世,除此之外,欧几里得的其他著作约有10部,以《二次曲线》最为重要,可惜已经失传.

欧几里得是一位受人尊敬的、温良敦厚的学者、教育家.对前来求学的青年学生,他总是循循善诱地教导.但他反对不肯刻苦钻研、投机取巧的作风,也反对以谋金钱为目的的狭隘观点.传说有一个青年学生刚刚开始学第一个命题,就问欧几里得,他学了几何能有什么好处,欧几里得听完便对仆人说:“给他三个钱币,叫他走吧!因为他学习是为了获取金钱和利益的.”

3. 数学家的“圣经”——欧几里得《几何原本》

几何学对我们来说并不陌生,无论哪个国家的中学生,都要学习几何内容.现在我们所学习的几何学就是以欧几里得几何为基础的,欧几里得几何的产生和发展已有两千多年的历史.尽管科学技术日新月异,但欧几里得几何仍不失为培养、提高中学生思维能力的好教材.历史上不知有多少科学家从学习几何中得到益处,从而作出伟大的贡献.

公元前4世纪,经过一大批希腊数学家的努力,几何学已经有了丰富的内容,但是内容繁杂、孤立、不系统.欧几里得非常详尽地搜集了当时所有的几何知识,整理成一门具有严密系统的理论,写成数学史上早期的巨著——《几何原本》.

《几何原本》集当时希腊数学内容之大成,开公理化方法之先河,对后世数学以及其他科学产生了难以估量的影响.为此,人们称《几何原本》为数学家的“圣经”.

《几何原本》是在前人工作基础上编写而成的,共13卷,书中包括5条公理、5条公设、23个定义和465个命题.这本书不单是讲几何,还有相当一部分讲了数论和几何式代数.第1卷含48个命题,主要内容是直线图形的性质;第2卷中含14个命题,主要内容是几何式代数(面积变换);第3卷含37个命题,主要内容是圆论;第4卷含16个命题,主要内容是圆内接、外切多边形;第5卷含25个命题,主要内容是比例论;第6卷含33个命题,主要内容是比例论应用于相似

形;第 7 卷含 39 个命题,主要内容是约数、倍数、整数的比例;第 8 卷含 27 个命题,主要内容是等比数列、连比例、平方数、立方数;第 9 卷含 36 个命题,主要内容是平面数、方体数、质数、奇数、偶数、完全数;第 10 卷含 115 个命题,主要内容是不可公度量(无理量)理论;第 11 卷含 39 个命题,主要内容是立体图形的性质;第 12 卷含 18 个命题,主要内容是面积、体积理论(穷竭法);第 13 卷含 18 个命题,主要内容是正多边形和正多面体.这些内容可归纳为四个部分:一是平面几何,包括前 6 卷共 173 个命题;二是初等数论包括 7—9 卷共 102 个命题;三是无理量理论,包括第 10 卷共 115 个命题;四是立体几何,包括 11—13 卷共 75 个命题.

《几何原本》第 1 卷中命题 1—26 主要讨论了三角形和垂线,其中命题 4 就是现在初中几何中的三角形全等公理:两条边及其夹角对应相等的两个三角形全等.欧几里得把它作为定理,并根据叠合公理用古老的叠合法予以证明,至今仍保留在中学数学课本里.第 6 卷是比例论的应用,也涉及几何式代数,包括通过几何作图解一元二次方程.《几何原本》中的初等数论把数看作线段,但是论证时并不依赖于几何.第 11 卷中对球、圆柱、圆锥等立体图形的定义,都像现在一样将其动态地定义为由一个平面图形绕轴旋转得出的.第 13 卷是讲正多边形的性质,论述了怎样在球内作出 5 种内接正多面体的问题,最后证明了内接正多面体不能多于 5 种.

《几何原本》从少数几个公理出发,由简到繁地推演出 465 个命题,建立起人类历史上第一个完整的公理演绎体系,成为数学史上的一座丰碑.从古代直至 19 世纪,它不仅是几何学的标准教科书,而且被认为是研究数学者必读的经典.欧几里得为几何证明提供了规范,书中的证明方法主要有综合法、分析法和归谬法(反证法),这些证法在欧多克索斯时代已经有了,在《几何原本》中更加完善.

《几何原本》的手抄本流传了 1700 多年后,才有印刷本,之后出现了 1000 多种版本,从希腊文先后译为阿拉伯文、拉丁文、英文等.科学书籍中,在使用时间之长、范围之广、影响之大方面,《几何原本》首屈一指.《几何原本》是一部在科学史上千古流芳的不朽之作.

《几何原本》传入中国分为三个阶段:第一个阶段是 1607 年,意大利传教士利玛窦和明末科学家徐光启在北京合译《几何原本》前 6 卷,首创了书中有关数学名词的中文译法,其中许多沿用至今.第二个阶段是 1852 年至 1858 年,清末数学家李善兰和英国传教士伟烈亚力等人在上海合作翻译、出版《几何原本》后 9 卷(最后两卷是伪作).第三个阶段是在曾国藩的支持下,《几何原本》全刻本产生.1868 年,李善兰受聘为北京同文馆天文算学总教习,随后《几何原本》被列为这所当时中国官办最高学府的必修课教材.

《几何原本》是介绍西方科学的第一部著作，向我国读者介绍了西方的几何知识、逻辑论证的方法，以及希腊几何高度抽象的特点.《几何原本》出版后，明末清初的数学家们就对欧几里得的几何表现出高度关注，并且围绕它发表了一些专门的著作，如方中通的《几何约》、杜知耕的《几何论约》、梅文鼎的《几何通解》等.此外，在《几何原本》出版后，重视理论、讲究逻辑论证的风气开始流行起来.

徐光启对《几何原本》的逻辑结构称赞不已，他说："此书有四不必：不必疑，不必揣，不必试，不必改.有四不可得：欲脱之不可得，欲驳之不可得，欲减之不可得，欲前后更之不可得.有三至三能：似至晦，实至明，故能以其明明他物之至晦；似至繁，实至简，故能以其简简他物之至繁；似至难，实至易，故能以其易易他物之至难.易生于简，简生于明，综其妙，在明而已."徐光启这番话虽有些夸大其词，但反映了他对数学逻辑系统的认识.梁启超曾评价《几何原本》前 6 卷译本"字字精金美玉，是千古不朽的著作".

无论多高明的学者，也不可能把所有问题都解决.在高度评价《几何原本》的伟大意义的同时，也不要忽视它的局限性.《几何原本》中还有不少破绽和漏洞.从 19 世纪中叶起，随着数学严密化运动的深入，数学家们重新审视了《几何原本》，发现了不少缺点，主要是理论尚不够严密，无意中使用了不少作者未曾提出且无疑也未曾发觉的假定，有时利用了从图形上看似显然的事实作为证明的前提，对有些定义的叙述欠妥或显得含糊其词，刻画不当.此外，全书在组织上也未一气呵成.某些部分有重复或堆砌之弊，个别命题的证明有遗漏或错误等.然而，正是这些破绽、漏洞的发现和解决，推动了几何学的不断发展.

本章小结

本章是"解析几何"课程的主要内容之一，这一章充分运用向量这一工具，用代数的方法定量地研究空间中最简单且最基本的图形——空间直线与平面，建立了各种形式的方程，导出了它们之间位置关系的解析表达式，以及距离、夹角等计算公式.

1. 空间平面各种形式的方程及相互转化

一般方程：$Ax+By+Cz+D=0$；

点法式方程：$A(x-x_0)+B(y-y_0)+C(z-z_0)=0$；

法式方程：$x\cos\alpha+y\cos\beta+z\cos\gamma-p=0$；

截距式方程：$\dfrac{x}{a}+\dfrac{y}{b}+\dfrac{z}{c}=1$；

参数式方程：$\begin{cases} x=x_0+X_1u+X_2v, \\ y=y_0+Y_1u+Y_2v, \\ z=z_0+Z_1u+Z_2v \end{cases}$ （u,v 为参数）；

点位式方程：$\begin{vmatrix} x-x_0 & y-y_0 & z-z_0 \\ X_1 & Y_1 & Z_1 \\ X_2 & Y_2 & Z_2 \end{vmatrix}=0$；

三点式方程：$\begin{vmatrix} x-x_1 & y-y_1 & z-z_1 \\ x_2-x_1 & y_2-y_1 & z_2-z_1 \\ x_3-x_1 & y_3-y_1 & z_3-z_1 \end{vmatrix}=0$.

在空间中，平面方程是一个三元一次方程，平面方程的不同形式在一定条件下可以相互转化.

2. 空间直线的各种形式的方程及相互转化

标准式方程：$\dfrac{x-x_0}{X}=\dfrac{y-y_0}{Y}=\dfrac{z-z_0}{Z}$；

两点式方程：$\dfrac{x-x_1}{x_2-x_1}=\dfrac{y-y_1}{y_2-y_1}=\dfrac{z-z_1}{z_2-z_1}$；

参数式方程：$\begin{cases} x=x_0+Xt, \\ y=y_0+Yt, \\ z=z_0+Zt \end{cases}$ （$-\infty<t<+\infty$）；

一般式方程：$\begin{cases} A_1x+B_1y+C_1z+D_1=0, \\ A_2x+B_2y+C_2z+D_2=0; \end{cases}$

射影式方程：$\begin{cases} a_1x+b_1y+c_1=0, \\ a_2y+b_2z+c_2=0. \end{cases}$

在空间中，直线的方程是两个三元一次方程联立的方程组，空间直线方程的不同形式在一定条件下可以相互转化.

3. 空间点、直线、平面之间的位置关系

(1) 点 $P_0(x_0,y_0,z_0)$ 与平面 $Ax+By+Cz+D=0$ 的位置关系

① 点在平面上：$Ax_0+By_0+Cz_0+D=0$；

② 点不在平面上：$Ax_0+By_0+Cz_0+D\neq 0$.

点到平面的距离：$d=\dfrac{|Ax_0+By_0+Cz_0+D|}{\sqrt{A^2+B^2+C^2}}$.

(2) 点 $P_0(x_0,y_0,z_0)$ 与直线 L：$\dfrac{x-x_1}{X}=\dfrac{y-y_1}{Y}=\dfrac{z-z_1}{Z}$ 的位置关系

① 点在直线上：$(x_0-x_1):(y_0-y_1):(z_0-z_1)=X:Y:Z$,

② 点不在直线上：$(x_0-x_1):(y_0-y_1):(z_0-z_1)\neq X:Y:Z$.

点到直线的距离：

$$d=\frac{\sqrt{\begin{vmatrix} y_1-y_0 & z_1-z_0 \\ Y & Z \end{vmatrix}^2+\begin{vmatrix} z_1-z_0 & x_1-x_0 \\ Z & X \end{vmatrix}^2+\begin{vmatrix} x_1-x_0 & y_1-y_0 \\ X & Y \end{vmatrix}^2}}{\sqrt{X^2+Y^2+Z^2}}.$$

(3) 两平面 $\pi_1: A_1x+B_1y+C_1z+D_1=0$，$\pi_2: A_2x+B_2y+C_2z+D_2=0$ 的位置关系

① 相交：$A_1:B_1:C_1\neq A_2:B_2:C_2$；

② 平行：$\frac{A_1}{A_2}=\frac{B_1}{B_2}=\frac{C_1}{C_2}\neq\frac{D_1}{D_2}$；

③ 重合：$A_1:B_1:C_1:D_1=A_2:B_2:C_2:D_2$.

两相交平面的夹角公式：$\cos\theta=\frac{|A_1A_2+B_1B_2+C_1C_2|}{\sqrt{A_1^2+B_1^2+C_1^2}\sqrt{A_2^2+B_2^2+C_2^2}}$.

两平面垂直的充要条件：$A_1A_2+B_1B_2+C_1C_2=0$.

有轴平面束方程：$\lambda(A_1x+B_1y+C_1z+D_1)+\mu(A_2x+B_2y+C_2z+D_2)=0$.

平行平面束方程：$Ax+By+Cz+\lambda=0$.

(4) 两直线 $L_i: \frac{x-x_i}{X_i}=\frac{y-y_i}{Y_i}=\frac{z-z_i}{Z_i}(i=1,2)$ 的位置关系

① 异面：$\Delta=\begin{vmatrix} x_2-x_1 & y_2-y_1 & z_2-z_1 \\ X_1 & Y_1 & Z_1 \\ X_2 & Y_2 & Z_2 \end{vmatrix}\neq 0$；

② 相交：$\Delta=0, X_1:Y_1:Z_1\neq X_2:Y_2:Z_2$；

③ 平行：$X_1:Y_1:Z_1=X_2:Y_2:Z_2\neq(x_2-x_1):(y_2-y_1):(z_2-z_1)$；

④ 重合：$X_1:Y_1:Z_1=X_2:Y_2:Z_2=(x_2-x_1):(y_2-y_1):(z_2-z_1)$.

空间两直线的夹角公式：$\cos\theta=\frac{|X_1X_2+Y_1Y_2+Z_1Z_2|}{\sqrt{X_1^2+Y_1^2+Z_1^2}\sqrt{X_2^2+Y_2^2+Z_2^2}}$.

垂直条件：$X_1X_2+Y_1Y_2+Z_1Z_2=0$.

两异面直线之间的距离公式：

$$d=\frac{\left\|\begin{matrix} x_2-x_1 & y_2-y_1 & z_2-z_1 \\ X_1 & Y_1 & Z_1 \\ X_2 & Y_2 & Z_2 \end{matrix}\right\|}{\sqrt{\begin{vmatrix} Y_1 & Z_1 \\ Y_2 & Z_2 \end{vmatrix}^2+\begin{vmatrix} Z_1 & X_1 \\ Z_2 & X_2 \end{vmatrix}^2+\begin{vmatrix} X_1 & Y_1 \\ X_2 & Y_2 \end{vmatrix}^2}}.$$

公垂线方程：$\begin{cases}(\overrightarrow{P_1P},\ \boldsymbol{v}_1,\boldsymbol{v}_1\times\boldsymbol{v}_2)=0,\\(\overrightarrow{P_2P},\ \boldsymbol{v}_2,\boldsymbol{v}_1\times\boldsymbol{v}_2)=0.\end{cases}$

(5) 直线$\dfrac{x-x_0}{X}=\dfrac{y-y_0}{Y}=\dfrac{z-z_0}{Z}$与平面$Ax+By+Cz+D=0$的位置关系

① 相交：$AX+BY+CZ\neq 0$；

② 平行：$AX+BY+CZ=0,Ax_0+By_0+Cz_0+D\neq 0$；

③ 直线在平面上：$AX+BY+CZ=0,Ax_0+By_0+Cz_0+D=0$.

直线与平面的夹角公式：$\sin\varphi=\dfrac{|\boldsymbol{n}\cdot\boldsymbol{v}|}{|\boldsymbol{n}||\boldsymbol{v}|}=\dfrac{|AX+BY+CZ|}{\sqrt{A^2+B^2+C^2}\sqrt{X^2+Y^2+Z^2}}$.

直线与平面垂直的条件$A:B:C=X:Y:Z$.

4. 本章知识结构图

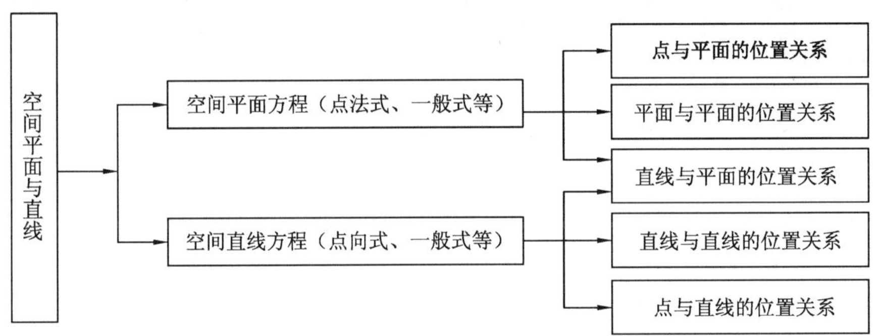

第 3 章练习题

1. 求下列平面的方程.

(1) 过点$M_0(1,0,-1)$且平行于向量$\boldsymbol{a}=(2,1,-1)$和$\boldsymbol{b}=(3,0,4)$的平面；

(2) 过点$(3,0,-1)$且与平面$3x-7y+5z-12=0$平行的平面；

(3) 通过点$M_1(2,0,-1)$和$M_2(-1,3,4)$且平行于y轴的平面；

(4) 过点$(3,-1,4)$和$(1,0,-3)$，垂直于平面$2x+5y+z+1=0$的平面；

(5) 已知四点$A(5,1,3),B(1,6,2),C(5,0,4),D(4,0,6)$，求通过直线$AB$且平行于直线$CD$的平面，以及通过直线$AB$且与三角形$ABC$所在平面垂直的平面.

2. 已知两点$P_1(x_1,y_1,z_1)$及$P_2(x_2,y_2,z_2)$，求一平面，使P_1,P_2关于这个平面对称.

3. 化平面方程$4x-y+2z-3=0$为截距式和参数式.

4. 将下列平面的一般方程化为法式方程.

(1) $x-2y+5z-3=0$；　　　(2) $x+2=0$；

(3) $x-3y+2z+4=0$；　　　(4) $2x-2y+z=0$.

5. 求满足下列条件的直线方程.

(1) 过两点$(2,5,8)$,$(-1,0,3)$；

(2) 过原点且与 $\boldsymbol{s}=(1,-1,1)$平行；

(3) 过点$(2,-8,3)$,且垂直于平面 $x+2y-3z-2=0$；

(4) 过点 $P(1,0,-2)$且与直线$\dfrac{x-1}{1}=\dfrac{y}{1}=\dfrac{z+1}{-1}$和$\dfrac{x}{1}=\dfrac{y-1}{-1}=\dfrac{z+1}{0}$垂直.

6. 化直线的一般方程$\begin{cases}x-y+2z-6=0,\\2x+y+z-5=0\end{cases}$为对称式方程.

7. 求直线$\begin{cases}5x+8y-3z+9=0,\\2x-4y+z-1=0\end{cases}$对三个坐标面的射影平面,并写出该直线的一种射影式方程.

8. 系数 B 和 D 取何值时,才能使直线$\begin{cases}x-2y+z-9=0,\\3x+By+z+D=0\end{cases}$落在 xOy 平面上?

9. 证明:向量 $\boldsymbol{v}=(X,Y,Z)$平行于平面 $Ax+By+Cz+D=0$ 的充要条件为 $AX+BY+CZ=0$.

10. 一直线与三坐标轴间的角分别为 α,β,γ,证明:

$$\sin^2\alpha+\sin^2\beta+\sin^2\gamma=2.$$

11. 计算下列点到平面的距离.

(1) $P(-2,4,3)$, π: $2x-y+2z+3=0$；

(2) $P(1,2,-3)$, π: $5x-3y+z+4=0$；

(3) $P(3,-5,-2)$, π: $2x-y+3z+11=0$.

12. 已知两点 $A(1,1,1)$和 $B(2,-2,-2)$,试回答:

(1) A,B 是否在平面 $x+y+z+3=0$ 的同侧?

(2) A,B 是否在平面 $x+y+z=0$ 的同侧?

(3) A 是否在上述两个平行平面之间?

(4) B 是否在上述两个平行平面之间?

13. 在 y 轴上求一点,使它到平面 $2x+3y+6z-6=0$ 和 $3x-6y-2z-18=0$ 的距离相等.

14. 求下列点到直线的距离.

(1) 点$(1,-1,2)$到$\dfrac{x-1}{0}=\dfrac{y+2}{2}=\dfrac{z}{-1}$；

(2) 点(1,2,3)到$\begin{cases}3x+y-4=0,\\2x+z-3=0.\end{cases}$

15. 判别下列各对平面的相关位置.

(1) $2x-6y+5z+3=0$, $x+2y-z-3=0$;

(2) $x-2y+6z+3=0$, $\frac{x}{2}-y+3z-8=0$;

(3) $x-2y+2z+3=0$, $\frac{x}{4}-\frac{y}{2}+\frac{z}{2}+\frac{3}{4}=0$.

16. 求下列各组平面间的夹角.

(1) $x+y-11=0$ 与 $3x+8=0$;

(2) $2x-3y+6z-12=0$ 与 $x+2y+2z-7=0$.

17. 确定 l,m 的值,使平面 $2x+my+3z-5=0$ 与平面 $lx-6y-6z+2=0$:

(1) 互相垂直;　(2) 互相平行.

18. 求过直线 l:$\begin{cases}2x-y-2z+1=0,\\x+y+4z-2=0\end{cases}$且在 y 轴和 z 轴上有相同的非零截距的平面方程.

19. 求两平行平面 $Ax+By+Cz+D_1=0$ 及 $Ax+By+Cz+D_2=0$ 间的距离.

20. 判断下列各对直线的位置关系(相交、平行或异面):

(1) $\frac{x+1}{3}=\frac{y-1}{3}=\frac{z-2}{1}$, $\frac{x}{-1}=\frac{y-6}{2}=\frac{3z-5}{3}$;

(2) $\begin{cases}x+y+z=0,\\y+z+1=0,\end{cases}$ $\begin{cases}x+z+1=0,\\x+y+1=0;\end{cases}$

(3) $\frac{x-1}{1}=\frac{y}{1}=\frac{z+1}{-1}$, $\frac{x}{1}=\frac{y-1}{-1}=\frac{z+1}{0}$;

(4) $\begin{cases}x-y-z+2=0,\\2x-3y+3=0,\end{cases}$ $\begin{cases}x-2y+z=0,\\2y-4z-5=0.\end{cases}$

21. 判断直线$\begin{cases}x+y+z-1=0,\\2x+3y+6z-6=0\end{cases}$和$\begin{cases}y+4z=0,\\3x+4y+7z=0\end{cases}$是否共面.若共面,求出它们所在平面的方程.

22. 求下列各对直线之间的距离.

(1) $\frac{x+1}{-1}=\frac{y-1}{3}=\frac{z+5}{2}$, $\frac{x}{3}=\frac{y-6}{-9}=\frac{z+5}{-6}$;

(2) $\frac{x}{2}=\frac{y+2}{-2}=\frac{z-1}{-1}$，$\frac{x-1}{4}=\frac{y-3}{2}=\frac{z+1}{-1}$；

(3) $\begin{cases}x+y-z+1=0,\\x+y=0,\end{cases}$ $\begin{cases}x-2y+3z-6=0,\\2x-y+3z-6=0.\end{cases}$

23. 求直线$\frac{x-1}{3}=\frac{y+2}{6}=\frac{z-5}{2}$与$\frac{x}{2}=\frac{y-3}{9}=\frac{z+1}{6}$的夹角.

24. 求下列各对直线的公垂线方程.

(1) $x-1=\frac{y}{-3}=\frac{z}{3}$与$\frac{x}{2}=\frac{y}{1}=\frac{z}{-2}$；

(2) $\begin{cases}x+y-1=0,\\z=0\end{cases}$与$\begin{cases}x-z+1=0,\\2y+z-2=0.\end{cases}$

25. 求过定点(a,b,c)且与异面直线

$$\frac{x-a_1}{l_1}=\frac{y-b_1}{m_1}=\frac{z-c_1}{n_1},\ \frac{x-a_2}{l_2}=\frac{y-b_2}{m_2}=\frac{z-c_2}{n_2}$$

(1) 均相交；(2) 均垂直的直线方程.

26. 写出直线$\begin{cases}x=mz+a,\\y=nz+b\end{cases}$与平面$Ax+By+Cz+D=0$相交、平行和重合的充要条件.

27. 求直线$\frac{x}{2}=\frac{y+12}{3}=\frac{z-4}{6}$与平面$6x+15y-10z=0$的夹角.

28. 求经过两平面$x+5y+z=0$，$x-z+2=0$的交线且与平面$x-4y-8z+12=0$成$\frac{\pi}{4}$角的平面.

29. 求直线L：$\frac{x}{-1}=\frac{y-1}{1}=\frac{z-1}{2}$与平面$\pi$：$2x+y-z-3=0$的夹角.

30. 求平面$Ax+By+Cz+D=0$与x轴及y轴夹角相等的条件，以及它与三条坐标轴夹角相等的条件.

31. 在$\triangle ABC$中，设P,Q,R分别是边AB,BC,CA上的点，且$\overrightarrow{AP}=\lambda\overrightarrow{PB}$，$\overrightarrow{BQ}=\mu\overrightarrow{QC}$，$\overrightarrow{CR}=\upsilon\overrightarrow{RA}$.证明：$AQ,BR,CP$三线共点的充要条件是$\lambda\mu\upsilon=1$.

32. 证明：如果直线L_1：$\begin{cases}A_1x+B_1y+C_1z+D_1=0,\\A_2x+B_2y+C_2z+D_2=0\end{cases}$与$L_2$：$\begin{cases}A_3x+B_3y+C_3z+D_3=0,\\A_4x+B_4y+C_4z+D_4=0\end{cases}$相交，那么$\begin{vmatrix}A_1&B_1&C_1&D_1\\A_2&B_2&C_2&D_2\\A_3&B_3&C_3&D_3\\A_4&B_4&C_4&D_4\end{vmatrix}=0$.

33. 证明:经过直线 $L_1:\begin{cases}\dfrac{y}{b}+\dfrac{z}{c}=1,\\ x=0,\end{cases}$ 且平行于直线 $L_2:\begin{cases}\dfrac{x}{a}-\dfrac{z}{c}=1,\\ y=0\end{cases}$ 的平面方程为 $\dfrac{x}{a}-\dfrac{y}{b}-\dfrac{z}{c}+1=0$.若 $2d$ 是 L_1,L_2 之间的距离,证明:

$$\frac{1}{d^2}=\frac{1}{a^2}+\frac{1}{b^2}+\frac{1}{c^2}.$$

34. 设直线与三个坐标平面的夹角分别为 λ,μ,γ,试证明:

$$\cos^2\lambda+\cos^2\mu+\cos^2\gamma=2.$$

第 3 章测验题

一、选择题(每小题 3 分,共 15 分)

1. 平面 $x-2z=0$(　　).

A. 平行 xOz 坐标面　　B.平行于 y 轴

C. 垂直于 y 轴　　D. 通过 y 轴

2. 直线 $\begin{cases}3x+2z=0,\\ 5x-1=0\end{cases}$(　　).

A. 平行于 y 轴　　B. 垂直于 y 轴

C. 平行于 x 轴　　D. 平行于 xz 坐标面

3. 若平面 $Ax+By+Cz+D=0$ 过 x 轴,则(　　).

A. $A=D=0$　　B. $B=0,C\neq 0$

C. $B\neq 0,C=0$　　D. $B=C=0$

4. 直线 $L:\dfrac{x+3}{-2}=\dfrac{y+4}{-7}=\dfrac{z}{3}$ 与平面 $\pi:4x-2y-2z=3$ 的位置关系是(　　).

A. 平行　　B. 垂直

C. L 在 π 上　　D. 相交但不垂直

5. 点 $P(3,1,-1)$到平面 $22x+4y-20z-45=0$ 的距离为(　　).

A. 1　　B. 2　　C. -1　　D. $\dfrac{3}{2}$

二、填空题(每小题 4 分,共 16 分)

1. 过点$(3,4,-4)$且方向角为$\dfrac{\pi}{3},\dfrac{\pi}{4},\dfrac{2\pi}{3}$的直线的对称式方程为__________.

2. 直线 $L_1:\begin{cases}x=-4+t,\\ y=3-2t,\\ z=2+3t\end{cases}$ 与直线 $L_2:\begin{cases}x=-3+2t,\\ y=-1-4t,\\ z=5+6t\end{cases}$ 的位置关系是________.

3. 直线$\frac{x-1}{2}=\frac{y}{1}=\frac{z}{-1}$和直线$\frac{x}{2}=\frac{y}{1}=\frac{z+1}{-2}$的位置关系是________，夹角为________________，距离为________，公垂线方程为________________.

4. 求过直线 $2x-y-2z+1=0$，$x+y+4z-2=0$，且满足下列条件的平面：

(1) 过点 $A(2,3,-1)$；________________

(2) 垂直于 yz 面；________________

(3) 平行于 z 轴；________________

(4) 垂直于 $3x-2y+z-1=0$；________________

三、解答题(每小题 7 分，共 49 分)

1. 已知平面过两点 $M(3,-2,5)$ 及 $N(2,3,1)$，且平行于 z 轴，求平面的方程.

2. 试求直线$\begin{cases}x+2y+3z-6=0,\\2x+3y-4z-1=0\end{cases}$的对称式方程和坐标式参数方程.

3. 求过点 $P_0(0,0,-2)$，与平面 π_1：$3x-y+2z-1=0$ 平行，且与直线 L_1：$\frac{x-1}{4}=\frac{y-3}{-2}=\frac{z}{1}$相交的直线 L 的方程.

4. 求过点$(1,0,-1)$，且平行于直线$\frac{x-1}{2}=\frac{y-1}{1}=\frac{z+1}{1}$和$\frac{x-2}{1}=\frac{y+1}{1}=\frac{z-3}{0}$的平面方程.

5. 试求点 $A(2,-1,-1)$到平面 π：$16x-12y+15z-4=0$ 的距离 d.

6. 求两直线 L_1：$\frac{x+3}{4}=\frac{y-2}{3}=\frac{z-5}{1}$和 L_2：$\frac{x}{1}=\frac{y-2}{-1}=\frac{z-5}{2}$的夹角.

7. 试求用法式方程表示的两个平面 $x\cos\alpha_1+y\cos\beta_1+z\cos\gamma_1-p_1=0$，$x\cos\alpha_2+y\cos\beta_2+z\cos\gamma_2-p_2=0$ 之间夹角 θ 的余弦.

四、证明题(每小题 10 分，共 20 分)

1. 设原点到平面$\frac{x}{a}+\frac{y}{b}+\frac{z}{c}=1$ 的距离为 p，试证明等式$\frac{1}{p^2}=\frac{1}{a^2}+\frac{1}{b^2}+\frac{1}{c^2}$成立.

2. 求证：三个平面 $A_1x+B_1y+C_1z=0$，$A_2x+B_2y+C_2z=0$，$A_3x+B_3y+C_3z=0$ 共线的充要条件是$\begin{vmatrix}A_1 & B_1 & C_1\\A_2 & B_2 & C_2\\A_3 & B_3 & C_3\end{vmatrix}=0$.

第 4 章　空间曲面与曲线

在空间中建立直角坐标系之后，空间中的点就与有序实数组(x,y,z)建立了一一对应关系.将空间中的几何图形如曲面、曲线等看成动点的轨迹，就可以建立其方程.有了方程，就可以把研究曲线、曲面等几何问题，转化为研究其方程的代数问题.第 3 章以向量代数为工具讨论了空间直线和平面的一些问题，本章主要讨论空间曲面和曲线.这些曲面和曲线在生活和生产实践中，在数学、物理和工程技术中都是常见的，熟知它们的图形和方程非常重要.

4.1　空间曲面与曲线的方程

本节将建立作为点的轨迹的空间曲面和空间曲线的方程，讨论空间曲面和空间曲线与其方程之间的联系，把研究空间曲面和空间曲线的几何问题，归结为研究其方程的代数问题.

4.1.1　空间曲面的一般方程

就像在平面解析几何中可以把任何平面曲线看作动点按一定规律运动而得到的几何轨迹一样，在空间解析几何中，也可以把空间曲面看成一个动点按照某种规律运动而形成的几何轨迹，即图形上的动点$P(x,y,z)$可以看成具有某种特征性质的点的集合.这种特征性质(即动点运动的规律)可通过数量关系来反映，即几何图形上的动点(或称任意点)$P(x,y,z)$的三个坐标之间的关系可用数学表达式$F(x,y,z)=0$反映出来，这个数学表达式就是几何图形的数量表示式.

几何图形上点的特征性质包括两方面的含义：① 几何图形上任意一点$P(x,y,z)$的坐标都满足方程$F(x,y,z)=0$；② 坐标满足方程$F(x,y,z)=0$的点$P(x,y,z)$都在几何图形上.

在空间中建立直角坐标系之后，由动点按一定规律运动而形成的几何轨迹为曲面S，其上的点具有某种几何特征性质(限制条件)，这种性质用坐标x,y,z之间的关系式来表达，曲面S就可以用一个含有动点坐标x,y,z的三元方程表

示，即

$$F(x,y,z)=0. \tag{4.1.1}$$

定义 1 如果曲面 S 上任一点的坐标都满足方程(4.1.1)，同时，坐标满足方程(4.1.1)的点都在曲面 S 上，则称方程(4.1.1)为**曲面 S 的一般方程**，而曲面 S 称为方程(4.1.1)的图形(如图 4-1).

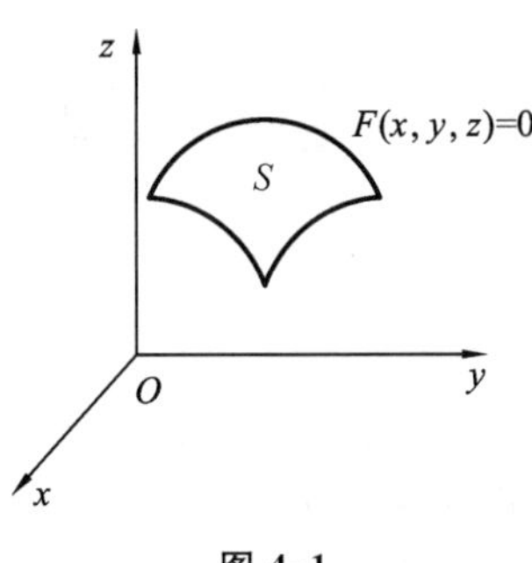

图 4-1

注 (1) 方程(4.1.1)为隐函数形式，曲面的方程也可以写成显函数形式：$z=f(x,y)$. 由方程(4.1.1)可知，空间曲面的方程是一个三元方程. 平面可以看成特殊的空间曲面(三元一次方程).

(2) 曲面的方程有时没有实图形，称之为虚曲面，如 $x^2+y^2+z^2+1=0$；有时只有一个实点满足它，如 $x^2+y^2+z^2=0$ 只有 $(0,0,0)$ 满足它，因此它只表示坐标原点；有时表示一条曲线，如 $x^2+y^2=0$ 只有满足 $x=0,y=0$ 的点 $(0,0,z)$ 满足方程，因此它表示一条直线，即 z 轴.

下面在直角坐标系中，举例说明如何利用曲面上点的特征求出曲面的方程.

例 1 求与两定点 $A(1,-2,1)$，$B(0,1,3)$ 等距离的点的轨迹方程.

解 设与 A，B 等距离的动点 P 的坐标为 $P(x,y,z)$，则其具有的特征性质为

$$|\overrightarrow{AP}|=|\overrightarrow{BP}|,$$

又 $|\overrightarrow{AP}|=\sqrt{(x-1)^2+(y+2)^2+(z-1)^2}$，$|\overrightarrow{BP}|=\sqrt{x^2+(y-1)^2+(z-3)^2}$，所以

$$\sqrt{(x-1)^2+(y+2)^2+(z-1)^2}=\sqrt{x^2+(y-1)^2+(z-3)^2},$$

化简得

$$x-3y-2z+2=0,$$

此即为所求的轨迹方程. 它表示一个平面，称为线段 AB 的垂直平分面.

根据此例，可归纳出求曲面方程的一般步骤：

(1) 建立适当的坐标系(原则是方程易求且求出的方程较简单)；

(2) 设动点坐标为 $P(x,y,z)$，根据已知条件，导出曲面上点的坐标应满足的方程；

(3) 对方程作同解化简.

例 2 在空间中，一动点 $P(x,y,z)$ 在运动时，到定点 $P_0(x_0,y_0,z_0)$ 的距离始终保持定常数 R 不变，这种动点的轨迹(几何图形)称为**球面**，求球面的方程.

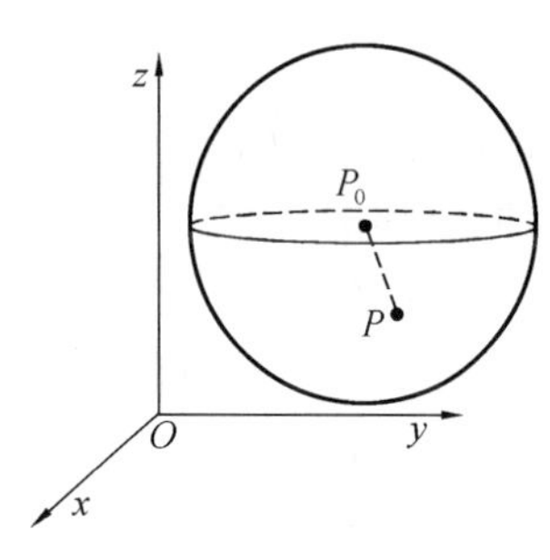

图 4-2

解　设 $P(x,y,z)$ 为球面上任一点(如图 4-2)，根据球面的定义可得

$$|\overrightarrow{P_0P}|=R,$$

即 $$\sqrt{(x-x_0)^2+(y-y_0)^2+(z-z_0)^2}=R,$$

整理化简得**球面的标准方程**为

$$(x-x_0)^2+(y-y_0)^2+(z-z_0)^2=R^2. \tag{4.1.2}$$

其中 $P_0(x_0,y_0,z_0)$ 称为球面的**球心**，R 称为**球半径**.

特别地，以原点 $O(0,0,0)$ 为球心的球面方程为

$$x^2+y^2+z^2=R^2. \tag{4.1.3}$$

将球面的标准方程(4.1.2)展开，得到一个特殊的三元二次方程

$$x^2+y^2+z^2-2x_0x-2y_0y-2z_0z+(x_0^2+y_0^2+z_0^2-R^2)=0,$$

称为**球面的一般方程**.通常写成如下形式：

$$x^2+y^2+z^2+2gx+2hy+2kz+l=0. \tag{4.1.4}$$

球面的一般方程具有以下特点：① 平方项系数相等；② 不含交叉项.反过来，如果一个这样的三元二次方程经过配方，可以化为方程(4.1.2)的形式，那么它的图形就是一个球面(包括实球面、点球和虚球面).

例 3　说明方程 $x^2+y^2+z^2-12x+4y-6z=0$ 所表示曲面的形状.

解　将原方程配方得

$$(x-6)^2+(y+2)^2+(z-3)^2=7^2,$$

与方程(4.1.2)比较可知，该方程表示球心在(6，−2，3)、半径为 7 的球面.

球面是日常生活中最常见的曲面之一，如足球、篮球、乒乓球等；在建筑、雕塑和艺术作品中也经常见到球面的身影.球面是体积相同时表面积最小的曲面，被誉为最匀称、最优美的几何图形.

4.1.2　空间曲面的参数方程

设 $D\subset\mathbf{R}^2$ 为有序数对集，若对任意 $(u,v)\in D$，按照某种对应规则，有唯一确定的向量 $\boldsymbol{r}$ 与之对应，则称这种对应关系为 D 上的一个**二元向量函数**，记作

$$\boldsymbol{r}=\boldsymbol{r}(u,v), \tag{4.1.5}$$

或者 $$\boldsymbol{r}=x(u,v)\boldsymbol{i}+y(u,v)\boldsymbol{j}+z(u,v)\boldsymbol{k}, \tag{4.1.5$'$}$$

其中 $x(u,v),y(u,v),z(u,v)$ 是向量 $\boldsymbol{r}(u,v)$ 的坐标，它们都是变量 u,v 的函数.

当 u,v 取遍变动区域内的一切值时，向量

$$\overrightarrow{OP}=\boldsymbol{r}(u,v)=x(u,v)\boldsymbol{i}+y(u,v)\boldsymbol{j}+z(u,v)\boldsymbol{k}$$

的终点 $P(x(u,v),y(u,v),z(u,v))$ 的轨迹是一个曲面(如图 4-3).

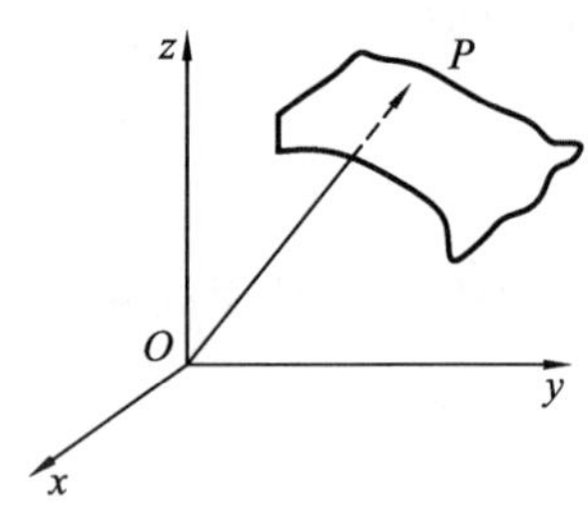

图 4-3

定义 2 在空间直角坐标系中,若对任意 $(u,v)\in D$,由方程(4.1.5)确定的向量 $\overrightarrow{OP}=\boldsymbol{r}(u,v)$ 的终点 P 总在曲面 S 上;对任意点 $P\in S$,也一定能找到 $(u,v)\in D$,使 $\overrightarrow{OP}=\boldsymbol{r}(u,v)$ 满足方程(4.1.5),则称方程(4.1.5)为**曲面 S 的向量式参数方程**.

若令 $\boldsymbol{r}(u,v)=(x(u,v),y(u,v),z(u,v))$,则称

$$\begin{cases}x=x(u,v),\\y=y(u,v),\quad (u,v)\in D\\z=z(u,v)\end{cases}\tag{4.1.6}$$

为曲面 S 的坐标式参数方程,其中 u,v 为参数.

例 4 求球心在坐标原点、半径为 R 的球面的参数方程.

解 设 P 是球心在坐标原点、半径为 R 的球面上的任一点,P 在 xy 面上的射影为 P_0,P_0 在 x 轴上的射影为 Q.

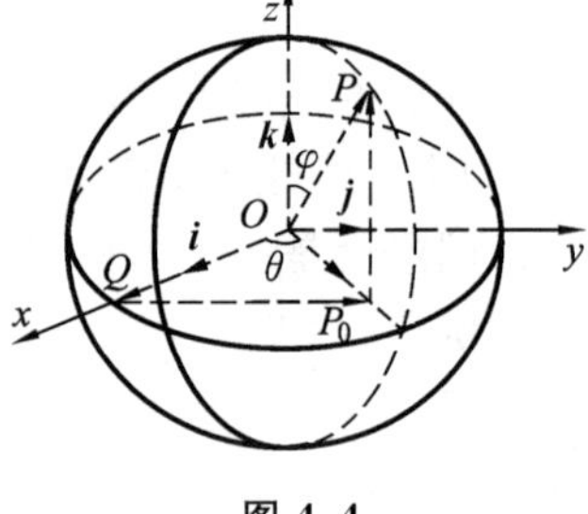

图 4-4

设有向角 $\angle(\boldsymbol{i},\overrightarrow{OP_0})=\theta$,$\overrightarrow{OP}$ 与 $\boldsymbol{k}$ 的夹角 $\angle(\overrightarrow{OP},\boldsymbol{k})=\varphi$(如图 4-4),则有

$$\boldsymbol{r}=\overrightarrow{OP}=\overrightarrow{OP_0}+\overrightarrow{P_0P}=\overrightarrow{OQ}+\overrightarrow{QP_0}+\overrightarrow{P_0P},$$

而

$$\overrightarrow{P_0P}=(R\cos\varphi)\boldsymbol{k},$$

$$\overrightarrow{QP_0}=(|\overrightarrow{OP_0}|\sin\theta)\boldsymbol{j}=(R\sin\varphi\sin\theta)\boldsymbol{j},$$

$$\overrightarrow{OQ}=(|\overrightarrow{OP_0}|\cos\theta)\boldsymbol{i}=(R\sin\varphi\cos\theta)\boldsymbol{i},$$

从而有

$$\boldsymbol{r}=(R\sin\varphi\cos\theta)\boldsymbol{i}+(R\sin\varphi\sin\theta)\boldsymbol{j}+(R\cos\varphi)\boldsymbol{k}\ (0\leqslant\varphi\leqslant\pi,0\leqslant\theta\leqslant2\pi).\tag{4.1.7}$$

式(4.1.7)即为球心在坐标原点、半径为 R 的球面的向量式参数方程,其中 φ,θ 为参数.其坐标式参数方程为

$$\begin{cases}x=R\sin\varphi\cos\theta,\\y=R\sin\varphi\sin\theta,\quad (0\leqslant\varphi\leqslant\pi,0\leqslant\theta\leqslant2\pi).\\z=R\cos\varphi\end{cases}\tag{4.1.8}$$

从方程(4.1.8)中消去参数,便得到球面的标准方程(4.1.3).

例 5　化曲面一般方程 $x^2+y^2=a^2$ 为参数方程.

解　令 $x=a\cos\theta$,$z=\mu$,得 $y=a\sin\theta$,从而得坐标式参数方程为

$$\begin{cases}x=a\cos\theta,\\ y=a\sin\theta,\\ z=\mu,\end{cases}$$

其中,$\theta(0\leqslant\theta\leqslant 2\pi)$,$\mu(-\infty<\mu<+\infty)$为参数.

4.1.3　空间曲线的一般方程

任何空间曲线 C,都可以看成过此曲线的两个曲面的交线(如图 4-5).设两个曲面的方程分别为 $F_1(x,y,z)=0$ 和 $F_2(x,y,z)=0$,它们相交于曲线 C.这样,曲线 C 上的任意点同时在两个曲面上,应满足方程组

$$\begin{cases}F_1(x,\ y,\ z)=0,\\ F_2(x,\ y,\ z)=0.\end{cases}\tag{4.1.9}$$

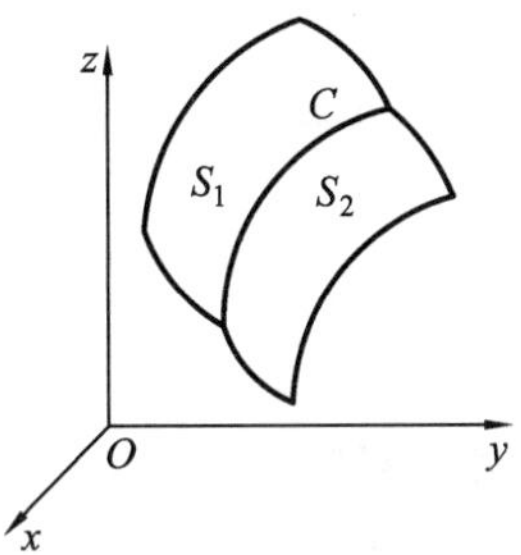

图 4-5

定义 3　设 C 为空间曲线,若 C 上任一点 $P(x,y,z)$的坐标都满足方程组(4.1.9),而且坐标满足方程组(4.1.9)的点都在曲线 C 上,则称方程组(4.1.9)为曲线 C 的**一般方程**,又称**普通方程**.

注　(1) 在空间直角坐标系中,任一空间曲线的一般方程必定是过此曲线的两曲面方程联立而成的方程组;

(2) 用方程组表示空间曲线的几何意义是将空间曲线看成两个空间曲面的交线;

(3) 因为过空间曲线 C 的曲面可以有无穷多个,所以空间曲线 C 的方程不唯一(但它们同解),如$\begin{cases}x+y=0,\\ x-y=0\end{cases}$与 $\begin{cases}x=0,\\ y=0\end{cases}$均表示 z 轴.

例 6　方程组$\begin{cases}x^2+y^2+z^2=R^2,\\ z=0\end{cases}$表示怎样的曲线?写出此曲线的另外两种表示形式.

解　方程 $x^2+y^2+z^2=R^2$ 表示以原点为球心、半径为 R 的球面,$z=0$ 表示 xy 面,方程组表示的是它们的交线,即 xy 面上以原点为心、半径为 R 的圆.此曲线还可以表示为以下两种形式:

$$\begin{cases}x^2+y^2=R^2,\\ z=0\end{cases}\quad 或\quad \begin{cases}x^2+y^2+z^2=R^2,\\ x^2+y^2=R^2.\end{cases}$$

例 7 方程组$\begin{cases} x^2+y^2+z^2=3^2, \\ 3x+2y-z=7 \end{cases}$表示球面与平面的交线，也是一个圆.

4.1.4 空间曲线的参数方程

定义 4 设 C 是一条空间曲线，$\boldsymbol{r}=\boldsymbol{r}(t)$ $(t\in A)$为一元向量函数，在空间直角坐标系中，若对任意的点 $P\in C$，存在 $t\in A$，使得$\overrightarrow{OP}=\boldsymbol{r}(t)$；反之，对于任意的 $t\in A$，必存在点 $P\in C$，使得 $\boldsymbol{r}(t)=\overrightarrow{OP}$，则称

$$\boldsymbol{r}=\boldsymbol{r}(t),\ t\in A \tag{4.1.10}$$

为**曲线 C 的向量式参数方程**，记作

$$C:\boldsymbol{r}=\boldsymbol{r}(t),\ t\in A,\ t \text{ 为参数}.$$

若 $\boldsymbol{r}(t)=(x(t),y(t),z(t))$，则称

$$\begin{cases} x=x(t), \\ y=y(t), \quad t\in A \\ z=z(t) \end{cases} \tag{4.1.11}$$

为已知**曲线 C 的坐标式参数方程**.

注 空间曲线的参数方程中仅有一个独立参数，空间曲面的参数方程中有两个独立参数.因此，习惯上称曲线是单参数的，曲面是双参数的.

例 8 求圆$\begin{cases} x^2+y^2=9, \\ z=2 \end{cases}$的参数方程.

解 根据平面解析几何中圆的参数方程，令

$$x=3\cos t, y=3\sin t\ (0\leqslant t\leqslant 2\pi),$$

得此圆的参数方程为

$$\begin{cases} x=3\cos t, \\ y=3\sin t, \quad (0\leqslant t\leqslant 2\pi). \\ z=2 \end{cases}$$

4.2 柱面、锥面和旋转曲面

本节介绍的柱面、锥面和旋转曲面，都是日常生活中常见的曲面.它们的共同特点是在图形上具有较为突出的几何特征，因而曲面的定义是由其几何特征给出的几何定义.本节主要从定义和图形出发，讨论曲面的方程.

4.2.1 柱面

柱面是一类常见的曲面，在日常生活、工程技术和生产实践中到处可见.

4.2.1.1　柱面的定义

定义 1　在空间中，如果一条直线 L 在运动过程中满足以下两个特性：① 总平行于定方向 $\boldsymbol{v}$，② 总与定曲线 C 相交，则 L 的运动轨迹称为**柱面**.其中，定方向 $\boldsymbol{v}$ 称为**柱面的方向**，定曲线 C 称为**柱面的准线**，任一位置的 L 都称为**柱面的母线**.

注　(1) 一个柱面的准线不是唯一的，任意一个与柱面的母线不平行的平面均与柱面相交，其交线均为柱面的准线.

(2) 平面是柱面的特殊情况.

4.2.1.2　柱面的方程

设在给定的坐标系下，柱面 S 的准线方程为

$$\begin{cases} F_1(x,y,z)=0, \\ F_2(x,y,z)=0, \end{cases} \tag{4.2.1}$$

母线的方向为 $\boldsymbol{v}=(X,Y,Z)$，求柱面的方程.

设 $P(x,y,z)$ 为柱面上的任一点(动点)，过点 P 的母线交准线于点 $P_1(x_1,y_1,z_1)$(如图 4-6)，则母线的方程为

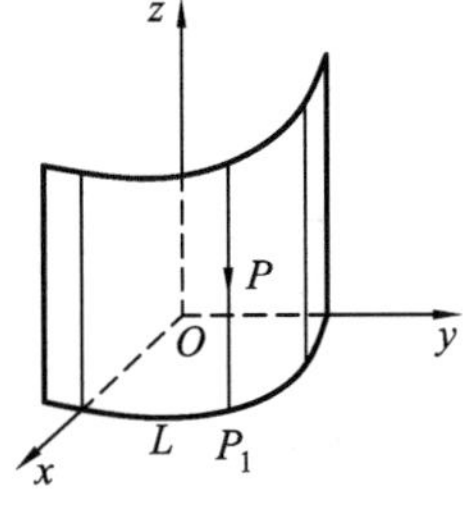

图 4-6

$$\frac{x-x_1}{X}=\frac{y-y_1}{Y}=\frac{z-z_1}{Z}. \tag{4.2.2}$$

又由点 $P_1(x_1,y_1,z_1)$ 在准线上，可得

$$\begin{cases} F_1(x_1,y_1,z_1)=0, \\ F_2(x_1,y_1,z_1)=0. \end{cases} \tag{4.2.3}$$

由方程(4.2.2)和(4.2.3)消去参数 x_1,y_1,z_1，得到一个三元方程

$$H(x,y,z)=0.$$

$H(x,y,z)=0$ 即为以(4.2.1)为准线、母线方向为 $\boldsymbol{v}=(X,Y,Z)$ 的柱面方程.

例 1　柱面的准线方程为 $\begin{cases} x^2+y^2+z^2=1, \\ 2x^2+2y^2+z^2=2, \end{cases}$ 母线的方向是 $\boldsymbol{v}=(-1,0,1)$，求此柱面的方程.

解　设 $P(x,y,z)$ 为柱面上的任一点(动点)，过点 P 的母线交准线于点 $P_1(x_1,y_1,z_1)$，则过点 $P_1(x_1,y_1,z_1)$ 的母线为

$$\frac{x-x_1}{-1}=\frac{y-y_1}{0}=\frac{z-z_1}{1},$$

又由 $P_1(x_1,y_1,z_1)$ 是准线上的点，可得

$$\begin{cases} x_1^2+y_1^2+z_1^2=1, \\ 2x_1^2+2y_1^2+z_1^2=2. \end{cases}$$

令
$$\frac{x-x_1}{-1}=\frac{y-y_1}{0}=\frac{z-z_1}{1}=t,$$
则有
$$x_1=x+t,y_1=y,z_1=z-t,$$
代入准线方程得
$$\begin{cases}(x+t)^2+y^2+(z-t)^2=1,\\2(x+t)^2+2y^2+(z-t)^2=2,\end{cases}$$
解得
$$t=z,$$
从而
$$x_1=x+z,y_1=y,z_1=0,$$
代回准线方程中的一个方程(即消去参数 x_1,y_1,z_1),便得所求柱面方程为
$$(x+z)^2+y^2=1,$$
即
$$x^2+y^2+z^2+2xz-1=0.$$

注 此题如果先将准线方程进行恒等变形,简化为$\begin{cases}x^2+y^2=1,\\z=0,\end{cases}$那么求解过程更为简洁.

4.2.1.3 圆柱面

由于圆柱面是一类特殊的柱面,因此除了一般方法之外,还有特殊的解法,即可看成动点到轴线等距离的点的轨迹.

例 2 已知圆柱面的轴方程为$\frac{x}{1}=\frac{y-1}{-2}=\frac{z+1}{-2}$,点$(1,-2,1)$在圆柱面上,求此圆柱面的方程.

解法 1 因为圆柱面的母线平行于其轴,所以母线的方向为 $\boldsymbol{v}=(1,-2,-2)$,只要再求出圆柱面的准线圆,即可运用例 1 中的方法求出圆柱面的方程.

设 $P(x,y,z)$为圆柱面上的任一点(动点),由于空间圆总可以看作某一球面与某一平面的交线,因此,本题中圆柱面的准线圆可以看成以轴上的点$(0,1,-1)$为球心,点$(0,1,-1)$到已知点$(1,-2,1)$的距离 $d=\sqrt{14}$ 为半径的球面 $x^2+(y-1)^2+(z+1)^2=14$ 与过已知点且垂直于轴的平面 $x-2y-2z-3=0$ 的交线,即准线圆的方程为
$$\begin{cases}x^2+(y-1)^2+(z+1)^2=14,\\x-2y-2z-3=0.\end{cases}$$

再设过点 P 的母线交准线圆于点 $P_1(x_1,y_1,z_1)$,则过点 $P_1(x_1,y_1,z_1)$的母线方程为
$$\frac{x-x_1}{1}=\frac{y-y_1}{-2}=\frac{z-z_1}{-2},$$
且有

$$\begin{cases} x_1^2+(y_1-1)^2+(z_1+1)^2=14, \\ x_1-2y_1-2z_1-3=0. \end{cases}$$

消去参数 x_1,y_1,z_1，即得所求圆柱面的方程为

$$8x^2+5y^2+5z^2+4xy+4xz-8yz-18y+18z-99=0.$$

解法 2　利用圆柱面的特征求解.因为轴的方向向量为 $\boldsymbol{v}=(1,-2,-2)$，轴上的定点为 $P_0(0,1,-1)$，而圆柱面上有一个已知点为 $P_1(1,-2,1)$，所以 $\overrightarrow{P_0P_1}=(1,-3,2)$，从而点 $P_1(1,-2,1)$到轴的距离为

$$d=\frac{|\overrightarrow{P_0P_1}\times\boldsymbol{v}|}{|\boldsymbol{v}|}=\frac{\sqrt{\begin{vmatrix} -3 & 2 \\ -2 & -2 \end{vmatrix}^2+\begin{vmatrix} 2 & 1 \\ -2 & 1 \end{vmatrix}^2+\begin{vmatrix} 1 & -3 \\ 1 & -2 \end{vmatrix}^2}}{\sqrt{1+(-2)^2+(-2)^2}}=\sqrt{13}.$$

再设 $P(x,y,z)$为圆柱面上任一点，则由圆柱面的性质可得

$$d=\frac{|\overrightarrow{P_0P}\times\boldsymbol{v}|}{|\boldsymbol{v}|}=\sqrt{13},$$

即

$$\frac{\sqrt{\begin{vmatrix} y-1 & z+1 \\ -2 & -2 \end{vmatrix}^2+\begin{vmatrix} z+1 & x \\ -2 & 1 \end{vmatrix}^2+\begin{vmatrix} x & y-1 \\ 1 & -2 \end{vmatrix}^2}}{\sqrt{1+(-2)^2+(-2)^2}}=\sqrt{13},$$

化简得所求圆柱面的方程为

$$8x^2+5y^2+5z^2+4xy+4xz-8yz-18y+18z-99=0.$$

当准线是圆时，所得柱面称为**圆柱面**.特别地，如果母线垂直于圆所在平面，那么所得柱面称为**直圆柱面**(或**正圆柱面**).直圆柱面也可以看成是动直线平行于定直线且与定直线保持定距离平行移动产生的，定直线是它的轴，定距离是它的半径.

4.2.1.4　母线平行于坐标轴的柱面

定理 1　(**母线平行于坐标轴的柱面的判定定理**)在空间直角坐标系中，只含两个坐标的三元方程所表示的曲面是一个柱面，它的母线平行于所缺坐标的同名坐标轴.

证明　先证明由方程

$$F(x,y)=0 \tag{4.2.4}$$

表示的曲面是一个柱面，且它的母线平行于 z 轴.

取曲面(4.2.4)与 xy 面的交线

$$\begin{cases} F(x,y)=0, \\ z=0 \end{cases} \tag{4.2.5}$$

为准线，z 轴的方向(0,0,1)为母线的方向，建立柱面方程.

设 $P(x,y,z)$ 为柱面上的任一点(动点),过点 P 的母线交准线于点 $P_1(x_1,y_1,z_1)$,则过点 P_1 的母线方程为

$$\frac{x-x_1}{0}=\frac{y-y_1}{0}=\frac{z}{1},$$

即

$$\begin{cases}x=x_1,\\ y=y_1.\end{cases} \tag{4.2.6}$$

又因为 $P_1(x_1,y_1,0)$ 在准线上,所以有

$$F(x_1,y_1)=0. \tag{4.2.7}$$

将方程(4.2.6)代入方程(4.2.7)并消去参数 x_1,y_1,可得所求的柱面方程为 $F(x,y)=0$,即方程(4.2.4),所以方程(4.2.4)是一个母线平行于 z 轴的柱面.

同理可知,$G(y,z)=0$ 表示母线平行于 x 轴的柱面,$H(x,z)=0$ 表示母线平行于 y 轴的柱面.

例 3 (1) $x^2+y^2=a^2$ 表示母线平行于 z 轴的圆柱面(如图 4-7a);

(2) $\frac{x^2}{a^2}+\frac{y^2}{b^2}=1$ 表示母线平行于 z 轴的椭圆柱面(如图 4-7b);

(3) $\frac{y^2}{a^2}-\frac{x^2}{b^2}=1$ 表示母线平行于 z 轴的双曲柱面(如图 4-7c);

(4) $x^2=2py(p>0)$ 表示母线平行于 z 轴的抛物柱面(如图 4-7d);

(5) $x-y=0$ 表示经过 z 轴的平面(如图 4-7e).

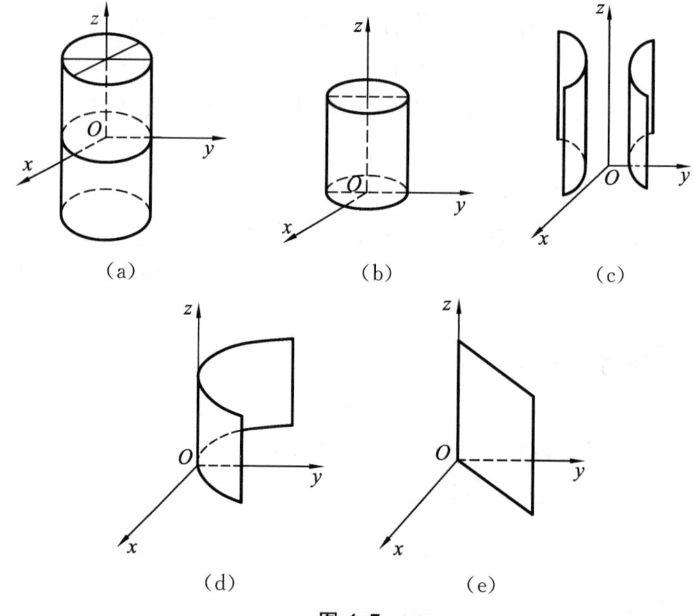

图 4-7

4.2.1.5　空间曲线对坐标面的射影柱面和射影曲线

以曲线 $C:\begin{cases}F_1(x,y,z)=0,\\F_2(x,y,z)=0\end{cases}$ 为准线，母线垂直于坐标面（平行于坐标轴）的柱面称为曲线 C 对坐标面的**射影柱面**.

由射影柱面的特征可知，只需从曲线 C 的方程中分别消去 x,y,z，便可得到对三个坐标面的射影柱面方程.如 $G_1(x,y)=0$，$G_2(y,z)=0$，$G_3(z,x)=0$ 分别表示曲线 C 对 xy 坐标面，yz 坐标面，xz 坐标面的射影柱面.再将其与相应坐标面的方程联立，便得曲线 C 在坐标面上的**射影曲线**.

例 4　设有曲线 $C:\begin{cases}2x^2+z^2+4y=4z,\\x^2+3z^2-8y=12z,\end{cases}$ 试求曲线 C 对三个坐标面的射影柱面和射影曲线.

解　从曲线 C 的方程中分别消去 x,y,z，可得三个射影柱面的方程：

$$z^2-4y=4z,\ x^2+z^2=4z,\ x^2+4y=0.$$

再分别与相应的坐标面方程联立，得曲线 C 在三个坐标面的射影曲线为

$$\begin{cases}z^2-4y=4z,\\x=0,\end{cases}\quad\begin{cases}x^2+z^2=4z,\\y=0,\end{cases}\quad\begin{cases}x^2+4y=0,\\z=0.\end{cases}$$

在多元微积分和工程技术中，常要把空间曲面、空间曲线甚至空间区域投影到坐标面上，这时就需要用到本节求射影柱面和射影曲线方法.

4.2.2　锥面

4.2.2.1　锥面的定义

定义 2　在空间中，如果一条直线 L 在运动过程中满足以下两个特性：① 总是通过一个定点，② 总是与定曲线 C 相交，则 L 的运动轨迹称为**锥面**.其中的定点称为**锥面的顶点**，定曲线 C 称为**锥面的准线**，任一位置的直线 L 都称为**锥面的母线**（如图 4-8）.

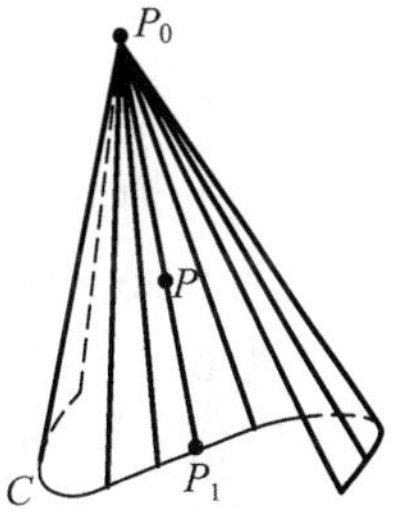

图 4-8

4.2.2.2　锥面的方程

在空间直角坐标系中，设锥面 S 的准线方程为

$$\begin{cases}F_1(x,y,z)=0,\\F_2(x,y,z)=0,\end{cases}\tag{4.2.8}$$

顶点为 $P_0(x_0,y_0,z_0)$，求锥面方程.

设 $P(x,y,z)$ 为锥面 S 上的任一点（动点），过点 P 的母线交准线于点 $P_1(x_1,y_1,z_1)$，则母线方程为

$$\frac{x-x_0}{x_1-x_0}=\frac{y-y_0}{y_1-y_0}=\frac{z-z_0}{z_1-z_0}, \tag{4.2.9}$$

且有

$$F_1(x_1,y_1,z_1)=0, F_2(x_1,y_1,z_1)=0. \tag{4.2.10}$$

从方程(4.2.9)和方程(4.2.10)中消去参数 x_1,y_1,z_1，得到一个三元方程

$$H(x,y,z)=0.$$

$H(x,y,z)=0$ 就是以方程(4.2.8)为准线、P_0 为顶点的锥面方程.

定义 3 设 λ 为实数，对于函数 $f(x_1,x_2,\cdots,x_n)$，若

$$f(tx_1,tx_2,\cdots,tx_n)=t^\lambda f(x_1,x_2,\cdots,x_n)$$

成立(此处 t 的取值应使 t^λ 有确定的意义)，则称 $f(x_1,x_2,\cdots,x_n)$ 为 **n 元 λ 次齐次函数**，对应的方程 $f(x_1,x_2,\cdots,x_n)=0$ 称为 **λ 次齐次方程**.

例如，$u=x^2y+2yz^2+xyz$ 为三次齐次函数.

定理 2 **(锥面的判定定理)**一个关于 x,y,z 的齐次方程总表示一个顶点在原点的锥面.

证明 设 $F(x,y,z)=0$ 为齐次方程，则有 $F(tx,ty,tz)=t^\lambda F(x,y,z)$.当 $t=0$ 时有 $F(0,0,0)=0$，故曲面 $F(x,y,z)=0$ 过原点.

设 $P_0(x_0,y_0,z_0)$为曲面上异于原点的任意点，则 $P_0(x_0,y_0,z_0)$满足$F(x,y,z)=0$，即有 $F(x_0,y_0,z_0)=0$.而直线 OP_0 的方程为

$$\begin{cases} x=x_0t, \\ y=y_0t, \\ z=z_0t, \end{cases}$$

代入 $F(x,y,z)=0$，得 $F(tx_0,ty_0,tz_0)=t^\lambda F(x_0,y_0,z_0)$，即直线 OP_0 上所有点的坐标均满足曲面的方程，直线 OP_0 在曲面上.因此，曲面是由这些通过坐标原点的直线组成的，是以原点为顶点的锥面.

推论 一个关于 $x-x_0,y-y_0,z-z_0$ 的齐次方程总表示一个顶点在 $P_0(x_0,y_0,z_0)$的锥面.

证明 设有关于 $x-x_0,y-y_0,z-z_0$ 的齐次方程

$$F(x-x_0,y-y_0,z-z_0)=0,$$

作坐标变换 $x'=x-x_0,y'=y-y_0,z'=z-z_0$，则上式可化为

$$F(x',y',z')=0.$$

这是一个齐次方程，表示以 $O'(0,0,0)$为顶点的锥面，即齐次方程 $F(x-x_0,y-y_0,z-z_0)=0$ 表示顶点在 $P_0(x_0,y_0,z_0)$的锥面.

注 一个关于 x,y,z 的齐次方程可能只表示原点，例如 $x^2+y^2+z^2=0$.此曲面称为**有实顶点的虚锥面**(又称**点锥面**).

4.2.2.3　顶点在原点、准线为坐标面的平行面上的曲线的锥面

当锥面的顶点为原点、准线为坐标面的平行面上的曲线时，锥面方程有其特殊性.先看一个例子.

例 5　求顶点在原点 $O(0,0,0)$、准线为$\begin{cases}\dfrac{x^2}{a^2}+\dfrac{y^2}{b^2}=1,\\ z=c\end{cases}$的锥面的方程.

解　设 $P(x,y,z)$ 为锥面上的任一点(动点)，过点 P 的母线交准线于点 $P_1(x_1,y_1,z_1)$，则过 P_1 的母线为

$$\frac{x}{x_1}=\frac{y}{y_1}=\frac{z}{z_1}, \tag{4.2.11}$$

且有

$$\frac{x_1^2}{a^2}+\frac{y_1^2}{b^2}=1, \tag{4.2.12}$$

$$z_1=c. \tag{4.2.13}$$

将式(4.2.13)代入式(4.2.11)可得

$$x_1=\frac{cx}{z},y_1=\frac{cy}{z}, \tag{4.2.14}$$

将式(4.2.14)代入式(4.2.12)可得

$$\frac{x^2}{a^2}+\frac{y^2}{b^2}-\frac{z^2}{c^2}=0. \tag{4.2.15}$$

式(4.2.15)即为所求的锥面方程，称为**二次锥面**.当 $a=b$ 时，曲面为圆锥面.当 $a=b=c$ 时，曲面为多元微积分和工程技术中常用的圆锥面 $x^2+y^2-z^2=0$.

此题中，锥面方程相当于是在准线方程中分别用$\dfrac{cx}{z}$，$\dfrac{cy}{z}$代替 x,y 得到的.

更一般地，顶点在原点 $O(0,0,0)$、准线为$\begin{cases}F(x,y)=0\\ z=c\end{cases}$的锥面方程为 $F\left(\dfrac{cx}{z},\dfrac{cy}{z}\right)=0$；顶点在原点 $O(0,0,0)$、准线为$\begin{cases}G(x,z)=0,\\ y=m\end{cases}$的锥面方程为 $G\left(\dfrac{mx}{y},\dfrac{mz}{y}\right)=0$；顶点在原点 $O(0,0,0)$、准线为$\begin{cases}H(y,z)=0,\\ x=n\end{cases}$的锥面方程为 $H\left(\dfrac{ny}{x},\dfrac{nz}{x}\right)=0$.

4.2.2.4　圆锥面

圆锥面是一种特殊的锥面，圆锥面上任一母线与圆锥面的轴线的夹角相等.在求圆锥面的方程时，可以利用这一特征性质.

例 6 求顶点为原点,以三个坐标轴为母线、以 $\boldsymbol{v}(1,1,1)$ 为轴向的圆锥面方程.

解 设 $P(x,y,z)$ 为圆锥面上任一点,则 $\overrightarrow{OP}$ 与 $\boldsymbol{v}(1,1,1)$ 的夹角等于三个坐标轴与 $\boldsymbol{v}(1,1,1)$ 的夹角.从而有

$$\frac{\overrightarrow{OP}\cdot\boldsymbol{v}}{|\overrightarrow{OP}||\boldsymbol{v}|}=\frac{\boldsymbol{i}\cdot\boldsymbol{v}}{|\boldsymbol{i}||\boldsymbol{v}|},$$

即

$$\frac{x+y+z}{\sqrt{x^2+y^2+z^2}\sqrt{3}}=\frac{1}{\sqrt{3}},$$

化简整理得所求圆锥面的方程为

$$xy+yz+zx=0.$$

这是一个关于 x,y,z 的齐次方程.

上面的解法是一种适用于圆锥面的特殊方法.此外,也可以先求出圆锥面的准线,再利用顶点与准线求出该圆锥面的方程(请读者自己完成).

4.2.3 旋转曲面

4.2.3.1 旋转曲面的定义

定义 4 在空间中,一条曲线 C 绕定直线 L 旋转一周所生成的曲面 S 称为**旋转曲面**(或**回转曲面**)(如图 4-9).C 称为曲面 S 的**母线**,L 称为曲面 S 的**旋转轴**,简称**轴**.

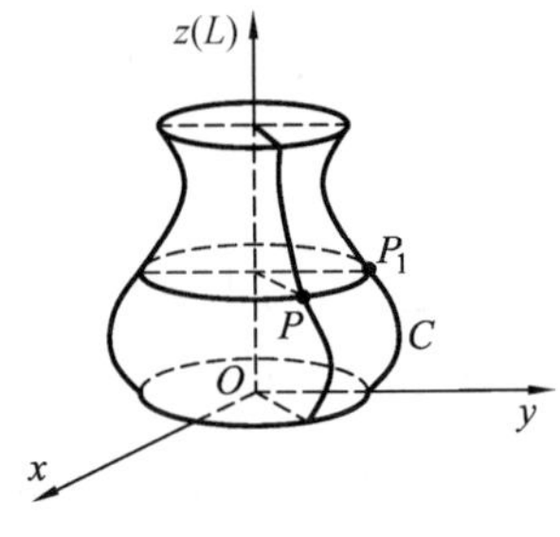

图 4-9

设 P_1 为旋转曲面 S 的母线 C 上的任一点,在 C 绕轴 L 旋转时,P_1 也绕 L 旋转形成一个圆,称这个圆为 S 的**纬圆**、**纬线**或**平行圆**.以 L 为边界的半平面与 S 的交线称为 S 的**经线**.

显然,球面、圆柱面、圆锥面都是旋转曲面的特殊情形.球面是半圆绕其直径旋转生成的,圆柱面是两条平行直线中的一条绕另一条旋转生成的,圆锥面是两条相交直线中的一条绕另一条旋转生成的.

4.2.3.2 旋转曲面的方程

在空间直角坐标系中,设旋转曲面 S 的母线为

$$C:\begin{cases}F_1(x,y,z)=0,\\F_2(x,y,z)=0,\end{cases}\tag{4.2.16}$$

旋转轴为

$$L:\frac{x-x_0}{X}=\frac{y-y_0}{Y}=\frac{z-z_0}{Z},\tag{4.2.17}$$

式中：$P_0(x_0,y_0,z_0)$为 L 上一定点；X,Y,Z 为 L 的方向数.求旋转曲面的方程.

设 $P(x,y,z)$为旋转曲面 S 上的任一点(动点)，过点 P 的纬圆交母线 C 于点 $P_1(x_1,y_1,z_1)$，则纬圆方程为

$$\begin{cases}X(x-x_1)+Y(y-y_1)+Z(z-z_1)=0,\\(x-x_0)^2+(y-y_0)^2+(z-z_0)^2=(x_1-x_0)^2+(y_1-y_0)^2+(z_1-z_0)^2.\end{cases} \tag{4.2.18}$$

当 $P_1(x_1,y_1,z_1)$跑遍整个母线时，就得出旋转曲面的所有纬圆，所求的旋转曲面就可以看成是由这些纬圆生成的.

由于 $P_1(x_1,y_1,z_1)$在母线上，因此有

$$\begin{cases}F_1(x_1,y_1,z_1)=0,\\F_2(x_1,y_1,z_1)=0,\end{cases} \tag{4.2.19}$$

从方程组(4.2.18)和(4.2.19)中消去参数 x_1,y_1,z_1 得到一个三元方程

$$F(x,y,z)=0,$$

此即为**旋转曲面 S 的方程**.

例 7　求直线 $C:\dfrac{x}{2}=\dfrac{y}{1}=\dfrac{z-1}{0}$绕直线 $L:x=y=z$ 旋转所得旋转曲面 S 的方程.

解　设 $P(x,y,z)$为旋转曲面 S 上的任一点(动点)，过点 P 的纬圆交母线 C 于点 $P_1(x_1,y_1,z_1)$，因为旋转轴 L 过原点，且方向为(1,1,1)，所以对应的纬圆方程为

$$\begin{cases}(x-x_1)+(y-y_1)+(z-z_1)=0,\\x^2+y^2+z^2=x_1^2+y_1^2+z_1^2.\end{cases}$$

由 $P_1(x_1,y_1,z_1)$在母线上可得

$$\frac{x_1}{2}=\frac{y_1}{1}=\frac{z_1-1}{0},$$

令$\dfrac{x_1}{2}=\dfrac{y_1}{1}=\dfrac{z_1-1}{0}=t$，则 $x_1=2t,y_1=t,z_1=1$，将其代入纬圆方程中的第一式可得

$$x-2t+y-t+z-1=0,$$

即 $t=\dfrac{1}{3}(x+y+z-1)$，进而可得

$$x_1=\frac{2}{3}(x+y+z-1),y_1=\frac{1}{3}(x+y+z-1),z_1=1,$$

再代入纬圆方程的第二式可得

$$x^2+y^2+z^2=\frac{4}{9}(x+y+z-1)^2+\frac{1}{9}(x+y+z-1)^2+1,$$

化简得所求旋转曲面 S 的方程为

$$2(x^2+y^2+z^2)-5(xy+xz+yz)+5(x+y+z)-7=0.$$

4.2.3.3　一类特殊旋转曲面

任一旋转曲面总可以看作是由其一条经线绕旋转轴旋转而生成的.今后为了方便,总是取旋转曲面的一条经线作为母线.在直角坐标系中导出旋转曲面的方程时,常把母线所在的平面取作坐标平面,从而使旋转曲面的方程具有特殊的形式.

设旋转曲面 S 的母线为 yz 面上的曲线,

$$C:\begin{cases}F(y,z)=0,\\x=0,\end{cases}\tag{4.2.20}$$

旋转轴为 y 轴,

$$\frac{x}{0}=\frac{y}{1}=\frac{z}{0}.\tag{4.2.21}$$

求此旋转曲面的方程.

设 $P(x,y,z)$ 为旋转曲面 S 上的任一点(动点),过点 P 的纬圆交母线 C 于点 $P_1(0,y_1,z_1)$,则过 $P_1(0,y_1,z_1)$ 的纬圆(如图 4-10)为

$$\begin{cases}y-y_1=0,\\x^2+y^2+z^2=y_1^2+z_1^2,\end{cases}\tag{4.2.22}$$

且有

$$\begin{cases}F(y_1,z_1)=0,\\x_1=0.\end{cases}\tag{4.2.23}$$

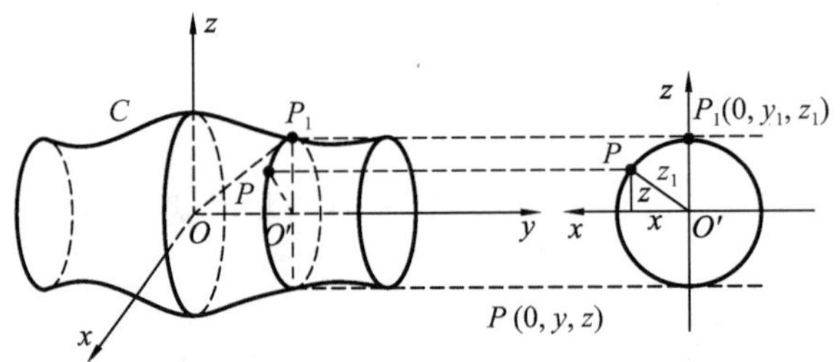

图 4-10

由方程(4.2.22)和(4.2.23)消去 x_1,y_1,z_1,可得旋转曲面的方程为

$$F(y,\pm\sqrt{x^2+z^2})=0.\tag{4.2.24}$$

同理,母线 C 绕 z 轴旋转所得的旋转曲面的方程为 $F(\pm\sqrt{x^2+y^2},z)=0$.

对于其他坐标平面上的曲线，绕曲线所在坐标面内的坐标轴旋转所得的旋转曲面，其方程可类似求出.于是得到如下的规律.

当坐标平面上的曲线 C 绕此坐标平面的一条坐标轴旋转时，所得旋转曲面的方程可根据下面的方法直接写出：将曲线 C 在坐标面的方程中与旋转轴同名的坐标保持不变，而以其他两个坐标的平方和的平方根来代替方程中的另一坐标.

如 xz 面上的曲线 C：$\begin{cases} F(x,z)=0, \\ y=0 \end{cases}$ 绕 x 轴旋转所得旋转曲面的方程为

$$F(x,\pm\sqrt{y^2+z^2})=0.$$

例 8　(1) xy 面上的椭圆 $\begin{cases} \dfrac{x^2}{a^2}+\dfrac{y^2}{b^2}=1, \\ z=0 \end{cases}$ $(a>b)$ 分别绕其长轴（x 轴）和短轴（y 轴）旋转，所得旋转曲面的方程分别是

$$\frac{x^2}{a^2}+\frac{y^2}{b^2}+\frac{z^2}{b^2}=1 \text{ 和 } \frac{x^2}{a^2}+\frac{y^2}{b^2}+\frac{z^2}{a^2}=1,$$

分别称为**长形旋转椭球面**（如图 4-11a）和**扁形旋转椭球面**（如图 4-11b）.

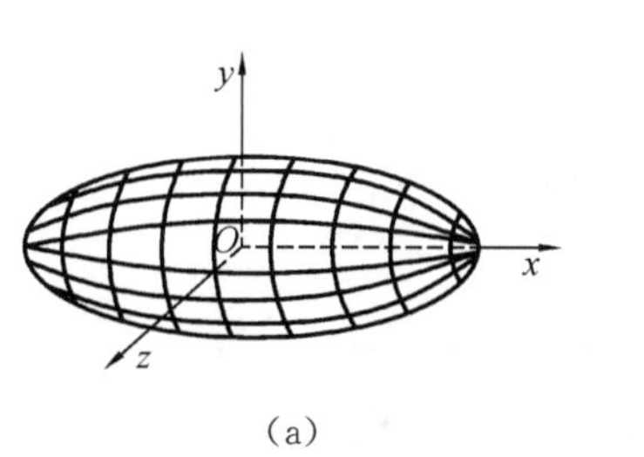

(a)　　(b)

图 4-11

(2) yz 面上的双曲线 $\begin{cases} \dfrac{y^2}{b^2}-\dfrac{z^2}{c^2}=1, \\ x=0 \end{cases}$ 分别绕虚轴（z 轴）和实轴（y 轴）旋转，得到的两个旋转曲面

$$\frac{x^2}{b^2}+\frac{y^2}{b^2}-\frac{z^2}{c^2}=1 \text{ 和} -\frac{x^2}{c^2}+\frac{y^2}{b^2}-\frac{z^2}{c^2}=1,$$

分别称为**单叶旋转双曲面**（如图 4-12a）和**双叶旋转双曲面**（如图 4-12b）.

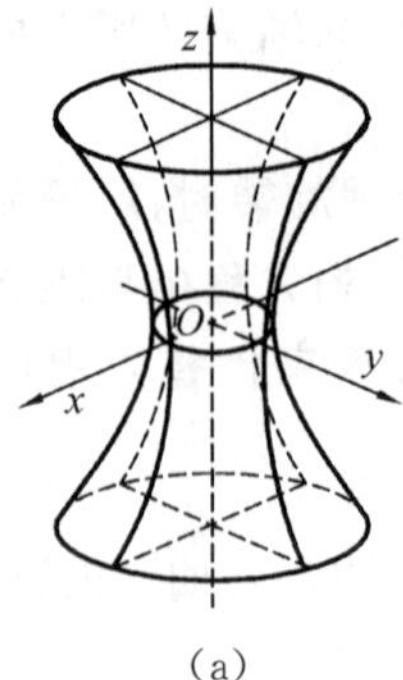

(a)

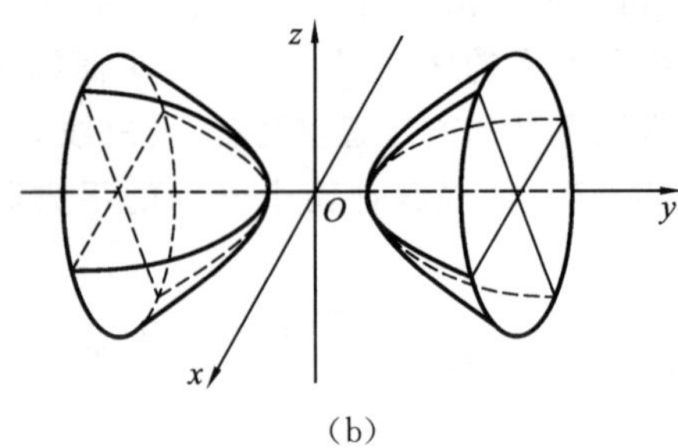

(b)

图 4-12

(3) yz 面上的抛物线 $\begin{cases} y^2 = 2pz, \\ x = 0 \end{cases}$ $(p>0)$绕 z 轴旋转，所得旋转曲面的方程是

$$x^2 + y^2 = 2pz,$$

上式可写成$\dfrac{x^2}{p}+\dfrac{y^2}{p}=2z$,这是一个旋转抛物面(如图 4-13).

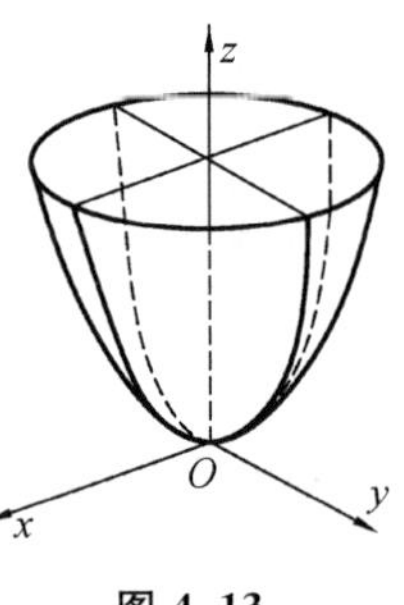

图 4-13

(4) 圆 $\begin{cases} (y-b)^2 + z^2 = a^2, \\ x = 0 \end{cases}$ $(b>a>0)$绕 z 轴旋转，所得旋转曲面的方程是

$$(\pm\sqrt{x^2+y^2}-b)^2+z^2=a^2,$$

化简整理得

$$(x^2+y^2+z^2+b^2-a^2)^2=4b^2(x^2+y^2).$$

此曲面称为**环面**,其形状像一个救生圈(如图 4-14).

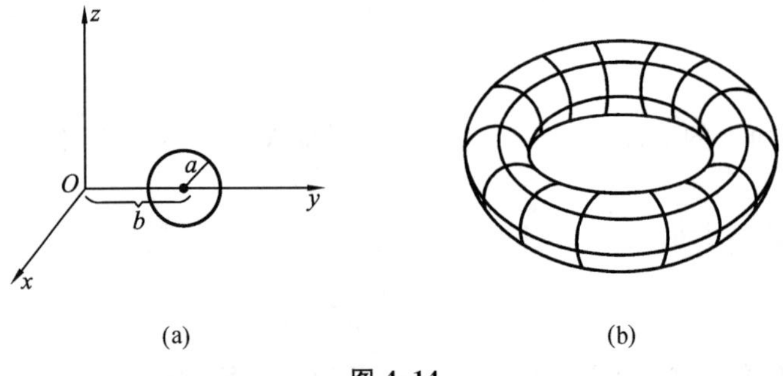

(a) (b)

图 4-14

例 9 判别曲面$\dfrac{x^2}{9}+\dfrac{z^2}{9}=2y$ 是旋转曲面,并指出它的母线和旋转轴.

解　曲面方程可改写成

$$\frac{(\pm\sqrt{x^2+z^2})^2}{9}=2y.$$

根据前面的讨论可知，它可以看成由母线$\begin{cases}x^2=18y\\z=0\end{cases}$绕 y 轴旋转而成，旋转曲面也可以看成由母线$\begin{cases}z^2=18y\\x=0\end{cases}$绕 y 轴旋转而成的旋转曲面.

由以上介绍可知，圆柱面和圆锥面可分别由两条平行直线或相交直线中的一条绕另一条旋转而成，那么，两条异面直线中的一条绕另一条旋转会生成什么曲面？请看下面的例子.

例 10　求直线 C：$\frac{x}{2}=\frac{y-3}{0}=\frac{z}{1}$绕 z 轴旋转所得旋转曲面 S 的方程.

解　由 3.3 节定理 3 知，$\Delta=3\neq0$，因此，直线 C 与 z 轴是异面直线.设 $P(x,y,z)$为旋转曲面 S 上的动点，过点 P 的纬圆交母线 C 于点 $P_1(x_1,y_1,z_1)$，因为旋转轴过原点，所以对应的纬圆方程为

$$\begin{cases}z-z_1=0,\\x^2+y^2+z^2=x_1^2+y_1^2+z_1^2,\end{cases}$$

又由 $P_1(x_1,y_1,z_1)$在母线上可得

$$\frac{x_1}{2}=\frac{y_1-3}{0}=\frac{z_1}{1},$$

设

$$\frac{x_1}{2}=\frac{y_1-3}{0}=\frac{z_1}{1}=t,$$

则

$$x_1=2t,\ y_1=3,\ z_1=t,$$

将其代入纬圆方程的第一式可得

$$t=z,$$

进而可得

$$x_1=2z,y_1=3,z_1=z,$$

再代入纬圆方程的第二式可得

$$x^2+y^2+z^2=9+5z^2,$$

化简得所求旋转曲面 S 的方程为

$$x^2+y^2-4z^2=9.$$

显然，这是一个**单叶旋转双曲面**.

4.3 常见的二次曲面

本节讨论几类常见的二次曲面，包括椭球面、双曲面和抛物面.这类曲面的共同特点是：它们的方程形式简单，因而曲面的定义是含有方程的代数定义.本节主要从方程出发，探讨曲面的图形和性质.

4.3.1 椭球面

4.3.1.1 椭球面的定义

定义 1 在直角坐标系中，方程

$$\frac{x^2}{a^2}+\frac{y^2}{b^2}+\frac{z^2}{c^2}=1 \tag{4.3.1}$$

表示的曲面称为**椭球面**(或**椭圆面**).方程(4.3.1)称为**椭球面的标准方程**，其中 a,b,c 为任意的正常数，通常假设 $a \geqslant b \geqslant c > 0$.

在 a,b,c 三个数中，若有两个相等，则方程(4.3.1)表示一个旋转椭球面；若这三个数都相等，则方程(4.3.1)表示一个球面.也就是说，球面和旋转椭球面都是椭球面的特殊情形.

4.3.1.2 椭球面的性质

(1) 对称性

在方程(4.3.1)中，以 $-z$ 代替 z，方程不变，因此椭球面(4.3.1)关于 xy 坐标面对称.同理，椭球面(4.3.1)也关于 yz 坐标面和 xz 坐标面对称.以 $-y$ 和 $-z$ 同时代替 y 和 z，方程不变，因此椭球面(4.3.1)关于 x 轴对称，同理，椭球面(4.3.1)也关于 y 轴和 z 轴对称.以 $-x$，$-y$ 和 $-z$ 同时代替 x，y 和 z，方程也不变，故椭球面(4.3.1)关于坐标原点对称.椭球面的对称平面称为它的**主平面**，对称轴称为它的**主轴**，对称中心称为它的**中心**.

(2) 顶点、轴及半轴

椭球面(4.3.1)与其对称轴(即三条坐标轴)的六个交点 $(\pm a,0,0)$，$(0,\pm b,0)$，$(0,0,\pm c)$ 称为椭球面的**顶点**.对称轴上两顶点间的距离称为**轴长**，轴长的一半称为**半轴长**.如果 $a>b>c>0$，则 $2a,2b,2c$ 分别称为椭球面的**长轴**、**中轴**和**短轴**，而 a,b,c 依次称为椭球的**长半轴**、**中半轴**和**短半轴**.

(3) 范围及有界性

由曲面的方程出发，讨论 x,y,z 的取值范围.若 x,y,z 均有界，则曲面为有界曲面，否则为无界曲面.

从椭球面的方程可以看出，对于椭球面上任意一点，均有 $|x| \leqslant a$，$|y| \leqslant b$，$|z| \leqslant c$，因此椭球面被完全封闭在一个长方体的内部，此长方体由六个平面：

$x=\pm a, y=\pm b, z=\pm c$ 围成，这六个平面都与椭球面相切，切点就是椭球面的六个顶点.由此可知，椭球面是一个有界曲面.

4.3.1.3　椭球面的图形

(1) 平行截割法

为了解曲面的大致形状，考虑曲面与一族平行平面的交线，这些交线都是平面曲线.如果知道了这些平面曲线的形状和变化趋势，那么曲面的大致形状也就知道了.这种方法称为**平行截割法**或**等值线法**.

为了研究方便，用平行于坐标面的平面去截曲面，利用平行截线来分析曲面的形状.这种截痕曲线类似于表示地形的**等高线**.下面利用平行截割法考查椭球面的形状.

(2) 主截线

在讨论曲面的平行截线时，曲面与三个坐标面的交线称为**主截线**.对一些简单曲面，三条主截线都找到后，曲面的大致轮廓也就清晰了.

用三个坐标平面截割椭球面(4.3.1)，得到的截线方程分别为

$$\begin{cases}\dfrac{x^2}{a^2}+\dfrac{y^2}{b^2}=1,\\ z=0;\end{cases}\tag{4.3.2}$$

$$\begin{cases}\dfrac{x^2}{a^2}+\dfrac{z^2}{c^2}=1,\\ y=0;\end{cases}\tag{4.3.3}$$

$$\begin{cases}\dfrac{y^2}{b^2}+\dfrac{z^2}{c^2}=1,\\ x=0.\end{cases}\tag{4.3.4}$$

它们都是椭圆，称为椭球面(4.3.1)的**主截线**(或**主椭圆**).

(3) 平行截线

再取平行于 xy 坐标面的平面 $z=h$ 截割椭球面(4.3.1)，得到的截线方程为

$$\begin{cases}\dfrac{x^2}{a^2}+\dfrac{y^2}{b^2}=1-\dfrac{h^2}{c^2},\\ z=h.\end{cases}\tag{4.3.5}$$

当 $|h|>c$ 时，方程(4.3.5)无图形，表示平面 $z=h$ 与椭球面(4.3.1)不相交；当 $|h|=c$ 时，方程(4.3.5)的图形是平面 $z=h$ 上两个点 $(0,0,\pm c)$；当 $|h|<c$ 时，方程(4.3.5)的图形是一个椭圆，该椭圆的两个半轴分别为 $a\sqrt{1-\dfrac{h^2}{c^2}}$ 和 $b\sqrt{1-\dfrac{h^2}{c^2}}$.显然，当 $h=0$ 时，椭圆最大，为椭球面与 xy 面的交线(即主椭圆

(4.3.2))；当 $|h|$ 逐渐变大时，椭圆逐渐变小. 椭圆两轴端点分别为 $\left(\pm a\sqrt{1-\frac{h^2}{c^2}},0,h\right)$ 和 $\left(0,\pm b\sqrt{1-\frac{h^2}{c^2}},h\right)$，易知两轴端点分别在主椭圆(4.3.3)和(4.3.4)上.从而，**椭球面(4.3.1)可以看成是由一个椭圆的变动(大小、位置都改变)而产生的，这个椭圆在变动过程中保持所在平面与 xy 坐标面平行，且两轴的端点分别在两个定椭圆(4.3.3)和(4.3.4)上滑动.** 椭球面的图形如图 4-15 所示.

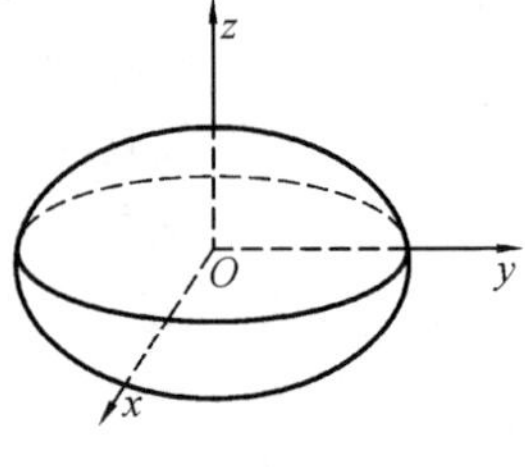

图 4-15

椭球面的参数方程为

$$\begin{cases}x=a\sin\varphi\cos\theta,\\ y=b\sin\varphi\sin\theta,\\ z=c\cos\varphi\end{cases}\quad(0\leqslant\varphi\leqslant\pi,0\leqslant\theta\leqslant 2\pi),\tag{4.3.6}$$

其中，参数 φ,θ 与球面参数方程中的参数一致.

由方程(4.3.6)消去参数 φ 和 θ 即得椭球面的标准方程(4.3.1).

例 1　设动点与点(1,0,0)的距离等于从这点到平面 $x=4$ 的距离的一半，试求此动点的轨迹.

解　设动点为 $P(x,y,z)$，所求的轨迹为 S，由题意可得

$$\sqrt{(x-1)^2+y^2+z^2}=\frac{1}{2}|x-4|,$$

化简得

$$\frac{x^2}{4}+\frac{y^2}{3}+\frac{z^2}{3}=1,$$

故动点的轨迹 S 为椭球面.

例 2　已知椭球面的轴与坐标轴重合，且通过椭圆 $\begin{cases}\frac{x^2}{9}+\frac{y^2}{16}=1,\\ z=0\end{cases}$ 与点 $P_0(1,2,\sqrt{23})$，求椭球面的方程.

解　因为所求椭球面的轴与坐标轴重合，所以设所求椭球面的方程为

$$\frac{x^2}{a^2}+\frac{y^2}{b^2}+\frac{z^2}{c^2}=1,$$

它与 xy 坐标面的交线为椭圆

$$\begin{cases}\frac{x^2}{a^2}+\frac{y^2}{b^2}=1,\\ z=0,\end{cases}$$

与已知椭圆

$$\begin{cases}\dfrac{x^2}{9}+\dfrac{y^2}{16}=1,\\ z=0\end{cases}$$

比较可知，

$$a^2=9,b^2=16.$$

又因为椭球面通过点 $P_0(1,2,\sqrt{23})$，所以

$$\frac{1}{9}+\frac{4}{16}+\frac{23}{c^2}=1,$$

解得 $c^2=36$.从而所求椭球面的方程为

$$\frac{x^2}{9}+\frac{y^2}{16}+\frac{z^2}{36}=1.$$

4.3.2　双曲面

4.3.2.1　单叶双曲面

定义 2　在直角坐标系中，方程

$$\frac{x^2}{a^2}+\frac{y^2}{b^2}-\frac{z^2}{c^2}=1\quad (a,b,c>0) \tag{4.3.7}$$

表示的曲面称为**单叶双曲面**.方程(4.3.7)称为**单叶双曲面的标准方程**.

单叶双曲面具有如下性质：① 单叶双曲面(4.3.7)关于三条坐标轴、三个坐标平面及原点对称，原点为其中心；② 单叶双曲面(4.3.7)是无界曲面；③ 单叶双曲面(4.3.7)与 z 轴不相交，与 x 轴、y 轴分别交于点$(\pm a,0,0)$，$(0,\pm b,0)$，上述四点称为单叶双曲面的顶点.

用三个坐标平面 $z=0,y=0,x=0$ 分别截割单叶双曲面(4.3.7)，所得截线方程依次为

$$\begin{cases}\dfrac{x^2}{a^2}+\dfrac{y^2}{b^2}=1,\\ z=0;\end{cases} \tag{4.3.8}$$

$$\begin{cases}\dfrac{x^2}{a^2}-\dfrac{z^2}{c^2}=1,\\ y=0;\end{cases} \tag{4.3.9}$$

$$\begin{cases}\dfrac{y^2}{b^2}-\dfrac{z^2}{c^2}=1,\\ x=0,\end{cases} \tag{4.3.10}$$

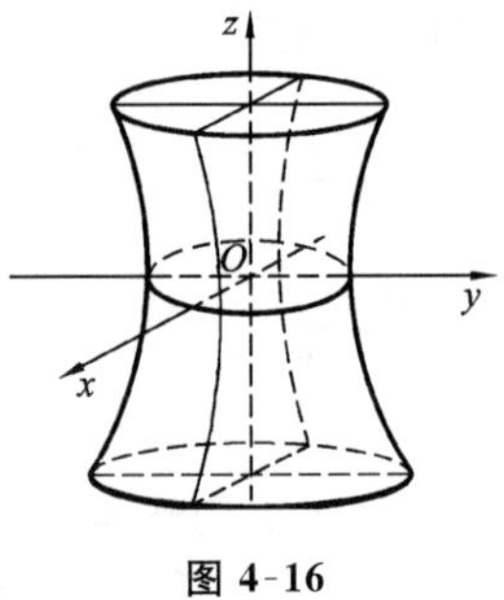

图 4-16

其中方程(4.3.8)称为单叶双曲面(4.3.7)的**腰椭圆方程**,(4.3.9)和(4.3.10)分别为 xz 坐标面和 yz 坐标面上的双曲线,有共同的虚轴和虚轴长(如图 4-16).

为进一步考查单叶双曲面(4.3.7)的形状,用平行于 xy 坐标面的平面 $z=h$ 去截割它,截线方程为

$$\begin{cases}\dfrac{x^2}{a^2}+\dfrac{y^2}{b^2}=1+\dfrac{h^2}{c^2},\\ z=h.\end{cases}\tag{4.3.11}$$

这是一族椭圆,其两半轴长分别为 $a\sqrt{1+\dfrac{h^2}{c^2}}$ 和 $b\sqrt{1+\dfrac{h^2}{c^2}}$,顶点分别为 $\left(\pm a\sqrt{1+\dfrac{h^2}{c^2}},0,h\right)$,$\left(0,\pm b\sqrt{1+\dfrac{h^2}{c^2}},h\right)$,这两对顶点分别在双曲线(4.3.9)和(4.3.10)上.当$|h|$逐渐增大时,椭圆(4.3.11)逐渐变大.可见,**单叶双曲面(4.3.7)可看作是由一个椭圆的变动(大小、位置都改变)生成的,该椭圆在变动时,保持所在平面与 xy 面平行,且两对顶点分别在两定双曲线(4.3.9)和(4.3.10)上滑动**(如图 4-16).

再用一族平行于 xz 坐标面的平面 $y=h$ 去截割单叶双曲面(4.3.7),截线方程为

$$\begin{cases}\dfrac{x^2}{a^2}-\dfrac{z^2}{c^2}=1-\dfrac{h^2}{b^2},\\ y=h.\end{cases}\tag{4.3.12}$$

当$|h|<b$ 时,方程(4.3.12)表示双曲线,其实轴平行于 x 轴,虚轴平行于 z 轴,顶点$\left(\pm a\sqrt{1-\dfrac{h^2}{b^2}},h,0\right)$在腰椭圆(4.3.8)上(如图 4-17a);当$|h|>b$ 时,方程(4.3.12)仍表示双曲线,但其实轴平行于 z 轴,虚轴平行于 x 轴,其顶点$\left(0,h,\pm c\sqrt{\dfrac{h^2}{b^2}-1}\right)$在双曲线(4.3.10)上(如图 4-17b);当$|h|=b$ 时,方程(4.3.12)表示两条相交直线,交点为$(0,b,0)$(如图 4-17c).

用一族平行于 yz 坐标面的平面去截割单叶双曲面(4.3.7),其截线情况与上述分析相仿,所得结果也与用一族平行于 xz 坐标面的平面 $y=h$ 截割单叶双曲面(4.3.7)的结果类似,此处不赘述.

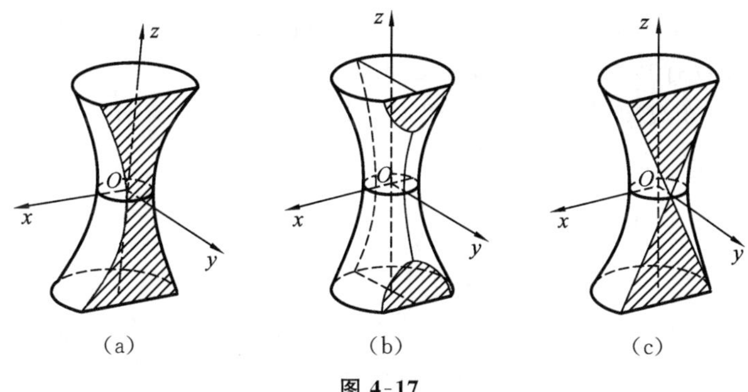

图 4-17

在方程(4.3.7)中，若 $a=b$，则它表示单叶旋转双曲面.单叶旋转双曲面是单叶双曲面的特例.

在直角坐标系中，方程$\frac{x^2}{a^2}-\frac{y^2}{b^2}+\frac{z^2}{c^2}=1$与$-\frac{x^2}{a^2}+\frac{y^2}{b^2}+\frac{z^2}{c^2}=1$所表示的图形也是单叶双曲面.

4.3.2.2　双叶双曲面

定义 3　在直角坐标系中，方程

$$\frac{x^2}{a^2}+\frac{y^2}{b^2}-\frac{z^2}{c^2}=-1 \quad (a,b,c>0) \tag{4.3.13}$$

表示的曲面称为**双叶双曲面**.方程(4.3.13)称为**双叶双曲面的标准方程**.

双叶双曲面具有如下性质：① 双叶双曲面(4.3.13)关于三条坐标轴、三个坐标面及原点对称，原点为其中心；② 双叶双曲面(4.3.13)为无界曲面；③ 双叶双曲面(4.3.13)与 x 轴、y 轴不相交，与 z 轴交于点$(0,0,\pm c)$，这两点称为双叶双曲面(4.3.13)的顶点.

双叶双曲面(4.3.13)与三个坐标面相交于三条曲线：

$$\begin{cases}\frac{x^2}{a^2}+\frac{y^2}{b^2}=-1,\\ z=0;\end{cases} \tag{4.3.14}$$

$$\begin{cases}\frac{x^2}{a^2}-\frac{z^2}{c^2}=-1,\\ y=0;\end{cases} \tag{4.3.15}$$

$$\begin{cases}\frac{y^2}{b^2}-\frac{z^2}{c^2}=-1,\\ x=0,\end{cases} \tag{4.3.16}$$

其中，方程(4.3.14)表示虚椭圆，表明双叶双曲面(4.3.13)与 xy 坐标面不相交

(无实交点);方程(4.3.15)和(4.3.16)均表示双曲线,其实轴为 z 轴,虚轴分别为 y 轴和 x 轴,具有共同的顶点 $(0,0,\pm c)$.

为考查双叶双曲面(4.3.13)的图形,用平行于 xy 坐标面的平面 $z=k$ 截割双叶双曲面(4.3.13),其截线方程为

$$\begin{cases}\dfrac{x^2}{a^2}+\dfrac{y^2}{b^2}=-1+\dfrac{k^2}{c^2},\\ z=k.\end{cases}\tag{4.3.17}$$

当 $|k|<c$ 时,方程(4.3.17)无实图形,即方程(4.3.13)与平面 $z=k$ 无实交点;当 $|k|=c$ 时,方程(4.3.17)表示两点,即方程(4.3.13)与平面 $z=k$ 交于两点 $(0,0,\pm c)$;当 $|k|>c$ 时,方程(4.3.17)表示椭圆,其半轴长为 $a\sqrt{-1+\dfrac{k^2}{c^2}}$,$b\sqrt{-1+\dfrac{k^2}{c^2}}$,顶点 $\left(\pm a\sqrt{-1+\dfrac{k^2}{c^2}},0,k\right)$,$\left(0,\pm b\sqrt{-1+\dfrac{k^2}{c^2}},k\right)$ 分别在双曲线(4.3.15)和(4.3.16)上.这表明,**双叶双曲面(4.3.13)可看作是由一个椭圆在平面 $z=\pm c$ 外的变动(大小和位置都改变)生成的,在变动过程中,保持所在平面与 xy 面平行,且两对顶点分别在两定双曲线上滑动**(如图 4-18).

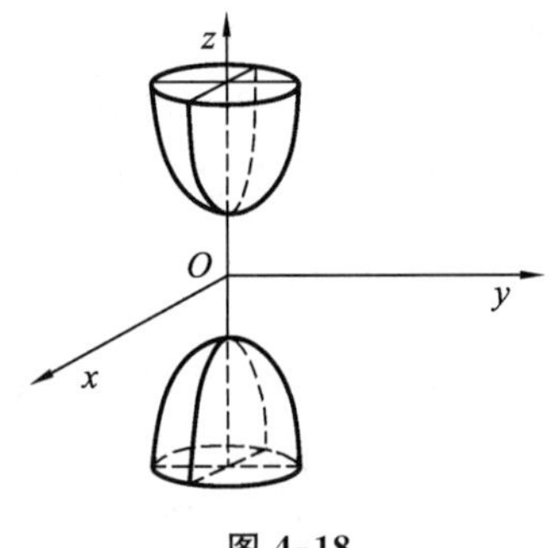

图 4-18

若用平行于 yz 面的平面截双叶双曲面(4.3.13),则其截线方程为

$$\begin{cases}\dfrac{y^2}{b^2}-\dfrac{z^2}{c^2}=-1-\dfrac{k^2}{a^2},\\ x=k.\end{cases}\tag{4.3.18}$$

对任意实数 k,方程(4.3.18)表示双曲线,其实轴平行于 z 轴,虚轴平行于 y 轴,顶点为 $\left(k,0,\pm c\sqrt{1+\dfrac{k^2}{a^2}}\right)$.

在方程(4.3.13)中,若 $a=b$,则曲面表示**双叶旋转双曲面**.双叶旋转双曲面是双叶双曲面的特例.

单叶双曲面与双叶双曲面统称为双曲面.

在直角坐标系中,方程 $\dfrac{x^2}{a^2}-\dfrac{y^2}{b^2}+\dfrac{z^2}{c^2}=-1$ 和 $-\dfrac{x^2}{a^2}+\dfrac{y^2}{b^2}+\dfrac{z^2}{c^2}=-1$ 所表示的图形也是双叶双曲面.

例 3 已知单叶双曲面 $\dfrac{x^2}{4}+\dfrac{y^2}{9}-\dfrac{z^2}{4}=1$,试求平面的方程,使该平面平行于

yz 面(或 xz 面)且与曲面的交线是一对相交直线.

解　先讨论单叶双曲面与平行于 yz 面的平面的交线,设所求平面为 $x=k$,则该平面与单叶双曲面的交线方程为

$$\begin{cases}\dfrac{x^2}{4}+\dfrac{y^2}{9}-\dfrac{z^2}{4}=1,\\ x=k,\end{cases}$$

即

$$\begin{cases}\dfrac{y^2}{9}-\dfrac{z^2}{4}=1-\dfrac{k^2}{4},\\ x=k.\end{cases}\tag{4.3.19}$$

为使交线(4.3.19)为两条相交直线,必须有 $1-\dfrac{k^2}{4}=0$,即 $k=\pm 2$,故所求的平面方程为 $x=\pm 2$.同理,若平行于 xz 面的平面与单叶双曲面的交线为两条相交直线,则该平面方程为 $y=\pm 3$.

椭球面和双曲面都有对称中心,统称为**有心二次曲面**或**中心型二次曲面**.其标准方程可以表示为统一的形式:

$$Ax^2+By^2+Cz^2=1.$$

当系数 A,B,C 全为正时,上式表示实椭球面;当系数 A,B,C 为两正一负时,上式表示单叶双曲面;当系数 A,B,C 为两负一正时,上式表示双叶双曲面;当系数 A,B,C 全为负时,上式表示虚椭球面.

4.3.3　抛物面

4.3.3.1　椭圆抛物面

定义 4　在直角坐标系中,方程

$$\frac{x^2}{a^2}+\frac{y^2}{b^2}=2z\tag{4.3.20}$$

表示的曲面称为**椭圆抛物面**.方程(4.3.20)称为**椭圆抛物面的标准方程**,其中 a,b 是任意的正常数.

椭圆抛物面具有如下特征:① 椭圆抛物面(4.3.20)关于 z 轴对称,关于 yz 坐标面、xz 坐标面对称,无对称中心;② 图形在 z 轴的正向,无界;③ 与对称轴均交于原点 $O(0,0,0)$,该点称为**椭圆抛物面的顶点**.

用三个坐标面截割椭圆抛物面(4.3.20)所得的三条截线方程分别为

$$\begin{cases}\dfrac{x^2}{a^2}+\dfrac{y^2}{b^2}=0,\\ z=0;\end{cases}\tag{4.3.21}$$

$$\begin{cases}x^2=2a^2z,\\ y=0;\end{cases}\tag{4.3.22}$$

$$\begin{cases}y^2=2b^2z,\\ x=0.\end{cases}\tag{4.3.23}$$

方程(4.3.21)表示一个点,即原点 $O(0,0,0)$;方程(4.3.22)和(4.3.23)均表示抛物线,称为椭圆抛物面(4.3.20)的**主抛物线**,它们有共同的顶点、对称轴,开口方向相同.

用平行于 xy 坐标面的平面 $z=k\,(k>0)$ 截割椭圆抛物面(4.3.20),所得到截线方程为

$$\begin{cases}\dfrac{x^2}{a^2}+\dfrac{y^2}{b^2}=2k,\\ z=k\end{cases}\quad(k>0).\tag{4.3.24}$$

方程(4.3.24)表示椭圆,当 k 变大时,椭圆也变大,且其顶点$(\pm a\sqrt{2k},0,k)$,$(0,\pm b\sqrt{2k},k)$分别在两条主抛物线(4.3.22),(4.3.23)上.因此,**椭圆抛物面(4.3.20)可以看成是由一个椭圆的变动(大小、位置都改变)而生成的.该椭圆在变动过程中,始终保持所在平面平行于 xy 坐标面,且两对顶点分别在定抛物线(4.3.22)和(4.3.23)上滑动**(如图 4-19).

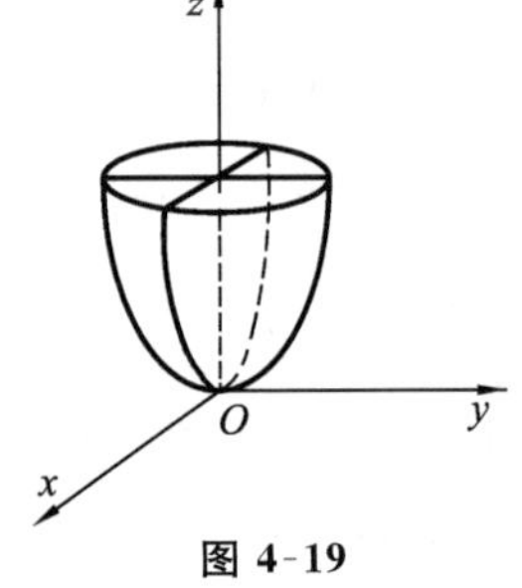

图 4-19

再用平行于 xz 坐标面的平面 $y=h$ 截割椭圆抛物面(4.3.20),所得截线方程为

$$\begin{cases}x^2=2a^2\left(z-\dfrac{h^2}{2b^2}\right),\\ y=h.\end{cases}\tag{4.3.25}$$

这是一族与主抛物线(4.3.22)平行的抛物线,开口方向相同,焦参数相同,即与主抛物线(4.3.22)全等.因此,方程(4.3.25)可看成是由主抛物线(4.3.22)平行移动生成的,其顶点$\left(0,h,\dfrac{h^2}{2b^2}\right)$位于主抛物线(4.3.23)上.

用平行于 yz 坐标面的平面截割椭圆抛物面(4.3.20),其截线情况与上述结论类似,此处不赘述.

综上可得如下结论:**椭圆抛物面可看作是由一条抛物线移动生成的,在移动过程中,动抛物线的顶点始终在一条定抛物线上滑动,两条抛物线具有相同的开口方向,且动抛物线所在的平面始终与定抛物线所在平面保持垂直**(如图 4-20).

在方程(4.3.20)中,若 $a=b$,则曲面表示旋转抛物面.

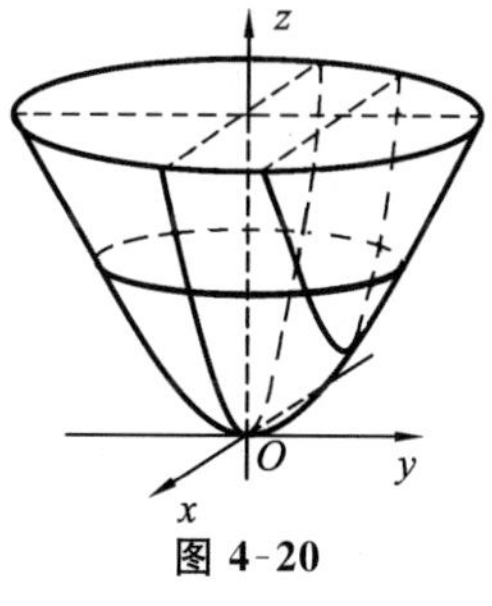

图 4-20

在直角坐标系中，方程$\frac{x^2}{a^2}+\frac{z^2}{c^2}=-2y$，$\frac{y^2}{b^2}+\frac{z^2}{c^2}=-2x$及$\frac{x^2}{a^2}+\frac{y^2}{b^2}=-2z$所表示的图形也是椭圆抛物面.

例 4　平面 $z=t$ 截割椭圆抛物面$\frac{x^2}{25}+\frac{y^2}{16}=2z$，求这族截线的焦点轨迹方程.

解　截线方程

$$\begin{cases}\frac{x^2}{25}+\frac{y^2}{16}=2z,\\ z=t\end{cases}$$

是一族椭圆，其焦点坐标为

$$\begin{cases}x=\pm 3\sqrt{2t},\\ y=0,\\ z=t.\end{cases}$$

此方程一方面可看成焦点的坐标，另一方面也可看成焦点轨迹的参数方程，从中消去参数 t，便得到焦点轨迹的一般方程

$$\begin{cases}x^2=18z,\\ y=0,\end{cases}$$

它表示 xz 平面上的抛物线，开口方向为 z 轴正向.

4.3.3.2　双曲抛物面

定义 5　在直角坐标系中，方程

$$\frac{x^2}{a^2}-\frac{y^2}{b^2}=2z\ (a,b>0) \tag{4.3.26}$$

表示的图形称为**双曲抛物面**.方程(4.3.26)称为**双曲抛物面的标准方程**.

显然，双曲抛物面(4.3.26)具有如下特征：① 关于 z 轴对称，关于 yz 坐标面和 xz 坐标面对称，但没有对称中心；② 是无界曲面；③ 与三条坐标轴均交于原点 $O(0,0,0)$，该点称为双曲抛物面的顶点.

用三个坐标面截割双曲抛物面(4.3.26)，所得截线方程分别为

$$\begin{cases}\frac{x^2}{a^2}-\frac{y^2}{b^2}=0,\\ z=0;\end{cases} \tag{4.3.27}$$

$$\begin{cases}x^2=2a^2z,\\ y=0;\end{cases} \tag{4.3.28}$$

$$\begin{cases} y^2 = -2b^2 z, \\ x = 0. \end{cases} \tag{4.3.29}$$

方程(4.3.27)为交于原点的两条相交直线$\begin{cases} \dfrac{x}{a} - \dfrac{y}{b} = 0, \\ z = 0 \end{cases}$及$\begin{cases} \dfrac{x}{a} + \dfrac{y}{b} = 0, \\ z = 0; \end{cases}$方程(4.3.28)和(4.3.29)均为抛物线，这两条抛物线称为双曲抛物面的**主抛物线**，它们所在的平面相互垂直，有相同的顶点和对称轴，但两条抛物线的开口方向相反，方程(4.3.28)的开口方向为 z 轴正向，方程(4.3.29)的开口方向为 z 轴负向.

用平行于 xy 坐标面的平面 $z=k(k\neq 0)$ 截割双曲抛物面(4.3.26)所得的截线方程为

$$\begin{cases} \dfrac{x^2}{a^2} - \dfrac{y^2}{b^2} = 2k, \\ z = k. \end{cases} \tag{4.3.30}$$

其图形为双曲线，当 $k>0$ 时，实轴与 x 轴平行，虚轴与 y 轴平行，顶点$(\pm a\sqrt{2k}, 0, k)$在主抛物线(4.3.28)上；当 $k<0$ 时，实轴与 y 轴平行，虚轴与 x 轴平行，顶点$(0, \pm b\sqrt{-2k}, k)$在主抛物线(4.3.29)上(如图 4-21).由图 4-21 可知，双曲抛物面(4.3.26)被 xy 坐标面分割成上、下两部分，上半部分沿 x 轴的两个方向上升，下半部分沿 y 轴的两个方向下降，曲面的大致形状像一个马鞍，因此，双曲抛物面(4.3.26)也称为**马鞍曲面**.

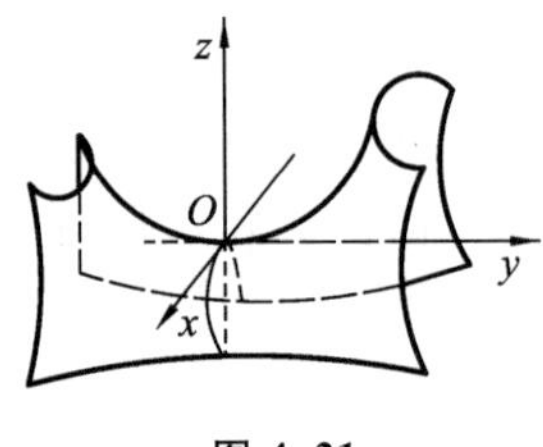

图 4-21

为了进一步了解双曲抛物面(4.3.26)，再用平行于 xz 坐标面的平面 $y=h$ $(h\neq 0)$截割双曲抛物面(4.3.26)，所得截线方程为

$$\begin{cases} x^2 = 2a^2\left(z + \dfrac{h^2}{2b^2}\right), \\ y = h. \end{cases} \tag{4.3.31}$$

易知，无论 h 为何值，抛物线(4.3.31)均与主抛物线(4.3.28)全等.因此，曲线(4.3.31)可看成是由主抛物线(4.3.28)平行移动生成的，且所在平面平行于该主抛物线所在的平面 xz 坐标面，顶点$\left(0, h, -\dfrac{h^2}{2b^2}\right)$在抛物线(4.3.29)上，对称轴平行于 z 轴，开口方向为 z 轴正向.

若用平行于 yz 坐标面的平面截割双曲抛物面(4.3.26)，所得截线情况与上述类似，此处不赘述.

由此可得如下结论：**双曲抛物面可看作是由一抛物线沿另一定抛物线运动**

生成的，在运动过程中，动抛物线的顶点始终在定抛物线上，开口方向与定抛物线的开口方向相反，且它们所在平面始终保持垂直(如图 4-22).

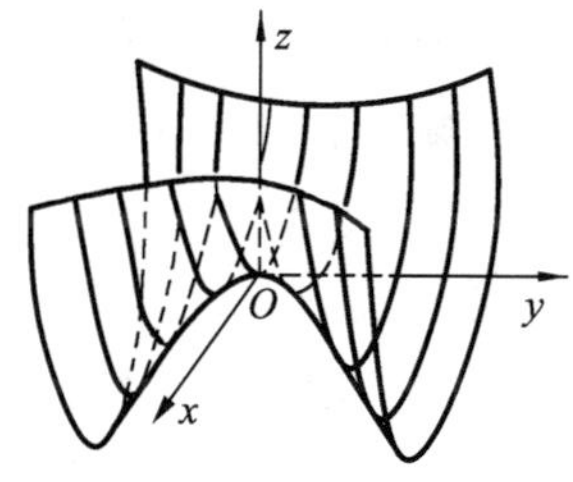

图 4-22

在直角坐标系中，方程$\frac{x^2}{a^2}-\frac{z^2}{c^2}=2y$ 或$\frac{y^2}{b^2}-\frac{z^2}{c^2}=2x$ 表示的图形也是双曲抛物面.在高等数学及工程技术中，双曲抛物面的方程还有另一简单形式：$z=xy$.

椭圆抛物面和双曲抛物面统称为**抛物面**，它们都没有对称中心，因此又称为**无心二次曲面或非中心二次曲面**.无心二次曲面的标准方程可表示为以下形式：

$$Ax^2+By^2=2z.$$

当系数 A,B 同号时，上式表示椭圆抛物面；当系数 A,B 异号时，上式表示双曲抛物面.

例 5　已知椭圆抛物面的顶点在原点，对称平面为 xz 面与 yz 面，且过点(1,2,6)和$\left(\frac{1}{3},-1,1\right)$，求这个椭圆抛物面的方程.

解　据题意可设所求椭圆抛物面的方程为

$$\frac{x^2}{a^2}+\frac{y^2}{b^2}=2z,$$

由于曲面过点(1,2,6)和$\left(\frac{1}{3},-1,1\right)$，所以

$$\begin{cases}\frac{1}{a^2}+\frac{4}{b^2}=12,\\ \frac{1}{9a^2}+\frac{1}{b^2}=2,\end{cases}$$

解得 $a^2=\frac{5}{36},b^2=\frac{5}{6}$，从而所求椭圆抛物面的方程为

$$\frac{36x^2}{5}+\frac{6y^2}{5}=2z,$$

即

$$18x^2+3y^2=5z.$$

4.3.4　空间区域简图

多元微积分及许多工程技术问题会涉及空间区域.通常情况下，区域是由几个平面或二次曲面围成的，可以通过分析，作出空间区域的简图.

例 6 作出曲面 $x^2+y^2+z^2=8$ 与 $x^2+y^2=2z$ 所围区域的简图.

解 方程 $x^2+y^2+z^2=8$ 表示球心在原点、半径为 $2\sqrt{2}$ 的球面；方程 $x^2+y^2=2z$ 表示一个旋转抛物面，顶点在原点，旋转轴为 z 轴，开口方向为 z 轴正向.要作出区域的简图，关键是作出两个曲面的交线.

两个曲面的交线方程为

$$\begin{cases}x^2+y^2+z^2=8,\\x^2+y^2=2z,\end{cases}$$

化简得 $z^2+2z-8=0$，即 $z=-4$ 或 $z=2$.又因为 $z\geqslant 0$，所以 $z=2$.从而交线方程可改写为

$$\begin{cases}x^2+y^2=4,\\z=2.\end{cases}$$

因此，交线为平面 $z=2$ 上的一个圆，圆心为(0,0,2)，半径为 2.把这个圆与球面、抛物面的图形画出来，就得到空间区域的简图(如图 4-23).

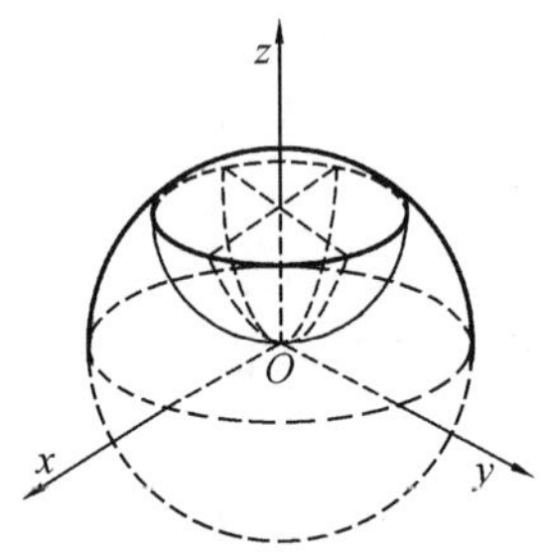

图 4-23

例 7 作出由 $x+y=1$，$y^2+z^2=1$ 和三个坐标面所围空间区域的简图.

解 方程 $x+y=1$ 表示经过点(1,0,0)和(0,1,0)又平行于 z 轴的平面，不等式 $x+y\leqslant 1$ 表示以这个平面为界限包含原点的半个空间.方程 $y^2+z^2=1$ 表示以 x 轴为轴、半径为 1 的圆柱面，不等式 $y^2+z^2\leqslant 1$ 表示由这个圆柱面围成的圆柱体.平面 $x=0$，$y=0$ 和 $x+y=1$ 截圆柱面所得的截线分别是圆、直线和圆.平面 $y=0$ 和 $z=0$ 截平面 $x+y=1$ 所得的截线都是直线.把这五条截线画出来，取坐标非负的点，就得到空间区域的简图(如图 4-24).

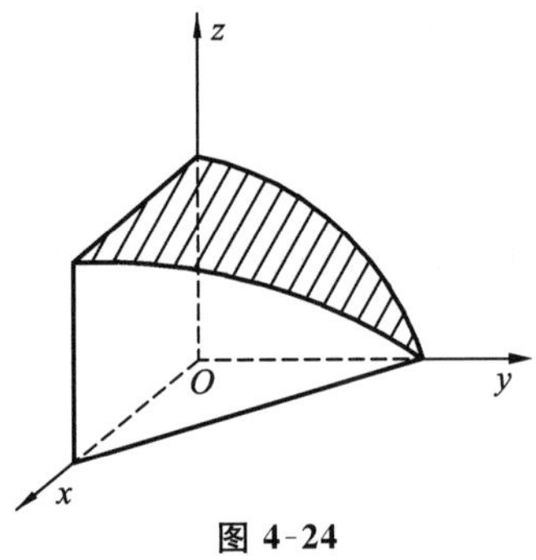

图 4-24

例 8 画出 $\frac{x^2}{25}+\frac{y^2}{9}=z$ 与三个坐标面及 $x+y=1$ 所围的立体部分.

解 方程 $\frac{x^2}{25}+\frac{y^2}{9}=z$ 表示椭圆抛物面，与 xy 面交于一点，与 xz 面及 yz 面的交线分别为抛物线 $\begin{cases}x^2=25z,\\y=0\end{cases}$ 和 $\begin{cases}y^2=9z,\\x=0,\end{cases}$ 与平面 $x+y=1$ 的交线是一个上凹的曲线.平面 $x+y=1$ 与 xy 面的交线是 xy 面上的直线 $x+y=1$，与 xz 面的交线是 $x=1$，与 yz 面的交线是 $y=1$.

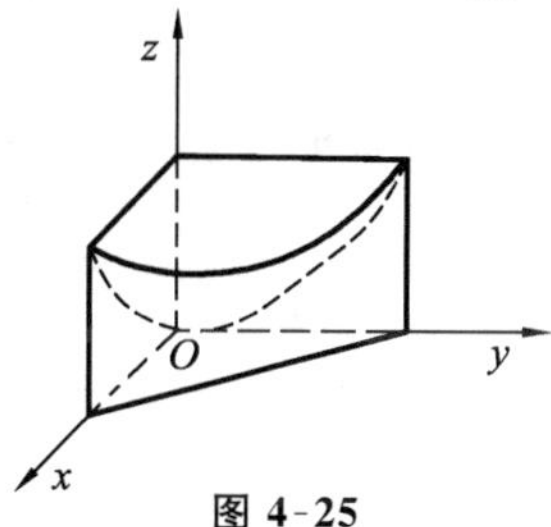

图 4-25

由以上讨论可知，立体部分位于椭圆抛物面之下被三个坐标面和平面 $x+y=1$ 所围部分（如图 4-25）.

* 4.4　直纹曲面及其性质

从前面的学习可以看到，柱面和锥面都可以看作是由一族直线生成的.这种由一族直线生成的曲面称为**直纹曲面**，生成曲面的这族直线称为这曲面的一族**直母线**.因此，柱面和锥面都是直纹曲面.

由 4.3 节可知，单叶双曲面和双曲抛物面上都存在直线.下面说明单叶双曲面与双曲抛物面都是直纹曲面.

4.4.1　单叶双曲面的直纹性

设有单叶双曲面

$$\frac{x^2}{a^2}+\frac{y^2}{b^2}-\frac{z^2}{c^2}=1, \tag{4.4.1}$$

其中 a,b,c 是任意常数，将其分解因式改写为

$$\left(\frac{x}{a}+\frac{z}{c}\right)\left(\frac{x}{a}-\frac{z}{c}\right)=\left(1+\frac{y}{b}\right)\left(1-\frac{y}{b}\right). \tag{4.4.2}$$

引进不等于零的参数 u，并考查由式(4.4.2)得到的方程组

$$\begin{cases}\dfrac{x}{a}+\dfrac{z}{c}=u\left(1+\dfrac{y}{b}\right),\\ \dfrac{x}{a}-\dfrac{z}{c}=\dfrac{1}{u}\left(1-\dfrac{y}{b}\right)\end{cases} \tag{4.4.3}$$

与下面两个方程组：

$$\begin{cases}\dfrac{x}{a}+\dfrac{z}{c}=0,\\ 1-\dfrac{y}{b}=0;\end{cases} \tag{4.4.4}$$

$$\begin{cases}\dfrac{x}{a}-\dfrac{z}{c}=0,\\ 1+\dfrac{y}{b}=0.\end{cases} \tag{4.4.4$'$}$$

方程组(4.4.4)和(4.4.4′)实际上是方程组(4.4.3)中 $u\to 0$ 和 $u\to\infty$ 时的两个极限.无论 u 取何值，方程组(4.4.3)，(4.4.4)和(4.4.4′)都表示直线.我们把方程组(4.4.3)，(4.4.4)和(4.4.4′)合起来组成的一族直线称为 ***u* 族直母线**.

现证明 u 族直线可以构成单叶双曲面(4.4.1)，且是单叶双曲面(4.4.1)的一族直母线.

首先，u 族直线中的每一条直线均在单叶双曲面(4.4.1)上.因为 $u\neq 0$ 时，方程(4.4.3)中的两式相乘就可得(4.4.1)，所以(4.4.3)表示的直线上的点都在曲面(4.4.1)上.满足(4.4.4)和(4.4.4′)的点显然都满足(4.4.2)，从而满足(4.4.1)，因此直线(4.4.4)和(4.4.4′)上的点都在曲面(4.4.1)上.

反过来，设 $P_0(x_0,y_0,z_0)$ 是曲面(4.4.1)上任一点，则有

$$\left(\frac{x_0}{a}+\frac{z_0}{c}\right)\left(\frac{x_0}{a}-\frac{z_0}{c}\right)=\left(1+\frac{y_0}{b}\right)\left(1-\frac{y_0}{b}\right). \tag{4.4.5}$$

显然，$1+\frac{y_0}{b}$ 与 $1-\frac{y_0}{b}$ 不能同时为零.不失一般性，设 $1+\frac{y_0}{b}\neq 0$.

若 $\frac{x_0}{a}+\frac{z_0}{c}\neq 0$，取 u 的值，使得

$$\frac{x_0}{a}+\frac{z_0}{c}=u\left(1+\frac{y_0}{b}\right),$$

则由式(4.4.5)得

$$\frac{x_0}{a}-\frac{z_0}{c}=\frac{1}{u}\left(1-\frac{y_0}{b}\right),$$

所以点 $P_0(x_0,y_0,z_0)$ 在直线(4.4.3)上.

若 $\frac{x_0}{a}+\frac{z_0}{c}=0$，则由式(4.4.5)可得 $1-\frac{y_0}{b}=0$，故点 P_0 在直线(4.4.4)上.

因此曲面(4.4.1)上的任意一点 $P_0(x_0,y_0,z_0)$ 必定在 u 族直线中的某一条直线上.

根据上面的讨论可知，单叶双曲面(4.4.1)可由 u 族直线构成，因此单叶双曲面是直纹曲面，u 族直线是单叶双曲面(4.4.1)的一族直母线，称为 **u 族直母线**.

为了避免取极限，常把单叶双曲面的 u 族直母线写成

$$\begin{cases} w\left(\frac{x}{a}+\frac{z}{c}\right)=u\left(1+\frac{y}{b}\right), \\ u\left(\frac{x}{a}-\frac{z}{c}\right)=w\left(1-\frac{y}{b}\right), \end{cases} \tag{4.4.6}$$

其中 u,w 不同时为零.当 $uw\neq 0$ 时，各式除以 w，方程(4.4.6)就化为(4.4.3).当 $u=0$ 时可化为(4.4.4)，当 $w=0$ 时可化为(4.4.4′).

同理可证明，直线

$$\begin{cases} t\left(\dfrac{x}{a}+\dfrac{z}{c}\right)=v\left(1-\dfrac{y}{b}\right), \\ v\left(\dfrac{x}{a}-\dfrac{z}{c}\right)=t\left(1+\dfrac{y}{b}\right) \end{cases} \tag{4.4.7}$$

是单叶双曲面(4.4.1)的另一族直母线(其中 v,t 不同时为零),称其为单叶双曲面(4.4.1)的 **v 族直母线**.易知,方程(4.4.6)和(4.4.7)中的直母线方程分别只依赖于 $u:w$ 和 $v:t$ 的值.

图 4-26 中的两个图显示了单叶双曲面上两族直母线的大概分布情况.

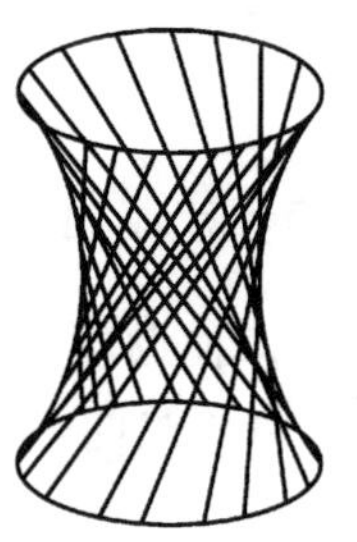
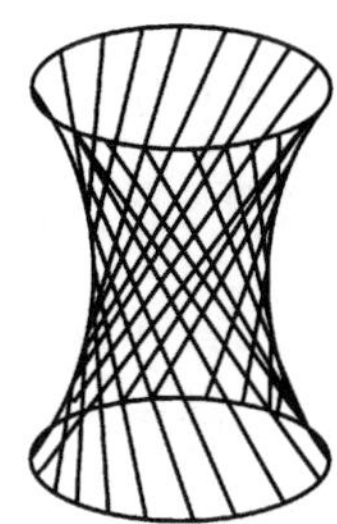

图 4-26

注　单叶旋转双曲面也可由两条异面直线中的一条绕另一条旋转生成,参见第 4.2.2 节中的例 10 和本章练习题 17,18.

4.4.2　双曲抛物面的直纹性

对于双曲抛物面

$$\frac{x^2}{a^2}-\frac{y^2}{b^2}=2z,$$

同样可以证明它也有两族直母线(如图 4-27).

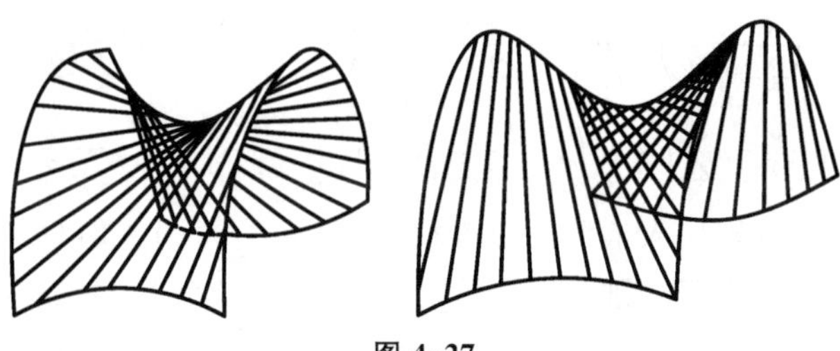

图 4-27

其中,u 族直母线为

$$\begin{cases} \dfrac{x}{a}+\dfrac{y}{b}=2u, \\ u\left(\dfrac{x}{a}-\dfrac{y}{b}\right)=z; \end{cases} \tag{4.4.8}$$

v 族直母线为

$$\begin{cases}\dfrac{x}{a}-\dfrac{y}{b}=2v,\\ v\left(\dfrac{x}{a}+\dfrac{y}{b}\right)=z.\end{cases} \tag{4.4.9}$$

单叶双曲面与双曲抛物面的直母线在建筑中有着重要的应用,常用来构成建筑的骨架.

4.4.3 单叶双曲面和双曲抛物面的直母线的性质

单叶双曲面与双曲抛物面的直母线具有如下基本性质:

性质 1 对于单叶双曲面或双曲抛物面上任一点,两族直母线中各有一条通过这点.

性质 2 单叶双曲面上异族的任意两条直母线必共面,而双曲抛物面上异族的任意两条直母线必相交.(请读者利用两条直线的位置关系自行证明)

性质 3 单叶双曲面上同族的任意两条直母线必是异面直线,而双曲抛物面上同族的全体直母线平行于同一平面.(请读者利用两条直线的位置关系自行证明)

例 1 求单叶双曲面$\frac{x^2}{9}+\frac{y^2}{4}-\frac{z^2}{16}=1$通过点(6,2,8)的直母线方程.

解 单叶双曲面$\frac{x^2}{9}+\frac{y^2}{4}-\frac{z^2}{16}=1$的两族直母线方程为

$$\begin{cases}w\left(\dfrac{x}{3}+\dfrac{z}{4}\right)=u\left(1+\dfrac{y}{2}\right),\\ u\left(\dfrac{x}{3}-\dfrac{z}{4}\right)=w\left(1-\dfrac{y}{2}\right)\end{cases} \text{与} \begin{cases}t\left(\dfrac{x}{3}+\dfrac{z}{4}\right)=v\left(1-\dfrac{y}{2}\right),\\ v\left(\dfrac{x}{3}-\dfrac{z}{4}\right)=t\left(1+\dfrac{y}{2}\right).\end{cases}$$

把点(6,2,8)分别代入上面两组方程,求得 $w:u=1:2, t=0$,从而可得过点(6,2,8)的直母线方程分别是

$$\begin{cases}\dfrac{x}{3}+\dfrac{z}{4}=2\left(1+\dfrac{y}{2}\right),\\ 2\left(\dfrac{x}{3}-\dfrac{z}{4}\right)=1-\dfrac{y}{2}\end{cases} \text{与} \begin{cases}1-\dfrac{y}{2}=0,\\ \dfrac{x}{3}-\dfrac{z}{4}=0,\end{cases}$$

即

$$\begin{cases}4x-12y+3z-24=0,\\ 4x+3y-3z-6=0\end{cases} \text{与} \begin{cases}y-2=0,\\ 4x-3z=0.\end{cases}$$

4.4.4 直纹曲面的判别

由一族或几族直线所构成的曲面称为**直纹曲面**.也可将直纹曲面定义为一

条直线按照某种规律移动产生的曲面.构成曲面的那族直线称为该曲面的一族直母线.

已知二次曲面的方程 $F(x,y,z)=0$,如何判别该曲面是不是直纹曲面,如何求出该直纹曲面的直母线方程?

定理　若二次曲面的方程 $F(x,y,z)=0$ 经过适当的恒等变形,可以将方程两端的多项式分解为零次或一次因式之积,且至少有一端是两个一次因式之积,即有

$$a(x,y,z)b(x,y,z)=c(x,y,z)d(x,y,z), \tag{4.4.10}$$

则此曲面为直纹曲面.

证明　不失一般性,假设在二次曲面方程(4.4.10)中,左端的两个因式 $a(x,y,z)$,$b(x,y,z)$ 是一次因式.引进参数 $u:w$ (u,w 不全为零),考查由式(4.4.10)得到的方程组:

$$\begin{cases} w(a(x,y,z))=u(c(x,y,z)), \\ u(b(x,y,z))=w(d(x,y,z)). \end{cases} \tag{4.4.11}$$

由于 $a(x,y,z)$,$b(x,y,z)$,$c(x,y,z)$,$d(x,y,z)$ 均为零次或一次因式,且 $a(x,y,z)$,$b(x,y,z)$ 都是一次因式,因此无论 u,w 取何值,方程(4.4.11)都表示直线.所有满足条件的直线组成的一族直线称为 u 族直线.

下证 u 族直线(4.4.11)可以构成曲面(4.4.10),从而是曲面(4.4.10)的一族直母线.

易知,u 族直线(4.4.11)中任何一条直线上的点都在曲面(4.4.10)上;反过来,设 (x_0,y_0,z_0) 是曲面(4.4.10)上的点,则有

$$a(x_0,y_0,z_0)b(x_0,y_0,z_0)=c(x_0,y_0,z_0)d(x_0,y_0,z_0), \tag{4.4.12}$$

取 $u:w$ 的值,使得

$$\frac{a(x_0,y_0,z_0)}{c(x_0,y_0,z_0)}=\frac{d(x_0,y_0,z_0)}{b(x_0,y_0,z_0)}=\frac{u}{w}, \tag{4.4.13}$$

从而有

$$\begin{cases} w(a(x_0,y_0,z_0))=u(c(x_0,y_0,z_0)), \\ u(b(x_0,y_0,z_0))=w(d(x_0,y_0,z_0)). \end{cases} \tag{4.4.14}$$

所以点 (x_0,y_0,z_0) 在 u 族直线(4.4.11)上.

这样就证明了曲面(4.4.10)是由 u 族直线(4.4.11)构成的,因此它是直纹曲面.称 u 族直线(4.4.11)为曲面(4.4.10)的 u 族直母线.

类似地,引进参数 $v:t$ (v,t 不全为零),考查由曲面(4.4.10)得到的另一个方程组:

$$\begin{cases} t(a(x,y,z))=v(d(x,y,z)), \\ v(b(x,y,z))=t(c(x,y,z)). \end{cases} \tag{4.4.15}$$

不难证明,曲面(4.4.10)也可以由 v 族直线(4.4.15)构成.称 v 族直线(4.4.15)为曲面(4.4.10)的 v 族直母线.

以上证明过程,同时给出了求直纹曲面的直母线方程的方法:若二次曲面的方程 $F(x,y,z)=0$ 经过适当的恒等变形可以写成方程(4.4.10)的形式,则可以写出其 u 族直母线方程(4.4.11)或者 v 族直母线方程(4.4.15).

推论 1 从直母线方程(4.4.11)或(4.4.15)中消去参数,便可得到由相应直母线所生成的直纹曲面方程.

推论 2 若直母线方程(4.4.11)和(4.4.15)之间存在一个参数变换 $u=\varphi(v)$,则直母线方程(4.4.11)和(4.4.15)可以合并为一个方程,即直纹曲面(4.4.10)只有一族直母线;否则,直纹曲面(4.4.10)有两族直母线.

只有一族直母线的直纹曲面称为**单参数直纹曲面**,如柱面、锥面等.有两族直母线的直纹曲面称为**双参数直纹曲面**,如单叶双曲面、双曲抛物面等.

例 2 空间二次锥面的方程为

$$\frac{x^2}{a^2}+\frac{y^2}{b^2}-\frac{z^2}{c^2}=0.$$

将方程变形为

$$\frac{x}{a}\cdot\frac{x}{a}=\left(\frac{z}{c}+\frac{y}{b}\right)\left(\frac{z}{c}-\frac{y}{b}\right),$$

得到二次锥面的两族直母线:

$$\begin{cases} w\left(\dfrac{x}{a}\right)=u\left(\dfrac{z}{c}+\dfrac{y}{b}\right), \\ u\left(\dfrac{x}{a}\right)=w\left(\dfrac{z}{c}-\dfrac{y}{b}\right); \end{cases}$$

$$\begin{cases} t\left(\dfrac{x}{a}\right)=v\left(\dfrac{z}{c}-\dfrac{y}{b}\right), \\ v\left(\dfrac{x}{a}\right)=t\left(\dfrac{z}{c}+\dfrac{y}{b}\right). \end{cases}$$

显然,通过参数变换 $u=\dfrac{1}{v}$,就可以把其中一族直母线转化为另一族直母线.因此,二次锥面只有一族直母线,是单参数直纹曲面.

* 4.5　空间曲面与曲线的应用示例

4.5.1　空间曲线的应用

例 1　一个质点在半径为 a 的圆柱面上，它一方面绕圆柱面的轴作匀速转动，另一方面沿圆柱面的母线方向作匀速直线运动，且线速度与角速度成正比，求该质点的运动轨迹.

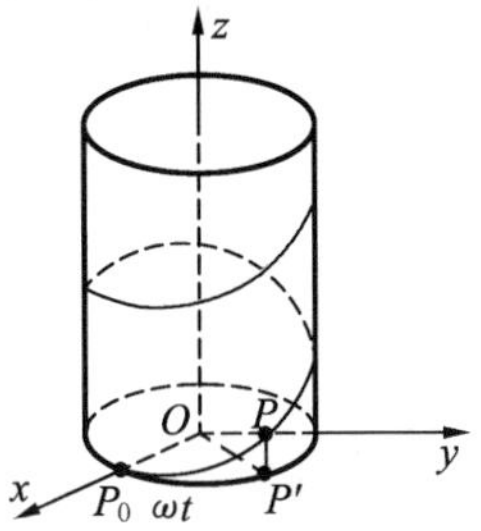

解　以圆柱面的轴为 z 轴，建立空间直角坐标系 $O-xyz$，如图 4-28 所示.设质点的起始点 $P_0(a,0,0)$ 在 x 轴上，质点运动的角速率与线速率分别为 ω，v，且线速度与角速度成正比，质点运动的轨迹为 L，经过时间 t 后，质点到达点 P 处，P 在 xy 面上的投影为 P'，则有

图 4-28

$$\begin{aligned} \boldsymbol{r} &= \overrightarrow{OP} = \overrightarrow{OP'} + \overrightarrow{P'P} \\ &= (a\cos \omega t)\boldsymbol{i} + (a\sin \omega t)\boldsymbol{j} + vt\,\boldsymbol{k} \quad (-\infty < t < +\infty), \end{aligned}$$

令 $\omega t=\theta$，$\dfrac{v}{\omega}=b$，则

$$\boldsymbol{r}=(a\cos\theta)\boldsymbol{i}+(a\sin\theta)\boldsymbol{j}+b\theta\boldsymbol{k} \quad (0\leqslant\theta<+\infty),$$

此即为质点运动的向量式参数方程，其中 t 为参数.其坐标式参数方程为

$$\begin{cases} x=a\cos\theta, \\ y=a\sin\theta, \quad (0\leqslant\theta<+\infty), \\ z=b\theta \end{cases}$$

其轨迹为圆柱螺旋线.

消去参数 θ，得圆柱螺旋线的一般方程为

$$\begin{cases} x^2+y^2=a^2, \\ y=a\sin\dfrac{z}{b}. \end{cases}$$

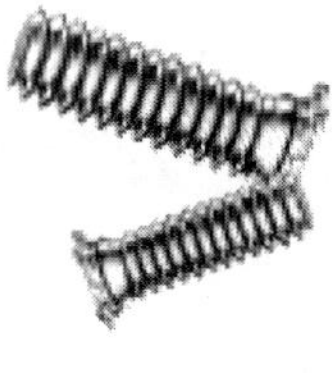

圆柱螺旋线在生活中有广泛的应用，如平头螺丝钉（如图 4-29）、各种弹簧等.因此，圆柱螺旋线也称为弹簧曲线.

图 4-29

例 2　一个质点一方面沿着已知圆锥面的一条直母线自圆锥的顶点起作等速直线运动，另一方面这条直线在圆锥面上过圆锥的顶点绕圆锥的轴（旋转轴）作等速转动，这时质点在圆锥面上的轨迹称为圆锥螺线，试建立圆锥螺线的方程.

解　取圆锥面的顶点为坐标原点，圆锥的轴为 z 轴，建立直角坐标系（如图 4-30）.设圆锥的顶角为 2θ，旋转角速度为 ω，直线运动的速度为 v，动点的初

始位置在原点,t 秒后质点到达点 P,点 P 在 z 轴上的射影为 M,则有

$$\boldsymbol{r}=\overrightarrow{OP}=\overrightarrow{OM}+\overrightarrow{MP},$$

而
$$\overrightarrow{OM}=(|\overrightarrow{OP}|\cos\theta)\boldsymbol{k}=(vt\cos\theta)\boldsymbol{k},$$
$$\overrightarrow{MP}=vt\sin\theta(\cos\varphi\boldsymbol{i}+\sin\varphi\boldsymbol{j})=(vt\sin\theta\cos\varphi)\boldsymbol{i}+(vt\sin\theta\sin\varphi)\boldsymbol{j}.$$

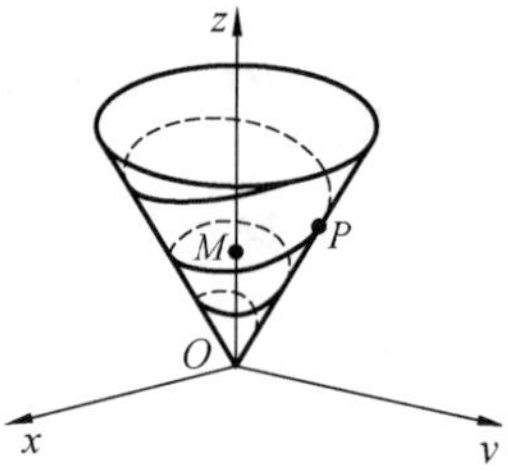

图 4-30

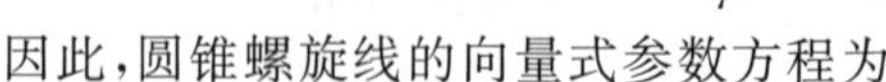

因此,圆锥螺旋线的向量式参数方程为

$$\begin{aligned}\boldsymbol{r}&=(vt\sin\theta\cos\varphi)\boldsymbol{i}+(vt\sin\theta\sin\varphi)\boldsymbol{j}+(vt\cos\theta)\boldsymbol{k}\\&=(vt\sin\theta\cos\omega t)\boldsymbol{i}+(vt\sin\theta\sin\omega t)\boldsymbol{j}+(vt\cos\theta)\boldsymbol{k}\quad(-\infty<t<+\infty),\end{aligned}$$

坐标式参数方程为

$$\begin{cases}x=vt\sin\theta\cos\omega t,\\y=vt\sin\theta\sin\omega t,\\z=vt\cos\theta\end{cases}\quad(-\infty<t<+\infty).$$

圆锥螺旋线在实际生活中有着广泛的应用,如圆锥对数螺旋天线(如图 4-31).在宽脉冲电磁辐射研究中,发射天线设计是关键所在.宽脉冲大功率电磁辐射技术广泛应用于民用、军事、天文等社会生活各个方面.圆锥对数螺旋天线是一类较理想的宽频带天线,适合宽脉冲电磁辐射系统对天线的要求.

植物中的对数螺旋线现象也非常普遍,如向日葵花盘上瘦果的排列(如图 4-32)、松树球果上果鳞的布局、菠萝果实上的分块等,都是按照对数螺旋线在空间展开的.向日葵花盘上瘦果的对数螺旋线的弧形排列,可以使果实排得最紧,数量最多,产生后代的效率也最高.

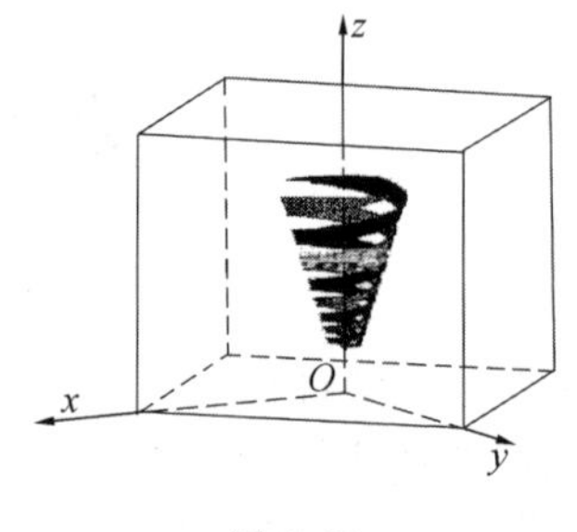

图 4-31

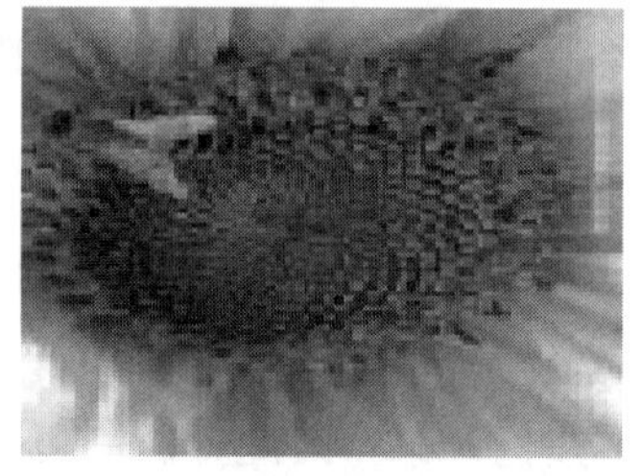

图 4-32

4.5.2 空间曲面的应用

4.5.2.1 旋转抛物面的应用

旋转抛物面可将平行于主光轴(对称轴)的光线汇聚于其焦点处(如

图 4-33)；反之，也可将放置在焦点处的光源产生的光线反射成平行光束并使光度增大.汽车的反光灯就是旋转抛物面.聚光太阳能灶面也是根据这一原理设计的，当太阳光线照射在呈旋转抛物面的聚光太阳能灶面上时，太阳的辐射能被聚集在一块小面积的灶具上(如图 4-34).在阳光相对充足的天气，灶具内部温度可达到 280 ℃以上.

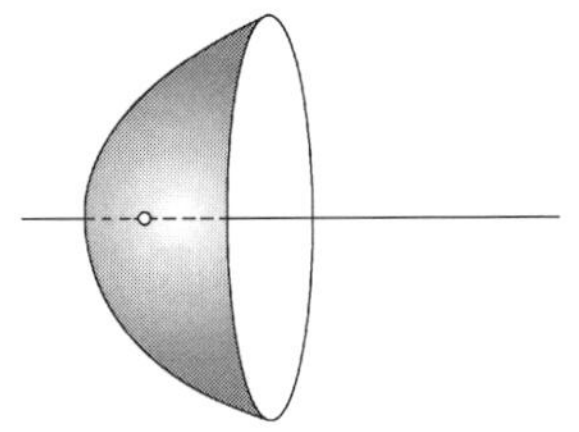

图 4-33

图 4-34

4.5.2.2　圆锥面的应用

高等植物的外形、茎干，也有其最佳的形态.许多树的树干都是底部大、顶部小，呈圆锥状(如图 4-35).这是一种沉稳的、防倒伏的理想几何形状.例如云杉、雪松，以及许多著名建筑(北京的天坛、西安的大雁塔等)的形态、布局，都呈圆锥状.

图 4-35

4.5.2.3　单叶旋转双曲面和双曲抛物面的应用

单叶旋转双曲面和双曲抛物面都有直母线，常用于构建建筑物的骨架.

单叶旋转双曲面有且只有两族直母线，同族的两条直母线不相交，不同族的两条直母线必相交.例如化工厂或热电厂的冷却塔的外形常采用单叶旋转双曲面，其优点是对流快，散热效能好.此外，利用直纹曲面的特点，可把编织钢筋网的钢筋取为直材，建造出外形准确、轻巧且非常牢固的冷却塔(如图 4-36).

图 4-36

双曲抛物面也是一种直纹曲面，又称马鞍曲面.其形状不同于一般的平面图形，集美观与实用于一体，在生活中得到了广泛的应用.上海体育馆(如图 4-37)采用了双曲抛物面的结构，可以为观众提供更大的视域和更好的观赏效果.休闲座椅(如图 4-38)也是双曲抛物面形状.此外，西班牙的 *L'Oceanografic*(如图 4-39)凭借其超大的规模入选世界最大的水族馆排行前十名，该建筑的外形就是双曲抛物面.

图 4-37

图 4-38

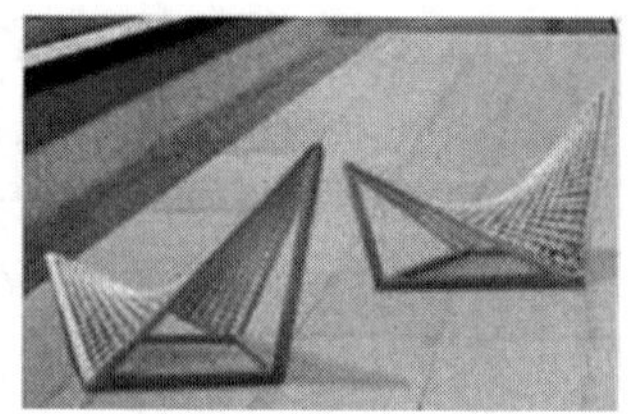

图 4-39

数学史话 4:非欧几何——双曲几何学和椭圆几何学

非欧几何学是一个大的数学分支,一般来讲,它有广义、狭义、通常意义三个方面的不同含义.广义的非欧几何学,泛指一切与欧几里得几何学不同的几何学;狭义的非欧几何学特指罗氏几何学;至于通常意义的非欧几何学,就是指罗氏几何学和黎曼几何学两种.

1. 双曲几何学(罗巴切夫斯基几何学)

欧几里得的《几何原本》提出了五个公理(或称公设):

① 由任意一点到任意另一点可作直线;

② 一条有限直线可以继续延长;

③ 以任意一点为圆心及任意的距离为半径可以画圆;

④ 凡是直角都相等;

⑤ 同一平面内一条直线与另外两条直线相交,若在某一侧两个内角的和小于两直角和,则这两条直线经无限延长后在这一侧相交.

长期以来,数学家们发现第五个公理和前四个公理相比,文字叙述冗长,而且也不是那么显而易见.有些数学家还注意到欧几里得在《几何原本》一书中直到第 29 个命题才用到第五个公理,而且之后再也没有使用.也就是说,在《几何原本》中可以不依靠第五个公理而推出前 28 个命题.因此,一些数学家提出,第五个公理能不能不作为公理,而作为定理?能不能依靠前四个公理来证明第五个公理?这就是几何发展史上最著名的、经历了长达两千多年的关于“平行线理论”的讨论.

由于证明第五个公理的问题始终得不到解决,人们逐渐怀疑证明的思路对不对.第五个公理究竟能不能得到证明?到了 19 世纪 20 年代,俄国喀山大学教授罗巴切夫斯基在证明第五个公理的过程中,打开了一条新思路.他提出了一个与欧几里得平行公理相矛盾的命题,用它来代替第五个公理,然后与前四个公理结合成一个公理系统,展开一系列的推理.他认为,如果以这个系统为基础的推

理中出现了矛盾，那么就证明了第五个公理.这其实就是数学中常用的反证法.

但是，他在极为细致深入的推理过程中，得出了一个又一个在直觉上匪夷所思，但在逻辑上又毫不矛盾的命题.最后，罗巴切夫斯基得出两个重要结论：

第一，第五个公理不能被证明.

第二，在新的公理体系中展开一连串推理，得到了一系列在逻辑上毫不矛盾的新的定理，并形成了新的理论.这个理论像欧几里得几何学一样，是完善的、严密的几何学.

在这个新的非欧几何学中，替代欧几里得平行公理的是罗巴切夫斯基平行公理：在一个平面上，过已知直线外一点至少有两条直线与该直线共面而不相交.由此可以演绎出一系列全新的不矛盾的结论.在这个几何学中，三角形内角和小于两直角和.当时，罗巴切夫斯基称这种几何学为虚几何学，后人又称之为罗巴切夫斯基几何学，简称罗氏几何学，也称双曲几何学.这是第一个被提出的非欧几何学.

从罗巴切夫斯基创立的非欧几何学中，可以得出一个极为重要的、具有普遍意义的结论：逻辑上互不矛盾的任意一组假设都有可能形成一种几何学.

几乎在罗巴切夫斯基创立非欧几何学的同时，匈牙利数学家鲍耶·雅诺什也发现了第五个公理是不可证明的，以及非欧几何学的存在.他在研究非欧几何学的过程中也遭到了家庭、社会的冷漠对待.他的父亲——数学家鲍耶·法尔卡什认为研究第五个公理是耗费精力、劳而无功的蠢事，劝他放弃这种研究.但鲍耶·雅诺什坚持为发展新的几何学而辛勤地工作.终于在1832年，在他父亲的一本著作里，他以附录的形式发表了研究结果.同一时代，被誉为“数学王子”的高斯也发现第五个公理不能证明，并且研究了非欧几何学.但是高斯害怕这种理论会遭到当时教会力量的打击和迫害，不敢公开发表自己的研究成果，也不敢站出来公开支持罗巴切夫斯基、鲍耶等的新理论，只是在书信中向自己的朋友表达了自己的看法.

罗氏几何学采用了欧氏几何学中除平行公理之外的一切公理.罗氏几何学的公理系统和欧氏几何学不同的地方仅仅是把欧几里得几何平行公理用“从直线外一点，至少可以作两条直线与这条直线平行”来代替，其他公理基本相同.由于平行公理不同，经过演绎推理就引出了一连串与欧氏几何学内容不同的新的几何命题.因此，凡是不涉及平行公理的几何命题，如果在欧氏几何学中是正确的，那么在罗氏几何学中也是正确的.在欧氏几何学中，凡是涉及平行公理的命题，在罗氏几何学中都不成立，它们都相应地具有新的意义.罗氏几何学中有许多不同于欧氏几何学的定理，例如：

① 共面不交的两直线，被第三直线所截同位角(或内错角)不一定相等.

② 同一直线的垂线和斜线不一定相交.

③ 三角形内角和小于两直角和.

④ 两个三角形若有三个内角对应相等,则两个三角形必全等(即不存在相似而不全等的三角形).

⑤ 萨开里四边形上底角小于直角,说明在罗氏平面上不存在矩形.

⑥ 通过不共线的三点不一定能作一圆.

⑦ 三角形三条高线不一定相交于一点.

⑧ 通过直线α外一点B有无穷多直线与α共面不交,过B也有无穷多直线与α相交.

⑨ 在罗氏平面上两直线或相交或沿某一方向平行,或既不相交又不沿任何方向平行,后一种情况中的两直线称为分散线或超平行线.任何两对平行线可以互相叠合.两条平行线在平行角的一侧(平行方向)无限地接近,而在另一侧无限地远离.任何一对分散直线,有唯一的公垂线,且沿此公垂线两侧它们无限地远离.

⑩ 罗氏平面上下列三种直线的集合均称为线束:通过同一点O的一切直线的集合称为有心线束,点O称为其中心;垂直于同一直线的一切直线的集合称为分散线束,该直线称为底线;一直线及平行于该直线方向的一切直线的集合称为平行线束,平行方向称为方向射线.

2. 椭圆几何学(黎曼几何学)

继罗氏几何学之后,德国数学家黎曼在1854年提出了既不是欧氏几何也不是罗氏几何的新的非欧几何学.这种几何学采用公理"同一平面上的任何两直线一定相交"代替欧几里得平行公理,并对欧氏几何中其余公理的一部分做了改动,得到"三角形内角和大于两直角和".这种非欧几何学称为椭圆几何学(或黎曼几何学),它与球面几何学没有太大的差别,把球面的对顶点看成同一点,就得到这种几何学.

1854年,黎曼在格丁根大学做了题为《论作为几何学基础的假设》的就职演说,这通常被认为是黎曼几何学的源头.在这篇演说稿中,黎曼将曲面本身看成一个独立的几何实体,而不是欧几里得空间中的一个几何实体.他首先拓展了空间的概念,提出了几何学研究的对象应是一种多重广义量,空间中的点可用n个实数$(x_1,x_2,\cdots,x_n)$作为坐标来描述.这是现代n维微分流形的原始形式,为用抽象空间描述自然现象奠定了基础.这种空间上的几何学基于无限邻近两点$(x_1,x_2,\cdots,x_n)$与$(x_1+dx_1,x_2+dx_2,\cdots,x_n+dx_n)$之间的距离,用微分弧长

的平方所确定的正定二次型理解度量,即黎曼度量.赋予黎曼度量的微分流形,就是黎曼流形.

黎曼认识到度量只是加到流形上的一种结构,并且在同一流形上可以有许多不同的度量.黎曼以前的数学家仅知道三维欧几里得空间 E_3 中的曲面 S 上存在诱导度,没有认识到 S 还可以有独立于三维欧几里得几何赋予的度量结构.黎曼意识到区分诱导度量和独立的黎曼度量的重要性,从而摆脱了经典微分几何曲面论中局限于诱导度量的束缚,创立了黎曼几何学,为近代数学和物理学的发展作出了杰出贡献.

黎曼几何以欧几里得几何和其他非欧几何作为特例.例如,若定义度量 a 是常数,则当 $a=0$ 时是普通的欧几里得几何,当 $a>0$ 时是椭圆几何,当 $a<0$ 时是双曲几何.

黎曼几何中的一个基本问题是微分形式的等价性问题.该问题在 1869 年前后由克里斯托费尔和李普希茨等人解决.前者的解包含以他的姓命名的两类克里斯托费尔记号和协变微分概念.在此基础上,里奇发现了张量分析方法,这在广义相对论中起到了基本数学工具的作用.他们进一步发展了黎曼几何学.

在黎曼所处的时代,李群以及拓扑学还没有发展起来,因此黎曼几何是只限于小范围的理论.大约在 1925 年霍普夫才开始对黎曼空间的微分结构与拓扑结构的关系进行研究.随着微分流形精确概念的确立,嘉当在 20 世纪 20 年代开创并发展了外微分形式与活动标架法,建立了李群与黎曼几何之间的联系,从而为黎曼几何的发展奠定了重要基础,开辟了广阔的园地,影响极其深远,并由此发展了对线性联络及纤维丛的研究.

1915 年,爱因斯坦运用黎曼几何和张量分析工具创立了新的引力理论——广义相对论,使黎曼几何(严格地说是洛伦兹几何)及其运算方法(里奇算法)成为广义相对论研究的有效数学工具,而相对论的发展则受到整体微分几何的强烈影响.例如,矢量丛和联络论构成规范场(杨-米尔斯场)的数学基础.

1944 年,陈省身给出 n 维黎曼流形高斯-博内公式的内蕴证明,以及关于埃尔米特流形的示性类的研究,引进了后来通称的陈示性类,为大范围微分几何提供了不可缺少的工具,并为复流形的微分几何与拓扑研究开了先河.历经半个多世纪,黎曼几何的研究从局部发展到整体,产生了许多深刻的结果.黎曼几何与偏微分方程、多复变函数论、代数拓扑学等学科互相渗透,相互影响,在现代数学和理论物理学中发挥了重要作用.

非欧几何在其创造者死后才得以承认.意大利数学家贝尔特拉米在 1866 年的论文《非欧几何解释的尝试》中,证明了非欧平面几何(局部)实现在普通欧氏空间里,作为伪球面,即负常数高斯曲率的曲面上的内在几何,非欧几何的相容性问题与欧氏几何的相容性问题一样清晰明了.德国数学家克莱因在 1871 年首次认识到从射影几何中可推导出度量几何,并建立了非欧平面几何(整体)的模型.这样,非欧几何的相容性问题就归结为欧氏几何的相容性问题,这些结果最终使非欧几何得到了普遍的认可.

非欧几何的创立打破了欧氏几何一统天下的局面,从根本上拓宽了人们对几何学的认识.1872 年,克莱因从变换群的观点出发,对各种几何学进行分类,并提出著名的《埃尔朗根纲领》,对几何学的进一步发展产生了重大影响.

非欧几何学的创立促进了人们对几何学基础的深入研究.希尔伯特于 1899 年建立了欧氏几何的公理体系.继几何学之后,数学家们又建立并研究了如算术、数理逻辑、概率论等一些数学学科的公理系统.这样形成的公理化方法已成为现代数学的重要方法之一.

非欧几何学的创立不仅拓宽了几何学的研究领域,而且对于物理学在 20 世纪初期的关于空间和时间的物理观念的改革也起到重要作用.非欧几何学首先提出了弯曲的空间,为更广泛的黎曼几何的产生提供了前提条件,而黎曼几何后来成了爱因斯坦广义相对论的数学工具.爱因斯坦和他的后继者在广义相对论的基础上研究了宇宙的结构.按照相对论的观点,宇宙结构的几何学不是欧几里得几何学而是接近非欧几何学.许多人采用非欧几何学作为宇宙的几何模型.

非欧几何学在数学的一些分支中有着重要的应用,它们互相渗透,相互促进.庞加莱利用复平面上作出的罗巴切夫斯基几何模型证明了自导函数的基本区域是一些互相合同的多边形.这个结果对于建立自导函数理论有着重要的作用.从一个已知的负常数高斯曲率曲面出发,可以通过经典的巴克伦德变换构造出新的负常数高斯曲率曲面,这个方法为求解正弦戈登方程提供了从一个特解构造新的特解的有效方法.20 世纪 70 年代以来,人们又注意到巴克伦德变换以及它的各种推广是研究一大类在物理上有重要作用的非线性偏微分方程的重要工具.

本章小结

1. 空间曲面和曲线的方程

空间的曲面和曲线都可以看成具有某种特征性质的点的集合,而其特征性质在坐标系中反映为它的坐标之间的某种特定关系,这种关系就是它的方程.图形的方程和图形之间有一一对应的关系,这样就把研究曲线与曲面的几何问题转化为研究代数问题.

曲面的一般方程为一个三元方程:

$$F(x,y,z)=0;$$

曲面的参数方程为双参数的：

$$\begin{cases}x=x(u,v),\\y=y(u,v),\\z=z(u,v);\end{cases}$$

空间曲线的一般方程为两个三元方程联立而成的方程组：

$$\begin{cases}F_1(x,y,z)=0,\\F_2(x,y,z)=0;\end{cases}$$

空间曲线的参数方程为单参数的：

$$\begin{cases}x=x(t),\\y=y(t),\\z=z(t).\end{cases}$$

由参数方程消去参数可得到一般方程，一般方程通过取参数可化为参数方程.由于参数的选取不同，因此一般方程化为参数方程时形式也是不唯一的，但一定要保证与原方程等价.

2. 柱面、锥面、旋转曲面

(1) 柱面

柱面是由一族平行直线生成的曲面，设在给定的坐标系中，柱面 S 的准线为

$$\begin{cases}F_1(x,y,z)=0,\\F_2(x,y,z)=0,\end{cases}$$

母线的方向为(X,Y,Z).若设 $P(x,y,z)$为柱面上的任一点(动点)，过点 P 的母线交准线于点 $P_1(x_1,y_1,z_1)$，则过 P_1 的柱面的母线方程为

$$\frac{x-x_1}{X}=\frac{y-y_1}{Y}=\frac{z-z_1}{Z},$$

且有

$$F_1(x_1,y_1,z_1)=0,F_2(x_1,y_1,z_1)=0.$$

消去参数 x_1,y_1,z_1，得柱面的方程为

$$F(x,y,z)=0.$$

圆柱面和母线平行于坐标轴的柱面是柱面的两种特殊情况.

(2) 锥面

锥面是由过一定点的一族直线生成的曲面.设锥面 S 的准线为

$$\begin{cases}F_1(x,y,z)=0,\\F_2(x,y,z)=0,\end{cases}$$

顶点为 $A(x_0,y_0,z_0)$.若设 $P(x,y,z)$为锥面上的任一点(动点),过点 P 的母线交准线于点 $P_1(x_1,y_1,z_1)$,则过 P_1 的锥面的母线方程为

$$\frac{x-x_0}{x_1-x_0}=\frac{y-y_0}{y_1-y_0}=\frac{z-z_0}{z_1-z_0},$$

且有

$$F_1(x_1,y_1,z_1)=0,F_2(x_1,y_1,z_1)=0.$$

消去参数 x_1,y_1,z_1,得锥面的方程为

$$F(x,y,z)=0.$$

圆锥面和顶点在原点、准线为坐标面的平行面上的曲线的锥面是锥面的两种特殊情形.

(3) 旋转曲面

旋转曲面是由曲线绕一定直线旋转而成的曲面.设旋转曲面 S 的母线为

$$\begin{cases}F_1(x,y,z)=0,\\F_2(x,y,z)=0,\end{cases}$$

旋转轴为

$$\frac{x-x_0}{X}=\frac{y-y_0}{Y}=\frac{z-z_0}{Z}.$$

若设 $P(x,y,z)$为旋转曲面上的任一点(动点),过 P 的纬圆交母线于点 $P_1(x_1,y_1,z_1)$,则纬圆的方程为

$$\begin{cases}X(x-x_1)+Y(y-y_1)+Z(z-z_1)=0,\\(x-x_0)^2+(y-y_0)^2+(z-z_0)^2=(x_1-x_0)^2+(y_1-y_0)^2+(z_1-z_0)^2,\end{cases}$$

且有

$$F_1(x_1,y_1,z_1)=0,F_2(x_1,y_1,z_1)=0.$$

消去参数 x_1,y_1,z_1,得旋转曲面 S 的方程为

$$F(x,y,z)=0.$$

当坐标面上的曲线绕其所在坐标面的一条坐标轴旋转时,其方程有特殊求法.

3. 常见的二次曲面

(1) 椭球面

标准方程:$\frac{x^2}{a^2}+\frac{y^2}{b^2}+\frac{z^2}{c^2}=1\quad(a,b,c>0)$.

参数方程:$\begin{cases}x=a\sin\varphi\cos\theta,\\y=b\sin\varphi\sin\theta,\\z=c\cos\varphi\end{cases}\quad(0\leqslant\varphi\leqslant\pi,0\leqslant\theta\leqslant2\pi)$.

(2) 双曲面

单叶双曲面：$\dfrac{x^2}{a^2}+\dfrac{y^2}{b^2}-\dfrac{z^2}{c^2}=1 \quad (a,b,c>0)$.

双叶双曲面：$\dfrac{x^2}{a^2}+\dfrac{y^2}{b^2}-\dfrac{z^2}{c^2}=-1 \quad (a,b,c>0)$.

中心型二次曲面的标准方程：$Ax^2+By^2+Cz^2=1$.

(3) 抛物面

椭圆抛物面：$\dfrac{x^2}{a^2}+\dfrac{y^2}{b^2}=2z \ (a,b>0)$.

双曲抛物面：$\dfrac{x^2}{a^2}-\dfrac{y^2}{b^2}=2z \ (a,b>0)$.

非中心型曲面的标准方程：$Ax^2+By^2=2z$.

(4) 平行截割法

用一族平行平面去截割曲面，得一族平行截线，通过对平行截线的形状和变化趋势的讨论，推断曲面的形状和性质.

*4. 直纹曲面及其性质

柱面、锥面、单叶双曲面与双曲抛物面都是直纹曲面.

(1) 单叶双曲面

单叶双曲面：$\dfrac{x^2}{a^2}+\dfrac{y^2}{b^2}-\dfrac{z^2}{c^2}=1$.

它有两族直母线：u 族直母线和 v 族直母线.

$$\begin{cases} w\left(\dfrac{x}{a}+\dfrac{z}{c}\right)=u\left(1+\dfrac{y}{b}\right), \\ u\left(\dfrac{x}{a}-\dfrac{z}{c}\right)=w\left(1-\dfrac{y}{b}\right); \end{cases}$$

$$\begin{cases} t\left(\dfrac{x}{a}+\dfrac{z}{c}\right)=v\left(1-\dfrac{y}{b}\right), \\ v\left(\dfrac{x}{a}-\dfrac{z}{c}\right)=t\left(1+\dfrac{y}{b}\right). \end{cases}$$

(2) 双曲抛物面

双曲抛物面：$\dfrac{x^2}{a^2}-\dfrac{y^2}{b^2}=2z$.

它也有两族直母线：u 族直母线和 v 族直母线.

$$\begin{cases} \dfrac{x}{a}+\dfrac{y}{b}=2u, \\ u\left(\dfrac{x}{a}-\dfrac{y}{b}\right)=z; \end{cases}$$

$$\begin{cases}\dfrac{x}{a}-\dfrac{y}{b}=2v,\\ v\left(\dfrac{x}{a}+\dfrac{y}{b}\right)=z.\end{cases}$$

单叶双曲面和双曲抛物面的直母线性质：

性质 1 对于单叶双曲面和双曲抛物面上的任一点，两族直母线中各有一条通过该点.

性质 2 单叶双曲面上异族的任意两条直母线必共面，而双曲抛物面上异族的任意两条直母线必相交.

性质 3 单叶双曲面或双曲抛物面上同族的任意两条直母线必是异面直线，而双曲抛物面同族的全体直母线平行于同一平面.

第 4 章练习题

1. 已知点 $M_1(2,-3,6)$，$M_2(0,7,0)$，$M_3(3,2,-4)$，$M_4(2\sqrt{2},4,-5)$，$M_5(1,-4,-5)$，$M_6(2,6,-\sqrt{5})$，试判定哪些点在由方程 $x^2+y^2+z^2=49$ 所确定的曲面上，哪些点不在此曲面上.说明所给方程确定的是什么曲面.

2. 在空间中选取适当的坐标系，求下列点的轨迹方程.

(1) 到两定点的距离之比为常数的点的轨迹；

(2) 到两定点的距离之和为常数的点的轨迹；

(3) 到两定点的距离之差为常数的点的轨迹；

(4) 到一定点和一定平面的距离之比等于常数的点的轨迹.

3. 求曲面 $x^2+y^2+z^2=9$ 上满足下列条件的点.

(1) 横坐标等于 1，纵坐标等于 2；

(2) 横坐标等于 2，纵坐标等于 5；

(3) 横坐标等于 2，竖坐标等于 2；

(4) 纵坐标等于 2，竖坐标等于 4.

4. 求下列各球面的方程.

(1) 过点 $(1,-1,1)$，$(1,2,-1)$，$(2,3,0)$ 和坐标原点；

(2) 过点 $(1,2,5)$ 与三个坐标平面相切；

(3) 过点 $(2,-4,3)$ 且包含圆：$x^2+y^2=5$，$z=0$.

5. 试作 xz 平面与中心在坐标原点、半径等于 3 的球面的交线的方程.

6. 试求下列曲线的参数方程.

(1) $\dfrac{x-x_0}{l}=\dfrac{y-y_0}{m}=\dfrac{z-z_0}{n}$；　　(2) $\begin{cases}x^2+y^2=R^2,\\ z=c.\end{cases}$

7. 求空间曲线$\begin{cases}y^2-4z=0,\\ x+z^2=0\end{cases}$的参数方程.

8. 指出下列曲面与三个坐标面的交线分别是什么曲线.

(1) $x^2+9y^2=16z$；　　(2) $x^2-4y^2-16z^2=64$.

9. 求下列空间曲线对三个坐标面的射影柱面方程.

(1) $\begin{cases}x^2+y^2-z=0,\\ z=x+1;\end{cases}$　　(2) $\begin{cases}x^2+z^2-3yz-2x+3z-3=0,\\ y-z+1=0;\end{cases}$

(3) $\begin{cases}x+2y+6z=5,\\ 3x-2y-10z=7;\end{cases}$　　(4) $\begin{cases}x^2+y^2+z^2=1,\\ x^2+(y-1)^2+(z-1)^2=1.\end{cases}$

10. 已知柱面的准线方程为$\begin{cases}(x-1)^2+(y+3)^2+(z-2)^2=25,\\ x+y-z+2=0,\end{cases}$试求以下柱面的方程.

(1) 母线平行于 x 轴；

(2) 母线平行于直线 $x=y,z=c$.

11. 已知圆柱面的三条母线分别为 $x=y=z$，$x+1=y=z-1$，$x-1=y+1=z$，求此圆柱面的方程.

12. 设柱面的准线方程为$\begin{cases}x=y^2+z^2,\\ x=2z,\end{cases}$母线垂直于准线所在的平面，求该柱面的方程.

13. 求顶点为(4,0,−3)，准线是椭圆$\begin{cases}\dfrac{y^2}{25}+\dfrac{z^2}{9}=1,\\ x=0\end{cases}$的锥面方程.

14. 已知锥面的准线方程为$\begin{cases}3x^2+6y^2-z=0,\\ x+y+z=1,\end{cases}$顶点为(−3,0,0)，试求此锥面的方程.

15. 求顶点为(1,2,4)，轴与平面 $2x+2y+z=0$ 垂直，且经过点(3,2,1)的圆锥面的方程.

16. 求顶点为(1,2,3)，轴与平面 $2x+2y-z+1=0$ 垂直，母线与轴的夹角为$\dfrac{\pi}{6}$的圆锥面的方程.

17. 求下列旋转曲面的方程，并指出方程所表示的图形.

(1) $\frac{x-1}{1}=\frac{y+1}{-1}=\frac{z-1}{2}$绕$\frac{x}{1}=\frac{y}{-1}=\frac{z-1}{2}$旋转；

(2) $\frac{x}{2}=\frac{y}{1}=\frac{z-1}{-1}$绕$\frac{x}{1}=\frac{y}{-1}=\frac{z-1}{2}$旋转；

(3) $x-1=\frac{y}{-3}=\frac{z}{3}$绕 z 轴旋转；

(4) $x-1=\frac{y}{-3}=\frac{z}{3}$绕$\frac{x}{2}=\frac{y}{1}=\frac{z}{-2}$旋转；

(5) 空间曲线$\begin{cases}z=x^2,\\x^2+y^2=1\end{cases}$绕 z 轴旋转.

18. 直线$\frac{x}{\alpha}=\frac{y-\beta}{0}=\frac{z}{1}$绕 z 轴旋转，求旋转曲面的方程，并就 α,β 可能的值讨论曲面的类型.

19. 已知椭球面的轴与坐标轴重合，且通过椭圆$\begin{cases}\frac{x^2}{9}+\frac{y^2}{16}=1,\\z=0\end{cases}$和点 $A\left(\sqrt{3},2,-\frac{\sqrt{15}}{3}\right)$，求椭球面的方程.

20. 设动点与点(1,0,0)的距离等于从这点到平面 $x=4$ 的距离的一半，试求此动点的轨迹方程.

21. 试求通过椭球面$\frac{x^2}{13^2}+\frac{y^2}{5^2}+\frac{z^2}{4^2}=1$ 的中心、截线是圆的平面方程.

22. 已知椭球面$\frac{x^2}{a^2}+\frac{y^2}{b^2}+\frac{z^2}{c^2}=1(c<a<b)$，试求过 x 轴并与曲面的交线是圆的平面方程.

23. 给定方程$\frac{x^2}{A-\lambda}+\frac{y^2}{B-\lambda}+\frac{z^2}{C-\lambda}=1(A>B>C>0)$，试问当 λ 取异于 A，B，C 的各种数值时，它表示怎样的曲面？

24. 已知单叶双曲面$\frac{x^2}{4}+\frac{y^2}{9}-\frac{z^2}{4}=1$，试求平面的方程，使该平面平行于 yz 面，且与曲面的交线是一对相交直线.

25. 试求单叶双曲面$\frac{x^2}{16}+\frac{y^2}{4}-\frac{z^2}{5}=1$ 与平面 $x-2z+3=0$ 的交线对 xy 平面的射影柱面和射影曲线.

26. 指出下列方程所表示的曲面.

(1) $4x^2+4y^2+z^2=16$;　(2) $y^2-9z^2=81$;

(3) $4x^2-4y^2+z^2=0$;　(4) $\frac{x^2}{4}+\frac{y^2}{9}+z=1$;

(5) $z^2=xy$;　(6) $x^2-2y^2+z^2=4$;

(7) $z=xy$;　(8) $3x^2-2y^2-z^2=6$.

27. 试画出下列各方程所代表的曲面或区域.

(1) $\frac{x^2}{9}+\frac{y^2}{16}-\frac{z^2}{25}=1$;

(2) $x=-\frac{y^2}{49}-\frac{z^2}{16}$;

(3) $y=0, z=0, x+y=6, 3x+2y=12, x+y+z=6$.

28. 试验证椭圆抛物面与双曲抛物面的参数方程可分别写成

$$\begin{cases} x=au\cos v, \\ y=bu\sin v, \\ z=\frac{1}{2}u^2 \end{cases} 与 \begin{cases} x=a(u+v), \\ y=b(u-v), \\ z=2uv, \end{cases}$$

式中:u, v 为参数.

*29. 求下列直纹曲面的直母线方程.

(1) $x^2+y^2-z^2=1$;　(2) $z=axy$.

*30. 求下列直线族所成的曲面方程(λ 为参数).

(1) $\frac{x-\lambda^2}{1}=\frac{y}{-1}=\frac{z-\lambda}{0}$;　(2) $\begin{cases} x+2\lambda y+4z=4\lambda, \\ \lambda x-2y-4\lambda z=4. \end{cases}$

*31. 在双曲抛物面 $\frac{x^2}{16}-\frac{y^2}{4}=z$ 上,求平行于平面 $3x+2y-4z=0$ 的直母线.

*32. 求与直线 $\frac{x-6}{3}=\frac{y}{2}=\frac{z-1}{1}$, $\frac{x}{3}=\frac{y-8}{2}=\frac{z+4}{-2}$ 相交,且与平面 $2x+3y-5=0$ 平行的直线的轨迹方程.

*33. 求与三条直线 $\begin{cases} x=1, \\ y=z, \end{cases}$ $\begin{cases} x=-1, \\ y=-z, \end{cases}$ $\frac{x-2}{-3}=\frac{y+1}{4}=\frac{z+2}{5}$ 都共面的直线所构成的曲面的方程.

第4章测验题

一、判断题(正确的打"√",错误的打"×",每小题2分,共10分)

1. 圆柱面的准线一定是圆. ( )

2. 任何一个锥面都是关于 x,y,z 的齐次方程. ( )

3. 若 $\frac{x^2}{a^2}+\frac{y^2}{b^2}+\frac{z^2}{c^2}=1$ 中 a,b,c 不相等,则与平面相交的交线不可能是圆. ( )

4. $x^2+2x+y=0$ 表示的图形是抛物柱面. ( )

5. 双叶双曲面 $\frac{x^2}{a^2}-\frac{y^2}{b^2}+\frac{z^2}{c^2}=-1$ 在 xy 面上的主截线是 $\frac{x^2}{a^2}-\frac{y^2}{b^2}=-1$. ( )

二、选择题(每小题2分,共16分)

1. 下列方程中表示双曲抛物面的是( ).

A. $x^2+y^2=2z$　　B. $3x^2-2y^2=z$

C. $x^2-y^2=z^2$　　D. $x^2+y^2=z^2$

2. 下列命题中不正确的是( ).

A. 柱面是旋转曲面　　B. 锥面是旋转曲面

C. 单叶双曲面是旋转曲面　　D. 球面是旋转曲面

3. 方程 $11(x-1)^2+11(y-2)^2+23(z-3)^2-32(x-1)(y-2)=0$ 表示的图形为( ).

A. 锥面　　B. 柱面　　C. 球面　　D. 旋转曲面

4. 曲面 $x^2+y^2+z^2=4$ 与曲面 $x^2+y^2=2z$ 的交线是( ).

A. 抛物线　　B. 圆　　C. 双曲线　　D. 椭圆

5. $4x^2+9y^2-36z^2=36$ 表示的曲面是( ).

A. 双曲抛物面　　B. 双叶双曲面

C. 单叶双曲面　　D. 椭圆抛物面

6. 设曲面的向量式参数方程为 $\boldsymbol{r}=(2\cos\alpha)\boldsymbol{i}+(2\sin\alpha)\boldsymbol{j}+\mu\boldsymbol{k}$,则曲面是( ).

A. 球面　　B. 椭球面　　C. 圆柱面　　D. 抛物面

7. 下列二次曲面不是旋转曲面的是( ).

A. $\frac{x^2}{a^2}+\frac{y^2}{a^2+1}+\frac{z^2}{a^2+2}=1$　　B. $\frac{x^2}{a^2}+\frac{y^2}{a^2}+\frac{z^2}{a^2+1}=1$

C. $\dfrac{x^2}{a^2}+\dfrac{y^2}{a^2}-\dfrac{z^2}{a^2+1}=1$　　　　D. $\dfrac{x^2}{a^2}+\dfrac{y^2}{a^2}=z$

8. 方程$\dfrac{x^2}{A-\lambda}+\dfrac{y^2}{B-\lambda}+\dfrac{z^2}{C-\lambda}=1(A>B>C>0)$表示单叶双曲面的条件是(　　).

A. $\lambda>A$　　B. $C<\lambda<B$　　C. $B<\lambda<A$　　D. $\lambda<C$

三、填空题(每小题 3 分,共 12 分)

1. 曲面 $2x^2+z^2+4y=4z$ 与 $x^2+3z^2-8y=12z$ 的交线在 xz 面上的射影柱面的方程为__________.

2. 曲面 $x^2+y^2=2z$ 的对称中心的个数为________.

3. 设曲面的向量式参数方程为 $\boldsymbol{r}=(\sin\alpha\cos\beta)\boldsymbol{i}+(\sin\alpha\sin\beta)\boldsymbol{j}+(\cos\alpha)\boldsymbol{k}$,则其坐标式参数方程为__________.

4. 由曲线$\begin{cases}\dfrac{x^2}{a^2}+\dfrac{y^2}{b^2}=1,\\ z=0\end{cases}$$(a>b)$绕其短轴旋转所得旋转曲面的方程为__________.

四、计算题(共 62 分)

1. (8 分)求与平面 $x+2y+2z+3=0$ 相切于点 $M(1,1,-3)$,半径 $R=3$ 的球面的方程.

2. (10 分)设柱面过曲线$\begin{cases}x^2+y^2+z^2=1,\\ 2x^2+2y^2+z^2=2,\end{cases}$且母线方向为$(-1,0,1)$,求柱面的方程.

3. (10 分)求顶点为$(1,2,4)$,轴与平面 $2x+2y+z=0$ 垂直,且经过点$(3,2,1)$的圆锥面的方程.

4. (12 分)求直线$\dfrac{x-2}{3}=\dfrac{y}{2}=\dfrac{z}{6}$绕 x 轴旋转一周所得的旋转曲面的方程.

5. (10 分)已知椭球面的轴与坐标轴重合,且通过椭圆$\begin{cases}\dfrac{x^2}{9}+\dfrac{y^2}{16}=1,\\ z=2\end{cases}$及点 $P(3,4,1)$,求该椭球面的方程.

6. (12 分)求单叶双曲面$\dfrac{x^2}{9}+\dfrac{y^2}{4}-\dfrac{z^2}{16}=1$与一族平行平面 $z=k$ 交线的焦点的轨迹方程.

第 5 章　二次曲线的一般理论

二次曲线是一种重要的平面曲线.在力学、物理学和数学分析中,经常会遇到二次曲线或二次函数,如被抛射的物体的运动轨迹和行星运行的轨道、力学中的能量关系等.在研究一些复杂的函数时,也经常利用二次函数来逼近,就是在一定条件下用二次曲线来逼近复杂的曲线.本章将重点讨论二次曲线方程的判别、化简与分类.

5.1　平面直角坐标变换

众所周知,点的坐标和曲线的方程依赖于坐标系.同一条曲线在不同坐标系中的方程一般是不一样的.曲线是由点组成的,如果不改变图形在平面上的位置、形状与大小,只改变坐标系,那么曲线上点的坐标将改变,进而它们的方程也会改变.因此,通过坐标系的变换可以简化曲线的方程,有利于用代数的方法来研究曲线的性质.

设在平面上给定两个右手直角坐标系 $O-xy$ 和 $O'-x'y'$,其中 $\boldsymbol{i},\boldsymbol{j}$ 和 $\boldsymbol{i}',\boldsymbol{j}'$ 是两组坐标基向量,它们是平面上的两组标准正交基,称 $O-xy$ 为旧坐标系,$O'-x'y'$ 为新坐标系.

为了考虑同一图形在不同坐标系中方程之间的关系,首先需要建立同一个点在不同的坐标系中坐标之间的关系,即作坐标变换.已知点 P 在坐标系 $O-xy$ 中的坐标为 (x,y),在坐标系 $O'-x'y'$ 中的坐标为 (x',y'),称 (x,y) 为 P 的旧坐标,(x',y') 为 P 的新坐标.由于坐标系的位置取决于原点和坐标基向量,因此新坐标系与旧坐标系之间的关系,就由 O' 在 $O-xy$ 中的坐标以及 $\boldsymbol{i}'$ 和 $\boldsymbol{j}'$ 在 $O-xy$ 中的分量决定.

5.1.1　移轴变换

定义 1　如果两个坐标系 $O-xy$ 和 $O'-x'y'$ 的原点 O 与 O' 不同,但坐标基向量相同,那么坐标系 $O'-x'y'$ 可以看成是将坐标系 $O-xy$ 的原点平移到 O' 点得到的(如图 5-1).这种坐标变换称为**移轴变换**(或**坐标平移变换**).

下面推导移轴公式.设 P 是平面内任意一点,它在坐标系 $O-xy$ 和 $O'-x'y'$ 中的坐标分别为 (x,y) 与 (x',y'),点 O' 在 $O-xy$ 中的坐标为 (x_0,y_0),则有

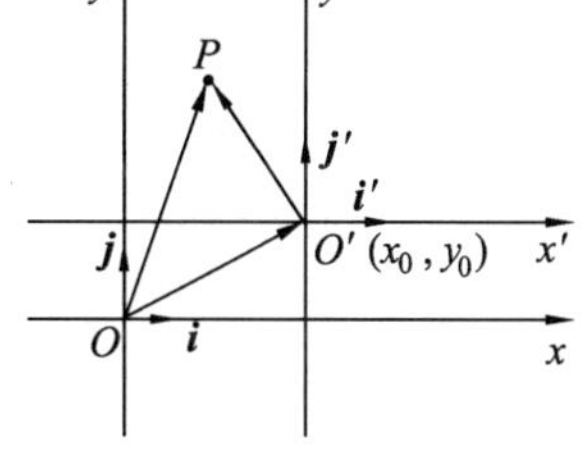

图 5-1

$$\overrightarrow{OP}=\overrightarrow{OO'}+\overrightarrow{O'P}.$$

又
$$\overrightarrow{OP}=x\boldsymbol{i}+y\boldsymbol{j},$$
$$\overrightarrow{O'P}=x'\boldsymbol{i}+y'\boldsymbol{j}=x'\boldsymbol{i}'+y'\boldsymbol{j}',$$
$$\overrightarrow{OO'}=x_0\boldsymbol{i}+y_0\boldsymbol{j}.$$

于是
$$x\boldsymbol{i}+y\boldsymbol{j}=(x'+x_0)\boldsymbol{i}+(y'+y_0)\boldsymbol{j}.$$

根据向量相等的定义得到**移轴公式**为

$$\begin{cases}x=x'+x_0,\\ y=y'+y_0.\end{cases}\tag{5.1.1}$$

从中解出 x' 和 y',得**移轴公式的逆变换公式**为

$$\begin{cases}x'=x-x_0,\\ y'=y-y_0.\end{cases}\tag{5.1.2}$$

5.1.2　转轴变换

定义 2　若两个坐标系 $O-xy$ 和 $O'-x'y'$ 的原点相同,即 $O=O'$,但坐标基向量不同,且有 $\angle(\boldsymbol{i},\boldsymbol{i}')=\alpha$,则坐标系 $O'-x'y'$ 可以看成由坐标系 $O-xy$ 绕点 O 旋转 α 角得到的(如图 5-2).这种由坐标系 $O-xy$ 到坐标系 $O'-x'y'$ 的坐标变换称为**转轴变换**(或**坐标旋转变换**).

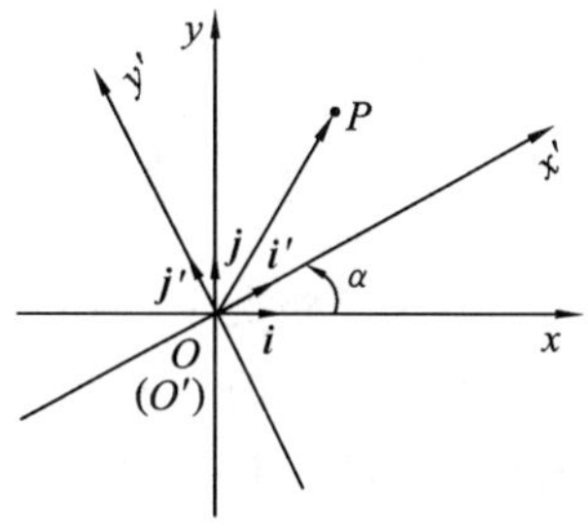

图 5-2

下面推导转轴公式.设 P 是平面内任意一点,它在坐标系 $O-xy$ 和 $O'-x'y'$ 中的坐标分别为 (x,y) 与 (x',y'),即有

$$\overrightarrow{OP}=x\boldsymbol{i}+y\boldsymbol{j},$$
$$\overrightarrow{O'P}=x'\boldsymbol{i}'+y'\boldsymbol{j}'.$$

因为 $\angle(\boldsymbol{i},\boldsymbol{i}')=\alpha$,新、旧坐标基向量之间有如下关系:

$$\boldsymbol{i}'=\boldsymbol{i}\cos\alpha+\boldsymbol{j}\sin\alpha,$$
$$\boldsymbol{j}'=\boldsymbol{i}\cos\left(\alpha+\frac{\pi}{2}\right)+\boldsymbol{j}\sin\left(\alpha+\frac{\pi}{2}\right)=-\boldsymbol{i}\sin\alpha+\boldsymbol{j}\cos\alpha.$$

所以有

$$\overrightarrow{O'P}=x'(\boldsymbol{i}\cos\alpha+\boldsymbol{j}\sin\alpha)+y'(-\boldsymbol{i}\sin\alpha+\boldsymbol{j}\cos\alpha)$$
$$=(x'\cos\alpha-y'\sin\alpha)\boldsymbol{i}+(x'\sin\alpha+y'\cos\alpha)\boldsymbol{j}.$$

因为 O 和 O' 是同一点，所以 $\overrightarrow{OP}=\overrightarrow{O'P}$，可直接得到**转轴变换公式**：

$$\begin{cases}x=x'\cos\alpha-y'\sin\alpha,\\ y=x'\sin\alpha+y'\cos\alpha.\end{cases}\tag{5.1.3}$$

从公式(5.1.3)中解出 x' 和 y'，就得到用旧坐标表示新坐标的**转轴变换公式的逆变换公式**：

$$\begin{cases}x'=x\cos\alpha+y\sin\alpha,\\ y'=-x\sin\alpha+y\cos\alpha.\end{cases}\tag{5.1.4}$$

式中的 α 为坐标轴的旋转角.公式(5.1.4)也可看成由坐标系 $O'-x'y'$ 绕点 O 旋转 $-\alpha$ 角得到坐标系 $O-xy$ 中的转轴公式.

注 根据线性代数的理论，公式(5.1.3)可写为 $\begin{bmatrix}x\\y\end{bmatrix}=\boldsymbol{Q}\begin{bmatrix}x'\\y'\end{bmatrix}$，这里的坐标变换矩阵 $\boldsymbol{Q}=\begin{bmatrix}\cos\alpha & -\sin\alpha\\ \sin\alpha & \cos\alpha\end{bmatrix}$ 是一个正交矩阵，故有 $\boldsymbol{Q}^{-1}=\boldsymbol{Q}^{\mathrm{T}}$，逆变换公式可以直接由 $\begin{bmatrix}x'\\y'\end{bmatrix}=\boldsymbol{Q}^{\mathrm{T}}\begin{bmatrix}x\\y\end{bmatrix}$ 写出.同时，坐标轴可以旋转任意角度，但为确定起见，一般规定旋转角 $0\leqslant\alpha<\pi$.

5.1.3 一般坐标变换

在通常情况下，由旧坐标系 $O-xy$ 变成新坐标系 $O'-x'y'$ 的一般坐标变换，总可以分两步来完成，即先移轴，使坐标原点与新坐标系的原点 O' 重合，变成坐标系 $O'-x''y''$，再由辅助坐标系 $O'-x''y''$ 转轴形成新坐标系 $O'-x'y'$（如图 5-3).

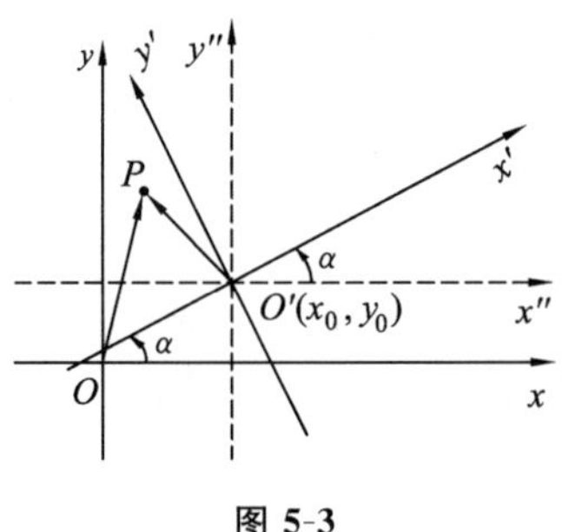

图 5-3

设平面上任一点 P 的旧坐标与新坐标分别为 (x,y) 与 (x',y')，在辅助坐标系 $O'-x''y''$ 中的坐标为 (x'',y'')，那么由公式(5.1.1)与(5.1.4)分别得

$$\begin{cases}x=x''+x_0,\\ y=y''+y_0\end{cases}$$

与
$$\begin{cases} x''=x'\cos\alpha-y'\sin\alpha, \\ y''=x'\sin\alpha+y'\cos\alpha. \end{cases}$$

由以上两式得**一般坐标变换公式**：
$$\begin{cases} x=x'\cos\alpha-y'\sin\alpha+x_0, \\ y=x'\sin\alpha+y'\cos\alpha+y_0. \end{cases} \tag{5.1.5}$$

由公式(5.1-5)解出 x',y'，可得**一般坐标变换的逆变换公式**：
$$\begin{cases} x'=x\cos\alpha+y\sin\alpha-(x_0\cos\alpha+y_0\sin\alpha), \\ y'=-x\sin\alpha+y\cos\alpha-(-x_0\sin\alpha+y_0\cos\alpha). \end{cases} \tag{5.1.6}$$

平面直角坐标变换公式(5.1.5)是由新坐标系中原点的坐标(x_0,y_0)与坐标轴的旋转角 α 决定的.

注　任一直角坐标变换总可以分解成移轴和转轴两个步骤.上述一般坐标变换也可由先旋转再平移得到，结果是一样的.但是，在这种情况下需要用到新原点 O'在旋转后的坐标系中的坐标，比较麻烦.需要特别指出的是，我们所说的坐标变换都是对右手直角坐标系而言的.

例 1　求抛物线 $2y^2+5x+12y+13=0$ 的焦点坐标与准线方程.

解　因为方程中含有 y^2 项，将原方程对 y 进行配方整理得
$$2(y+3)^2+5(x-1)=0,$$

作移轴变换
$$\begin{cases} x=x'+1, \\ y=y'-3. \end{cases}$$

得到新方程
$$2y'^2+5x'=0.$$

所以抛物线在新坐标中的焦点为$\left(-\dfrac{5}{8},0\right)$，准线方程为 $x'=\dfrac{5}{8}$.再通过移轴公式化为原坐标系，此时焦点为$\left(\dfrac{3}{8},-3\right)$，准线方程为 $x=\dfrac{13}{8}$.

例 2　设有两个坐标系 $O-xy$ 和 $O'-x'y'$，且 $\boldsymbol{i}',\boldsymbol{j}'$所在直线在坐标系 $O-xy$ 中的方程为 L_1：$Ax+By+C=0$，L_2：$Bx-Ay+C'=0(A>0,B\neq0)$，试求坐标变换公式.

解　设平面上任一点 P 在旧坐标系与新坐标系中的坐标分别为(x,y)和(x',y')，则 P 到 $\boldsymbol{i}'$所在直线的距离用新坐标表示为
$$|y'|=\frac{|Ax+By+C|}{\sqrt{A^2+B^2}},$$

从而
$$y'=\pm\frac{Ax+By+C}{\sqrt{A^2+B^2}}.$$

同理
$$x'=\pm\frac{Bx-Ay+C'}{\sqrt{A^2+B^2}}.$$

即坐标变换公式为$\begin{cases} x'=\pm\dfrac{1}{\sqrt{A^2+B^2}}(Bx-Ay+C'), \\ y'=\pm\dfrac{1}{\sqrt{A^2+B^2}}(Ax+By+C). \end{cases}$

上式中正、负号的选取应使得第一式中 x 系数的符号与第二式中 y 系数的符号相同.

例 3 已知新坐标系的 x'轴与 y'轴的方程分别为 $3x-4y+6=0$ 与 $4x+3y-17=0$,求坐标变换公式,并求点 $A(0,1)$在新坐标系中的坐标.

解 由题意,设 $P(x,y)$是旧坐标系中的任一点,其在新坐标系中的坐标为(x',y'),则有

$$\begin{cases} x'=\pm\dfrac{4x+3y-17}{5}, \\ y'=\pm\dfrac{3x-4y+6}{5}. \end{cases}$$

根据正、负号的选取方法,得坐标变换公式为

$$\begin{cases} x'=\dfrac{4x+3y-17}{5}, \\ y'=-\dfrac{3x-4y+6}{5} \end{cases} \quad \text{或} \quad \begin{cases} x'=-\dfrac{4x+3y-17}{5}, \\ y'=\dfrac{3x-4y+6}{5}. \end{cases}$$

若选第一个坐标变换公式,则点 $A(0,1)$在新坐标系中的坐标是$\left(-\dfrac{14}{5},-\dfrac{2}{5}\right)$;若选第二个坐标变换公式,则点 $A(0,1)$在新坐标系中的坐标是$\left(\dfrac{14}{5},\dfrac{2}{5}\right)$.

注 若选第一个公式,由 $\sin\alpha=\dfrac{3}{5}>0$ 知,旋转角为小于 π 的正角;若选第二个公式,由 $\sin\alpha=-\dfrac{3}{5}<0$ 知,旋转角为绝对值小于 π 的负角.

5.2 一些常用的记号

同学们在中学阶段已经学习了椭圆、圆、双曲线和抛物线等圆锥曲线及其标准方程,它们都是二次曲线.本章讨论更一般的二次曲线.

在平面直角坐标系中,关于 x 和 y 的二元二次方程

$$a_{11}x^2+2a_{12}xy+a_{22}y^2+2a_{13}x+2a_{23}y+a_{33}=0 \tag{5.2.1}$$

所表示的曲线,称为**一般二次曲线**(二次项系数 a_{11},a_{12}和 a_{22}不全为零).

为了以后讨论问题和书写的方便，引进下面一些记号：

$F(x,y)\equiv a_{11}x^2+2a_{12}xy+a_{22}y^2+2a_{13}x+2a_{23}y+a_{33}$,

$F_1(x,y)\equiv a_{11}x+a_{12}y+a_{13}$,

$F_2(x,y)\equiv a_{12}x+a_{22}y+a_{23}$,

$F_3(x,y)\equiv a_{13}x+a_{23}y+a_{33}$,

$\Phi(x,y)\equiv a_{11}x^2+2a_{12}xy+a_{22}y^2$.

根据这些记号的含义，可验证下面的恒等式成立：

$$F(x,y)\equiv xF_1(x,y)+yF_2(x,y)+F_3(x,y).$$

称 $F(x,y)$的系数所组成的矩阵

$$\boldsymbol{A}=\begin{bmatrix}a_{11} & a_{12} & a_{13}\\ a_{12} & a_{22} & a_{23}\\ a_{13} & a_{23} & a_{33}\end{bmatrix}$$

为二次曲线(5.2.1)的**系数矩阵**，或称 $F(x,y)$的矩阵；而用 $\Phi(x,y)$的系数所组成的矩阵

$$\boldsymbol{A}^*=\begin{bmatrix}a_{11} & a_{12}\\ a_{12} & a_{22}\end{bmatrix}$$

称为 $\Phi(x,y)$的矩阵.显然，二次曲线(5.2.1)的系数矩阵 $\boldsymbol{A}$ 的第一、第二、第三行的元素分别是 $F_1(x,y)$，$F_2(x,y)$，$F_3(x,y)$的系数，且 $\boldsymbol{A}$ 和 $\boldsymbol{A}^*$ 都是实对称矩阵.

再引入几个记号：

$$I_1=a_{11}+a_{22},I_2=\begin{vmatrix}a_{11} & a_{12}\\ a_{12} & a_{22}\end{vmatrix},I_3=\begin{vmatrix}a_{11} & a_{12} & a_{13}\\ a_{12} & a_{22} & a_{23}\\ a_{13} & a_{23} & a_{33}\end{vmatrix},$$

$$K_1=\begin{vmatrix}a_{11} & a_{13}\\ a_{13} & a_{33}\end{vmatrix}+\begin{vmatrix}a_{22} & a_{23}\\ a_{23} & a_{33}\end{vmatrix}.$$

例 1　试求二次曲线 $6xy+8y^2-12x-26y+11=0$ 的系数矩阵 $\boldsymbol{A}$，$F_1(x,y)$，$F_2(x,y)$，$F_3(x,y)$，I_1，I_2，I_3 和 K_1.

解　由以上记法知，

$$\boldsymbol{A}=\begin{bmatrix}0 & 3 & -6\\ 3 & 8 & -13\\ -6 & -13 & 11\end{bmatrix},$$

$F_1(x,y)\equiv 3y-6$，$F_2(x,y)\equiv 3x+8y-13$，$F_3(x,y)\equiv -6x-13y+11$.

$$I_1=0+8=8,I_2=\begin{vmatrix}0 & 3\\ 3 & 8\end{vmatrix}=-9<0,I_3=\begin{vmatrix}0 & 3 & -6\\ 3 & 8 & -13\\ -6 & -13 & 11\end{vmatrix}=81\neq 0,$$

$$K_1=\begin{vmatrix}0 & -6\\ -6 & 11\end{vmatrix}+\begin{vmatrix}8 & -13\\ -13 & 11\end{vmatrix}=-117.$$

5.3 二次曲线与直线的相关位置

现在讨论二次曲线

$$F(x,y)\equiv a_{11}x^2+2a_{12}xy+a_{22}y^2+2a_{13}x+2a_{23}y+a_{33}=0 \quad (5.3.1)$$

与过点(x_0,y_0)且具有方向 $X:Y$ 的直线

$$\begin{cases}x=x_0+Xt,\\ y=y_0+Yt\end{cases} \quad (5.3.2)$$

的交点.

把直线方程(5.3.2)代入曲线方程(5.3.1),整理得到一个关于 t 的方程

$$(a_{11}X^2+2a_{12}XY+a_{22}Y^2)t^2+2[(a_{11}x_0+a_{12}y_0+a_{13})X+(a_{12}x_0+a_{22}y_0+a_{23})Y]t+a_{11}x_0^2+2a_{12}x_0y_0+a_{22}y_0^2+2a_{13}x_0+2a_{23}y_0+a_{33}=0. \quad (5.3.3)$$

利用5.2节中的记号,方程(5.3.3)可以表示为

$$\Phi(X,Y)\cdot t^2+2[F_1(x_0,y_0)\cdot X+F_2(x_0,y_0)\cdot Y]t+F(x_0,y_0)=0. \quad (5.3.4)$$

二次曲线(5.3.1)与直线(5.3.2)的交点情况取决于方程(5.3.3)或(5.3.4)的解的情况.现分以下两种情况进行讨论.

(1) $\Phi(X,Y)\neq 0$

此时,方程(5.3.4)是关于 t 的二次方程,其判别式为

$$\Delta=4[XF_1(x_0,y_0)+YF_2(x_0,y_0)]^2-4\Phi(X,Y)\cdot F(x_0,y_0),$$

可简化为

$$\Delta'=[XF_1(x_0,y_0)+YF_2(x_0,y_0)]^2-\Phi(X,Y)\cdot F(x_0,y_0).$$

当 $\Delta'>0$ 时,方程(5.3.4)有两个不等的实根 t_1 和 t_2,将其代入方程(5.3.2),可得直线(5.3.2)与二次曲线(5.3.1)的两个不同的实交点.

当 $\Delta'=0$ 时,方程(5.3.4)有两个相等的实根 t_1 和 t_2,可知直线(5.3.2)与二次曲线(5.3.1)有两个相互重合的实交点.

当 $\Delta'<0$ 时,方程(5.3.4)有两个共轭的虚根,直线(5.3.2)与二次曲线(5.3.1)交于两个共轭的虚点.

(2) $\Phi(X,Y)=0$

分三种情况讨论:

① $XF_1(x_0,y_0)+YF_2(x_0,y_0)\neq 0$.这时方程(5.3.4)是关于 t 的一次方程,

有唯一的实根，所以直线(5.3.2)与二次曲线(5.3.1)有唯一的实交点.

② $XF_1(x_0,y_0)+YF_2(x_0,y_0)=0$，$F(x_0,y_0)\neq 0$.这时方程(5.3.4)是矛盾方程，无解，直线(5.3.2)与二次曲线(5.3.1)没有交点.

③ $F_1(x_0,y_0)\cdot X+F_2(x_0,y_0)\cdot Y=0$ 且 $F(x_0,y_0)=0$.这时方程(5.3.4)是一个恒等式，t 取任何值(包括实值和虚值)都满足方程，所以直线(5.3.2)上所有点都是直线(5.3.2)与二次曲线(5.3.1)的交点，即直线(5.3.2)在二次曲线(5.3.1)上.

例 1　判别二次曲线 $x^2-2xy+y^2-2x-2y+4=0$ 与过点(0,1)、方向为 $X:Y=1:2$ 的直线的位置关系.如果有交点，求出交点坐标.

解　过点(0,1)、方向为 $X:Y=1:2$ 的直线方程为

$$\begin{cases}x=t,\\ y=1+2t,\end{cases}$$

将其代入二次曲线方程 $x^2-2xy+y^2-2x-2y+4=0$，化简整理得

$$t^2-4t+3=0,$$

解得 $t_1=3,t_2=1$，故直线与二次曲线交于两个不同的实交点.将 $t_1=3,t_2=1$ 代入直线的参数方程可得两个交点坐标分别为(3,7)和(1,3).

5.4　二次曲线的渐近方向、中心和渐近线

5.4.1　二次曲线的渐近方向

由 5.3 节可知，当二次曲线(5.3.1)与直线(5.3.2)满足条件

$$\Phi(X,Y)=a_{11}X^2+2a_{12}XY+a_{22}Y^2=0 \tag{5.4.1}$$

时，直线与二次曲线或者只有一个实交点，或者没有交点，或者直线全部落在二次曲线上(成为二次曲线的组成部分).

定义 1　满足条件 $\Phi(X,Y)=0$ 的方向 $X:Y$ 称为二次曲线(5.3.1)的**渐近方向**，否则称为**非渐近方向**.

由于二次曲线(5.3.1)中二次项系数不能全为零，所以渐进方向 $X:Y$ 所满足的方程(5.4.1)总有确定的解.

若 $a_{11}\neq 0$，则方程(5.4.1)可改写为

$$a_{11}\left(\frac{X}{Y}\right)^2+2a_{12}\left(\frac{X}{Y}\right)+a_{22}=0,$$

解得

$$\left(\frac{X}{Y}\right)=\frac{-a_{12}\pm\sqrt{a_{12}^2-a_{11}a_{22}}}{a_{11}}=\frac{-a_{12}\pm\sqrt{-I_2}}{a_{11}};$$

若 $a_{22}\neq 0$，则方程(5.4.1)可改写为

$$a_{22}\left(\frac{Y}{X}\right)^2+2a_{12}\left(\frac{Y}{X}\right)+a_{11}=0,$$

解得

$$\left(\frac{Y}{X}\right)=\frac{-a_{12}\pm\sqrt{a_{12}^2-a_{11}a_{22}}}{a_{22}}=\frac{-a_{12}\pm\sqrt{-I_2}}{a_{22}};$$

若 $a_{11}=a_{22}=0$，则一定有 $a_{12}\neq 0$，这时方程(5.4.1)变为

$$2a_{12}XY=0,$$

可得 $X:Y=1:0$ 或 $0:1$，$I_2=\begin{vmatrix}0 & a_{12}\\ a_{12} & 0\end{vmatrix}=-a_{12}^2<0$.

由以上讨论可知，当且仅当 $I_2>0$ 时，二次曲线(5.3.1)的渐近方向是一对共轭的虚方向；$I_2=0$ 时，二次曲线(5.3.1)有一个实渐近方向；$I_2<0$ 时，二次曲线(5.3.1)有两个实渐近方向.因此，二次曲线的渐近方向最多有两个.显然，二次曲线的非渐近方向有无数多个.

定义 2 没有实渐近方向的二次曲线称为**椭圆型曲线**，有一个实渐近方向的二次曲线称为**抛物型曲线**，有两个实渐近方向的二次曲线称为**双曲型曲线**.

因此，二次曲线(5.3.1)按照渐近方向可以分为三种类型：

① 椭圆型曲线：$I_2>0$；

② 抛物型曲线：$I_2=0$；

③ 双曲型曲线：$I_2<0$.

5.4.2 二次曲线的中心和渐近线

由 5.3 节可知，当直线(5.3.2)的方向 $X:Y$ 为二次曲线(5.3.1)的非渐近方向，即

$$\Phi(X,Y)=a_{11}X^2+2a_{12}XY+a_{22}Y^2\neq 0$$

时，直线(5.3.2)与二次曲线(5.3.1)总交于两个点(两个不同的实的、两个重合的实的或一对共轭虚的).由这两点决定的线段称为**二次曲线的弦**.

定义 3 如果点 C 是二次曲线的通过它的所有弦的中点(即 C 是二次曲线的对称中心)，那么点 C 称为**二次曲线的中心**.

据此定义，当 (x_0,y_0) 为二次曲线(5.3.1)的中心时，过 (x_0,y_0) 以二次曲线(5.3.1)的任意非渐近方向 $X:Y$ 为方向的直线(5.3.2)与二次曲线(5.3.1)交于两点 M_1,M_2，点 (x_0,y_0) 就是弦 M_1M_2 的中点.因此，将方程(5.3.2)代入方程(5.3.1)整理得一个关于 t 的方程

$$\Phi(X,Y)\cdot t^2+2[XF_1(x_0,y_0)+YF_2(x_0,y_0)]t+F(x_0,y_0)=0,$$

从而有

$$t_1+t_2=0,$$

即
$$XF_1(x_0,y_0)+YF_2(x_0,y_0)=0. \tag{5.4.2}$$

因为 $X:Y$ 为任意非渐近方向，所以(5.4.2)是关于 X,Y 的恒等式，从而有

$$F_1(x_0,y_0)=0,\ F_2(x_0,y_0)=0.$$

反之，满足此条件的点(x_0,y_0)是二次曲线的中心.

从而，有如下定理.

定理 1　点 $C(x_0,y_0)$是二次曲线(5.3.1)的中心的充要条件是

$$\begin{cases}F_1(x_0,y_0)\equiv a_{11}x_0+a_{12}y_0+a_{13}=0,\\ F_2(x_0,y_0)\equiv a_{12}x_0+a_{22}y_0+a_{23}=0.\end{cases} \tag{5.4.3}$$

推论　坐标原点是二次曲线的中心的充要条件是二次曲线方程中不含 x 与 y 的一次项.

因此，二次曲线(5.3.1)的中心坐标由方程组

$$\begin{cases}F_1(x,y)\equiv a_{11}x+a_{12}y+a_{13}=0,\\ F_2(x,y)\equiv a_{12}x+a_{22}y+a_{23}=0\end{cases} \tag{5.4.4}$$

决定.

如果 $I_2=\begin{vmatrix}a_{11} & a_{12}\\ a_{12} & a_{22}\end{vmatrix}\neq 0$，那么方程组(5.4.4)有唯一解，二次曲线(5.3.1)有唯一中心，方程组(5.4.4)的解就是其中心坐标.

如果 $I_2=\begin{vmatrix}a_{11} & a_{12}\\ a_{12} & a_{22}\end{vmatrix}=0$，即$\dfrac{a_{11}}{a_{12}}=\dfrac{a_{12}}{a_{22}}$，且$\dfrac{a_{11}}{a_{12}}=\dfrac{a_{12}}{a_{22}}\neq\dfrac{a_{13}}{a_{23}}$，那么方程组(5.4.4)无解，即二次曲线(5.3.1)没有中心；当$\dfrac{a_{11}}{a_{12}}=\dfrac{a_{12}}{a_{22}}=\dfrac{a_{13}}{a_{23}}$时，方程组(5.4.4)有无数多解，直线 $a_{11}x+a_{12}y+a_{13}=0$(或 $a_{12}x+a_{22}y+a_{23}=0$)上所有点都是二次曲线(5.3.1)的中心，这条直线称为**中心直线**.

定义 4　有唯一中心的二次曲线称为**中心二次曲线**，没有中心的二次曲线称为**无心二次曲线**，有一条中心直线的二次曲线称为**线心二次曲线**，无心二次曲线和线心二次曲线统称为**非中心二次曲线**.

据此定义与方程组(5.4.4)，可将二次曲线(5.3.1)按照其中心分类如下.

(1) 中心二次曲线：$I_2=\begin{vmatrix}a_{11} & a_{12}\\ a_{12} & a_{22}\end{vmatrix}\neq 0.$

(2) 非中心二次曲线：$I_2=\begin{vmatrix}a_{11} & a_{12}\\ a_{12} & a_{22}\end{vmatrix}=0$，即$\dfrac{a_{11}}{a_{12}}=\dfrac{a_{12}}{a_{22}}$.

① 无心二次曲线：$\frac{a_{11}}{a_{12}}=\frac{a_{12}}{a_{22}}\neq\frac{a_{13}}{a_{23}}$；

② 线心二次曲线：$\frac{a_{11}}{a_{12}}=\frac{a_{12}}{a_{22}}=\frac{a_{13}}{a_{23}}$.

从二次曲线按渐近方向和按中心的两种初步分类可以看出，椭圆型曲线和双曲型曲线都是中心二次曲线，抛物型曲线是非中心二次曲线，它包括无心二次曲线和线心二次曲线.

定义 5 经过二次曲线的中心、以二次曲线的渐近方向为方向的直线称为二次曲线的渐近线.

显然，椭圆型曲线只有两条虚渐近线而无实渐近线，双曲型曲线有两条实渐近线，抛物型曲线中的无心二次曲线无渐近线，线心二次曲线有一条实渐近线，就是它的中心直线.

定理 2 二次曲线的渐近线与二次曲线或者没有交点，或者整条直线在二次曲线上(成为二次曲线的组成部分).

证 设直线(5.3.2)是二次曲线(5.3.1)的渐近线，其中(x_0,y_0)是二次曲线的中心，$X:Y$为二次曲线的渐近方向，则有

$$F_1(x_0,y_0)=0,F_2(x_0,y_0)=0,$$
$$\Phi(X,Y)=0.$$

由5.3节中的讨论可知：当(x_0,y_0)不在二次曲线(5.3.1)上，即$F(x_0,y_0)\neq0$时，渐近线(5.3.2)与二次曲线(5.3.1)没有交点；当(x_0,y_0)在二次曲线(5.3.1)上，即$F(x_0,y_0)=0$时，渐近线(5.3.2)全部在二次曲线(5.3.1)上，成为二次曲线的组成部分.

例 1 求二次曲线$x^2+xy+y^2-3x-6y+3=0$的中心.

解 由中心方程组

$$\begin{cases}F_1(x_0,y_0)=x_0+\frac{1}{2}y_0-\frac{3}{2}=0,\\F_2(x_0,y_0)=\frac{1}{2}x_0+y_0-3=0,\end{cases}$$

解得$(x_0,y_0)=(0,3)$.所以曲线的中心为$(0,3)$.

例 2 求二次曲线$9x^2-6xy+y^2-4x-2y+3=0$的渐近方向，并指出曲线属于何种类型.

解 由$\Phi(X,Y)=9X^2-6XY+Y^2=0$可得$X:Y=1:3$，故二次曲线的渐近方向为$1:3$.

由于$I_2=\begin{vmatrix}a_{11}&a_{12}\\a_{12}&a_{22}\end{vmatrix}=\begin{vmatrix}-3&-3\\-3&1\end{vmatrix}=-12<0$，因此，曲线按照中心划分属

于中心二次曲线，按照渐近方向划分属于双曲型曲线.

例 3　求二次曲线 $2x^2-3xy+y^2+2x-2y+3=0$ 的渐近线.

解　由 $\Phi(X,Y)=2X^2-3XY+Y^2=0$ 可得二次曲线的渐近方向为 $1:2$，$1:1$，故二次曲线有两条渐近线.

由中心方程组

$$\begin{cases}2x-\dfrac{3}{2}y+1=0,\\[2mm]-\dfrac{3}{2}x+y-1=0\end{cases}$$

解得二次曲线的中心坐标为$(-2,-2)$.

对应于渐近方向 $1:2$ 的渐近线为

$$\frac{x+2}{1}=\frac{y+2}{2},$$

即 $2x-y+2=0$.

对应于渐近方向 $1:1$ 的渐近线为

$$\frac{x+2}{1}=\frac{y+2}{1},$$

即 $x-y=0$.

5.5　二次曲线的切线

定义 1　如果直线与二次曲线相交于重合的两个点，那么这条直线称为**二次曲线的切线**，这个重合的交点称为**切点**；如果直线全部在二次曲线上，也称它为二次曲线的切线，直线上的每一个点都可以看作切点.

下面求经过二次曲线(5.3.1)

$$F(x,y)\equiv a_{11}x^2+2a_{12}xy+a_{22}y^2+2a_{13}x+2a_{23}y+a_{33}=0$$

上的点(x_0,y_0)的切线方程.

因为过点(x_0,y_0)的直线方程可以写成

$$\begin{cases}x=x_0+Xt,\\y=y_0+Yt\end{cases}$$

的形式，由 5.3 节中的讨论可知，直线(5.3.2)成为二次曲线(5.3.1)的切线的条件如下：

(1) $\Phi(X,Y)\neq0$ 时，

$$\Delta'=[XF_1(x_0,y_0)+YF_2(x_0,y_0)]^2-\Phi(X,Y)\cdot F(x_0,y_0)=0.\quad(5.5.1)$$

由于点(x_0,y_0)在二次曲线(5.3.1)上，所以 $F(x_0,y_0)=0$，式(5.5.1)可以化为

$$XF_1(x_0,y_0)+YF_2(x_0,y_0)=0. \tag{5.5.2}$$

(2) $\Phi(X,Y)=0$ 时，直线(5.3.2)成为二次曲线(5.3.1)的切线的条件除了 $F(x_0,y_0)=0$ 外，唯一的条件仍然是式(5.5.2).

若 $F_1(x_0,y_0)$ 与 $F_2(x_0,y_0)$ 不全为零，则由式(5.5.2)得

$$X:Y=F_2(x_0,y_0):(-F_1(x_0,y_0)).$$

因此，过点 (x_0,y_0) 的切线方程为

$$\begin{cases}x=x_0+F_2(x_0,y_0)t,\\ y=y_0-F_1(x_0,y_0)t.\end{cases}$$

也可以写成

$$\frac{x-x_0}{F_2(x_0,y_0)}=\frac{y-y_0}{-F_1(x_0,y_0)},$$

或
$$(x-x_0)F_1(x_0,y_0)+(y-y_0)F_2(x_0,y_0)=0. \tag{5.5.3}$$

如果 $F_1(x_0,y_0)=F_2(x_0,y_0)=0$，那么式(5.5.2)变为恒等式，切线的方向 $X:Y$ 不能被唯一确定，从而切线也不能确定.这时，过点 (x_0,y_0) 的任何直线都与二次曲线(5.3.1)相交于重合的两点，这样的直线也看作二次曲线(5.3.1)的切线.

定义 2 二次曲线(5.3.1)上满足条件 $F_1(x_0,y_0)=F_2(x_0,y_0)=0$ 的点 (x_0,y_0) 称为二次曲线的**奇异点**，简称**奇点**；二次曲线的非奇异点称为**二次曲线的正则点**.

从而有下面的定理.

定理 如果点 (x_0,y_0) 是二次曲线(5.3.1)的正则点，那么通过点 (x_0,y_0) 的切线方程为(5.5.3)，(x_0,y_0) 是它的切点.如果点 (x_0,y_0) 是二次曲线(5.3.1)的奇异点，那么通过点 (x_0,y_0) 的切线不确定，或者说通过点 (x_0,y_0) 的每一条直线都是二次曲线(5.3.1)的切线.

推论 如果点 (x_0,y_0) 是二次曲线(5.3.1)的正则点，那么通过点 (x_0,y_0) 的切线方程为

$$a_{11}x_0x+a_{12}(x_0y+xy_0)+a_{22}y_0y+a_{13}(x+x_0)+a_{23}(y+y_0)+a_{33}=0. \tag{5.5.4}$$

证明 把方程(5.5.3)改写为

$$xF_1(x_0,y_0)+yF_2(x_0,y_0)-[x_0F_1(x_0,y_0)+y_0F_2(x_0,y_0)]=0, \tag{5.5.5}$$

再利用恒等式 $F(x,y)\equiv xF_1(x,y)+yF_2(x,y)+F_3(x,y)$，将方程(5.5.5)写为

$$xF_1(x_0,y_0)+yF_2(x_0,y_0)+F_3(x_0,y_0)=0, \tag{5.5.6}$$

即 $a_{11}x_0x+a_{12}(x_0y+xy_0)+a_{22}y_0y+a_{13}(x+x_0)+a_{23}(y+y_0)+a_{33}=0$，此即方程(5.5.4).

公式(5.5.4)可采取如下记忆方法：

在二次曲线方程(5.3.1)中，把

	x^2	$2xy$	y^2	$2x$	$2y$
写成	xx	$xy+xy$	yy	$x+x$	$y+y$

然后每一项中的一个 x(或 y)用 x_0(或 y_0)代入后，写成

$$x_0x \qquad x_0y+xy_0 \qquad y_0y \qquad x+x_0 \qquad y+y_0$$

即可得到式(5.5.4).

例 1　求二次曲线 $x^2-xy+y^2+2x-4y-3=0$ 在点(2,1)处的切线方程.

解法 1　因为 $F(2,1)=4-2+1+4-4-3=0$，且 $F_1(2,1)=\frac{5}{2}\neq 0$，$F_2(2,1)=-2\neq 0$，所以点(2,1)是二次曲线上的正则点，由公式(5.5.3)可得二次曲线在点(2,1)处的切线方程为

$$\frac{5}{2}(x-2)-2(y-1)=0,$$

即

$$5x-4y-6=0.$$

解法 2　因为点(2,1)是二次曲线上的正则点，所以直接利用公式(5.5.4)得切线方程为

$$2x-\frac{1}{2}(x+2y)+y+(x+2)-2(y+1)-3=0,$$

即

$$5x-4y-6=0.$$

例 2　求二次曲线 $x^2-xy+y^2-1=0$ 的过点(0,2)的切线方程.

解法 1　因为 $F(0,2)=3\neq 0$，所以点(0,2)不在二次曲线上，所以不能直接应用公式(5.5.3)或(5.5.4).

因为过点(0,2)的直线可以写成

$$\begin{cases} x=x_0+Xt, \\ y=y_0+Yt. \end{cases}$$

其中 t 为参数，X,Y 为直线的方向数.又

$$F_1(0,2)=-1,\ F_2(0,2)=2,$$

根据直线与二次曲线的相切条件得

$$(-X+2Y)^2-3(X^2-XY+Y^2)=0,$$

化简得

$$2X^2+XY-Y^2=0,$$

从而有

$$(2X-Y)(X+Y)=0,$$

解得

$$X:Y=1:2 \text{ 或 } X:Y=1:(-1),$$

所以,过点(0,2)的切线有两条,对应于 $X:Y=1:2$ 与 $X:Y=1:(-1)$ 的切线方程分别为

$$2x-y+2=0 \text{ 与 } x+y-2=0.$$

解法 2 设过点(0,2)的切线与已知二次曲线相切于点(x_0,y_0),则切线方程为

$$x_0x-\frac{1}{2}(x_0y+xy_0)+y_0y-1=0, \qquad ①$$

因为切线方程过点(0,2),所以将(0,2)代入化简得

$$x_0-2y_0+1=0, \qquad ②$$

又因为点(x_0,y_0)在二次曲线上,所以有

$$x_0^2-x_0y_0+y_0^2-1=0, \qquad ③$$

联立方程②,③解得切点坐标为

$$\begin{cases}x_0=-1,\\ y_0=0\end{cases} \text{与} \begin{cases}x_0=1,\\ y_0=1.\end{cases}$$

将切点坐标分别代入方程①,得切线方程

$$2x-y+2=0 \text{ 与 } x+y-2=0.$$

5.6 二次曲线的直径

5.6.1 二次曲线的直径

在 5.3 节中讨论了直线与二次曲线相交的各种情况,当直线平行于二次曲线的某一非渐近方向时,这条直线与二次曲线总交于两点(两个不同的实的、两个重合的实的或一对共轭虚的),这两点决定了二次曲线的一条弦。本节主要研究二次曲线上一族平行弦的中点轨迹.

定理 1 二次曲线的一族平行弦的中点的轨迹是一条直线.

证明 设 $X:Y$ 是二次曲线的一个非渐近方向,即 $\Phi(X,Y)\neq 0$,而(x_0,y_0)是平行于方向 $X:Y$ 的弦的中点,则过点(x_0,y_0)的弦为

$$\begin{cases}x=x_0+Xt,\\ y=y_0+Yt.\end{cases}$$

它与二次曲线 $F(x,y)=0$ 的两交点(即弦的两端点)取决于方程

$$\Phi(X,Y)t^2+2[XF_1(x_0,y_0)+YF_2(x_0,y_0)]t+F(x_0,y_0)=0$$

的两根 t_1 与 t_2.因为 (x_0,y_0) 是弦的中点,所以有

$$t_1+t_2=0,$$

即

$$XF_1(x_0,y_0)+YF_2(x_0,y_0)=0.$$

这就是说,平行于方向 $X:Y$ 的弦的中点 (x_0,y_0) 的坐标满足方程

$$XF_1(x,y)+YF_2(x,y)=0, \tag{5.6.1}$$

即

$$X(a_{11}x+a_{12}y+a_{13})+Y(a_{12}x+a_{22}y+a_{23})=0, \tag{5.6.2}$$

或

$$(a_{11}X+a_{12}Y)x+(a_{12}X+a_{22}Y)y+a_{13}X+a_{23}Y=0. \tag{5.6.3}$$

反之,如果点 (x_0,y_0) 满足方程(5.6.1)或(5.6.2)或(5.6.3),那么方程

$$\Phi(X,Y)t^2+2[XF_1(x_0,y_0)+YF_2(x_0,y_0)]t+F(x_0,y_0)=0$$

就有绝对值相等而符号相反的两个根,点 (x_0,y_0) 就是具有方向 $X:Y$ 的弦的中点,因此方程(5.6.1)或(5.6.2)或(5.6.3)为一族平行于某一非渐近方向 $X:Y$ 的弦的中点的轨迹方程.

方程(5.6.3)的一次项系数不能全为零,这是因为当 $a_{11}X+a_{12}Y=a_{12}X+a_{22}Y=0$ 时,有

$$\Phi(X,Y)=a_{11}X^2+2a_{12}XY+a_{22}Y^2=(a_{11}X+a_{12}Y)X+(a_{12}X+a_{22}Y)Y=0,$$

这与 $X:Y$ 是非渐近方向的假设矛盾,所以(5.6.3)或(5.6.1)是一个二元一次方程,表示一条直线,于是定理得证.

定义 1　二次曲线的平行弦中点的轨迹称为这个**二次曲线的直径**,它所对应的平行弦称为**共轭于这条直径的共轭弦**,而直径也称为**共轭于平行弦方向的直径**.

推论　如果二次曲线的一族平行弦的斜率为 k,那么共轭于这族平行弦的直径方程为

$$F_1(x,y)+kF_2(x,y)=0. \tag{5.6.4}$$

由方程(5.6.1)或(5.6.4)可以看出,当

$$F_1(x,y)\equiv a_{11}x+a_{12}y+a_{13}=0$$

与

$$F_2(x,y)\equiv a_{12}x+a_{22}y+a_{23}=0$$

表示不同直线时,方程(5.6.1)或(5.6.4)将构成直线束:当 $\frac{a_{11}}{a_{12}}\neq\frac{a_{12}}{a_{22}}$ 时为中心直线束;当 $\frac{a_{11}}{a_{12}}=\frac{a_{12}}{a_{22}}\neq\frac{a_{13}}{a_{23}}$ 时为平行直线束;当 $\frac{a_{11}}{a_{12}}=\frac{a_{12}}{a_{22}}=\frac{a_{13}}{a_{23}}$ 时为一条直线.

如果 $F_1(x,y)\equiv a_{11}x+a_{12}y+a_{13}=0$ 与 $F_2(x,y)\equiv a_{12}x+a_{22}y+a_{23}=0$ 中有一个为矛盾方程,如 $a_{11}=a_{12}=0, a_{13}\neq0$,这时 $\frac{a_{11}}{a_{12}}=\frac{a_{12}}{a_{22}}\neq\frac{a_{13}}{a_{23}}$ 成立,方程(5.6.1)或(5.6.4)仍表示平行直线束.如果 $F_1(x,y)\equiv a_{11}x+a_{12}y+a_{13}=0$ 与

$F_2(x,y) \equiv a_{12}x + a_{22}y + a_{23} = 0$ 中有一个成立，如 $a_{11} = a_{12} = a_{13} = 0$，这时 $\frac{a_{11}}{a_{12}} = \frac{a_{12}}{a_{22}} = \frac{a_{13}}{a_{23}}$ 成立，方程(5.6.1)或(5.6.4)表示一条直线.

因此，当 $\frac{a_{11}}{a_{12}} \neq \frac{a_{12}}{a_{22}}$，即二次曲线为中心二次曲线时，它的全部直径属于一个中心直线束，这个直线束的中心就是二次曲线的中心；当 $\frac{a_{11}}{a_{12}} = \frac{a_{12}}{a_{22}} \neq \frac{a_{13}}{a_{23}}$，即二次曲线为无心二次曲线时，它的全部直径属于一个平行直线束，它的方向为二次曲线的渐近方向 $X:Y = -a_{12}:a_{11} = -a_{22}:a_{12}$；当 $\frac{a_{11}}{a_{12}} = \frac{a_{12}}{a_{22}} = \frac{a_{13}}{a_{23}}$，即二次曲线为线心二次曲线时，二次曲线只有一条直径，其方程为

$$a_{11}x + a_{12}y + a_{13} = 0 \text{(或 } a_{12}x + a_{22}y + a_{23} = 0\text{)},$$

即线心二次曲线的中心直线.

定理 2 中心二次曲线的直径通过曲线的中心，无心二次曲线的直径平行于曲线的渐近方向，线心二次曲线的直径只有一条，就是曲线的中心直线.

例 1 求椭圆/双曲线 $\frac{x^2}{a^2} \pm \frac{y^2}{b^2} = 1$ 的直径.

解

$$F(x,y) \equiv \frac{x^2}{a^2} \pm \frac{y^2}{b^2} - 1 = 0,$$

$$F_1(x,y) \equiv \frac{x}{a^2},\ F_2(x,y) \equiv \pm\frac{y}{b^2},$$

根据公式(5.6.1)，共轭于非渐近方向 $X:Y$ 的直径方程为

$$\frac{X}{a^2}x \pm \frac{Y}{b^2}y = 0.$$

显然，直径通过曲线的中心.

例 2 求抛物线 $y^2 = 2px$ 的直径.

解

$$F(x,y) \equiv 2px - y^2,$$

$$F_1(x,y) \equiv p,\ F_2(x,y) \equiv -y,$$

所以，共轭于非渐近方向 $X:Y$ 的直径方程为

$$Xp - Yy = 0,$$

即

$$y = \frac{X}{Y}p.$$

抛物线 $y^2 = 2px$ 的直径平行于它的渐近方向 $1:0$.

例 3 求二次曲线 $F(x,y) \equiv x^2 - 2xy + y^2 + 2x - 2y - 3 = 0$ 的共轭于非渐

近方向 $X:Y$ 的直径.

解　因为

$$F_1(x,y)\equiv x-y+1,\ F_2(x,y)\equiv -x+y-1,$$

所以直径方程为

$$X(x-y+1)+Y(-x+y-1)=0,$$

即

$$(X-Y)(x-y+1)=0.$$

由于已知曲线 $F(x,y)=0$ 的渐近方向为 $X':Y'=1:1$,非渐近方向 $X:Y$ 必满足 $X\neq Y$,因此,与非渐近方向 $X:Y$ 共轭的直径为

$$x-y+1=0.$$

该二次曲线只有一条直径.

5.6.2　共轭方向与共轭直径

把二次曲线的与非渐近方向 $X:Y$ 共轭的直径方向

$$X':Y'=-(a_{12}X+a_{22}Y):(a_{11}X+a_{12}Y) \tag{5.6.5}$$

称为非渐近方向 $X:Y$ 的**共轭方向**,有

$$\begin{aligned}\Phi(X',Y')&=a_{11}(a_{12}X+a_{22}Y)^2-2a_{12}(a_{12}X+a_{22}Y)(a_{11}X+a_{12}Y)+\\&\quad a_{22}(a_{11}X+a_{12}Y)^2\\&=(a_{11}a_{22}-a_{12}^2)(a_{11}X^2+2a_{12}XY+a_{22}Y^2)\\&=I_2\Phi(X,Y).\end{aligned}$$

因为 $X:Y$ 为非渐近方向,所以 $\Phi(X,Y)\neq 0$.当 $I_2\neq 0$,即二次曲线为中心二次曲线时,$\Phi(X',Y')\neq 0$;当 $I_2=0$,即二次曲线为非中心二次曲线时,$\Phi(X',Y')=0$.也就是说,中心二次曲线的非渐近方向的共轭方向仍然是非渐近方向,而非中心二次曲线的非渐近方向的共轭方向是渐近方向.

由式(5.6.5)易知,二次曲线的非渐近方向 $X:Y$ 与它的共轭方向 $X':Y'$之间具有如下关系:

$$a_{11}XX'+a_{12}(XY'+X'Y)+a_{22}YY'=0. \tag{5.6.6}$$

由此可知,两个方向 $X:Y$ 与 $X':Y'$是对称的.因此,对于中心曲线来说,非渐近方向 $X:Y$ 的共轭方向为非渐近方向 $X':Y'$,同时 $X':Y'$的共轭方向是 $X:Y$.

定义 2　中心曲线的一对具有相互共轭方向的直径称为**一对共轭直径**.

设$\dfrac{Y}{X}=k,\dfrac{Y'}{X'}=k'$,代入式(5.6.6)可得一对共轭直径的斜率满足的关系式:

$$a_{22}kk'+a_{12}(k+k')+a_{11}=0. \tag{5.6.7}$$

例如,椭圆$\dfrac{x^2}{a^2}+\dfrac{y^2}{b^2}=1$ 的一对共轭直径的斜率 k 和 k'具有如下关系:

$$\frac{1}{b^2}kk'+\frac{1}{a^2}=0,$$

即

$$kk'=-\frac{b^2}{a^2}. \tag{5.6.8}$$

双曲线$\frac{x^2}{a^2}-\frac{y^2}{b^2}=1$的一对共轭直径的斜率 k 和 k'具有如下关系：

$$kk'=\frac{b^2}{a^2}. \tag{5.6.9}$$

在式(5.6.6)中，如果设

$$X':Y'=X:Y,$$

那么有

$$a_{11}X^2+2a_{12}XY+a_{22}Y^2=0,$$

易知，此时 $X:Y$ 为二次曲线的渐近方向. 因此，若对二次曲线的共轭方向从式(5.6.6)进行代数推广，则渐近方向可以看成与自己共轭的方向，从而渐近线也可看成与自己共轭的直径. 中心二次曲线渐近线的方程可以写成

$$XF_1(x,y)+YF_2(x,y)=0, \tag{5.6.10}$$

其中 $X:Y$ 为二次曲线的渐近方向.

5.7 二次曲线的主直径与主方向

5.4 节和 5.6 节分别对二次曲线的渐近方向、渐近线、直径进行了讨论. 本节在此基础上主要讨论二次曲线的主直径和主方向.

定义 1 二次曲线的垂直于其共轭弦的直径称为**二次曲线的主直径**，主直径的方向与垂直于主直径的方向都称为**二次曲线的主方向**.

显然，主直径是二次曲线的对称轴. 因此主直径也称为**二次曲线的轴**，轴与曲线的交点称为**曲线的顶点**.

下面在直角坐标系中求二次曲线(5.3.1)的主方向与主直径.

如果二次曲线(5.3.1)为中心二次曲线，那么与二次曲线(5.3.1)的非渐近方向 $X:Y$ 共轭的直径方程为(5.6.1)或(5.6.3). 设直径的方向为 $X':Y'$，则由 5.6 节的讨论可知

$$X':Y'=-(a_{12}X+a_{22}Y):(a_{11}X+a_{12}Y).$$

根据主方向的定义，$X:Y$ 为主方向的条件是它垂直于它的共轭方向，故有

$$XX'+YY'=0 \text{ 或 } X':Y'=-Y:X,$$

将其代入式(5.6.5)可得

$$X:Y=(a_{11}X+a_{12}Y):(a_{12}X+a_{22}Y), \tag{5.7.1}$$

因此,方向 $X:Y$ 成为中心二次曲线(5.3.1)的主方向的条件是

$$\begin{cases}a_{11}X+a_{12}Y=\lambda X,\\ a_{12}X+a_{22}Y=\lambda Y\end{cases} \tag{5.7.2}$$

成立,其中 $\lambda\neq 0$.可将其改写成

$$\begin{cases}(a_{11}-\lambda)X+a_{12}Y=0,\\ a_{12}X+(a_{22}-\lambda)Y=0.\end{cases} \tag{5.7.2$'$}$$

这是一个关于 X,Y 的齐次线性方程组,X,Y 不全为零,称为**二次曲线的主方向方程组**.因为此齐次线性方程组有非零解,所以其系数行列式

$$\begin{vmatrix}a_{11}-\lambda & a_{12}\\ a_{12} & a_{22}-\lambda\end{vmatrix}=0, \tag{5.7.3}$$

即

$$\lambda^2-I_1\lambda+I_2=0. \tag{5.7.4}$$

定义 2　方程(5.7.3)或(5.7.4)称为二次曲线(5.3.1)的**特征方程**,特征方程的根称为二次曲线的**特征根**.

对于中心二次曲线来说,只要由特征方程解出特征根 λ,再将其代入二次曲线的主方向方程组(5.7.2)或(5.7.2′),就能得到它的主方向.

如果二次曲线为非中心二次曲线,那么它的任意直径的方向总是它的唯一的渐近方向,

$$X_1:Y_1=-a_{12}:a_{11}=a_{22}:(-a_{12}),$$

而垂直于它的方向显然为

$$X_2:Y_2=a_{11}:a_{12}=a_{12}:a_{22}.$$

所以非中心二次曲线的主方向有两种:

① 渐近主方向

$$X_1:Y_1=-a_{12}:a_{11}=a_{22}:(-a_{12}); \tag{5.7.5}$$

② 非渐近主方向

$$X_2:Y_2=a_{11}:a_{12}=a_{12}:a_{22}. \tag{5.7.6}$$

在特征方程中令 $I_2=0$,得其两个根为

$$\lambda_1=0,\lambda_2=I_1=a_{11}+a_{22}.$$

将这两个根代入主方向方程组,得到的主方向恰好为非中心二次曲线的渐近主方向与非渐近主方向.这样,就把根据特征方程的根求二次曲线的主方向的方法推广到了非中心二次曲线.因此,一个方向 $X:Y$ 成为二次曲线的主方向的条件是主方向方程组成立.

从二次曲线的特征方程求出特征根,代入主方向方程组,就得到相应的主方向 $X:Y$.如果主方向为非渐近方向,那么根据 $XF_1(x,y)+YF_2(x,y)=0$ 就能得到共轭于此主方向的主直径.

为此,需要解决特征根的存在问题,于是给出下面的定理.

定理1 二次曲线的特征根都是实数.

证明 因为特征方程的判别式

$$\Delta=I_1^2-4I_2=(a_{11}-a_{22})^2+4a_{12}^2\geqslant 0,$$

所以二次曲线的特征根都是实数.

定理2 二次曲线的特征根不全为零.

证明 如果二次曲线的特征根全为零,那么由特征方程 $\lambda^2-I_1\lambda+I_2=0$ 可得

$$I_1=I_2=0,$$

即

$$a_{11}+a_{22}=0, a_{11}a_{22}-a_{12}^2=0,$$

从而有

$$a_{11}=a_{12}=a_{22}=0,$$

与二次曲线的定义矛盾,所以二次曲线的特征根不全为零.

定理3 由二次曲线的特征根 λ 确定了主方向 $X:Y$.当 $\lambda\neq 0$ 时,$X:Y$ 为二次曲线的非渐近主方向;当 $\lambda=0$ 时,$X:Y$ 为二次曲线的渐近主方向.

证明 因为

$$\Phi(X,Y)=a_{11}X^2+2a_{12}XY+a_{22}Y^2=(a_{11}X+a_{12}Y)X+(a_{12}X+a_{22}Y)Y,$$

所以由式(5.7.2)可得

$$\Phi(X,Y)=\lambda X^2+\lambda Y^2=\lambda(X^2+Y^2).$$

又因为 X,Y 不全为零,所以当 $\lambda\neq 0$ 时,$\Phi(X,Y)\neq 0$,$X:Y$ 为二次曲线的非渐近主方向;当 $\lambda=0$ 时,$\Phi(X,Y)=0$,$X:Y$ 为二次曲线的渐近主方向.

定理4 中心二次曲线至少有两条主直径,非中心二次曲线只有一条主直径.

证明 由二次曲线(5.3.1)的特征方程(5.7.4)解得两特征根为

$$\lambda_{1,2}=\frac{I_1\pm\sqrt{I_1^2-4I_2}}{2}.$$

(1) 当二次曲线(5.3.1)为中心二次曲线时,$I_2\neq 0$.如果特征方程的判别式 $\Delta=I_1^2-4I_2=(a_{11}-a_{22})^2+4a_{12}^2=0$,那么 $a_{11}=a_{22}$,$a_{12}=0$,这时曲线为圆(包括点圆和虚圆),其特征根为一对二重根:

$$\lambda=a_{11}=a_{22}\neq 0.$$

将其代入式(5.7.2)或(5.7.2′),得到两个恒等式,任意方向 $X:Y$ 都满足这两个恒等式.所以任意方向都是圆的非渐近主方向,从而通过圆心的任意直线不仅都是直径,而且都是圆的主直径.

如果特征方程的判别式 $\Delta=(a_{11}-a_{22})^2+4a_{12}^2\neq 0$,那么特征根为两个不等

的非零实根 λ_1,λ_2.将其代入式(5.7.2′)得到两个非渐近主方向为

$$X_1:Y_1=a_{12}:(\lambda_1-a_{11})=(\lambda_1-a_{22}):a_{12},\tag{5.7.7}$$

$$X_2:Y_2=a_{12}:(\lambda_2-a_{11})=(\lambda_2-a_{22}):a_{12}.\tag{5.7.8}$$

易证这两个主方向相互垂直,从而它们又相互共轭.因此,非圆的中心二次曲线有且只有一对互相垂直又互相共轭的主直径.

(2) 当二次曲线(5.3.1)为非中心二次曲线时,$I_2=0$.这时二次曲线的两个特征根为

$$\lambda_1=a_{11}+a_{22},\ \lambda_2=0.$$

所以它只有一个非渐近主方向,即与 $\lambda_1=a_{11}+a_{22}$ 对应的主方向,从而非中心二次曲线只有一条主直径.

例 1　求二次曲线 $F(x,y)\equiv x^2-xy+y^2-1=0$ 的主方向与主直径.

解　因为

$$I_1=1+1=2,\ I_2=\begin{vmatrix}1 & -\frac{1}{2}\\ -\frac{1}{2} & 1\end{vmatrix}=\frac{3}{4}\neq 0,$$

所以曲线为中心二次曲线,其特征方程为

$$\lambda^2-2\lambda+\frac{3}{4}=0,$$

解得特征根为

$$\lambda_1=\frac{1}{2},\ \lambda_2=\frac{3}{2}.$$

由特征根 $\lambda_1=\frac{1}{2}$ 确定的主方向为

$$X_1:Y_1=-\frac{1}{2}:\left(\frac{1}{2}-1\right)=-\frac{1}{2}:\left(-\frac{1}{2}\right)=1:1,$$

由特征根 $\lambda_2=\frac{3}{2}$ 确定的主方向为

$$X_2:Y_2=-\frac{1}{2}:\left(\frac{3}{2}-1\right)=-\frac{1}{2}:\frac{1}{2}=-1:1.$$

又因为

$$F_1(x,y)=x-\frac{1}{2}y,\ F_2(x,y)=-\frac{1}{2}x+y,$$

所以曲线的主直径有两条:

$$\left(x-\frac{1}{2}y\right)+\left(-\frac{1}{2}x+y\right)=0 \text{ 与} -\left(x-\frac{1}{2}y\right)+\left(-\frac{1}{2}x+y\right)=0,$$

即 $$x+y=0 \text{ 与 } x-y=0.$$

例 2 求二次曲线 $F(x,y)\equiv x^2-2xy+y^2-4x=0$ 的主方向与主直径.

解 因为

$$I_1=1+1=2,\ I_2=\begin{vmatrix} 1 & -1 \\ -1 & 1 \end{vmatrix}=0,$$

所以曲线为非中心二次曲线.它的特征方程为

$$\lambda^2-2\lambda=0,$$

解得特征根为 $$\lambda_1=2,\lambda_2=0.$$

$\lambda_1=2$ 是非中心二次曲线的非零特征根,它确定二次曲线的非渐近主方向:

$$X_1:Y_1=-1:(2-1)=-1:1,$$

而特征根 $\lambda_2=0$ 确定二次曲线的渐近主方向:

$$X_2:Y_2=-1:(0-1)=-1:1.$$

因为

$$F_1(x,y)=x-y-2,\ F_2(x,y)=-x+y,$$

所以曲线有一条由非渐近主方向 $-1:1$ 确定的主直径

$$-(x-y-2)+(-x+y)=0,$$

即 $$x-y-1=0.$$

5.8 直角坐标变化下二次曲线方程的化简与分类

5.8.1 直角坐标变换下二次曲线方程的系数变化规律

为了选择适当的坐标变换来化简二次曲线的方程,需要了解在坐标变换下方程的系数是如何变化的.由 5.1 节的讨论可知,一般的坐标变换可以分解为移轴和转轴两种.因此,本节分别介绍移轴变换和转轴变换对方程系数的影响.

5.8.1.1 移轴变换下二次曲线方程系数的变化规律

设将坐标原点移到 $O'(x_0,y_0)$,则移轴变换公式为

$$\begin{cases} x=x_0+x', \\ y=y_0+y'. \end{cases}$$

在新坐标系 $O'\text{-}x'y'$ 中,二次曲线方程(5.3.1)化为

$$a_{11}(x_0+x')^2+2a_{12}(x_0+x')(y_0+y')+a_{22}(y_0+y')^2+$$
$$2a_{13}(x_0+x')+2a_{23}(y_0+y')+a_{33}=0.$$

若记

$$F'(x',y')\equiv F(x'+x_0,y'+y_0)$$
$$=a'_{11}x'^2+2a'_{12}x'y'+a_{22}y'^2+2a'_{13}x'+2a'_{23}y'+a'_{33},$$

则
$$a'_{11}=a_{11},a'_{12}=a_{12},a'_{22}=a_{22},$$
$$a'_{13}=a_{11}x_0+a_{12}y_0+a_{13}=F_1(x_0,y_0),$$
$$a'_{23}=a_{21}x_0+a_{22}y_0+a_{23}=F_2(x_0,y_0),$$
$$a'_{33}=a_{11}x_0^2+2a_{12}x_0y_0+a_{22}y_0^2+2a_{13}x_0+2a_{23}y_0+a_{33}=F(x_0,y_0).$$

由此可见,在移轴变换下,二次曲线方程的系数具有下述变化规律:

(1) 二次项系数不变;

(2) 一次项系数分别变为 $F_1(x_0,y_0)$,$F_2(x_0,y_0)$;

(3) 常数项变为 $F(x_0,y_0)$.

当 $O'(x_0,y_0)$ 为二次曲线的中心时,有 $F_1(x_0,y_0)=0$,$F_2(x_0,y_0)=0$,作移轴变换,使新坐标系的坐标原点与二次曲线的中心重合,则在新坐标系中,二次曲线的新方程中的一次项消失.因此,对于中心二次曲线,可通过移轴变换使新方程中不含一次项.

5.8.1.2　转轴变换下二次曲线方程系数的变化规律

设坐标轴的旋转角为 θ,则转轴变换公式为
$$\begin{cases}x=x'\cos\theta-y'\sin\theta,\\ y=x'\sin\theta+y'\cos\theta.\end{cases}$$

二次曲线在新坐标系下的方程为
$$\begin{aligned}F'(x',y')&=F(x'\cos\theta-y'\sin\theta,x'\sin\theta+y'\cos\theta)\\&=a_{11}(x'\cos\theta-y'\sin\theta)^2+2a_{12}(x'\cos\theta-y'\sin\theta)(x'\sin\theta+\\&\quad y'\cos\theta)+a_{22}(x'\sin\theta+y'\cos\theta)^2+2a_{13}(x'\cos\theta-y'\sin\theta)+\\&\quad 2a_{23}(x'\sin\theta+y'\cos\theta)+a_{33}\\&=0.\end{aligned}$$

若记 $F'(x',y')\equiv a'_{11}x'^2+2a'_{12}x'y'+a'_{22}y'^2+2a'_{13}x'+2a'_{23}y'+a'_{33}$,则有
$$\begin{cases}a'_{11}=a_{11}\cos^2\theta+2a_{12}\sin\theta\cos\theta+a_{22}\sin^2\theta,\\ a'_{12}=(a_{22}-a_{11})\sin\theta\cos\theta+a_{12}(\cos^2\theta-\sin^2\theta),\\ a'_{22}=a_{11}\sin^2\theta-2a_{12}\sin\theta\cos\theta+a_{12}\cos^2\theta,\\ a'_{13}=a_{13}\cos\theta+a_{23}\sin\theta,\\ a'_{23}=-a_{13}\sin\theta+a_{23}\cos\theta,\\ a'_{33}=a_{33}.\end{cases}$$

可见,在转轴变换下,二次曲线方程系数的变化规律是:

(1) 二次项系数一般要改变.新坐标系中方程的二次项系数仅与旧坐标系

中方程的二次项系数及旋转角 θ 有关，而与一次项系数及常数项无关.

(2) 一次项系数一般要改变.新坐标系中方程的一次项系数仅与旧坐标系中方程的一次项系数及旋转角 θ 有关，而与二次项系数及常数项无关.

(3) 常数项不变.

根据 a'_{12} 的表达式，若选取 θ 角，使

$$\begin{aligned}a'_{12}&=(a_{22}-a_{11})\sin\theta\cos\theta+a_{12}(\cos^2\theta-\sin^2\theta)\\&=\frac{1}{2}(a_{22}-a_{11})\sin 2\theta+a_{12}\cos 2\theta\\&=0,\end{aligned}$$

则新方程中将不会有交叉乘积项.

可见，对于含有 xy 项的二次曲线方程的化简，可通过转轴变换使新方程中不含交叉项.同时可知，**决定旋转角** θ 的公式为

$$\cot 2\theta=\frac{a_{11}-a_{22}}{2a_{12}}.\tag{5.8.1}$$

注 余切的值可以是任意实数，所以总有 θ 满足(5.8.1)，也就是说总可以经过适当的转轴变换消去二次曲线方程(5.3.1)中的 xy 项.由公式(5.8.1)变形可得

$$\frac{1-\tan^2\theta}{2\tan\theta}=\frac{a_{11}-a_{22}}{2a_{12}},$$

或

$$\tan^2\theta+\frac{a_{11}-a_{22}}{a_{12}}\tan\theta-1=0.$$

该二次方程的判别式

$$\Delta=\left(\frac{a_{11}-a_{22}}{a_{12}}\right)^2+4>0,$$

所以它有两个不等的实根 $\tan\theta_1$ 和 $\tan\theta_2$，因此在 $(0,\pi)$ 之间有两个旋转角 θ_1 和 θ_2.同时，由一元二次方程根与系数的关系知

$$\tan\theta_1\cdot\tan\theta_2=-1,$$

所以 θ_1 与 θ_2 仅相差 $\frac{\pi}{2}$.也就是说，在对应于旋转角 θ_1 和 θ_2 的两种转轴变换中，横坐标轴与纵坐标轴的位置刚好对调，一般取其中一个值作为 $\tan\theta$.

如果求出的 $\tan\theta$ 值不是特殊角，那么需要利用公式 $\sin^2\theta+\cos^2\theta=1$ 和 $\tan\theta=\frac{\sin\theta}{\cos\theta}$，求出 $\sin\theta,\cos\theta$，然后写出转轴公式.

注 之所以不用公式 $\tan 2\theta=\frac{2a_{12}}{a_{11}-a_{22}}$，是因为当 $a_{11}=a_{22}$ 时，$\tan 2\theta=$

$\frac{2a_{12}}{a_{11}-a_{22}}$没有意义，而 $\cot 2\theta=\frac{a_{11}-a_{22}}{2a_{12}}=0$ 完全可以决定旋转角 θ.当$a_{12}=0$ 时，虽然 $\cot 2\theta=\frac{a_{11}-a_{22}}{2a_{12}}$也无意义，但这时方程中已经不含交叉项，不需要进行转轴变换.

例 1　利用转轴变换消去方程 $5x^2+4xy+8y^2-32x-56y+80=0$ 中的 xy 项.

解　由二次曲线方程可知，$a_{11}=5,2a_{12}=4,a_{22}=8$，由决定旋转角 θ 的公式可得

$$\cot 2\theta=\frac{1-\tan^2\theta}{2\tan\theta}=\frac{a_{11}-a_{22}}{2a_{12}}=-\frac{3}{4},$$

即

$$2\tan^2\theta-3\tan\theta-2=0,$$

解得 $\tan\theta=2$ 或$-\frac{1}{2}$.

取 $\tan\theta=2$，则有 $\sin\theta=\frac{2}{\sqrt{5}}$，$\cos\theta=\frac{1}{\sqrt{5}}$，得转轴变换公式

$$\begin{cases}x=\frac{1}{\sqrt{5}}(x'-2y'),\\ y=\frac{1}{\sqrt{5}}(2x'+y').\end{cases}$$

代入原方程，得

$$(x'-2y')^2+\frac{4}{5}(x'-2y')(2x'+y')+\frac{8}{5}(2x'+y')^2-$$
$$\frac{32}{\sqrt{5}}(x'-2y')-\frac{56}{\sqrt{5}}(2x'+y')+80=0.$$

化简整理，得转轴后的新方程为

$$9x'^2+4y'^2-\frac{144}{\sqrt{5}}x'+\frac{8}{\sqrt{5}}y'+80=0.$$

例 2　利用转轴变换消去二次曲线 $x^2+2xy+y^2-4x+y-1=0$ 中的 xy 项.

解　设旋转角为 θ，由公式(5.8.1)，得

$$\cot 2\theta=\frac{a_{11}-a_{22}}{2a_{12}}=\frac{1-1}{2}=0,$$

从而可取 $\theta=\frac{\pi}{4}$，故转轴公式为

$$\begin{cases} x=\dfrac{1}{\sqrt{2}}(x'-y'), \\ y=\dfrac{1}{\sqrt{2}}(x'+y'), \end{cases}$$

代入原方程化简整理，得转轴后的新方程为

$$2x'^2-\frac{3}{2}\sqrt{2}x'+\frac{5}{2}\sqrt{2}y'-1=0.$$

5.8.2 二次曲线方程的化简与作图

根据坐标变换下方程系数的变化规律，对于中心二次曲线，可以先求出曲线的中心，通过移轴变换消去一次项，然后作转轴变换.而对于非中心二次曲线，由于曲线没有中心，只能作转轴变换，消去交叉项.这就是说，要根据曲线的类型，采用不同的化简方法.

5.8.2.1 中心二次曲线($I_2\neq 0$)的化简与作图

对于中心二次曲线，采用“先移后转”的方法.其具体步骤是：

(1) 解中心方程组，求出曲线的中心(x_0,y_0)；

(2) 作移轴变换，消去一次项；

(3) 利用决定旋转角 θ 的公式，求出 $\cos\theta,\sin\theta$；

(4) 作转轴变换，消去交叉项，得到曲线的标准方程；

(5) 将转轴变换代入移轴变换，得到直角坐标变换公式；

(6) 分别作出新、旧坐标系 $O-xy$、$O'-x'y'$ 和 $O''-x''y''$，在新坐标系中按照标准方程作出曲线的图形.

例 3 化简二次曲线方程

$$5x^2+4xy+2y^2-24x-12y+18=0,$$

并画出它的图形.

解 因为 $I_2=5\times 2-2^2=6>0$，所以曲线为椭圆型二次曲线.解中心方程组

$$\begin{cases} F_1(x,y)\equiv 5x+2y-12=0, \\ F_2(x,y)\equiv 2x+2y-6=0, \end{cases}$$

得曲线的中心为(2,1).取点(2,1)作为新坐标系的坐标原点，作移轴变换

$$\begin{cases} x=x'+2, \\ y=y'+1, \end{cases}$$

原方程变为

$$5x'^2+4x'y'+2y'^2-12=0.$$

这里实际上只需计算 $F(2,1)=-12$，因为作移轴变换时二次项系数不变，

一次项系数变为 0.

再作转轴变换消去 $x'y'$ 项，令

$$\cot 2\theta=\frac{5-2}{4}=\frac{3}{4},$$

即
$$\frac{1-\tan^2\theta}{2\tan\theta}=\frac{3}{4},$$

解得
$$\tan\theta=\frac{1}{2}\text{或}\tan\theta=-2.$$

取 $\tan\theta=\frac{1}{2}$，由 $\tan\theta=\frac{\sin\theta}{\cos\theta}=\frac{1}{2}$ 及 $\sin^2\theta+\cos^2\theta=1$ 可得 $\cos\theta=\frac{2}{\sqrt{5}}$，$\sin\theta=\frac{1}{\sqrt{5}}$，从而得转轴变换公式为

$$\begin{cases}x'=\frac{2}{\sqrt{5}}x''-\frac{1}{\sqrt{5}}y'',\\ y'=\frac{1}{\sqrt{5}}x''+\frac{2}{\sqrt{5}}y''.\end{cases}$$

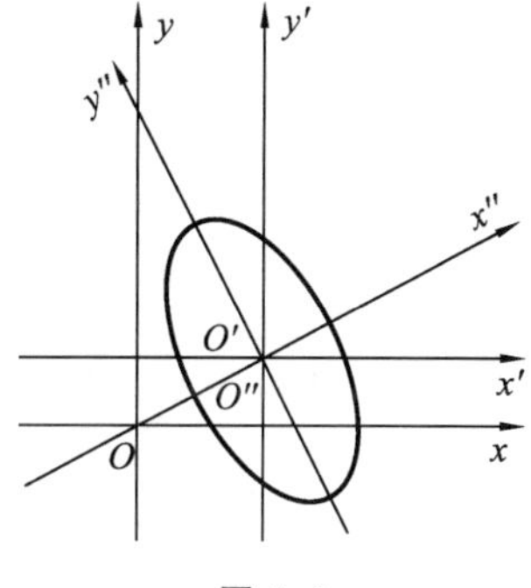

图 5-4

将其代入移轴变换后的方程，化简得

$$6x''^2+y''^2=12,$$

化为标准方程为

$$\frac{x''^2}{2}+\frac{y''^2}{12}=1.$$

这是一个椭圆，其图形如图 5-4 所示.

作图要点：要想比较准确地画出新、旧坐标系和曲线的图形，必须掌握好比例、新旧坐标系的原点的位置以及坐标轴的旋转角.本题中坐标系 $O-xy$ 原点平移到(2,1)得坐标系 $O'-x'y'$，再把坐标系 $O'-x'y'$ 旋转 θ 角 $\left(\tan\theta=\frac{1}{2}\right)$ 得坐标系 $O''-x''y''$，最后在坐标系 $O''-x''y''$ 中根据二次曲线的标准方程画出图形.

注　本题在作转轴变换时，若取 $\tan\theta=-2$，则可得 $\cos\theta=\frac{1}{\sqrt{5}}$，$\sin\theta=-\frac{2}{\sqrt{5}}$，所得的转轴公式是

$$\begin{cases}x'=\frac{1}{\sqrt{5}}x''+\frac{2}{\sqrt{5}}y'',\\ y'=-\frac{2}{\sqrt{5}}x''+\frac{1}{\sqrt{5}}y''.\end{cases}$$

得到的标准方程为$\frac{x''^2}{12}+\frac{y''^2}{2}=1$，图形相对于原坐标系的位置不变.此时$O''x''$轴的正向恰好是图 5-4 中$y''$轴的反向.

上面介绍的通过移轴与转轴来化简二次曲线方程的方法，实际上是把坐标轴变换到与二次曲线的对称轴重合的位置.如果是中心二次曲线，先作移轴变换将坐标原点与曲线的中心重合，再作转轴变换使坐标轴与二次曲线的对称轴重合.

例 4 化简二次曲线方程

$$x^2-3xy+y^2+10x-10y+21=0,$$

写出坐标变换公式，并作出它的图形.

解 由于$I_2=1\times1-\left(-\frac{3}{2}\right)^2=-\frac{5}{4}<0$，因此，二次曲线是双曲型的.

中心方程组为

$$\begin{cases}x-\frac{3}{2}y+5=0,\\-\frac{3}{2}x+y-5=0,\end{cases}$$

解得二次曲线的中心为$(-2,2)$.作移轴变换

$$\begin{cases}x=x'-2,\\y=y'+2,\end{cases}$$

代入原方程，化简得

$$x'^2-3x'y'+y'^2+1=0.$$

再作转轴变换，令

$$\cot 2\theta=\frac{1-1}{-3}=0,$$

得旋转角为$\frac{\pi}{4}$.故转轴变换为

$$\begin{cases}x'=\frac{1}{\sqrt{2}}(x''-y''),\\y'=\frac{1}{\sqrt{2}}(x''+y'').\end{cases}$$

代入移轴后的方程，化简得

$$-\frac{1}{2}x''^2+\frac{5}{2}y''^2+1=0,$$

即
$$\frac{x''^2}{2}-\frac{y''^2}{\frac{2}{5}}=1.$$

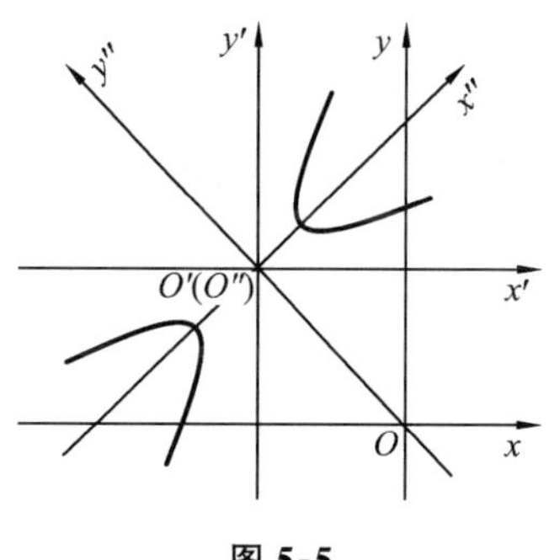

图 5-5

这是一条双曲线，其图形如图 5-5 所示.作图时，先将坐标系 $O-xy$ 原点平移到$(-2,2)$得坐标系 $O'-x'y'$，再把坐标系 $O'-x'y'$旋转$\frac{\pi}{4}$角得坐标系 $O''-x''y''$.在坐标系 $O''-x''y''$中根据双曲线的标准方程作出图形.

将转轴公式代入移轴公式，得坐标变换公式为

$$\begin{cases}x=\frac{1}{\sqrt{2}}(x''-y'')-2,\\ y=\frac{1}{\sqrt{2}}(x''+y'')+2.\end{cases}$$

注　利用移轴变换可以直接化简缺少 xy 项的二次曲线方程，化简的关键是找到恰当的移轴公式.常用的方法有配方法和代入法.在应用配方法时必须先分别对关于 x 与 y 的项进行合并，然后把 x^2 与 y^2 项的系数提出来再配方.

5.8.2.2　非中心二次曲线($I_2=0$)的化简与作图

对于非中心二次曲线，采用“先转后移”的方法.其具体步骤是：

(1) 利用决定旋转角 θ 的公式，求出 $\cos\theta,\sin\theta$；

(2) 作转轴变换消去交叉项，同时消去 1 个二次项；

(3) 对转轴后的方程配方，先配二次项，再配一次项；

(4) 令配方后的括号内分别为 x''和 y''(相当于作移轴变换)，得到曲线的标准方程；

(5) 将移轴变换代入转轴变换，得到直角坐标变换公式；

(6) 作出新、旧坐标系，在新坐标系中按照标准方程作出二次曲线的图形.

例 5　化简二次曲线方程 $x^2+4xy+4y^2+12x-y+1=0$，写出坐标变换公式，并画出它的图形.

解　由于 $I_2=1\times4-2^2=0$，故曲线是非中心二次曲线，应先转轴.

设旋转角为 θ，则有

$$\cot 2\theta=\frac{1-4}{4}=-\frac{3}{4},$$

即
$$\frac{1-\tan^2\theta}{2\tan\theta}=-\frac{3}{4},$$

所以
$$2\tan^2\theta-3\tan\theta-2=0,$$

解得 $$\tan\theta=-\frac{1}{2}\text{或}\tan\theta=2.$$

取 $\tan\theta=2$，则有

$$\sin\theta=\frac{2}{\sqrt{5}},\cos\theta=\frac{1}{\sqrt{5}},$$

所以转轴公式为

$$\begin{cases}x=\dfrac{1}{\sqrt{5}}(x'-2y'),\\ y=\dfrac{1}{\sqrt{5}}(2x'+y'),\end{cases}$$

代入原方程化简整理，得转轴后的新方程为

$$5x'^2+2\sqrt{5}x'-5\sqrt{5}y'+1=0,$$

配方得

$$\left(x'+\frac{\sqrt{5}}{5}\right)^2-\sqrt{5}y'=0.$$

再作移轴变换

$$\begin{cases}x''=x'+\dfrac{\sqrt{5}}{5},\\ y''=y',\end{cases}$$

曲线方程就化为最简形式 $x''^2-\sqrt{5}y''=0$，化为标准方程为

$$x''^2=\sqrt{5}y''.$$

这是一条抛物线，它的顶点是新坐标系 O''-$x''y''$ 的原点，原方程的图形可以根据它在坐标系 O''-$x''y''$ 中的标准方程作出，如图 5-6 所示.

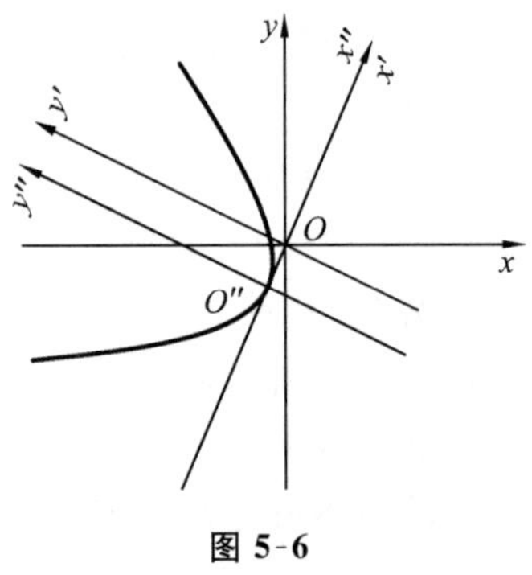

图 5-6

将移轴公式代入转轴公式，得坐标变换公式为

$$\begin{cases}x=\dfrac{1}{\sqrt{5}}(x''-2y'')-\dfrac{1}{5},\\ y=\dfrac{1}{\sqrt{5}}(2x''+y'')-\dfrac{2}{5}.\end{cases}$$

作图要点： 将坐标系 O-xy 旋转角度 $\theta(\tan\theta=2)$ 得坐标系 O'-$x'y'$，再把坐标系 O'-$x'y'$ 的中心平移到 $\left(-\frac{\sqrt{5}}{5},0\right)$，得坐标系 O''-$x''y''$. 在坐标系 O''-$x''y''$

中根据抛物线的标准方程 $x''^2=\sqrt{5}\,y''$ 作出图形.为了看出曲线在原坐标系中的位置,作图时需要将新、旧坐标系同时画出.

注　本题中取 $\tan\theta=-\frac{1}{2}$,同样可将原方程化简.

有时,通过对曲线方程的分析,利用一些特殊方法,如分解因式等,也可直接化简曲线方程.

例 6　化简二次曲线方程 $8x^2+8xy+2y^2-6x-3y-5=0$.

解　由于 $I_2=8\times 2-4^2=0$,因此曲线是非中心二次曲线.先作转轴变换消去交叉项 xy.由

$$\cot 2\theta=\frac{a_{11}-a_{22}}{2a_{12}}=\frac{8-2}{8}=\frac{3}{4},$$

解得

$$\tan\theta=\frac{1}{2}\text{或}\tan\theta=-2.$$

取 $\tan\theta=\frac{1}{2}$,则 $\sin\theta=\frac{1}{\sqrt{5}}$,$\cos\theta=\frac{2}{\sqrt{5}}$,得转轴变换公式

$$\begin{cases} x=\dfrac{\sqrt{5}}{5}(2x'-y'),\\ y=\dfrac{\sqrt{5}}{5}(x'+2y'),\end{cases}$$

代入原方程整理得

$$10x'^2-3\sqrt{5}\,x'-5=0,$$

配方得

$$10\left(x'-\frac{3\sqrt{5}}{20}\right)^2-\frac{49}{8}=0,$$

作移轴变换

$$\begin{cases} x'=x''+\dfrac{3\sqrt{5}}{20},\\ y'=y'',\end{cases}$$

可得方程的标准形式

$$x''^2=\frac{49}{80}.$$

事实上,将原方程分解因式得

$$(2x+y+1)(4x+2y-5)=0,$$

故原二次曲线的方程表示两条平行直线(如图 5-7):

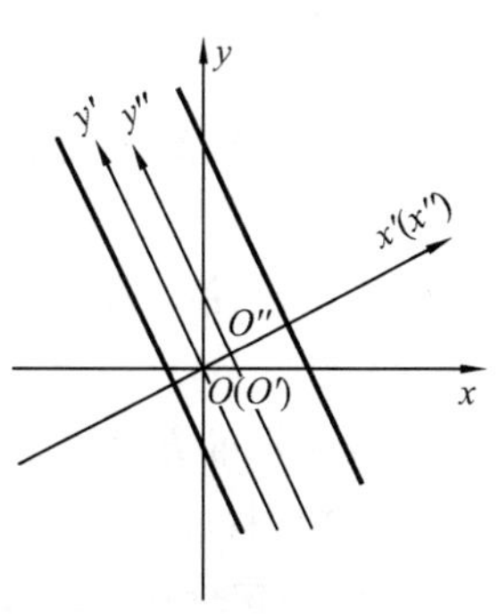

图 5-7

$$2x+y+1=0 \text{ 和 } 4x+2y-5=0.$$

例 7 化简二次曲线方程 $2x^2+xy-3y^2-13x-2y+21=0$.

解 计算得 $I_2<0, I_3=0$,可知所给二次曲线是双曲型的,将原方程左边分解因式,得

$$(x-y-3)(2x+3y-7)=0,$$

故原二次曲线的方程表示两条相交直线:

$$x-y-3=0 \text{ 和 } 2x+3y-7=0.$$

注 $I_2<0, I_3=0$ 时,二次曲线称为退化的双曲型曲线,即两条相交直线.

综上所述,利用直角坐标变换化简二次曲线方程,不仅可以得到二次曲线的标准方程,还可以写出坐标变换公式,并作出曲线的图形,这正是直角坐标变换的优势所在.

5.8.3 二次曲线方程的分类

根据上面的讨论可知,对于中心二次曲线,先移轴变换消去一次项,再转轴变换消去交叉项,可将二次曲线方程化为下面的标准方程:

$$a''_{11}x''^2+a''_{22}y''^2+a''_{33}=0.$$

按照标准方程系数的正负,中心二次曲线可分为椭圆型和双曲型.

(1) 椭圆型:$I_2=a''_{11}a''_{22}>0$.

① 实椭圆:$a''_{33}\neq 0, a''_{11}a''_{33}<0$;

② 虚椭圆(无轨迹):$a''_{33}\neq 0, a''_{11}a''_{33}>0$;

③ 点椭圆:$a''_{33}=0$.

(2) 双曲型:$I_2=a''_{11}a''_{22}<0$.

① 双曲线:$a''_{33}\neq 0$;

② 两条相交直线:$a''_{33}=0$.

对于非中心二次曲线(也称抛物型曲线,包括无心二次曲线和线心二次曲线),先转轴后移轴变换,可将二次曲线方程化为标准方程.

当二次曲线为无心二次曲线时,可化为标准方程

$$a''_{22}y''^2+a''_{13}x''=0;$$

当二次曲线为线心二次曲线时,可化为标准方程

$$a''_{22}y''^2+a''_{33}=0.$$

按照标准方程系数的情况,非中心二次曲线可分为以下几种:

抛物型:$I_2=0, a''_{11}=0, a''_{22}\neq 0$.

① 抛物线:$a''_{13}\neq 0$;

② 两条平行直线:$a''_{13}=0, a''_{22}a''_{33}<0$;

③ 无轨迹(两条平行共轭虚直线)：$a''_{13}=0, a''_{22}a''_{33}>0$；

④ 两条重合直线：$a''_{13}=0, a''_{33}=0$.

综上所述，通过选取适当的坐标系，二次曲线方程总可以写成下面 9 种标准方程中的一种形式(为简便起见，标准方程中的撇号略去)：

① $\dfrac{x^2}{a^2}+\dfrac{y^2}{b^2}=1$　(实椭圆)；

② $\dfrac{x^2}{a^2}+\dfrac{y^2}{b^2}=-1$　(虚椭圆)；

③ $\dfrac{x^2}{a^2}-\dfrac{y^2}{b^2}=1$　(双曲线)；

④ $\dfrac{x^2}{a^2}+\dfrac{y^2}{b^2}=0$　(点椭圆，或相交于实点的两条共轭虚直线)；

⑤ $\dfrac{x^2}{a^2}-\dfrac{y^2}{b^2}=0$　(两条相交直线)；

⑥ $y^2=2px$　(抛物线)；

⑦ $y^2=a^2$　(两条平行直线)；

⑧ $y^2=-a^2$　(两条平行共轭虚直线)；

⑨ $y^2=0$　(两条重合直线).

据此，二次曲线按照标准方程共分为 3 类 9 种.其中，把圆、虚圆和点圆分别归入实椭圆、虚椭圆和点椭圆中.

5.9　应用不变量化简二次曲线方程

二次曲线方程经过适当的移轴和转轴变换，可以化简为标准方程，从而确定曲线的形状和位置.但是有时需要通过某些参数的变化确定曲线的类型和形状的变化.这就要求我们能从给定方程的系数判别曲线的类型和形状.

5.9.1　二次曲线的不变量与半不变量

同一条二次曲线在不同的坐标系中有不同的方程形式，由方程的系数确定的几何量(如圆锥曲线的焦参数、长短轴、离心率等)却不因坐标系的改变而改变，或者说不因坐标变换而改变，这些量就是不变量.不变量和半不变量是方程的某些系数的函数，它们与这些不变的几何量之间具有密切的关系.因此问题就归结为如何通过原来的方程系数来确定标准方程的系数.下面给出不变量和半不变量的确切定义.

定义　设曲线方程(5.3.1)中 $F(x,y)$ 的系数组成一个非常值函数 f，如果

经过直角坐标变换 T,$F(x,y)$变为 $F(x',y')$时,有

$$f(a_{11},a_{12},\cdots,a_{33})=f(a'_{11},a'_{12},\cdots,a'_{33}),$$

那么函数 f 称为**二次曲线在直角坐标变换 T 下的不变量**.如果函数 f 的值只是经过转轴变换不变,那么这个函数称为**二次曲线在直角坐标变换下的半不变量**.

定理1 二次曲线(5.3.1)在直角坐标变换下,有三个不变量 I_1,I_2,I_3 与一个半不变量 K_1:

$$I_1=a_{11}+a_{22},I_2=\begin{vmatrix}a_{11}&a_{12}\\a_{12}&a_{22}\end{vmatrix},I_3=\begin{vmatrix}a_{11}&a_{12}&a_{13}\\a_{12}&a_{22}&a_{23}\\a_{13}&a_{23}&a_{33}\end{vmatrix},$$

$$K_1=\begin{vmatrix}a_{11}&a_{13}\\a_{13}&a_{33}\end{vmatrix}+\begin{vmatrix}a_{22}&a_{23}\\a_{23}&a_{33}\end{vmatrix}.$$

证明 因为直角坐标变换 T 总可以通过移轴和转轴两种变换完成,所以证明也分移轴与转轴两种情况.

先证明在移轴变换公式(5.1.1)下,I_1,I_2,I_3 不变,K_1 一般要改变.

由于在移轴变换下,二次曲线的二次项系数不变,因此,

$$I'_1=a'_{11}+a'_{22}=a_{11}+a_{22}=I_1,\ I'_2=\begin{vmatrix}a'_{11}&a'_{12}\\a'_{12}&a'_{22}\end{vmatrix}=\begin{vmatrix}a_{11}&a_{12}\\a_{12}&a_{22}\end{vmatrix}=I_2,$$

$$\begin{aligned}I'_3&=\begin{vmatrix}a'_{11}&a'_{12}&a'_{13}\\a'_{12}&a'_{22}&a'_{23}\\a'_{13}&a'_{23}&a'_{33}\end{vmatrix}\\&=\begin{vmatrix}a_{11}&a_{12}&a_{11}x_0+a_{12}y_0+a_{13}\\a_{12}&a_{22}&a_{12}x_0+a_{22}y_0+a_{23}\\a_{11}x_0+a_{12}y_0+a_{13}&a_{12}x_0+a_{22}y_0+a_{23}&F(x_0,y_0)\end{vmatrix}\\&=\begin{vmatrix}a_{11}&a_{12}&a_{13}\\a_{12}&a_{22}&a_{23}\\a_{11}x_0+a_{12}y_0+a_{13}&a_{12}x_0+a_{22}y_0+a_{23}&a_{13}x_0+a_{23}y_0+a_{33}\end{vmatrix}\\&=\begin{vmatrix}a_{11}&a_{12}&a_{13}\\a_{12}&a_{22}&a_{23}\\a_{13}&a_{23}&a_{33}\end{vmatrix}\\&=I_3.\end{aligned}$$

其中,I'_3的第三个等式是由第三列减去第一列乘 x_0 和第二列乘 y_0 得到的,第四个等式是由第三行减去第一行乘 x_0 和第二行乘 y_0 得到的.

K_1 在移轴变换下通常是要改变的.例如 $F(x,y)\equiv 2xy$,$K_1=0$,通过移轴

变换 $\begin{cases} x=x'+x_0, \\ y=y'+y_0, \end{cases}$ $F(x,y)$变为

$$F'(x',y')\equiv 2x'y'+2y_0x'+2x_0y'+2x_0y_0,$$

这时

$$K_1'=\begin{vmatrix} 0 & y_0 \\ y_0 & 2x_0y_0 \end{vmatrix}+\begin{vmatrix} 0 & x_0 \\ x_0 & 2x_0y_0 \end{vmatrix}=-(x_0^2+y_0^2)\neq 0,$$

故 $K_1'\neq K_1$.

再证明在转轴变换公式(5.1.3)下,I_1,I_2,I_3 与 K_1 都不变.对于 I_1 与 I_2,只需要考虑方程的二次项系数,在转轴变换下有

$$\begin{cases} a_{11}'=a_{11}\cos^2\alpha+2a_{12}\sin\alpha\cos\alpha+a_{22}\sin^2\alpha, \\ a_{22}'=a_{11}\sin^2\alpha-2a_{12}\sin\alpha\cos\alpha+a_{22}\cos^2\alpha, \\ a_{12}'=(a_{22}-a_{11})\sin\alpha\cos\alpha+a_{12}(\cos^2\alpha-\sin^2\alpha). \end{cases}$$

利用三角函数关系

$$\cos^2\alpha=\frac{1+\cos 2\alpha}{2},$$

$$\sin^2\alpha=\frac{1-\cos 2\alpha}{2},$$

$$\sin\alpha\cos\alpha=\frac{\sin 2\alpha}{2},$$

可得

$$\begin{cases} a_{11}'=\dfrac{a_{11}+a_{22}}{2}+\dfrac{a_{11}-a_{22}}{2}\cos 2\alpha+a_{12}\sin 2\alpha, \\ a_{22}'=\dfrac{a_{11}+a_{22}}{2}-\dfrac{a_{11}-a_{22}}{2}\cos 2\alpha-a_{12}\sin 2\alpha, \\ a_{12}'=\dfrac{a_{22}-a_{11}}{2}\sin 2\alpha+a_{12}\cos 2\alpha, \end{cases}$$

故有

$$I_1'=a_{11}'+a_{22}'=a_{11}+a_{22}=I_1,$$

$$\begin{aligned} I_2'&=\begin{vmatrix} a_{11}' & a_{12}' \\ a_{12}' & a_{22}' \end{vmatrix}=a_{11}'a_{22}'-a_{12}'^2 \\ &=\left(\frac{a_{11}+a_{22}}{2}\right)^2-\left(\frac{a_{11}-a_{22}}{2}\cos 2\alpha+a_{12}\sin 2\alpha\right)^2-\left(\frac{a_{22}-a_{11}}{2}\sin 2\alpha+a_{12}\cos 2\alpha\right)^2 \\ &=\left(\frac{a_{11}+a_{22}}{2}\right)^2-\left(\frac{a_{11}-a_{22}}{2}\right)^2-a_{12}^2=a_{11}a_{22}-a_{12}^2 \\ &=I_2. \end{aligned}$$

现证明 I_3 在转轴变换下也不变.因为

$$I_3'=\begin{vmatrix} a_{11}' & a_{12}' & a_{13}' \\ a_{12}' & a_{22}' & a_{23}' \\ a_{13}' & a_{23}' & a_{33}' \end{vmatrix}=a_{13}'\begin{vmatrix} a_{12}' & a_{13}' \\ a_{22}' & a_{23}' \end{vmatrix}+a_{23}'\begin{vmatrix} a_{13}' & a_{11}' \\ a_{23}' & a_{12}' \end{vmatrix}+a_{33}'\begin{vmatrix} a_{11}' & a_{12}' \\ a_{12}' & a_{22}' \end{vmatrix},$$

而在转轴变换下,已证得 I_2 不变,即 $\begin{vmatrix} a_{11}' & a_{12}' \\ a_{12}' & a_{22}' \end{vmatrix}=\begin{vmatrix} a_{11} & a_{12} \\ a_{12} & a_{22} \end{vmatrix}$,且二次曲线方程的常数项不变,所以又有 $a_{33}'=a_{33}$,从而

$$I_3'=a_{13}'\begin{vmatrix} a_{12}' & a_{13}' \\ a_{22}' & a_{23}' \end{vmatrix}+a_{23}'\begin{vmatrix} a_{13}' & a_{11}' \\ a_{23}' & a_{12}' \end{vmatrix}+a_{33}\begin{vmatrix} a_{11} & a_{12} \\ a_{12} & a_{22} \end{vmatrix},$$

将转轴变换下二次曲线方程系数的变化规律代入上式,化简整理得

$$\begin{vmatrix} a_{12}' & a_{13}' \\ a_{22}' & a_{23}' \end{vmatrix}=\begin{vmatrix} a_{12} & a_{22} \\ a_{13} & a_{23} \end{vmatrix}\cos\alpha-\begin{vmatrix} a_{11} & a_{12} \\ a_{13} & a_{23} \end{vmatrix}\sin\alpha.$$

同理可得

$$\begin{vmatrix} a_{13}' & a_{11}' \\ a_{23}' & a_{12}' \end{vmatrix}=-\begin{vmatrix} a_{12} & a_{22} \\ a_{13} & a_{23} \end{vmatrix}\sin\alpha-\begin{vmatrix} a_{11} & a_{12} \\ a_{13} & a_{23} \end{vmatrix}\cos\alpha.$$

所以

$$\begin{aligned} I_3'=&a_{13}'\left(\begin{vmatrix} a_{12} & a_{22} \\ a_{13} & a_{23} \end{vmatrix}\cos\alpha-\begin{vmatrix} a_{11} & a_{12} \\ a_{13} & a_{23} \end{vmatrix}\sin\alpha\right)+\\ &a_{23}'\left(-\begin{vmatrix} a_{12} & a_{22} \\ a_{13} & a_{23} \end{vmatrix}\sin\alpha-\begin{vmatrix} a_{11} & a_{12} \\ a_{13} & a_{23} \end{vmatrix}\cos\alpha\right)+a_{33}\begin{vmatrix} a_{11} & a_{12} \\ a_{12} & a_{22} \end{vmatrix}\\ =&\begin{vmatrix} a_{12} & a_{22} \\ a_{13} & a_{23} \end{vmatrix}(a_{13}'\cos\alpha-a_{23}'\sin\alpha)-\\ &\begin{vmatrix} a_{11} & a_{12} \\ a_{13} & a_{23} \end{vmatrix}(a_{13}'\sin\alpha+a_{23}'\cos\alpha)+a_{33}\begin{vmatrix} a_{11} & a_{12} \\ a_{12} & a_{22} \end{vmatrix}\\ =&a_{13}\begin{vmatrix} a_{12} & a_{22} \\ a_{13} & a_{23} \end{vmatrix}-a_{23}\begin{vmatrix} a_{11} & a_{12} \\ a_{13} & a_{23} \end{vmatrix}+a_{33}\begin{vmatrix} a_{11} & a_{12} \\ a_{12} & a_{22} \end{vmatrix}\\ =&\begin{vmatrix} a_{11} & a_{12} & a_{13} \\ a_{12} & a_{22} & a_{23} \\ a_{13} & a_{23} & a_{33} \end{vmatrix}\\ =&I_3. \end{aligned}$$

最后证明 K_1 在转轴变换下也不变.因为

$$K_1=\begin{vmatrix} a_{11} & a_{13} \\ a_{13} & a_{33} \end{vmatrix}+\begin{vmatrix} a_{22} & a_{23} \\ a_{23} & a_{33} \end{vmatrix}=(a_{11}+a_{22})a_{33}-(a_{13}^2+a_{23}^2),$$

而 $I_1=a_{11}+a_{22}$ 和常数项 a_{33} 在转轴变换下都是不变的，由转轴变换中 a'_{13} 和 a'_{23} 的表达式直接计算可得

$$a'^2_{13}+a'^2_{23}=a^2_{13}+a^2_{23}.$$

所以

$$\begin{aligned}K'_1&=\begin{vmatrix}a'_{11} & a'_{13}\\ a'_{13} & a'_{33}\end{vmatrix}+\begin{vmatrix}a'_{22} & a'_{23}\\ a'_{23} & a'_{33}\end{vmatrix}\\&=(a'_{11}+a'_{22})a'_{33}-(a'^2_{13}+a'^2_{23})\\&=(a_{11}+a_{22})a_{33}-(a^2_{13}+a^2_{23})\\&=\begin{vmatrix}a_{11} & a_{13}\\ a_{13} & a_{33}\end{vmatrix}+\begin{vmatrix}a_{22} & a_{23}\\ a_{23} & a_{33}\end{vmatrix}\\&=K_1.\end{aligned}$$

定理证毕.

5.9.2 应用二次曲线的不变量化简二次曲线方程

应用二次曲线的三个不变量 I_1,I_2,I_3 与一个半不变量 K_1 化简二次曲线方程，不需要求出具体的坐标变换公式，只需要计算这些不变量与半不变量，就可以确定二次曲线的简化方程，进而写出它的标准方程.下面分中心二次曲线、无心二次曲线和线心二次曲线三种情况进行讨论.

5.9.2.1 中心二次曲线

对于中心二次曲线，$I_2\neq0$，其简化方程为

$$a'_{11}x'^2+a'_{22}y'^2+a'_{33}=0,$$

因此有

$$I'_1=a'_{11}+a'_{22}=I_1,$$

$$I'_2=\begin{vmatrix}a'_{11} & 0\\ 0 & a'_{22}\end{vmatrix}=a'_{11}a'_{22}=I_2.$$

根据二次方程根与系数的关系可知，a'_{11} 与 a'_{22} 是特征方程

$$\lambda^2-I_1\lambda+I_2=0$$

的两个根，即 $a'_{11}=\lambda_1$，$a'_{22}=\lambda_2$ 分别是二次曲线的特征根.

又因为

$$I'_3=\begin{vmatrix}a'_{11} & 0 & 0\\ 0 & a'_{22} & 0\\ 0 & 0 & a'_{33}\end{vmatrix}=a'_{11}a'_{22}a'_{33}=I_2a'_{33},$$

而

$$I'_3=I_3,$$

所以

$$a'_{33}=\frac{I_3}{I_2}.$$

从而可得下面的定理.

定理 2 如果二次曲线(5.3.1)是中心二次曲线,那么它的简化方程为

$$\lambda_1 x^2+\lambda_2 y^2+\frac{I_3}{I_2}=0, \tag{5.9.1}$$

其中 λ_1,λ_2 是二次曲线的特征方程 $\lambda^2-I_1\lambda+I_2=0$ 的两个根(方程中的撇号略去).

例 1 求二次曲线

$$x^2+6xy+y^2+6x+2y-1=0$$

的简化方程与标准方程.

解 因为

$$I_1=1+1=2,I_2=1\times1-3^2=-8<0,I_3=\begin{vmatrix}1&3&3\\3&1&1\\3&1&-1\end{vmatrix}=16\neq0,$$

所以所给的曲线是双曲线.其特征方程为

$$\lambda^2-2\lambda-8=0,$$

解得特征根为 $\lambda_1=4,\lambda_2=-2$,曲线的简化方程为

$$4x'^2-2y'^2+\frac{16}{-8}=0,$$

标准方程为

$$\frac{x'^2}{\frac{1}{2}}-\frac{y'^2}{1}=1.$$

例 2 求二次曲线

$$5x^2-6xy+5y^2-6\sqrt{2}x+2\sqrt{2}y-4=0$$

的简化方程与标准方程.

解 $I_1=10,I_2=\begin{vmatrix}5&-3\\-3&5\end{vmatrix}=16,I_3=\begin{vmatrix}5&-3&-3\sqrt{2}\\-3&5&\sqrt{2}\\-3\sqrt{2}&\sqrt{2}&-4\end{vmatrix}=-128.$

曲线的特征方程为

$$\lambda^2-10\lambda+16=0,$$

解得特征根为 $\lambda_1=2,\lambda_2=8$.所以曲线的简化方程(撇号略去)为

$$2x^2+8y^2-8=0,$$

标准方程(撇号略去)为

$$\frac{x^2}{4}+\frac{y^2}{1}=1.$$

这是一个椭圆.

注　根据前面的讨论可知,若两个特征根 λ_1, λ_2 的选取顺序不同,则转轴相差 $\frac{\pi}{2}$,即两坐标轴对换.

5.9.2.2　无心二次曲线

对于无心二次曲线,$I_2=0, I_3\neq 0$,其简化方程为

$$a'_{22}y'^2+2a'_{13}x'=0,$$

因此,

$$I'_1=a'_{22}=I_1,$$

$$I'_3=\begin{vmatrix} 0 & 0 & a'_{13} \\ 0 & a'_{22} & 0 \\ a'_{13} & 0 & 0 \end{vmatrix}=-a'_{22}a'^2_{13}=-I_1a'^2_{13},$$

而

$$I'_3=I_3,$$

所以

$$a'_{13}=\pm\sqrt{-\frac{I_3}{I_1}}.$$

因 $a'^2_{13}>0$,故 $I_1I_3<0$.由此得到下面的定理.

定理 3　如果二次曲线(5.3.1)是无心二次曲线,那么它的简化方程为

$$I_1y^2\pm 2\sqrt{-\frac{I_3}{I_1}}x=0. \tag{5.9.2}$$

这里根号前的正负号可以任意选取(方程中的撇号略去).

例 3　求二次曲线

$$\sqrt{x}+\sqrt{y}=\sqrt{a}$$

的简化方程与标准方程.

解　显然,$x, y, a\geqslant 0$.

当 $a=0$ 时,原方程表示坐标原点.需要注意的是,不可将原方程写成 $\sqrt{x}=-\sqrt{y}$ 再两边平方,否则会得出原方程表示两条相交实直线的错误结论.

当 $a>0$ 时,原方程可变形为

$$x^2-2xy+y^2-2ax-2ay+a^2=0\ (x\geqslant 0, y\geqslant 0).$$

由

$$I_1=2, I_2=0, I_3=\begin{vmatrix} 1 & -1 & -a \\ -1 & 1 & -a \\ -a & -a & a^2 \end{vmatrix}=-4a^2<0,$$

得曲线的简化方程为

$$2y^2\pm 2\sqrt{\frac{4a^2}{2}}x=0,$$

标准方程为 $$y^2=\sqrt{2}ax\ (x\geqslant 0,y\geqslant 0).$$

5.9.2.3 线心二次曲线

对于线心二次曲线，有 $I_2=0,I_3=0$，即$\frac{a_{11}}{a_{12}}=\frac{a_{12}}{a_{22}}=\frac{a_{13}}{a_{23}}$，其简化方程为

$$a'_{22}y'^2+a'_{33}=0,$$

因此，

$$I'_1=a'_{22}=I_1,\ K'_1=\begin{vmatrix}0&0\\0&a'_{33}\end{vmatrix}+\begin{vmatrix}a'_{22}&0\\0&a'_{33}\end{vmatrix}=a'_{22}a'_{33}=I_1a'_{33}.$$

又 $K'_1=K_1$，所以

$$a'_{33}=\frac{K_1}{I_1}.$$

因此有下面的定理.

定理 4 如果二次曲线(5.3.1)是线心二次曲线，那么它的简化方程(方程中的撇号略去)为

$$I_1y^2+\frac{K_1}{I_1}=0. \tag{5.9.3}$$

例 4 化简一般二次曲线方程 $3x^2+12xy+12y^2+10x+20y-3=0$.

解 $I_1=3+12=15,I_2=3\times12-36=0,I_3=0$，曲线为线心二次曲线，

$$K_1=-170,$$

由定理 4 得，曲线的简化方程为

$$15y'^2-\frac{170}{15}=0,$$

其标准方程为

$$y'^2=\frac{170}{225}.$$

它表示两条平行直线.

根据以上讨论，可以得到下面的定理.

定理 5 如果给出了二次曲线(5.3.1)的方程，那么用它的不变量和半不变量判断二次曲线为何种曲线的条件如下：

① 实椭圆：$I_2>0,I_1I_3<0$；

② 虚椭圆：$I_2>0,I_1I_3>0$；

③ 点椭圆(或称两条交于实点的共轭虚直线)：$I_2>0,I_3=0$；

④ 双曲线：$I_2<0,I_3\neq0$；

⑤ 两条相交直线：$I_2<0,I_3=0$；

⑥ 抛物线：$I_2=0, I_3\neq 0$；

⑦ 两条平行直线：$I_2=I_3=0, K_1<0$；

⑧ 两条平行虚直线：$I_2=I_3=0, K_1>0$；

⑨ 两条重合直线：$I_2=I_3=K_1=0$.

推论　二次曲线方程(5.3.1)表示两条直线(实的或虚的，不同的或重合的)的充要条件为 $I_3=0$.这时二次曲线称为**退化曲线**.

二次曲线在直角坐标变换下的不变量是一个十分重要的概念.解析几何的主要目的是通过曲线的方程来研究曲线的几何性质，由二次曲线方程的系数构成的不变量 I_1, I_2, I_3 以及半不变量 K_1 完全可以刻画二次曲线的形状与其他特征.不变量能够深刻地反映方程与曲线的关系，把我们对数形结合的认识提高到了一个新的高度.

* 5.10　利用主直径化简二次曲线方程

前面讨论了利用直角坐标变换和不变量化简一般二次曲线的方法，以及二次曲线的主方向和主直径，下面通过具体例子说明如何利用主直径、主方向化简一般二次曲线.

例 1　化简二次曲线的方程 $x^2-2xy+y^2+2x-2y-3=0$.

解　所给二次曲线的系数矩阵为

$$\boldsymbol{A}=\begin{bmatrix} 1 & -1 & 1 \\ -1 & 1 & -1 \\ 1 & -1 & -3 \end{bmatrix},$$

$\boldsymbol{A}$ 的第一行和第二行的元素成比例，说明 $F_1(x,y)=0$ 和 $F_2(x,y)=0$ 表示同一条直线，曲线为线心二次曲线，其唯一的一条直径就是曲线的中心直线，也就是曲线的主直径，方程为

$$x-y+1=0.$$

取中心直线为新坐标系的 x' 轴，再取任意垂直于此中心直线的直线(如 $x+y=0$)为新坐标系的 y' 轴，作坐标变换，可得坐标变换公式为

$$\begin{cases} x'=\dfrac{x+y}{\sqrt{2}}, \\ y'=-\dfrac{x-y+1}{\sqrt{2}}, \end{cases}$$

解得

$$\begin{cases}x=\dfrac{1}{\sqrt{2}}x'-\dfrac{1}{\sqrt{2}}y'-\dfrac{1}{2},\\ y=\dfrac{1}{\sqrt{2}}x'+\dfrac{1}{\sqrt{2}}y'+\dfrac{1}{2}.\end{cases}$$

代入已知方程并整理得

$$2y'^2-4=0,$$

即 $$y'^2=2 \text{ 或 } y'=\pm\sqrt{2}.$$

这是两条平行直线(如图 5-8).

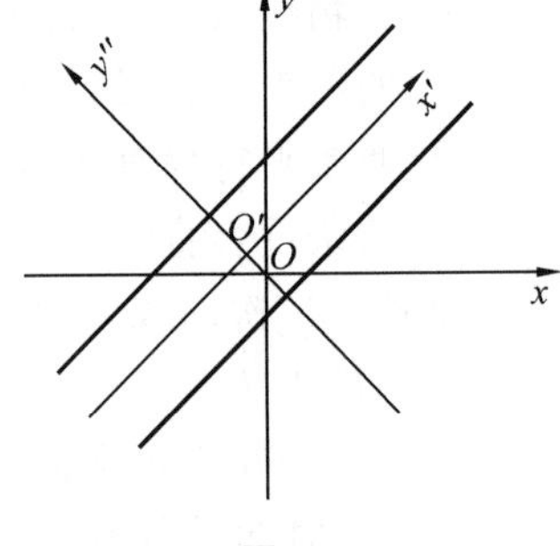

图 5-8

注 对于线心二次曲线,可以直接将原方程分解为两个一次因式,从而立即作出它的图形.本题中原方程表示两条直线 $x-y+3=0$ 与 $x-y-1=0$.

当二次曲线的方程表示两条实直线时,直接分解得到两个一次方程是最简单有效的化简方法,这是因为可以避免进行坐标变换.除了线心二次曲线外,当中心二次曲线是两条相交直线时,也可将原方程直接分解.

例 2 化简二次曲线方程 $8x^2+4xy+5y^2+8x-16y-16=0$.

解 因为 $I_1=8+5=13, I_2=8\times5-2^2=36>0$,所以所给曲线为中心二次曲线.

其特征方程为 $\lambda^2-13\lambda+36=0$,解得两个特征根分别为 $\lambda_1=9,\lambda_2=4$.

将 $\lambda_1=9$ 代入主方向方程组(5.7.2),得对应的主方向为

$$X:Y=2:1.$$

又 $F_1(x,y)=8x+2y+4=0$, $F_2(x,y)=2x+5y-8$,故对应于主方向 $X:Y=2:1$ 的主直径为

$$2x+y=0.$$

对于 $\lambda_2=4$,同理可得对应的主方向为

$$X:Y=1:(-2),$$

对应的主直径为

$$x-2y+5=0.$$

取两条主直径分别作为新坐标系的坐标轴,则坐标变换公式为

$$\begin{cases}x'=\dfrac{2x+y}{\sqrt{5}},\\ y'=\dfrac{-x+2y-5}{\sqrt{5}},\end{cases}$$

反解得

$$\begin{cases} x=\dfrac{1}{\sqrt{5}}(2x'-y')-1, \\ y=\dfrac{1}{\sqrt{5}}(x'+2y')+2. \end{cases}$$

代入原方程,整理化简得

$$9x'^2+4y'^2-36=0.$$

例 3　化简二次曲线方程 $x^2+2xy+y^2+2x+y=0$.

解　由于 $I_1=1+1=2$, $I_2=1\times1-1^2=0$,因此所给曲线是非中心二次曲线.

其特征方程为 $\lambda^2-2\lambda=0$,解之得两个特征根分别 $\lambda_1=2$, $\lambda_2=0$.

曲线的非渐近主方向为对应于 $\lambda_1=2$ 的主方向 $X:Y=1:1$,所以曲线的主直径为

$$(x+y+1)+\left(x+y+\frac{1}{2}\right)=0,$$

即
$$x+y+\frac{3}{4}=0.$$

将此主直径方程与原曲线方程 $x^2+2xy+y^2+2x+y=0$ 联立,可求得曲线的顶点为 $\left(\frac{3}{16},-\frac{15}{16}\right)$.过顶点且以求得的非渐近主方向为方向的直线为

$$\frac{x-\frac{3}{16}}{1}=\frac{y+\frac{15}{16}}{1},$$

即
$$x-y-\frac{9}{8}=0.$$

这也是过顶点且垂直于主直径的直线.

取主直径 $x+y+\frac{3}{4}=0$ 为新坐标系的 x' 轴,直线 $x-y-\frac{9}{8}=0$ 为 y' 轴,作坐标变换,则变换公式为

$$\begin{cases} x'=\dfrac{x-y-\frac{9}{8}}{\sqrt{2}}, \\ y'=\dfrac{x+y+\frac{3}{4}}{\sqrt{2}}, \end{cases}$$

反解得
$$\begin{cases} x=\frac{1}{\sqrt{2}}(x'+y')+\frac{3}{16}, \\ y=\frac{1}{\sqrt{2}}(-x'+y')-\frac{15}{16}. \end{cases}$$

代入已知方程，整理得 $2y'^2+\frac{\sqrt{2}}{2}x'=0$，化为标准方程得

$$y'^2=-\frac{\sqrt{2}}{4}x'.$$

这是一条抛物线.若要画出这条抛物线的图形，必须确定代表 x' 轴的直线的正向.设 x' 轴与 x 轴的夹角为 α，则根据变换公式有 $\sin\alpha=-\frac{1}{\sqrt{2}}$，$\cos\alpha=\frac{1}{\sqrt{2}}$，因此 $\alpha=-\frac{\pi}{4}$，于是 x' 轴的正向就能确定了.新坐标轴作出后，在新坐标系中，根据抛物线的标准方程作出它的图形(图形略).

通过主方向、主直径化简后，一般二次曲线方程仍然可以分为前面的 3 类 9 种，这里不再赘述.

* 5.11 一般二次曲线的应用示例

例 1 根据我国汽车制造的现实情况，一般卡车的高度不超过 4 m，宽度不超过 2.6 m，现要设计横断面为抛物线型的双向二车道的公路隧道，为保障双向行驶安全，规定汽车进入隧道后必须保持距中线 0.4 m 的距离行驶.已知拱口宽 AB 恰好是拱高 OC 的 4 倍，若拱口宽为 a m，求能使卡车安全通过的 a 的最小整数值.

分析 根据问题的实际意义，卡车通过隧道时应以卡车沿着距隧道中线 0.4 m 到 3 m 间的道路行驶为最佳路线，因此，卡车能否安全通过，取决于距隧道中线 3 m(即在横断面上距拱口中点 3 m)处隧道的高度是否大于 4 m，据此建立坐标系，确定出抛物线的方程后求得 a 的值.

解 如图 5-9，以拱口宽 AB 所在直线为 x 轴，以拱高 OC 所在直线为 y 轴，建立直角坐标系.

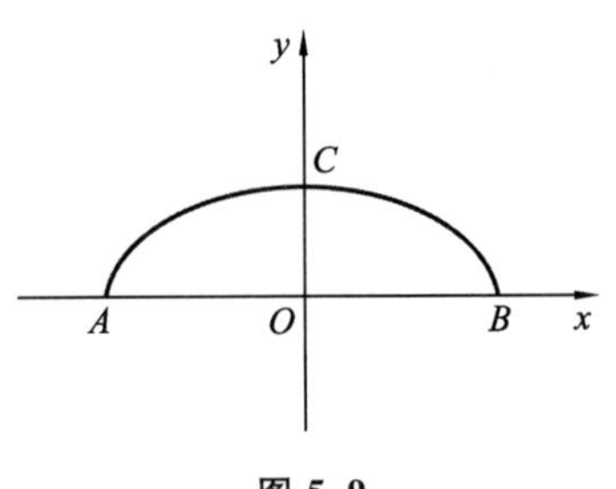

图 5-9

由题意可得抛物线的方程为

$$x^2=-2p\left(y-\frac{a}{4}\right),$$

因为点 $A\left(-\frac{a}{2},0\right)$ 在抛物线上，

所以
$$\left(-\frac{a}{2}\right)^2=-2p\left(0-\frac{a}{4}\right),$$

解得 $p=\frac{a}{2}$.从而抛物线方程为

$$x^2=-a\left(y-\frac{a}{4}\right).$$

取 $x=2.6+0.4=3$,代入抛物线方程得

$$3^2=-a\left(y-\frac{a}{4}\right),$$

$$y=\frac{a^2-36}{4a}.$$

由题意,令 $y>4$,即 $\frac{a^2-36}{4a}>4$.因为 $a>0$,所以 $a^2-16a-36>0$, $a>8+6\sqrt{2}$.又 $a\in\mathbf{Z}$,所以 a 应取 17,18,19,….

综上,满足本题条件使卡车安全通过的 a 的最小正整数为 17.

注　本题的解题过程可归纳为两步:一是根据实际问题的意义,确定解题途径,得到距拱口中点 3 m 处 y 的值;二是通过解不等式 $y>4$,结合问题的实际意义和要求得到 a 的值.这种解题思路在与最佳方案有关的应用题中是常用的.

例 2　设 A,B,C 是我方三个炮兵阵地,A 在 B 的正东 6 km 处,C 在 B 的正北偏西 30°处,C 与 B 相距 4 km,P 为敌炮阵地.某时刻 A 处发现敌炮阵地的某种信号,由于 B,C 两地比 A 距 P 地远,因此 4 s 后,B,C 才同时发现这一信号,此信号的传播速度为 1 km/s.若 A 炮击 P 地,求炮击的方位角.

解　如图 5-10,以直线 BA 为 x 轴,线段 BA 的中垂线为 y 轴建立直角坐标系,则

$$B(-3,0),A(3,0),C(-5,2\sqrt{3}).$$

由题意知,$|PB|=|PC|$,所以点 P 在线段 BC 的垂直平分线上.

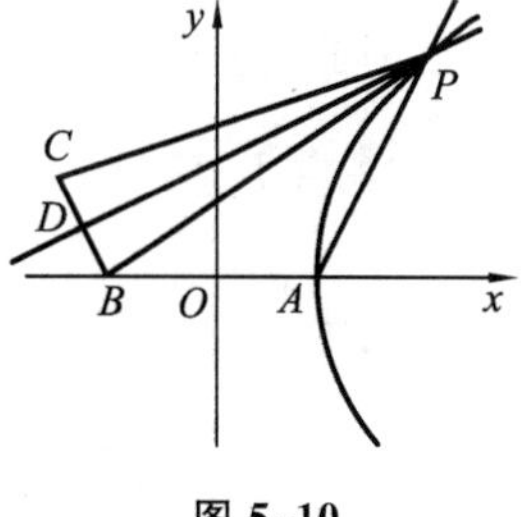

图 5-10

又因为 $k_{BC}=-\sqrt{3}$,BC 的中点 $D(-4,\sqrt{3})$,所以直线 PD 的方程为

$$y-\sqrt{3}=\frac{1}{\sqrt{3}}(x+4).\tag{5.11.1}$$

又 $|PB|-|PA|=4$,故 P 在以 A,B 为焦点的双曲线的右支上.

设 $P(x,y)$,则双曲线方程为

$$\frac{x^2}{4}-\frac{y^2}{5}=1\ (x\geqslant 0). \tag{5.11.2}$$

联立方程(5.11.1)和方程(5.11.2),解得 $x=8$, $y=5\sqrt{3}$,所以 $P(8,5\sqrt{3})$,从而 $k_{PA}=\frac{5\sqrt{3}}{8-3}=\sqrt{3}$,即炮击的方位角为北偏东 30°.

注 解决圆锥曲线应用题时,要善于抓住问题的实质,通过建立数学模型,实现应用型问题向数学问题的顺利转化;要认真分析数量间的关系,紧扣圆锥曲线概念,充分利用曲线的几何性质,确定正确的问题解决途径,灵活运用解析几何的常用数学方法,最终完整解答所求问题.

例 3 某隧道设计为双向四车道,车道总宽 22 m,通行车辆限高 4.5 m,隧道全长 25 km,隧道的拱线可近似地看成半个椭圆.

(1) 若最大拱高 $h=6$ m,则隧道设计的拱宽 d 是多少?

(2) 若最大拱高 h 不小于 6 m,则应如何设计拱高 h 和拱宽 d,才能使半个椭圆形隧道的土方工程量最小?(结果精确到 0.1 m)

$\left(\text{提示:半个椭圆的面积公式为 } S=\frac{\pi}{4}dh\text{,柱体体积等于底面积乘以高}\right)$

解 (1) 建立如图 5-11 所示直角坐标系,则点 $P(11,4.5)$.设椭圆方程为 $\frac{x^2}{a^2}+\frac{y^2}{b^2}=1$.将 $b=h=6$ 与点 P 的坐标代入椭圆方程,解得 $a=\frac{44\sqrt{7}}{7}$,此时 $d=2a=\frac{88\sqrt{7}}{7}\approx 33.3$.

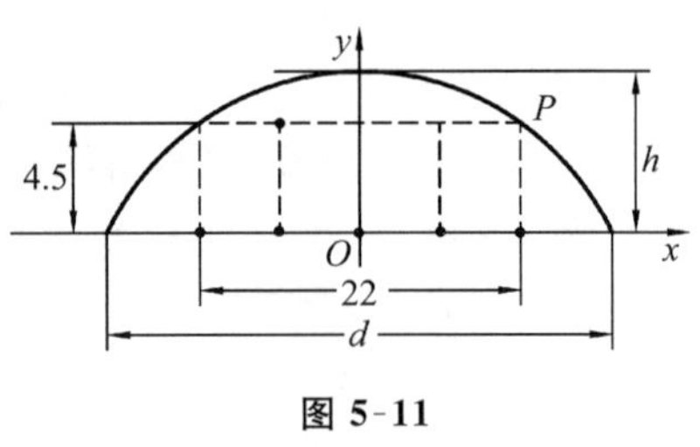

图 5-11

因此,隧道的拱宽约为 33.3 m.

(2)(方法 1) 由(1)中椭圆方程得 $\frac{11^2}{a^2}+\frac{4.5^2}{b^2}=1$.

因为 $\frac{11^2}{a^2}+\frac{4.5^2}{b^2}\geqslant\frac{2\times 11\times 4.5}{ab}$,即 $ab\geqslant 99$,且 $d=2a$, $h=b$,所以半个椭圆的面积 $S=\frac{\pi}{4}dh=\frac{\pi ab}{2}\geqslant\frac{99\pi}{2}$.当 S 取最小值时,有 $\frac{11^2}{a^2}=\frac{4.5^2}{b^2}=\frac{1}{2}$,得 $a=11\sqrt{2}$, $b=\frac{9\sqrt{2}}{2}$.此时 $d=2a=22\sqrt{2}\approx 31.1$, $h=b\approx 6.4$.故当拱高约为 6.4 m、拱宽约为 31.1 m 时,土方工程量最小.

（方法 2）　由椭圆方程 $\frac{x^2}{a^2}+\frac{y^2}{b^2}=1$，得 $\frac{11^2}{a^2}+\frac{4.5^2}{b^2}=1$. 于是 $b^2=\frac{81}{4}\cdot\frac{a^2}{a^2-121}$.

$$a^2b^2=\frac{81}{4}\left(a^2-121+\frac{121^2}{a^2-121}+242\right)\geqslant\frac{81}{4}(2\sqrt{121^2}+242)=81\times121,$$

即 $ab\geqslant99$. 当半个椭圆的面积 S 取最小值时，有 $a^2-121=\frac{121^2}{a^2-121}$，解得 $a=11\sqrt{2}$，$b=\frac{9\sqrt{2}}{2}$. 进一步得 $d=2a=22\sqrt{2}\approx31.1$，$h=b\approx6.4$. 故当拱高约为 6.4 m、拱宽约为 31.1 m 时，土方工程量最小.

例 4　设有一颗彗星沿一个椭圆形轨道绕地球运行，地球恰好位于椭圆形轨道的焦点处，当此彗星与地球分别相距 m 万千米和 $\frac{4}{3}m$ 万千米时，经过地球和彗星的直线与椭圆的长轴的夹角分别为 $\frac{\pi}{2}$ 和 $\frac{\pi}{3}$，求此彗星与地球的最近距离.

分析　本题的实际意义是求椭圆上一点到焦点的距离，一般思路是由直线与椭圆的关系列方程组求解，也可以利用椭圆的第二定义求解，注意结合椭圆的几何意义进行思考. 仔细分析题意，由椭圆的几何意义可知，只有当该彗星运行到椭圆的较近顶点处时，彗星与地球的距离才最小，为 $a-c$，这样就把问题转化为求 a，c 或 $a-c$.

解　建立如图 5-12 所示直角坐标系，设地球位于焦点 $F(-c,0)$ 处，椭圆的方程为

$$\frac{x^2}{a^2}+\frac{y^2}{b^2}=1.$$

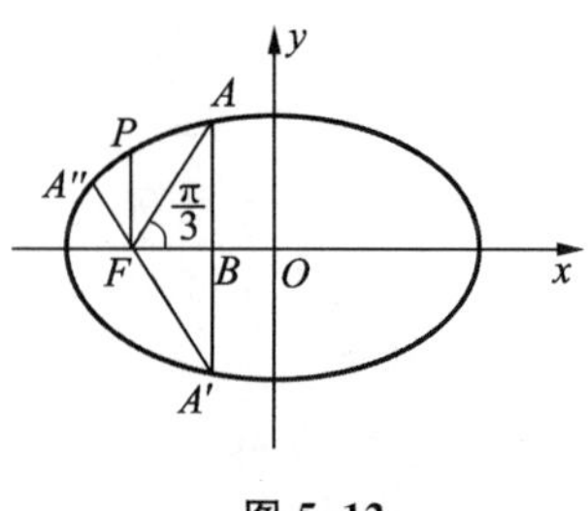

图 5-12

当过地球和彗星 A 的直线与椭圆的长轴夹角为 $\frac{\pi}{3}$ 时，由椭圆的几何意义可知，彗星 A 只能满足 $\angle OFA=\frac{\pi}{3}\left(\text{或}\angle OFA'=\frac{\pi}{3}\right)$. 作 $AB\perp Ox$ 于点 B，则 $|FB|=\frac{1}{2}|FA|=\frac{2}{3}m$.

由椭圆的第二定义可得

$$m=\frac{c}{a}\left(\frac{a^2}{c}-c\right),\qquad ①$$

$$\frac{4}{3}m=\frac{c}{a}\left(\frac{a^2}{c}-c+\frac{2}{3}m\right) \quad ②$$

两式相减得$\frac{1}{3}m=\frac{c}{a}\cdot\frac{2}{3}m$，可得 $a=2c$.

代入式①得 $m=\frac{1}{2}(4c-c)=\frac{3}{2}c$，所以 $c=\frac{2}{3}m$，从而 $a-c=c=\frac{2}{3}m$.

答：彗星与地球的最近距离为$\frac{2}{3}m$ 万千米.

注　(1) 在天体运行中，彗星绕恒星运行的轨道一般都是椭圆，而恒星正是椭圆的一个焦点.该椭圆的两个端点，即近地点和远地点，到恒星的距离分别是 $a-c$，$a+c$.

(2) 以上给出的解答是建立在椭圆的概念和几何意义之上的，充分体现了数形结合的思想.另外，在实际应用问题数学化的过程中时刻不能忘记审题，还要善于挖掘隐含条件.

数学史话 5：20 世纪的数学曙光——希尔伯特 23 个数学问题

1. 数学界的亚历山大——希尔伯特

希尔伯特是 20 世纪上半叶德国乃至全世界最伟大的数学家之一.在 60 多年的研究生涯中，他几乎走遍了现代数学的所有前沿阵地，把他的思想深深地渗透进了整个现代数学.他是著名的哥廷根学派的核心，使哥廷根大学成为当时世界数学研究的重要中心.他以勤奋的工作和真诚的个人品质吸引了来自世界各地的青年学者，培养了一批对现代数学发展做出重大贡献的杰出数学家.希尔伯特去世时，英国《自然》杂志发表过这样的观点：现在世界上难得有一位数学家的工作不是以某种途径来源于希尔伯特的工作.他像是数学世界的亚历山大，在整个数学版图上留下了他显赫的名字.

希尔伯特的数学工作可以划分为几个不同的时期，每个时期他几乎都集中精力研究一类问题.按时间顺序，他的主要研究内容有不变式理论、代数数域理论、几何基础、积分方程、物理学、一般数学基础，其间穿插的研究课题有狄利克雷原理和变分法、华林问题、特征值问题、希尔伯特空间等.在这些领域中，希尔伯特都做出了重大的或开创性的贡献.他认为，科学在每个时代都有它自己的问

题,而这些问题的解决对于科学发展具有深远意义.

正如人类的每一项事业都追求确定的目标一样,数学研究也要有自己的问题.正是通过这些问题的解决,才能使研究者锻炼意志,发现新观点,达到更广阔的境界.

希尔伯特特别强调重大问题在数学发展中的作用,他指出:“如果我们想对最近的将来数学知识可能的发展有一个概念,那就必须回顾一下当今科学提出的,希望在将来能够解决的问题.”同时他又指出:“某类问题对于一般数学进程的深远意义以及它们在研究者个人的工作中所起的重要作用是不可否认的.只要一个科学分支能提出大量的问题,它就充满生命力,而问题的缺乏则预示着独立发展的衰亡或中止.”

他阐述了重大问题所具有的特点,认为好问题应有三个特征:清晰性和易懂性;虽困难但给人以希望;意义深远.

2. 希尔伯特 23 个问题

1900 年 8 月 8 日,第二届国际数学大会在巴黎召开,数学家希尔伯特在这一天向大会提出了著名的“希尔伯特 23 个问题”.这 23 个问题是希尔伯特根据 19 世纪数学研究的成果和发展趋势提出的,被誉为“数学女王皇冠上的 23 颗明珠”.这些问题涉及现代数学的许多重要领域,成为新世纪科学前进的杠杆,激发着数学家的激情.一个世纪以来,希尔伯特问题的解决与研究,大大推动了数理逻辑、几何基础、李群论、数学物理、概率论、数论、函数论、代数几何、微分方程、黎曼曲面论、变分法等一系列学科的发展,有些问题的研究还促进了现代计算理论的成长.

这些问题中已有一半被解决.我国数学家陈景润为解决第 8 个问题(素数问题)做出了杰出的贡献,国际数学界称他的论证为“陈氏定理”.

下面摘录 1987 年出版的《数学家小辞典》以及其他文献中希尔伯特 23 个问题及其解决情况.

(1) 连续统假设.1874 年,德国数学家康托猜测在可列集基数和实数基数之间没有别的基数,这就是著名的连续统假设.1938 年,捷克数学家哥德尔证明了连续统假设和世界公认的策梅洛-弗伦克尔集合论公理系统的无矛盾性.1963 年,美国数学家科亨证明了连续统假设和策梅洛-弗伦克尔集合论公理是彼此独立的.因此,连续统假设不能在策梅洛-弗伦克尔公理体系内证明其正确性.希尔伯特第 1 问题在这个意义上已得到解决.

(2) 算术公理的相容性.欧几里得几何的相容性可归结为算术公理的相容性.希尔伯特曾提出用形式主义计划的证明论方法加以证明.1931 年,哥德尔发表的不完备性定理否定了这种看法.1936 年德国数学家根茨在使用超限归纳法的条件下证明了算术公理的相容性.

1988 年出版的《中国大百科全书》(数学卷)指出:数学相容性问题尚未解决.

(3) 两个等底等高四面体的体积相等问题.此问题的意思是:存在两个等边等高的四面体,它们不可分解为有限个小四面体,使这两组四面体彼此全等.美国数学家德恩 1900 年即对此问题给出了肯定的解答.

(4) 两点间以直线为距离最短线问题.此问题提得过于一般.满足此性质的几何问题很多,因而需增加某些限制条件.1973 年,苏联数学家波格列洛夫宣布,在对称距离情况下,问题获得解决.

《中国大百科全书》(数学卷)中提到,在希尔伯特之后,在构造与探讨各种特殊度量几何方面有许多进展,但问题并未解决.

(5) 一个连续变换群的李氏概念,定义这个群的函数不假定是可微的,这个问题简称连续群的解析性,即:是否每一个局部欧氏群都一定是李群.在冯・诺伊曼(1933,紧群)、邦德里雅金(1939,交换群)、谢瓦莱(1941,可解群)等人工作的基础上,1952 年,该问题由格利森、蒙哥马利、齐宾共同解决,得到了完全肯定的结果.

(6) 物理学的公理化.希尔伯特建议用数学的公理化方法推演出全部物理,首先是概率和力学.1933 年,苏联数学家柯尔莫哥洛夫实现了将概率论公理化.后来,该问题在量子力学、量子场论方面取得了很大成绩.但是物理学能否全盘公理化,很多人表示怀疑.

(7) 某些数的无理性与超越性.1934 年,苏联数学家盖尔方德和德国数学家施奈德各自独立地解决了问题的后半部分,即对于任意代数数 $\alpha\neq 0,1$ 和任意代数无理数 β,α,β 具有超越性.

(8) 素数问题,包括黎曼猜想、哥德巴赫猜想及孪生素数问题等.一般情况下的黎曼猜想仍待解决.哥德巴赫猜想的最佳结果由中国数学家陈景润于 1966 年获得,但与最终解决尚有差距.目前,孪生素数问题的最佳结果也由陈景润获得.

(9) 在任意数域中证明最一般的互反律.该问题已由日本数学家高木贞治(1921 年)和德国数学家阿廷(1927 年)解决.

(10) 丢番图方程的可解性.能求出一个整系数方程的整数根,称为丢番图方程可解.希尔伯特问,能否用一种由有限步构成的一般算法判断一个丢番图方程的可解性? 1970 年,苏联数学家马季亚谢维奇证明了希尔伯特所提出的算法不存在.

(11) 系数为任意代数数的二次型.德国数学家哈塞(1929 年)和西格尔(1936 年、1951 年)在这个问题上获得重要结果.

(12) 将阿贝尔域上的克罗克定理推广到任意的代数有理域上.这一问题只

有一些零星的结果，与彻底解决还相差很远.

(13) 不可能用只有两个变数的函数解一般的七次方程，七次方程的根依赖于 3 个参数 a,b,c，即 $x=x(a,b,c)$.这个函数能否用二元函数表示出来.苏联数学家阿诺尔德解决了连续函数的情形(1957 年)，维士斯金又把它推广到了连续可微函数的情形(1964 年).但如果要求是解析函数，则问题尚未解决.

(14) 证明某类完备函数系的有限性.这与代数不变量问题有关.1958 年，日本数学家永田雅宜给出了反例.

(15) 舒伯特计数演算的严格基础.一个典型问题是：在三维空间中有 4 条直线，问有几条直线能和这四条直线都相交.德国数学家舒伯特给出了一个直观解法.希尔伯特要求将问题一般化，并给以严格的基础.现在已有了一些可计算的方法，它与代数几何学联系不密切.但严格的基础迄今仍未确立.

(16) 代数曲线和代数曲线面的拓扑问题.这个问题分为两部分.前半部分涉及代数曲线含有闭的分支曲线的最大数目.后半部分要求讨论极限环的最大个数和相对位置，其中 X,Y 是关于 x,y 的 n 次多项式.苏联的彼得罗夫斯基曾宣称证明了 $n=2$ 时极限环的个数不超过 3，但这一结论是错误的，中国数学家史松龄和王明淑举出了反例(1979 年).

(17) 半正定形式的平方和表示.一个实系数 n 元多项式对一切数组 $(x_1,x_2,\cdots,x_n)$ 都恒大于或等于 0，是否都能写成平方和的形式？1927 年奥地利数学家阿廷证明这是对的.

(18) 用全等多面体构造空间.德国数学家比勃马赫(1910 年)、美国数学家莱因哈特(1928 年)给出了部分解决方法.

(19) 正则变分问题的解是否一定解析.人们对这一问题的研究很少，苏联数学家伯恩斯坦和彼得罗夫斯基等得出了一些结果.

(20) 一般边值问题.这一问题进展十分迅速，已成为一个很大的数学分支，目前还在继续研究.

(21) 具有给定单值群的线性微分方程解的存在性证明.这一问题已由希尔伯特本人(1905 年)和罗尔(1957 年)解决.

(22) 由自守函数构成的解析函数的单值化.它涉及黎曼曲面论，1907 年德国数学家克伯获得重要突破，但尚未解决.

(23) 变分法的进一步发展.这并不是一个明确的数学问题，只是谈了对变分法的一般看法，20 世纪以来变分法有了很大的发展.

这 23 个问题涉及现代数学大部分重要领域，推动了 20 世纪数学的发展.希尔伯特提出的 23 个问题是继往开来的.说它“继往”，是因为它总结了 19 世纪几乎所有未解决的重要问题；说它“开来”，是因为这些问题的确推动了 20 世纪数学的进步.回顾一个世纪数学的发展,我们的确可以看到希尔伯特通过他自己的工作和提出的问题,把20世纪的数学带上一条健康发展的道路.

希尔伯特认为数学发展的动力在于那些有价值的问题.事实上,在他的文章中不止提出了这23个问题,还提出了其他的问题,如:伯努利最速降线问题促使变分法形成;费马大定理的研究给出了理想数理论;三体问题是庞加莱发展新的天体力学方法的原动力;等等.他自己也希望他所提出的问题能够像上述23个问题一样促进数学的发展.当然,即使像希尔伯特这样的数学巨人,也会有他的局限性.他的研究基本上没有涉及庞加莱的组合拓扑内容、嘉当关于李代数的内容,以及黎曼几何与张量分析、群表示论的内容.但是,他的工作和他的问题与20世纪特别是20世纪上半世纪一半以上的数学研究有联系.而到20世纪末,数学已发展成庞大的领域,很难找到一个人提出全面数学问题的清单.

希尔伯特个人巨大的影响,使得许多数学家开始研究他的问题,这在很大程度上促进了数学的发展.至今尚有一些问题没有得到解决,如最著名的是黎曼猜想,已经成为人们关注的焦点.在此不一一罗列那些无论是肯定还是否定他初始问题的结果,而是讨论它们更重要的影响,让数学家明白提出有吸引力的问题的重要性.20世纪还有很多重要的问题,如Weil猜想.这些问题的提出或多或少受到希尔伯特问题的影响,这才是希尔伯特的最大贡献.

然而,数学的未来并不限于这些问题.事实上,在某些问题之外还存在着一个崭新的数学世界,等待我们去发现、去开发.我们坚信,这些问题的解决将打开一个我们不曾想象到的数学新世界.

本章小结

本章讨论了平面直角坐标系中二次方程

$$a_{11}x^2+2a_{12}xy+a_{22}y^2+2a_{13}x+2a_{23}y+a_{33}=0$$

确定的曲线.首先,介绍了将一般二次方程转换成标准方程的直角坐标变换(移轴变换、转轴变换、一般坐标变换);其次,从直线与一般二次曲线相交入手,介绍了一般二次曲线的渐近方向、中心、渐近线、切线、直径、主直径等重要概念及相关性质,导出了二次曲线不同角度下的分类;最后,根据二次曲线方程系数在坐标变换下的变化规律,给出了利用直角坐标变化化简二次曲线方程的方法,进而得到二次曲线的分类和判别方法,此外还介绍了利用不变量I_1,I_2,I_3和半不变量K_1化简二次曲线方程、利用主直径和主方向化简一般二次曲线方程的方法,并在此基础上对二次曲线的类型与形状进行判定.

1. 直角坐标变换

移轴变换公式：$\begin{cases} x=x'+x_0, \\ y=y'+y_0. \end{cases}$

移轴变换的逆变换公式：$\begin{cases} x'=x-x_0, \\ y'=y-y_0. \end{cases}$

转轴变换公式：$\begin{cases} x=x'\cos\alpha-y'\sin\alpha, \\ y=x'\sin\alpha+y'\cos\alpha. \end{cases}$

转抽变换的逆变换公式：$\begin{cases} x'=x\cos\alpha+y\sin\alpha, \\ y'=-x\sin\alpha+y\cos\alpha. \end{cases}$

一般坐标变换公式：$\begin{cases} x=x'\cos\alpha-y'\sin\alpha+x_0, \\ y=x'\sin\alpha+y'\cos\alpha+y_0. \end{cases}$

一般坐标变换的逆变换公式：$\begin{cases} x'=x\cos\alpha+y\sin\alpha-(x_0\cos\alpha+y_0\sin\alpha), \\ y'=-x\sin\alpha+y\cos\alpha-(-x_0\sin\alpha+y_0\cos\alpha). \end{cases}$

平面直角坐标变换公式是由新坐标系的原点坐标(x_0,y_0)与坐标轴的旋转角α决定的.

2. 二次曲线与直线的相关位置

(1) $\Phi(X,Y)\neq 0$.

$$\Delta=4[XF_1(x_0,y_0)+YF_2(x_0,y_0)]^2-4\Phi(X,Y)\cdot F(x_0,y_0),$$

$$\Delta'=[XF_1(x_0,y_0)+YF_2(x_0,y_0)]^2-\Phi(X,Y)\cdot F(x_0,y_0).$$

二次曲线与直线的相关位置可分为三种情况：

① $\Delta'>0$,直线与二次曲线有两个不同的实交点.

② $\Delta'=0$,直线与二次曲线有两个重合的实交点.

③ $\Delta'<0$,直线与二次曲线交于两个共轭的虚点.

(2) $\Phi(X,Y)=0$.二次曲线与直线的相关位置又可分为三种情况：

① $XF_1(x_0,y_0)+YF_2(x_0,y_0)\neq 0$,直线与二次曲线有唯一的实交点.

② $XF_1(x_0,y_0)+YF_2(x_0,y_0)=0$, $F(x_0,y_0)\neq 0$,直线与二次曲线没有交点.

③ $XF_1(x_0,y_0)+YF_2(x_0,y_0)=0$, $F(x_0,y_0)=0$,直线在二次曲线上.

3. 二次曲线的渐进方向、中心和渐近线

满足条件

$$\Phi(X,Y)=a_{11}X^2+2a_{12}XY+a_{22}Y^2=0$$

的方向$X:Y$称为二次曲线的渐近方向,否则称为非渐近方向.

没有实渐近方向的二次曲线称为椭圆型曲线,有一个实渐近方向的二次曲线称为抛物型曲线,有两个实渐近方向的二次曲线称为双曲型曲线.

二次曲线按照其渐近方向可以分为三种类型：

① 椭圆型曲线：$I_2>0$；

② 抛物型曲线：$I_2=0$；

③ 双曲型曲线：$I_2<0$.

二次曲线的中心方程组

$$\begin{cases}F_1(x_0,y_0)\equiv a_{11}x_0+a_{12}y_0+a_{13}=0,\\F_2(x_0,y_0)\equiv a_{12}x_0+a_{22}y_0+a_{23}=0\end{cases}$$

的解称为二次曲线的中心.

坐标原点是二次曲线的中心，其充要条件是二次曲线方程中不含 x 与 y 的一次项.

有唯一中心的二次曲线称为中心二次曲线，没有中心的二次曲线称为无心二次曲线，有一条中心直线的二次曲线称为线心二次曲线，无心二次曲线和线心二次曲线统称为非中心二次曲线.

二次曲线按照其中心的分类如下：

① 中心二次曲线：$I_2=\begin{vmatrix}a_{11}&a_{12}\\a_{12}&a_{22}\end{vmatrix}\neq0$；

② 非中心二次曲线：$I_2=\begin{vmatrix}a_{11}&a_{12}\\a_{12}&a_{22}\end{vmatrix}=0$，即$\dfrac{a_{11}}{a_{12}}=\dfrac{a_{12}}{a_{22}}$.

i. 无心二次曲线：$\dfrac{a_{11}}{a_{12}}=\dfrac{a_{12}}{a_{22}}\neq\dfrac{a_{13}}{a_{23}}$；

ii. 线心二次曲线：$\dfrac{a_{11}}{a_{12}}=\dfrac{a_{12}}{a_{22}}=\dfrac{a_{13}}{a_{23}}$.

经过二次曲线的中心，以二次曲线的渐近方向为方向的直线称为二次曲线的渐近线.

4. 二次曲线的切线

如果直线与二次曲线相交于相互重合的两个点，那么这条直线称为二次曲线的切线，这个重合的交点称为切点；如果直线全部在二次曲线上，也称它为二次曲线的切线，直线上的每一个点都可以看作切点.

如果点(x_0,y_0)是二次曲线的正则点，那么通过点(x_0,y_0)的切线方程为

$$(x-x_0)F_1(x_0,y_0)+(y-y_0)F_2(x_0,y_0)=0,$$

或 $a_{11}x_0x+a_{12}(x_0y+xy_0)+a_{22}y_0y+a_{13}(x+x_0)+a_{23}(y+y_0)+a_{33}=0$,
点(x_0,y_0)是切点.

如果点(x_0,y_0)是二次曲线的奇异点，那么通过点(x_0,y_0)的切线不确定，或者说通过点(x_0,y_0)的每一条直线都是二次曲线的切线.

5. 二次曲线的直径

二次曲线的平行弦中点的轨迹称为这个二次曲线的直径，它所对应的平行弦称为共轭于这条直径的共轭弦，这条直径也称为共轭于平行弦方向的直径.

二次曲线的共轭于非渐近方向 $X:Y$ 的直径方程为

$$XF_1(x,y)+YF_2(x,y)=0.$$

如果二次曲线的一族平行弦的斜率为 k，那么共轭于这族平行弦的直径方程为

$$F_1(x,y)+kF_2(x,y)=0.$$

当二次曲线为中心曲线时，它的全部直径形成一个中心直线束，这个直线束的中心就是二次曲线的中心.

当二次曲线为无心曲线时，它的全部直径形成一个平行直线束，它的方向为二次曲线的渐近方向 $X:Y=-a_{12}:a_{11}=-a_{22}:a_{12}$.

当二次曲线为线心曲线时，二次曲线只有一条直径，其方程为

$$a_{11}x+a_{12}y+a_{13}=0\text{（或 }a_{12}x+a_{22}y+a_{23}=0\text{）},$$

即线心二次曲线的中心直线.

中心二次曲线渐近线的方程为

$$XF_1(x,y)+YF_2(x,y)=0,$$

其中 $X:Y$ 为二次曲线的渐近方向.

6. 二次曲线的主直径与主方向

二次曲线的垂直于其共轭弦的直径称为二次曲线的主直径，主直径的方向与垂直于主直径的方向都称为二次曲线的主方向.

解特征方程 $\lambda^2-I_1\lambda+I_2=0$，得特征根 λ_1,λ_2.

将特征根代入方程组 $\begin{cases}(a_{11}-\lambda)X+a_{12}Y=0,\\ a_{12}X+(a_{22}-\lambda)Y=0,\end{cases}$ 求出主方向 $X:Y$.

再将主方向代入直径方程 $XF_1(x,y)+YF_2(x,y)=0$，得主直径.

由二次曲线的特征根 λ 确定的主方向 $X:Y$，当 $\lambda\neq0$ 时，为二次曲线的非渐近主方向；当 $\lambda=0$ 时，为二次曲线的渐近主方向.

7. 利用直角坐标变换化简二次曲线方程

① 移轴变换下二次曲线方程系数的变化规律：

i. 二次项系数不变：$a'_{11}=a_{11},a'_{12}=a_{12},a'_{22}=a_{22}$；

ii. 一次项系数变为 $F_1(x_0,y_0)$ 和 $F_2(x_0,y_0)$；

iii. 常数项变为 $F(x_0,y_0)$.

② 转轴变换下二次曲线方程系数的变化规律：

i. 二次项系数改变，但只与原二次项系数及旋转角有关；

ii. 一次项系数改变,但只与原一次项系数及旋转角有关;

iii. 常数项不变:$a'_{33}=a_{33}$.

③ 二次曲线的判别、化简与分类:

利用移轴变换和转轴变换化简二次曲线,先对曲线类型进行判别:$I_2>0$(椭圆型),$I_2<0$(双曲型),$I_2=0$(抛物型).

对于中心二次曲线,$I_2\neq 0$,采用“先移后转”的方法较为简便;对于非中心二次曲线,$I_2=0$,采用“先转后移”的方法较为简便.二次曲线按标准方程可以分为3类9种.

8. 利用不变量及半不变量化简二次曲线方程

二次曲线有三个不变量 I_1,I_2,I_3 和一个半不变量 K_1.

若曲线为中心二次曲线,$I_2\neq 0$,则标准方程为 $\lambda_1x^2+\lambda_2y^2+\dfrac{I_3}{I_2}=0$,其中 λ_1,λ_2 是特征方程 $\lambda^2-I_1\lambda+I_2=0$ 的特征根.

若曲线为无心二次曲线,$I_2=0,I_3\neq 0$,则标准方程为 $I_1y^2\pm 2\sqrt{-\dfrac{I_3}{I_1}}x=0$.

若曲线是线心二次曲线,$I_2=0,I_3=0$,则标准方程为 $I_1y^2+\dfrac{K_1}{I_1}=0$.

二次曲线按照不变量的分类(3 类 9 种):

① 椭圆:$I_2>0,I_1I_3<0$;

② 虚椭圆:$I_2>0,I_1I_3>0$;

③ 点椭圆(或称两条交于实点的共轭虚直线):$I_2>0,I_3=0$;

④ 双曲线:$I_2<0,I_3\neq 0$;

⑤ 两条相交直线:$I_2<0,I_3=0$;

⑥ 抛物线:$I_2=0,I_3\neq 0$;

⑦ 两条平行直线:$I_2=I_3=0,K_1<0$;

⑧ 两条平行虚直线:$I_2=I_3=0,K_1>0$;

⑨ 两条重合直线:$I_2=I_3=K_1=0$.

二次曲线方程表示两条直线(实的或虚的,不同的或重合的)的充要条件为 $I_3=0$.

*9. 利用主直径化简二次曲线方程

将主直径作为新坐标系的坐标轴,作坐标变换,便可将二次曲线方程化为标准方程.

需要重视的是,本章提出的二次曲线在直角坐标变换下的“不变量”和“半不变量”这两个概念,是基于二次曲线的某些几何量,如离心率、轴长提出的,它们不会因为坐标轴的变化而改变，只由方程的系数确定.在此意义下，“不变量”能够反映曲线与方程的关系.

第 5 章练习题

1. 平移坐标系，使原点移到 $O'(7,-1)$，求坐标变换公式和点 $A(3,2)$，$B(-5,4)$，$C(-4,-1)$，$D(0,-2)$在新坐标系中的坐标.

2. 作适当的移轴变换，使下列曲线在新坐标系中的方程不包含一次项.

(1) $9x^2+25y^2+18x-50y-191=0$；

(2) $4x^2-9y^2-16x+18y-29=0$.

3. 将坐标轴旋转$-\frac{\pi}{3}$，求坐标变换公式和点 $A(1,-1)$，$B(2,4)$，$C(-3,-2)$，$D(0,-1)$在新坐标系中的坐标.

4. 写出下列二次曲线的矩阵 $\mathbf{A}$ 以及 $F_1(x,y)$，$F_2(x,y)$，$F_3(x,y)$.

(1) $\frac{x^2}{a^2}+\frac{y^2}{b^2}=1$；　　(2) $\frac{x^2}{a^2}-\frac{y^2}{b^2}=1$；

(3) $y^2=2px$；　　(4) $x^2-3y^2+5x+2=0$；

(5) $2x^2-xy+y^2-6x+7y-4=0$.

5. 求二次曲线 $x^2-2xy-3y^2-4x-6y+3=0$ 与下列直线的交点.

(1) $5x-y-5=0$；　　(2) $x+2y+2=0$；

(3) $x-3y=0$；　　(4) $2x-6y-9=0$.

6. 试确定 k 的值，使得：

(1) 直线 $x-y+5=0$ 与二次曲线 $x^2-3x+y+k=0$ 交于两个不同的实点；

(2) 直线$\begin{cases}x=1+t\\y=1-t\end{cases}$与二次曲线 $2x^2+4xy+ky^2-x-2y=0$ 有两个共轭虚交点.

7. 求下列二次曲线的渐近方向，并指出曲线属于何种类型.

(1) $x^2+2xy+y^2+3x+y=0$；

(2) $3x^2+4xy+2y^2-6x-2y+5=0$；

(3) $2xy-4x-2y+3=0$.

8. 判断下列二次曲线是中心曲线、无心曲线还是线心曲线.

(1) $x^2-2xy+2y^2-4x-6y+3=0$；

(2) $x^2-4xy+4y^2+2x-2y-1=0$;

(3) $2y^2+8x+12y-3=0$;

(4) $9x^2-6xy+y^2-6x+2y=0$.

9. 求下列二次曲线的中心.

(1) $5x^2-2xy+3y^2-2x+3y-6=0$;

(2) $2x^2+5xy+2y^2-6x-3y+5=0$;

(3) $9x^2-30xy+25y^2+8x-15y=0$;

(4) $4x^2-4xy+y^2+4x-2y=0$.

10. 当 a,b 满足什么条件时,二次曲线 $x^2+6xy+ay^2+3x+by-4=0$:

(1) 有唯一的中心;(2) 没有中心;(3) 有一条中心直线.

11. 求下列二次曲线的渐近线.

(1) $6x^2-xy-y^2+3x+y-1=0$;

(2) $x^2-3xy+2y^2+x-3y+4=0$;

(3) $x^2+2xy+y^2+2x+2y-4=0$.

12. 求下列二次曲线在所给点处或者经过所给点的切线方程.

(1) 曲线 $3x^2+4xy+5y^2-7x-8y-3=0$ 在点(2,1)处;

(2) 曲线 $5x^2+7xy+y^2-x+2y=0$ 在原点处;

(3) 曲线 $x^2+xy+y^2+x+4y+3=0$ 经过点(−2,−1);

(4) 曲线 $2x^2-xy-y^2-x-2y-1=0$ 在点(0,2)处.

13. 求下列二次曲线的奇异点.

(1) $3x^2-2y^2+6x+4y+1=0$;

(2) $2xy+y^2-2x-1=0$;

(3) $x^2-2xy+y^2-2x+2y+1=0$.

14. 求二次曲线 $x^2+2y^2-4x-2y-6=0$ 通过点(8,0)的直径方程,并求其共轭直径方程.

15. 已知二次曲线 $xy-y^2-2x+3y-1=0$ 的直径与 y 轴平行,求它的方程,并求出这条直径的共轭直径.

16. 分别求椭圆$\frac{x^2}{a^2}+\frac{y^2}{b^2}=1$、双曲线$\frac{x^2}{a^2}-\frac{y^2}{b^2}=1$、抛物线 $y^2=2px$ 的主方向和主直径.

17. 求下列二次曲线的主方向和主直径.

(1) $5x^2+8xy+5y^2-18x-18y+9=0$;

(2) $2xy-2x+2y-1=0$;

(3) $9x^2-24xy+16y^2-18x-101y+19=0$;

(4) $x^2+y^2+4x-2y+1=0$.

18. 试证明二次曲线的两个不同特征根确定的主方向互相垂直.

19. 将坐标轴旋转角度 θ,求下列曲线在新坐标系中的方程,并画出图形.

(1) $17x^2-16xy+17y^2=225$, $\theta=\dfrac{\pi}{4}$;

(2) $\sqrt{3}xy-y^2=12$, $\theta=\dfrac{\pi}{6}$.

20. 作适当的转轴变换,使下列曲线在新坐标系中的方程不包含 $x'y'$项,并画出图形.

(1) $x^2-2xy+y^2-x-5=0$;　　　　(2) $x^2-xy+2y^2-4=0$.

21. 求坐标变换公式,已知新坐标系的 x'轴和 y'轴的方程分别为 $x+2y+1=0$ 和 $2x-y-3=0$,且 x 轴到 x'轴的角度小于 π.

22. 经过适当的坐标变换将下列二次曲线的方程化为标准形式,写出坐标变换公式并画出图形.

(1) $10x^2-12xy+5y^2-84x+56y-14=0$;

(2) $9x^2+24xy+16y^2+8x-6y+3=0$;

(3) $3x^2+4xy+2y^2+8x+4y+6=0$;

(4) $5x^2+8xy+5y^2-18x-18y+9=0$.

23. 利用不变量化简下列二次曲线方程.

(1) $4x^2+8xy+4y^2+13x+3y+4=0$;

(2) $3x^2+4xy+10x+12y+7=0$;

(3) $25x^2-20xy+4y^2+20x-10y+5=0$;

(4) $7x^2-18xy-17y^2-28x+36y+8=0$.

24. 求下列二次曲线的方程.

(1) 以点(0,1)为中心,且通过点(2,3),(4,2)与(−1,−3);

(2) 通过点(1,1),(2,1),(−1,−2)且以直线 $x+y-1=0$ 为渐近线.

25. 试求经过原点,且与直线 $4x+3y+2=0$ 相切于点(1,−2),与直线 $x-y-1=0$ 相切于点(0,−1)的二次曲线方程.

26. 按实数 λ 的值讨论方程 $\lambda x^2-2xy+\lambda y^2-2x+2y+5=0$ 表示什么类型的曲线.

27. 证明:若方程 $AB(x^2-y^2)-(A^2-B^2)xy=C$ 中 $C\neq0$,A 与 B 不全为0,则它表示一条双曲线,且渐近线是两条互相垂直的直线 $Ax+By=0$ 和 $Bx-Ay=0$.

28. 若 $a_{11}x^2+2a_{12}xy+a_{22}y^2+2b_1x+2b_2y+c=0$ 是中心二次曲线,写出

中心是原点的条件.

29. 给定方程

$$(A_1x+B_1y+C_1)^2+(A_2x+B_2y+C_2)^2=1,$$

其中,$A_1B_2-A_2B_1=1$,$A_1A_2+B_1B_2=0$.

(1) 证明这个方程表示一个椭圆;

(2) 经过适当的坐标变换将方程化为标准形式.

30. 证明:方程 $a_{11}x^2+2a_{12}xy+a_{22}y^2+2b_1x+2b_2y+c=0$ 确定一个圆必须且只须

$$I_1^2=4I_2,\ I_1I_3<0.$$

31. 证明:若方程 $a_{11}x^2+2a_{12}xy+a_{22}y^2+2b_1x+2b_2y+c=0$ 表示两条平行直线,则这两条直线之间的距离是 $d=\sqrt{-\dfrac{4K_1}{I_1^2}}$.

32. 求经过点$(-2,-1)$和$(0,-2)$且以直线 $x+y+1=0$ 和 $x-y+1=0$ 为对称轴的二次曲线的方程.

33. 证明二次曲线 $4x^2-12xy+9y^2+20x-30y-11=0$ 表示两条平行直线,并求它们之间的距离.

第 5 章测验题

一、填空题(每小题 4 分,共 24 分)

1. 一般二次曲线消去一次项可通过________,消去交叉项可通过________.

2. 中心二次曲线的简化方程是________,无心二次曲线的简化方程是________,线心二次曲线的简化方程是________.

3. 二次曲线类型用 I_2 判别时,可细分为________、________、________.

4. 作转轴变换时规定的旋转角的范围是________,确定旋转角大小的公式是________.

5. 不变量 $I_1=$________,$I_2=$________,$I_3=$________;半不变量 $K_1=$________.

6. 若(x_0,y_0)是二次曲线的对称中心,则它必须且只须满足________.

二、判断题(正确的打"√",错误的打"×",每小题 2 分,共 20 分)

1. 化简二次曲线时先作移轴变换后作转轴变换与先作转轴变换后作移轴变换的结果可能不同. (　　)

2. 讨论二次曲线时,规定有 $F_1(x,y)\equiv a_{11}x+a_{12}y+a_{13}$,$F_2(x,y)\equiv a_{12}x+a_{22}y+a_{23}$. (　　)

3. 二次曲线的非零特征值对应的主方向是非渐近的主方向. (　　)

4. 中心二次曲线至少有两条主直径,非中心二次曲线只有一条主直径. (　　)

5. 中心二次曲线有两条渐近线. (　　)

6. 对于中心二次曲线,采用"先移后转"的方法较为简便. (　　)

7. 对于非中心二次曲线,采用"先转后移"的方法较为简便. (　　)

8. 二次曲线的半不变量 K_1 在移轴变换时不变,转轴变换时会变. (　　)

9. 二次曲线是无心型曲线时 $I_2=0,I_3\neq 0$. (　　)

10. 二次曲线是中心型曲线时 $I_3\neq 0$. (　　)

三、计算题(每小题 8 分,共 32 分)

1. 利用直角坐标变换化简曲线方程 $11x^2+6xy+3y^2-12x-12y-12=0$,写出坐标变换公式,并作出曲线的图形.

2. 利用不变量化简曲线方程 $x^2+xy-2y^2-11x-y+28=0$.

3. 求 λ 的值,使方程 $\lambda x^2+4xy+y^2-4x-2y-3=0$ 表示两条直线.

4. 求二次曲线 $x^2+6xy+8y^2-2x-2y-1=0$ 的渐近线方程.

四、证明题(每小题 8 分,共 24 分)

1. 试证:如果二次曲线 $a_{11}x^2+2a_{12}xy+a_{22}y^2+2a_{13}x+2a_{23}y+a_{33}=0$ 的 $I_1=0$,那么 $I_2<0$.

2. 试证:在任意转轴变换下,二次曲线新、旧方程的一次项系数满足关系式

$$a'^2_{13}+a'^2_{23}=a^2_{13}+a^2_{23}.$$

3. 试证:二次曲线成为线心曲线的充要条件是 $I_2=I_3=0$,成为无心曲线的充要条件是 $I_2=0,I_3\neq 0$.

*第 6 章　二次曲面的一般理论

前几章讨论了平面和直线的一些问题,介绍了球面、柱面、锥面、旋转曲面和椭圆面、双曲面、抛物面等比较常见的二次曲面.本章将在第 4 章讨论常见二次曲面标准方程的基础上,进一步讨论二次曲面的一般理论.

6.1　空间直角坐标变换

在日常生活和生产实践中,经常遇到物体改变位置和形状的现象.开门、搬凳子就是改变物体的位置.阳光通过长方形窗格射到地上,其影像是平行四边形.弹性体在外力作用下的主要表现是变形.本章主要利用坐标法讨论图形变位的情况.

在用坐标法讨论图形变位的时候,首先应选取一个适当的坐标系,并把一个坐标系中的结果转化到另一个坐标系中.要解决这个问题,最基本的是求出同一个点在两个不同的坐标系中的坐标变换公式.

设在空间中给出两个右手直角坐标系 O-xyz 与 O'-$x'y'z'$.$\boldsymbol{i},\boldsymbol{j},\boldsymbol{k}$ 和 $\boldsymbol{i}'$,$\boldsymbol{j}'$,$\boldsymbol{k}'$是两组坐标基向量,它们是空间中的两组标准正交基.前一个坐标系称为旧坐标系,后一个坐标系称为新坐标系.二者之间的位置关系完全可以由新坐标系的原点在旧坐标系中的坐标,以及新坐标系的坐标基向量在旧坐标系中的坐标决定.下面先讨论直角坐标系的移轴变换和转轴变换(也称为平移变换和旋转变换),然后通过移轴变换和转轴变换给出直角坐标变换的一般公式.

6.1.1　移轴变换

设坐标系 $O-xyz$ 与 $O'-x'y'z'$的原点 O 与 O'不同,O'在旧坐标系下的坐标为(x_0,y_0,z_0),但是两个坐标系的坐标基向量相同,$\boldsymbol{i}'=\boldsymbol{i}$,$\boldsymbol{j}'=\boldsymbol{j}$,$\boldsymbol{k}'=\boldsymbol{k}$(如图 6-1),这时新坐标系可以看成由 $O-xyz$ 平移到使 O 与 O'重合而得,这种坐标变换称为**移轴变换**.

现在推导移轴变换公式.设 P 为空间任意一点,它在坐标系 $O-xyz$ 与$O'-x'y'z'$中的坐标分别是(x,y,z)与(x',y',z'),则有

$$\overrightarrow{OP}=x\boldsymbol{i}+y\boldsymbol{j}+z\boldsymbol{k},$$

$$\overrightarrow{O'P}=x'\boldsymbol{i}'+y'\boldsymbol{j}'+z'\boldsymbol{k}'=x'\boldsymbol{i}+y'\boldsymbol{j}+z'\boldsymbol{k},$$

$$\overrightarrow{OO'}=x_0\boldsymbol{i}+y_0\boldsymbol{j}+z_0\boldsymbol{k},$$

由于

$$\overrightarrow{OP}=\overrightarrow{OO'}+\overrightarrow{O'P},$$

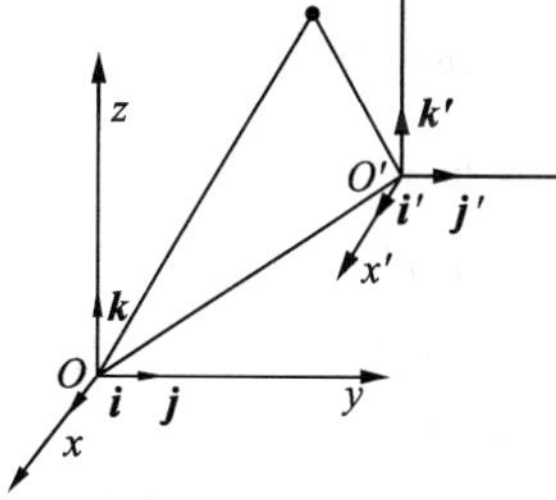

图 6-1

所以有

$$x\boldsymbol{i}+y\boldsymbol{j}+z\boldsymbol{k}=(x'+x_0)\boldsymbol{i}+(y'+y_0)\boldsymbol{j}+(z'+z_0)\boldsymbol{k},$$

从而

$$\begin{cases}x=x'+x_0,\\y=y'+y_0,\\z=z'+z_0.\end{cases}\tag{6.1.1}$$

这就是空间直角坐标系的**移轴公式**.

从方程组(6.1.1)中解出(x',y',z'),就得到**移轴变换的逆变换公式**:

$$\begin{cases}x'=x-x_0,\\y'=y-y_0,\\z'=z-z_0.\end{cases}\tag{6.1.2}$$

例 1　利用移轴变换化简曲面方程 $9x^2+4y^2+36z^2-36x+8y+4=0$,从而判别该方程代表的曲面.

解　将方程左边配方得

$$9(x^2-4x+4)+4(y^2+2y+1)+36z^2-36=9(x-2)^2+4(y+1)^2+36z^2-36,$$

化简方程,得

$$\frac{(x-2)^2}{4}+\frac{(y+1)^2}{9}+z^2=1.$$

作移轴变换

$$\begin{cases}x'=x-2,\\y'=y+1,\\z'=z,\end{cases}$$

即将坐标原点移到点 $O'(2,-1,0)$,可得在新坐标系中的曲面方程为

$$\frac{x'^2}{4}+\frac{y'^2}{9}+z'^2=1.$$

它是椭球面.

6.1.2 转轴变换

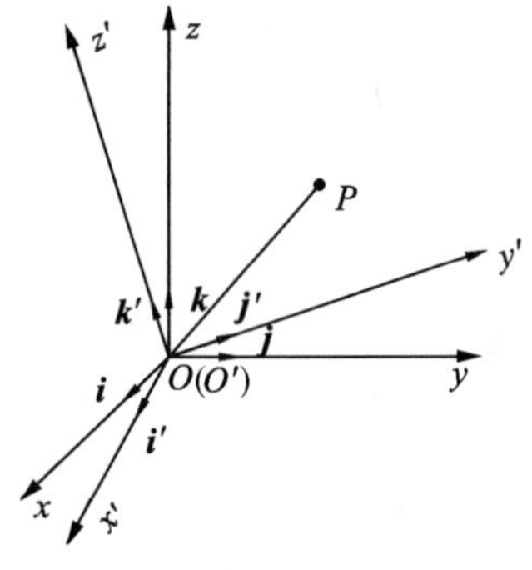

图 6-2

设两个右手直角坐标系 $O-xyz$ 与 $O'-x'y'z'$ 的原点相同，但坐标基向量 $\boldsymbol{i},\boldsymbol{j},\boldsymbol{k}$ 与 $\boldsymbol{i}',\boldsymbol{j}',\boldsymbol{k}'$ 不同，这时新坐标系可以看成由旧坐标系绕原点旋转，使得 $\boldsymbol{i},\boldsymbol{j},\boldsymbol{k}$ 分别与 $\boldsymbol{i}',\boldsymbol{j}',\boldsymbol{k}'$ 重合得到的(如图 6-2)，这种坐标变换称为**转轴变换**.

下面推导转轴变换公式.具有相同原点的两坐标系之间的位置关系完全由新、旧坐标轴的夹角决定，如表 6-1 所示.

表 6-1　新、旧坐标系坐标轴的夹角

新坐标系	旧坐标系		
	x 轴($\boldsymbol{i}$)	y 轴($\boldsymbol{j}$)	z 轴($\boldsymbol{k}$)
x'轴($\boldsymbol{i}'$)	α_1	β_1	γ_1
y'轴($\boldsymbol{j}'$)	α_2	β_2	γ_2
z'轴($\boldsymbol{k}'$)	α_3	β_3	γ_3

由于 $\boldsymbol{i}',\boldsymbol{j}',\boldsymbol{k}'$ 都是单位向量，其坐标为它的 3 个方向余弦.故从表 6-1 可知

$$\begin{cases}\boldsymbol{i}'=\boldsymbol{i}\cos\alpha_1+\boldsymbol{j}\cos\beta_1+\boldsymbol{k}\cos\gamma_1=(\cos\alpha_1,\cos\beta_1,\cos\gamma_1),\\ \boldsymbol{j}'=\boldsymbol{i}\cos\alpha_2+\boldsymbol{j}\cos\beta_2+\boldsymbol{k}\cos\gamma_2=(\cos\alpha_2,\cos\beta_2,\cos\gamma_2),\\ \boldsymbol{k}'=\boldsymbol{i}\cos\alpha_3+\boldsymbol{j}\cos\beta_3+\boldsymbol{k}\cos\gamma_3=(\cos\alpha_3,\cos\beta_3,\cos\gamma_3).\end{cases}\tag{6.1.3}$$

设空间任意一点 P，它在旧坐标系中的坐标为 (x,y,z)，在新坐标系中的坐标为 (x',y',z')，则有

$$\overrightarrow{OP}=x\boldsymbol{i}+y\boldsymbol{j}+z\boldsymbol{k},\overrightarrow{O'P'}=x'\boldsymbol{i}'+y'\boldsymbol{j}'+z'\boldsymbol{k}'.$$

由于点 O 与 O' 重合，由上面两式得

$$x\boldsymbol{i}+y\boldsymbol{j}+z\boldsymbol{k}=x'\boldsymbol{i}'+y'\boldsymbol{j}'+z'\boldsymbol{k}'.$$

将式(6.1.3)代入上式得

$$\begin{aligned}x\boldsymbol{i}+y\boldsymbol{j}+z\boldsymbol{k}=&(x'\cos\alpha_1+y'\cos\alpha_2+z'\cos\alpha_3)\boldsymbol{i}+\\&(x'\cos\beta_1+y'\cos\beta_2+z'\cos\beta_3)\boldsymbol{j}+\\&(x'\cos\gamma_1+y'\cos\gamma_2+z'\cos\gamma_3)\boldsymbol{k}.\end{aligned}$$

于是有

$$\begin{cases}x=x'\cos\alpha_1+y'\cos\alpha_2+z'\cos\alpha_3,\\y=x'\cos\beta_1+y'\cos\beta_2+z'\cos\beta_3,\\z=x'\cos\gamma_1+y'\cos\gamma_2+z'\cos\gamma_3.\end{cases}\tag{6.1.4}$$

这就是**空间直角坐标变换的转轴公式**.注意 $\boldsymbol{i}',\boldsymbol{j}',\boldsymbol{k}'$ 在旧坐标系中的坐标为式(6.1.4)中的各列系数.

转轴的逆变换公式为

$$\begin{cases}x'=x\cos\alpha_1+y\cos\beta_1+z\cos\gamma_1,\\y'=x\cos\alpha_2+y\cos\beta_2+z\cos\gamma_2,\\z'=x\cos\alpha_3+y\cos\beta_3+z\cos\gamma_3.\end{cases}\tag{6.1.5}$$

例 2　试求空间直角坐标系 $O-xyz$ 绕 z 轴旋转 θ 角的直角坐标变换公式.

解　设新的坐标向量为 $\boldsymbol{i}',\boldsymbol{j}',\boldsymbol{k}'$,显然 $\boldsymbol{k}'=\boldsymbol{k}$.绕 z 轴旋转时,应符合右手法则,因此有

$$\boldsymbol{i}'=\boldsymbol{i}\cos\theta+\boldsymbol{j}\sin\theta=(\cos\theta,\sin\theta,0),$$
$$\boldsymbol{j}'=-\boldsymbol{i}\sin\theta+\boldsymbol{j}\cos\theta=(-\sin\theta,\cos\theta,0).$$

于是坐标变换公式为

$$\begin{cases}x=x'\cos\theta-y'\sin\theta,\\y=x'\sin\theta+y'\cos\theta,\\z=z'.\end{cases}$$

6.2　二次曲面方程系数在直角坐标变换下的变化规律

6.2.1　定义和记号

在空间中,二次曲面的一般方程为

$$\begin{aligned}F(x,y,z)\equiv{}&a_{11}x^2+a_{22}y^2+a_{33}z^2+2a_{12}xy+2a_{13}xz+\\&2a_{23}yz+2a_{14}x+2a_{24}y+2a_{34}z+a_{44}\\={}&0,\end{aligned}\tag{6.2.1}$$

其中二次项系数 $a_{11},a_{22},a_{33},a_{12},a_{13},a_{23}$ 不全为 0.

首先引入下面几个记号

$$F_1(x,y,z)\equiv a_{11}x+a_{12}y+a_{13}z+a_{14},$$
$$F_2(x,y,z)\equiv a_{12}x+a_{22}y+a_{23}z+a_{24},$$
$$F_3(x,y,z)\equiv a_{13}x+a_{23}y+a_{33}z+a_{34},$$
$$F_4(x,y,z)\equiv a_{14}x+a_{24}y+a_{34}z+a_{44}.$$

易验证恒等式

$$F(x,y,z) \equiv xF_1(x,y,z)+yF_2(x,y,z)+zF_3(x,y,z)+F_4(x,y,z) \tag{6.2.2}$$

成立.

记 $F(x,y,z)$的二次项部分为

$$\Phi(x,y,z)=a_{11}x^2+a_{22}y^2+a_{33}z^2+2a_{12}xy+2a_{13}xz+2a_{23}yz, \tag{6.2.3}$$

$F(x,y,z)$和 $\Phi(x,y,z)$的系数所组成的矩阵

$$\boldsymbol{A}=\begin{bmatrix} a_{11} & a_{12} & a_{13} & a_{14} \\ a_{12} & a_{22} & a_{23} & a_{24} \\ a_{13} & a_{23} & a_{33} & a_{34} \\ a_{14} & a_{24} & a_{34} & a_{44} \end{bmatrix}, \quad \overline{\boldsymbol{A}}=\begin{bmatrix} a_{11} & a_{12} & a_{13} \\ a_{12} & a_{22} & a_{23} \\ a_{13} & a_{23} & a_{33} \end{bmatrix}$$

分别称为二次曲面(6.2.1)和二次项(6.2.3)的系数矩阵,它们都是实对称矩阵.

显然,二次曲面(6.2.1)的系数矩阵的各行元素,分别是 $F_1(x,y,z)$, $F_2(x,y,z)$, $F_3(x,y,z)$, $F_4(x,y,z)$中的系数.

记 $\boldsymbol{\delta}^{\mathrm{T}}=(a_{14},a_{24},a_{34})$, $\boldsymbol{\alpha}^{\mathrm{T}}=(x,y,z)$,则 $\boldsymbol{A}$ 可以写成分块矩阵:

$$\boldsymbol{A}=\begin{bmatrix} \overline{\boldsymbol{A}} & \boldsymbol{\delta} \\ \boldsymbol{\delta}^{\mathrm{T}} & a_{44} \end{bmatrix}.$$

二次曲面的方程可以表示成 $F(x,y,z)=[\boldsymbol{\alpha}^{\mathrm{T}}\ 1]\begin{bmatrix} \overline{\boldsymbol{A}} & \boldsymbol{\delta} \\ \boldsymbol{\delta}^{\mathrm{T}} & a_{44} \end{bmatrix}\begin{bmatrix} \boldsymbol{\alpha} \\ 1 \end{bmatrix}=0$,$\Phi(x,y,z)$可以表示成 $\Phi(x,y,z)=\boldsymbol{\alpha}^{\mathrm{T}}\overline{\boldsymbol{A}}\boldsymbol{\alpha}$.记

$$\Phi_1(x,y,z)=a_{11}x+a_{12}y+a_{13}z,$$
$$\Phi_2(x,y,z)=a_{12}x+a_{22}y+a_{23}z,$$
$$\Phi_3(x,y,z)=a_{13}x+a_{23}y+a_{33}z,$$

则有

$$\Phi(x,y,z)=x\Phi_1(x,y,z)+y\Phi_2(x,y,z)+z\Phi_3(x,y,z).$$

再引入几个记号:

$$I_1=a_{11}+a_{22}+a_{33},$$

$$I_2=\begin{vmatrix} a_{11} & a_{12} \\ a_{12} & a_{22} \end{vmatrix}+\begin{vmatrix} a_{11} & a_{13} \\ a_{13} & a_{33} \end{vmatrix}+\begin{vmatrix} a_{22} & a_{23} \\ a_{23} & a_{33} \end{vmatrix},$$

$$I_3=\begin{vmatrix} a_{11} & a_{12} & a_{13} \\ a_{12} & a_{22} & a_{23} \\ a_{13} & a_{23} & a_{33} \end{vmatrix},$$

$$I_4=\begin{vmatrix} a_{11} & a_{12} & a_{13} & a_{14} \\ a_{12} & a_{22} & a_{23} & a_{24} \\ a_{13} & a_{23} & a_{33} & a_{34} \\ a_{14} & a_{24} & a_{34} & a_{44} \end{vmatrix},$$

$$K_1=\begin{vmatrix} a_{11} & a_{14} \\ a_{14} & a_{44} \end{vmatrix}+\begin{vmatrix} a_{22} & a_{24} \\ a_{24} & a_{44} \end{vmatrix}+\begin{vmatrix} a_{33} & a_{34} \\ a_{34} & a_{44} \end{vmatrix},$$

$$K_2=\begin{vmatrix} a_{11} & a_{12} & a_{14} \\ a_{12} & a_{22} & a_{24} \\ a_{14} & a_{24} & a_{44} \end{vmatrix}+\begin{vmatrix} a_{11} & a_{13} & a_{14} \\ a_{13} & a_{33} & a_{34} \\ a_{14} & a_{34} & a_{44} \end{vmatrix}+\begin{vmatrix} a_{22} & a_{23} & a_{24} \\ a_{23} & a_{33} & a_{34} \\ a_{24} & a_{34} & a_{44} \end{vmatrix}.$$

注　I_1 是矩阵 $\bar{\mathbf{A}}$ 的主对角线上的元素之和，I_2 是矩阵 $\bar{\mathbf{A}}$ 的主对角线上的元素的余子式之和，I_3 是矩阵 $\bar{\mathbf{A}}$ 的行列式，I_4 是矩阵 $\mathbf{A}$ 的行列式，K_1 的三项是 I_1 的三项添加上两条“边”而成的三个二阶行列式，K_2 的三项是 I_2 的三项添加上两条“边”而成的三个三阶行列式.以上添加的两条“边”的元素是矩阵 $\mathbf{A}$ 中的第四行与第四列的对应元素.

例 1　已给二次曲面方程 $2xy+2xz+2yz+9=0$，写出它的系数矩阵 $\mathbf{A}$，$\bar{\mathbf{A}}$ 以及 $F_1,F_2,F_3,F_4,I_1,I_2,I_3,I_4,K_1,K_2$.

解　$\mathbf{A}=\begin{bmatrix} 0 & 1 & 1 & 0 \\ 1 & 0 & 1 & 0 \\ 1 & 1 & 0 & 0 \\ 0 & 0 & 0 & 9 \end{bmatrix}$，　$\bar{\mathbf{A}}=\begin{bmatrix} 0 & 1 & 1 \\ 1 & 0 & 1 \\ 1 & 1 & 0 \end{bmatrix}$，

$$F_1=y+z,\ F_2=x+z,\ F_3=x+y,\ F_4=9.$$

$$I_1=0,\ I_2=\begin{vmatrix} 0 & 1 \\ 1 & 0 \end{vmatrix}+\begin{vmatrix} 0 & 1 \\ 1 & 0 \end{vmatrix}+\begin{vmatrix} 0 & 1 \\ 1 & 0 \end{vmatrix}=-3,$$

$$I_3=\begin{vmatrix} 0 & 1 & 1 \\ 1 & 0 & 1 \\ 1 & 1 & 0 \end{vmatrix}=2,\quad I_4=|\mathbf{A}|=18.$$

$$K_1=\begin{vmatrix} 0 & 0 \\ 0 & 9 \end{vmatrix}+\begin{vmatrix} 0 & 0 \\ 0 & 9 \end{vmatrix}+\begin{vmatrix} 0 & 0 \\ 0 & 9 \end{vmatrix}=0,$$

$$K_2=\begin{vmatrix} 0 & 1 & 0 \\ 1 & 0 & 0 \\ 0 & 0 & 9 \end{vmatrix}+\begin{vmatrix} 0 & 1 & 0 \\ 1 & 0 & 0 \\ 0 & 0 & 9 \end{vmatrix}+\begin{vmatrix} 0 & 1 & 0 \\ 1 & 0 & 0 \\ 0 & 0 & 9 \end{vmatrix}=-18.$$

6.2.2　二次曲面方程系数在直角坐标变换下的变化规律

设在空间中给出两个右手直角坐标系 $O-xyz$ 与 $O'-x'y'z'$，现讨论二次曲

面方程(6.2.1)的系数在直角坐标变换下的变化规律.由于空间直角坐标变换包括移轴变换和转轴变换,因此下面分别讨论移轴变换和转轴变换对二次曲面方程系数的影响.

6.2.2.1　移轴变换下二次曲面方程系数的变化规律

设 P 为空间任意一点,它在坐标系 $O-xyz$ 与坐标系 $O'-x'y'z'$ 下的坐标分别是 (x,y,z) 与 (x',y',z'),则由 6.1 节内容可知移轴公式为

$$\begin{cases} x=x'+x_0, \\ y=y'+y_0, \\ z=z'+z_0, \end{cases}$$

代入一般二次曲面方程(6.2.1)中,比较新、旧方程的系数关系,可以得到二次曲面方程系数的变化规律:

(1) 二次项系数不变;

(2) 一次项系数分别变为 $F_1(x_0,y_0,z_0)$, $F_2(x_0,y_0,z_0)$, $F_3(x_0,y_0,z_0)$;

(3) 常数项变为 $F(x_0,y_0,z_0)$.

从而,若取新坐标系的坐标原点为 (x_0,y_0,z_0),且满足如下条件:

$$\begin{cases} F_1(x_0,y_0,z_0)=a_{11}x_0+a_{12}y_0+a_{13}z_0+a_{14}=0, \\ F_2(x_0,y_0,z_0)=a_{12}x_0+a_{22}y_0+a_{23}z_0+a_{24}=0, \\ F_3(x_0,y_0,z_0)=a_{13}x_0+a_{23}y_0+a_{33}z_0+a_{34}=0, \end{cases} \tag{6.2.4}$$

则在新坐标系下,方程中将无一次项.方程中没有一次项时,曲面关于原点对称,因此当方程组(6.2.4)有解 (x_0,y_0,z_0) 时,点 (x_0,y_0,z_0) 就是曲面的对称中心.若对称中心是唯一的,则称其为**曲面的中心**.曲面称为**中心二次曲面**.方程组(6.2.4)称为**中心方程组**.

显然,当 $I_3\neq0$ 时,方程组(6.2.4)有唯一解,曲面称为**中心二次曲面**或**有心二次曲面**;当 $I_3=0$ 时,方程组(6.2.4)没有解或有无穷多解,曲面称为**非中心二次曲面**或**无心二次曲面**.

例 2　利用移轴变换化简曲面方程 $9x^2+2y^2-3z^2-36x-4y+20=0$,从而判别这个方程表示的曲面是哪种曲面.

解法 1　利用配方法,将方程左边变为

$$9(x^2-4x+4)+2(y^2-2y+1)-3z^2-18=9(x-2)^2+2(y-1)^2-3z^2-18,$$

化简曲面方程得

$$\frac{(x-2)^2}{2}+\frac{(y-1)^2}{9}-\frac{z^2}{6}-1=0.$$

作移轴变换

$$\begin{cases} x'=x-2, \\ y'=y-1, \\ z'=z, \end{cases}$$

即将坐标原点移到点 $O'(2,1,0)$，在新坐标系中，曲面方程为

$$\frac{x'^2}{2}+\frac{y'^2}{9}-\frac{z'^2}{6}=1.$$

它是单叶双曲面.

解法 2　中心方程组为

$$\begin{cases} F_1(x,y,z)=9x-18=0, \\ F_2(x,y,z)=2y-2=0, \\ F_3(x,y,z)=-3z=0, \end{cases}$$

解之得曲面的中心为(2,1,0).

同解法 1 作移轴变换即可得化简后的曲面方程为

$$\frac{x'^2}{2}+\frac{y'^2}{9}-\frac{z'^2}{6}=1.$$

它表示单叶双曲面.

例 3　求二次曲面 $x^2+y^2+z^2-4xy-4xz-4yz-3=0$ 的中心.

解　中心方程组为

$$\begin{cases} F_1(x,y,z)=x-2y-2z=0, \\ F_2(x,y,z)=-2x+y-2z=0, \\ F_3(x,y,z)=-2x-2y+z=0, \end{cases}$$

解之得二次曲面的中心为(0,0,0).

6.2.2.2　转轴变换下二次曲面方程系数的变化规律

设空间任意一点 P，它在旧坐标系中的坐标为(x,y,z)，在新坐标系中的坐标为(x',y',z')，则由 6.1 节可知转轴变换公式为

$$\begin{cases} x=x'\cos\alpha_1+y'\cos\alpha_2+z'\cos\alpha_3, \\ y=x'\cos\beta_1+y'\cos\beta_2+z'\cos\beta_3, \\ z=x'\cos\gamma_1+y'\cos\gamma_2+z'\cos\gamma_3. \end{cases}$$

将其代入二次曲面方程(6.2.1)中，化简整理，比较新、旧方程系数的关系，可以得到二次曲面方程系数的变化规律：

(1) 二次项系数一般要改变，但只与原方程的二次项系数及旋转角有关，而与一次项系数和常数项无关；

(2) 一次项系数一般要改变，但只与原方程的一次项系数及旋转角有关，而与二次项系数和常数项无关；

(3) 常数项不变.

上述转轴公式类似于代数中的正交变换,通过转轴变换可以将二次曲面中的交叉项消去.

例 4 利用转轴变换判别方程 $z=xy$ 所表示的曲面.

解 由题意可知,直角坐标系绕 z 轴旋转 α 角得到的坐标变换公式为

$$\begin{cases}x=x'\cos\alpha-y'\sin\alpha,\\ y=x'\sin\alpha+y'\cos\alpha,\\ z=z'.\end{cases}$$

将其代入 $z=xy$,得

$$\begin{aligned}z'&=\cos\alpha\sin\alpha(x'^2-y'^2)+(\cos^2\alpha-\sin^2\alpha)x'y'\\&-\frac{1}{2}(\sin 2\alpha)(x'^2-y'^2)+(\cos 2\alpha)x'y'.\end{aligned}$$

若要消去 $x'y'$项,取 $\alpha=\frac{\pi}{4}$,则坐标系绕 z 轴旋转而得的坐标变换公式为

$$\begin{cases}x=\frac{1}{\sqrt{2}}(x'-y'),\\ y=\frac{1}{\sqrt{2}}(x'+y'),\\ z=z'.\end{cases}$$

这时原方程变为 $z'=\frac{x'^2}{2}-\frac{y'^2}{2}$,它表示双曲抛物面.

6.3 直角坐标变换下二次曲面方程的化简与分类

由 6.2 节的学习知道,一个较为复杂的二次曲面方程,可以通过直角坐标变换进行化简,从而可剖析其所对应曲面的标准方程及其分类.

本节将讨论在直角坐标系中一般二次曲面方程的一般理论,包括二次曲面的判别、化简与分类.

6.3.1 代数理论

由代数知识知道,实对称矩阵可用正交矩阵对角化,即已知实对称矩阵 $\bar{A}$,存在正交矩阵 T,使 $T^{\mathrm{T}}\bar{A}T$ 为对角矩阵,且对角线上的元素为 $\bar{A}$ 的特征值(特征根)$\lambda_1,\lambda_2,\lambda_3$,即方程

$$\det(\bar{A}-\lambda E)=0$$

的根,它们全为实数,因而有

$$T^{\mathrm{T}}\bar{A}T=\begin{bmatrix}\lambda_1 & & \\ & \lambda_2 & \\ & & \lambda_3\end{bmatrix}=\boldsymbol{\Lambda}.$$

对于二次曲面方程(6.2.1)，保持原点不动，设从旧坐标系 $O-xyz$ 到新坐标系 $O'-x'y'z'$ 的过渡矩阵为 $\boldsymbol{T}$(即存在转轴变换)，利用6.2节中引入的记号，则有

$$\boldsymbol{\alpha}=\boldsymbol{T}\boldsymbol{\alpha}', \tag{6.3.1}$$

$$\begin{bmatrix}\boldsymbol{\alpha}\\1\end{bmatrix}=\begin{bmatrix}\boldsymbol{T} & 0\\0 & 1\end{bmatrix}\begin{bmatrix}\boldsymbol{\alpha}'\\1\end{bmatrix}. \tag{6.3.2}$$

将式(6.3.2)代入二次曲面方程(6.2.1)中得

$$\begin{aligned}[\boldsymbol{\alpha}^{\mathrm{T}}\ 1]\begin{bmatrix}\bar{A} & \boldsymbol{\delta}\\ \boldsymbol{\delta}^{\mathrm{T}} & a_{44}\end{bmatrix}\begin{bmatrix}\boldsymbol{\alpha}\\1\end{bmatrix}&=[\boldsymbol{\alpha}'^{\mathrm{T}}\ 1]\begin{bmatrix}\boldsymbol{T}^{\mathrm{T}} & 0\\0 & 1\end{bmatrix}\begin{bmatrix}\bar{A} & \boldsymbol{\delta}\\ \boldsymbol{\delta}^{\mathrm{T}} & a_{44}\end{bmatrix}\begin{bmatrix}\boldsymbol{T} & 0\\0 & 1\end{bmatrix}\begin{bmatrix}\boldsymbol{\alpha}'\\1\end{bmatrix}\\
&=[\boldsymbol{\alpha}'^{\mathrm{T}}\ 1]\begin{bmatrix}\boldsymbol{T}^{\mathrm{T}}\bar{A}\boldsymbol{T} & \boldsymbol{T}^{\mathrm{T}}\boldsymbol{\delta}\\ \boldsymbol{\delta}^{\mathrm{T}}\boldsymbol{T} & a_{44}\end{bmatrix}\begin{bmatrix}\boldsymbol{\alpha}'\\1\end{bmatrix}\\
&=[\boldsymbol{\alpha}'^{\mathrm{T}}\ 1]\begin{bmatrix}\boldsymbol{\Lambda} & \boldsymbol{T}^{\mathrm{T}}\boldsymbol{\delta}\\ \boldsymbol{\delta}^{\mathrm{T}}\boldsymbol{T} & a_{44}\end{bmatrix}\begin{bmatrix}\boldsymbol{\alpha}'\\1\end{bmatrix}.\end{aligned}$$

记 $\boldsymbol{\delta}^{\mathrm{T}}\boldsymbol{T}=(a'_{14},a'_{24},a'_{34})$，则经过直角坐标变换(转轴变换)，曲面方程变为

$$F'(x',y',z')=\lambda_1x'^2+\lambda_2y'^2+\lambda_3z'^2+2a'_{14}x'+2a'_{24}y'+2a'_{34}z'+a_{44}=0. \tag{6.3.3}$$

由以上可知，总能找到适当的右手直角坐标系(转轴变换)使二次曲面的方程具有式(6.3.3)的形式.因此，为简洁起见，不妨设二次曲面的方程就是式(6.3.3)的形式.

6.3.2　二次曲面的分类与化简

在方程(6.3.3)的基础之上，通过配方，再作移轴变换，就可将方程(6.3.3)进一步化简，并了解其所对应的曲面.

6.3.2.1　情形1:$\lambda_1,\lambda_2,\lambda_3$ 都不为0

此时，$I_3\neq0$，即曲面为中心二次曲面.作移轴变换

$$\begin{cases}x'=x+\dfrac{a_{14}}{\lambda_1},\\[2mm] y'=y+\dfrac{a_{24}}{\lambda_2},\\[2mm] z'=z+\dfrac{a_{34}}{\lambda_3},\end{cases}$$

则有

$$F(x,y,z)=\lambda_1\left(x+\frac{a_{14}}{\lambda_1}\right)^2+\lambda_2\left(y+\frac{a_{24}}{\lambda_2}\right)^2+\lambda_3\left(z+\frac{a_{34}}{\lambda_3}\right)^2-\frac{a_{14}^2}{\lambda_1}-\frac{a_{24}^2}{\lambda_2}-\frac{a_{34}^2}{\lambda_3}+a_{44}=0.$$

令常数项 $a'_{44}=-\frac{a_{14}^2}{\lambda_1}-\frac{a_{24}^2}{\lambda_2}-\frac{a_{34}^2}{\lambda_3}+a_{44}$,可得

$$\lambda_1x'^2+\lambda_2y'^2+\lambda_3z'^2+a'_{44}=0. \tag{6.3.4}$$

(1) $\lambda_1\lambda_2\lambda_3a'_{44}>0$.

① $\lambda_1,\lambda_2,\lambda_3$ 同号,曲面的标准方程为$\frac{x^2}{a^2}+\frac{y^2}{b^2}+\frac{z^2}{c^2}+1=0$.(虚椭球面)

② $\lambda_1,\lambda_2,\lambda_3$ 异号,曲面的标准方程为$\frac{x^2}{a^2}+\frac{y^2}{b^2}-\frac{z^2}{c^2}-1=0$.(单叶双曲面)

(2) $\lambda_1\lambda_2\lambda_3a'_{44}<0$.

① $\lambda_1,\lambda_2,\lambda_3$ 同号,曲面的标准方程为$\frac{x^2}{a^2}+\frac{y^2}{b^2}+\frac{z^2}{c^2}-1=0$.(椭球面)

② $\lambda_1,\lambda_2,\lambda_3$ 异号,曲面的标准方程为$\frac{x^2}{a^2}+\frac{y^2}{b^2}-\frac{z^2}{c^2}+1=0$.(双叶双曲面)

(3) $a'_{44}=0$.

① $\lambda_1,\lambda_2,\lambda_3$ 同号,曲面的标准方程为$\frac{x^2}{a^2}+\frac{y^2}{b^2}+\frac{z^2}{c^2}=0$.(点)

② $\lambda_1,\lambda_2,\lambda_3$ 异号,曲面的标准方程为$\frac{x^2}{a^2}+\frac{y^2}{b^2}-\frac{z^2}{c^2}=0$.(二次锥面)

6.3.2.2 情形 2:$\lambda_1,\lambda_2,\lambda_3$ 中只有一个为 0

此时,$I_3=0,I_4\neq0$,即曲面为非中心二次曲面.

不妨设 $\lambda_3=0$,作移轴变换

$$\begin{cases}x'=x+\frac{a_{14}}{\lambda_1},\\ y'=y+\frac{a_{24}}{\lambda_2},\\ z'=z,\end{cases}$$

则有

$$\lambda_1x'^2+\lambda_2y'^2+2a_{34}z'+a'_{44}=0. \tag{6.3.5}$$

(1) $a_{34}\neq 0$,再作移轴变换

$$\begin{cases}x''=x',\\ y''=y',\\ z''=z'+\dfrac{a'_{44}}{2a_{34}},\end{cases}$$

则式(6.3.5)可化简为

$$\lambda_1 x''^2+\lambda_2 y''^2+2a_{34}z''=0. \tag{6.3.6}$$

① $\lambda_1\lambda_2>0$,曲面的标准方程为$\dfrac{x^2}{a^2}+\dfrac{y^2}{b^2}=2z$.(椭圆抛物面)

② $\lambda_1\lambda_2<0$,曲面的标准方程为$\dfrac{x^2}{a^2}-\dfrac{y^2}{b^2}=2z$.(双曲抛物面)

(2) $a_{34}=0,a'_{44}\neq 0$,则式(6.3.5)变为

$$\lambda_1 x'^2+\lambda_2 y'^2+a'_{44}=0. \tag{6.3.7}$$

① λ_1,λ_2 同号但与 a'_{44} 异号,曲面的标准方程为$\dfrac{x^2}{a^2}+\dfrac{y^2}{b^2}-1=0$.(椭圆柱面)

② $\lambda_1,\lambda_2,a'_{44}$同号,曲面的标准方程为$\dfrac{x^2}{a^2}+\dfrac{y^2}{b^2}+1=0$.(虚椭圆柱面)

③ $\lambda_1\lambda_2<0$,曲面的标准方程为$\dfrac{x^2}{a^2}-\dfrac{y^2}{b^2}-1=0$.(双曲柱面)

(3) $a_{34}=a'_{44}=0$.

① $\lambda_1\lambda_2>0$,曲面的标准方程为$\dfrac{x^2}{a^2}+\dfrac{y^2}{b^2}=0$.(两个相交于一条实直线的共轭虚平面)

② $\lambda_1\lambda_2<0$,曲面的标准方程为$\dfrac{x^2}{a^2}-\dfrac{y^2}{b^2}=0$.(两个相交平面)

6.3.2.3　情形 3:$\lambda_1,\lambda_2,\lambda_3$ 中有两个为 0

此时 $I_3=0,I_4=0$,不妨设 $\lambda_1\neq 0$,作移轴变换

$$\begin{cases}x'=x+\dfrac{a_{14}}{\lambda_1},\\ y'=y,\\ z'=z,\end{cases}$$

则有

$$\lambda_1 x'^2+2a_{24}y'+2a_{34}z'+a'_{44}=0. \tag{6.3.8}$$

(1) a_{24}, a_{34} 中至少有一个不为 0,作变换

$$\begin{cases} x''=x', \\ y''=\dfrac{2a_{24}y'+2a_{34}z'+a'_{44}}{2\sqrt{a_{24}^2+a_{34}^2}}, \\ z''=\dfrac{-a_{34}y'+a_{24}z'}{\sqrt{a_{24}^2+a_{34}^2}}. \end{cases}$$

通过此变换,方程(6.3.8)可化简成如下标准形式:

$x^2=2py$.(抛物柱面)

(2) $a_{24}=a_{34}=0$.

① λ_1 与 a'_{44} 异号,曲面的标准方程为 $x^2-a^2=0$.(两个平行平面)

② λ_1 与 a'_{44} 同号,曲面的标准方程为 $x^2+a^2=0$.(两个平行的共轭虚平面)

③ $a'_{44}=0$,曲面的标准方程为 $x^2=0$.(两个重合平面)

综合以上结论,可得下列定理.

定理 选取适当的坐标系,二次曲面方程(6.2.1)总可以化简为以下五类简化方程中的一类:

(Ⅰ) $a_{11}x^2+a_{22}y^2+a_{33}z^2+a_{44}=0,\ a_{11}a_{22}a_{33}\neq 0$;

(Ⅱ) $a_{11}x^2+a_{22}y^2+2a_{34}z=0,\ a_{11}a_{22}a_{34}\neq 0$;

(Ⅲ) $a_{11}x^2+a_{22}y^2+a_{44}=0,\ a_{11}a_{22}\neq 0$;

(Ⅳ) $a_{11}x^2+2a_{24}y=0,\ a_{11}a_{24}\neq 0$;

(Ⅴ) $a_{11}x^2+a_{44}=0,\ a_{11}\neq 0$,

并且可以写成下面十七种标准方程中的一种:

(1) $\dfrac{x^2}{a^2}+\dfrac{y^2}{b^2}+\dfrac{z^2}{c^2}=1$ (椭球面);

(2) $\dfrac{x^2}{a^2}+\dfrac{y^2}{b^2}+\dfrac{z^2}{c^2}=-1$ (虚椭球面);

(3) $\dfrac{x^2}{a^2}+\dfrac{y^2}{b^2}+\dfrac{z^2}{c^2}=0$ (点);

(4) $\dfrac{x^2}{a^2}+\dfrac{y^2}{b^2}-\dfrac{z^2}{c^2}=1$ (单叶双曲面);

(5) $\dfrac{x^2}{a^2}+\dfrac{y^2}{b^2}-\dfrac{z^2}{c^2}=-1$ (双叶双曲面);

(6) $\dfrac{x^2}{a^2}+\dfrac{y^2}{b^2}-\dfrac{z^2}{c^2}=0$ (二次锥面);

(7) $\dfrac{x^2}{a^2}+\dfrac{y^2}{b^2}=2z$ (椭圆抛物面);

(8) $\frac{x^2}{a^2}-\frac{y^2}{b^2}=2z$　(双曲抛物面)；

(9) $\frac{x^2}{a^2}+\frac{y^2}{b^2}=1$　(椭圆柱面)；

(10) $\frac{x^2}{a^2}+\frac{y^2}{b^2}=-1$　(虚椭圆柱面)；

(11) $\frac{x^2}{a^2}+\frac{y^2}{b^2}=0$　(两个相交于一条实直线的共轭虚平面)；

(12) $\frac{x^2}{a^2}-\frac{y^2}{b^2}=1$　(双曲柱面)；

(13) $\frac{x^2}{a^2}-\frac{y^2}{b^2}=0$　(两个相交平面)；

(14) $x^2=2py$　(抛物柱面)；

(15) $x^2=a^2$　(两个平行平面)；

(16) $x^2=-a^2$　(两个平行的共轭虚平面)；

(17) $x^2=0$　(两个重合平面).

6.4　利用不变量化简二次曲面方程

前面研究了用直角坐标变换的方法将一般二次曲面方程化成标准方程.虽然方程的形式发生了变化,但是决定曲面特征的内蕴性不会变化.这种反映曲面的某种几何性质的表达式经过坐标变换后仍不变,这就是曲面的不变量.

本节将应用二次曲面(6.2.1)在直角坐标变换下的不变量来化简它的方程.

6.4.1　二次曲面的不变量与半不变量

定义　设曲面方程(6.2.1)中 $F(x,y,z)$ 的系数组成一个非常数函数 f,如果经过直角坐标变换,$F(x,y,z)$变为 $F'(x',y',z')$时,有

$$f(a_{11},a_{12},\cdots,a_{44})=f(a'_{11},a'_{12},\cdots,a'_{44}),$$

那么函数 f 就称为**二次曲面在直角坐标变换下的不变量**.如果函数 f 只是经过转轴变换不变,那么这个函数称为**二次曲面在直角坐标变换下的半不变量**.

关于二次曲面的不变量与半不变量,有下面的定理,这里略去它的证明,直接应用.

定理 1　二次曲面(6.2.1)在空间直角坐标变换下,有四个不变量 I_1,I_2,I_3,I_4 与两个半不变量 K_1,K_2.

关于 λ 的方程

$$|\bar{\boldsymbol{A}}-\lambda \boldsymbol{E}|=\begin{vmatrix} a_{11}-\lambda & a_{12} & a_{13} \\ a_{12} & a_{22}-\lambda & a_{23} \\ a_{13} & a_{23} & a_{33}-\lambda \end{vmatrix}=0$$

称为二次曲面(6.2.1)的**特征方程**，它是关于 λ 的一元三次方程，即

$$-\lambda^3+I_1\lambda^2-I_2\lambda+I_3=0.$$

由特征方程解出三个特征值 $\lambda_1,\lambda_2,\lambda_3$，它们具有以下性质：

(1) $\lambda_1,\lambda_2,\lambda_3$ 不全为 0；

(2) $\lambda_1,\lambda_2,\lambda_3$ 都是实数；

(3) $\lambda_1+\lambda_2+\lambda_3=I_1=a_{11}+a_{22}+a_{33}$；

(4) $\lambda_1\lambda_2\lambda_3=I_3=\begin{vmatrix} a_{11} & a_{12} & a_{13} \\ a_{12} & a_{22} & a_{23} \\ a_{13} & a_{23} & a_{33} \end{vmatrix}$.

推论 1 在直角坐标变换下，二次曲面(6.2.1)的特征方程不变，从而特征根也不变.

推论 2 K_1 是 6.3.2 节定理第Ⅴ类二次曲面在直角坐标变换下的不变量，而 K_2 是 6.3.2 节定理第Ⅲ，Ⅳ，Ⅴ类二次曲面在直角坐标变换下的不变量.

6.4.2 二次曲面五种类型的判别

由 6.3.2 节定理可知，二次曲面方程通过坐标变换总可以化成下面五类简化方程中的一类：

(Ⅰ) $a'_{11}x^2+a'_{22}y^2+a'_{33}z^2+a'_{44}=0, a'_{11}a'_{22}a'_{33}\neq 0$；

(Ⅱ) $a'_{11}x^2+a'_{22}y^2+2a'_{34}z=0, a'_{11}a'_{22}a'_{34}\neq 0$；

(Ⅲ) $a'_{11}x^2+a'_{22}y^2+a'_{44}=0, a'_{11}a'_{22}\neq 0$；

(Ⅳ) $a'_{11}x^2+2a'_{24}y=0, a'_{11}a'_{24}\neq 0$；

(Ⅴ) $a'_{11}x^2+a'_{44}=0, a'_{11}\neq 0$.

也就是说，任何一个二次曲面，一定属于这五类曲面中的一类.现在介绍如何应用二次曲面的不变量来判别二次曲面的类型.

当二次曲面(6.2.1)是第Ⅰ类曲面时，有

$$I_3=I'_3=\begin{vmatrix} a'_{11} & 0 & 0 \\ 0 & a'_{22} & 0 \\ 0 & 0 & a'_{33} \end{vmatrix}=a'_{11}a'_{22}a'_{33}\neq 0.$$

当二次曲面(6.2.1)是第Ⅱ类曲面时，有

$$I_3=I'_3=\begin{vmatrix} a'_{11} & 0 & 0 \\ 0 & a'_{22} & 0 \\ 0 & 0 & 0 \end{vmatrix}=0,$$

$$I_4=I_4'=\begin{vmatrix} a_{11}' & 0 & 0 & 0 \\ 0 & a_{22}' & 0 & 0 \\ 0 & 0 & 0 & a_{34}' \\ 0 & 0 & a_{34}' & 0 \end{vmatrix}=-a_{11}'a_{22}'a_{34}'^2\neq 0.$$

当二次曲面(6.2.1)是第Ⅲ类曲面时,有

$$I_3=I_3'=0,I_4=I_4'=0,$$

$$I_2=I_2'=\begin{vmatrix} a_{11}' & 0 \\ 0 & a_{22}' \end{vmatrix}+\begin{vmatrix} a_{11}' & 0 \\ 0 & 0 \end{vmatrix}+\begin{vmatrix} a_{22}' & 0 \\ 0 & 0 \end{vmatrix}=a_{11}'a_{22}'\neq 0.$$

当二次曲面(6.2.1)是第Ⅳ类曲面时,有

$$I_3=I_3'=0,I_4=I_4'=0,I_2=I_2'=0,$$

$$K_2=K_2'=\begin{vmatrix} a_{11}' & 0 & 0 \\ 0 & 0 & a_{24}' \\ 0 & a_{24}' & 0 \end{vmatrix}+\begin{vmatrix} a_{11}' & 0 & 0 \\ 0 & 0 & 0 \\ 0 & 0 & 0 \end{vmatrix}+\begin{vmatrix} 0 & 0 & a_{24}' \\ 0 & 0 & 0 \\ a_{24}' & 0 & 0 \end{vmatrix}=-a_{11}'a_{24}'^2\neq 0.$$

当二次曲面(6.2.1)是第Ⅴ类曲面时,有

$$I_3=I_3'=0,I_4=I_4'=0,I_2=I_2'=0,K_2=K_2'=0.$$

以上这些区别五类二次曲面的必要条件,包括了所有可能且互相排斥的情况,所以它们不仅是必要的而且是充分的,从而有下面的定理.

定理 2　如果给定二次曲面(6.2.1),那么用不变量来判别该曲面为何种类型的充要条件是:

第Ⅰ类曲面:$I_3\neq 0$;

第Ⅱ类曲面:$I_3=0,I_4\neq 0$;

第Ⅲ类曲面:$I_3=0,I_4=0,I_2\neq 0$;

第Ⅳ类曲面:$I_3=0,I_4=0,I_2=0,K_2\neq 0$;

第Ⅴ类曲面:$I_3=0,I_4=0,I_2=0,K_2=0$.

6.4.3　应用不变量化简二次曲面的方程

本节应用二次曲面的四个不变量 I_1,I_2,I_3,I_4 与两个半不变量 K_1,K_2 来化简二次曲面的方程.其方法与平面上二次曲线方程的化简类似.

定理 3　当且仅当二次曲面(6.2.1)

(1) 是第Ⅰ类曲面时,$I_3\neq 0$,方程化简为

$$\lambda_1x'^2+\lambda_2y'^2+\lambda_3z'^2+\frac{I_4}{I_3}=0;$$

(2) 是第Ⅱ类曲面时,$I_3=0,I_4\neq 0$,方程化简为

$$\lambda_1 x'^2+\lambda_2 y'^2\pm 2\sqrt{-\frac{I_4}{I_2}}z'=0;$$

(3) 是第Ⅲ类曲面时，$I_3=I_4=0, I_2\neq 0$，方程化简为

$$\lambda_1 x'^2+\lambda_2 y'^2+\frac{K_2}{I_2}=0;$$

(4) 是第Ⅳ类曲面时，$I_3=I_4=I_2=0, K_2\neq 0$，方程化简为

$$I_1 x'^2\pm 2\sqrt{-\frac{K_2}{I_1}}y'=0;$$

(5) 是第Ⅴ类曲面时，$I_3=I_4=I_2=K_2=0$，方程化简为

$$I_1 x'^2+\frac{K_1}{I_1}=0,$$

其中 $\lambda_1,\lambda_2,\lambda_3$ 分别为二次曲面的非零特征根.

证明 (1) 当二次曲面(6.2.1)是第Ⅰ类曲面时，有

$$I_3=I'_3=\begin{vmatrix} a'_{11} & 0 & 0 \\ 0 & a'_{22} & 0 \\ 0 & 0 & a'_{33} \end{vmatrix}=a'_{11}a'_{22}a'_{33}\neq 0,$$

$$I_1=I'_1=a'_{11}+a'_{22}+a'_{33},$$

$$I_2=I'_2=\begin{vmatrix} a'_{11} & 0 \\ 0 & a'_{22} \end{vmatrix}+\begin{vmatrix} a'_{11} & 0 \\ 0 & a'_{33} \end{vmatrix}+\begin{vmatrix} a'_{22} & 0 \\ 0 & a'_{33} \end{vmatrix}=a'_{11}a'_{22}+a'_{11}a'_{33}+a'_{22}a'_{33}.$$

因为二次曲面的特征方程是

$$-\lambda^3+I_1\lambda^2-I_2\lambda+I_3=0.$$

所以根据根与系数的关系可知，二次曲面的三个特征根分别为

$$\lambda_1=a'_{11},\ \lambda_2=a'_{22},\lambda_3=a'_{33}.$$

又因为

$$I_4=I'_4=\begin{vmatrix} a'_{11} & 0 & 0 & 0 \\ 0 & a'_{22} & 0 & 0 \\ 0 & 0 & a'_{33} & 0 \\ 0 & 0 & 0 & a'_{44} \end{vmatrix}=a'_{11}a'_{22}a'_{33}a'_{44}=I_3a'_{44},$$

所以

$$a'_{44}=\frac{I_4}{I_3}.$$

因此，第Ⅰ类曲面的简化方程可以写成

$$\lambda_1 x'^2+\lambda_2 y'^2+\lambda_3 z'^2+\frac{I_4}{I_3}=0,$$

其中 $\lambda_1,\lambda_2,\lambda_3$ 为二次曲面(6.2.1)的三个特征根.

(2) 当二次曲面(6.2.1)是第Ⅱ类曲面时,有

$$I_1=I_1'=a_{11}'+a_{22}',$$

$$I_2=I_2'=\begin{vmatrix} a_{11}' & 0 \\ 0 & a_{22}' \end{vmatrix}+\begin{vmatrix} a_{11}' & 0 \\ 0 & 0 \end{vmatrix}+\begin{vmatrix} a_{22}' & 0 \\ 0 & 0 \end{vmatrix}=a_{11}'a_{22}'\neq 0.$$

$$I_3=I_3'=\begin{vmatrix} a_{11}' & 0 & 0 \\ 0 & a_{22}' & 0 \\ 0 & 0 & 0 \end{vmatrix}=0,$$

$$I_4=I_4'=\begin{vmatrix} a_{11}' & 0 & 0 & 0 \\ 0 & a_{22}' & 0 & 0 \\ 0 & 0 & 0 & a_{34}' \\ 0 & 0 & a_{34}' & 0 \end{vmatrix}=-a_{11}'a_{22}'a_{34}'^2\neq 0.$$

这时二次曲面(6.2.1)的特征方程是

$$-\lambda^3+I_1\lambda^2-I_2\lambda=0,$$

所以 $\lambda=0$ 或 $\lambda^2-I_1\lambda+I_2=0$,从而二次曲面(6.2.1)的三个特征根分别为

$$\lambda_1=a_{11}',\lambda_2=a_{22}',\lambda_3=0.$$

此外,由

$$I_4=I_4'=-a_{11}'a_{22}'a_{34}'^2=-I_2a_{34}'^2,$$

可得

$$a_{34}'=\pm\sqrt{-\frac{I_4}{I_2}}.$$

因此,第Ⅱ类曲面的简化方程可以写成

$$\lambda_1x'^2+\lambda_2y'^2\pm 2\sqrt{-\frac{I_4}{I_2}}z'=0,$$

其中 λ_1,λ_2 为二次曲面(6.2.1)的两个不为零的特征根.

(3) 当二次曲面(6.2.1)是第Ⅲ类曲面时,有 $I_3=I_3'=0,I_4=I_4'=0$,

$$I_2=I_2'=\begin{vmatrix} a_{11}' & 0 \\ 0 & a_{22}' \end{vmatrix}+\begin{vmatrix} a_{11}' & 0 \\ 0 & 0 \end{vmatrix}+\begin{vmatrix} a_{22}' & 0 \\ 0 & 0 \end{vmatrix}=a_{11}'a_{22}'\neq 0.$$

同(2)一样,这里 a_{11}',a_{22}' 分别是二次曲面的两个非零特征根 λ_1 与 λ_2,并且

$$K_2=a_{11}'a_{22}'a_{44}'=I_2a_{44}',$$

所以

$$a_{44}'=\frac{K_2}{I_2}.$$

因此,第Ⅲ类曲面的简化方程可以写成

$$\lambda_1 x'^2+\lambda_2 y'^2+\frac{K_2}{I_2}=0,$$

其中λ_1,λ_2为二次曲面(6.2.1)的两个不为零的特征根.

(4) 当二次曲面(6.2.1)是第Ⅳ类曲面时,有

$$I_3=I_3'=0, I_4=I_4'=0, I_2=I_2'=0,$$

$$K_2=K_2'=\begin{vmatrix} a_{11}' & 0 & 0 \\ 0 & 0 & a_{24}' \\ 0 & a_{24}' & 0 \end{vmatrix}+\begin{vmatrix} a_{11}' & 0 & 0 \\ 0 & 0 & 0 \\ 0 & 0 & 0 \end{vmatrix}+\begin{vmatrix} 0 & 0 & a_{24}' \\ 0 & 0 & 0 \\ a_{24}' & 0 & 0 \end{vmatrix}=-a_{11}'a_{24}'^2\neq 0.$$

$$I_1=a_{11}'.$$

又特征方程为

$$-\lambda^3+I_1\lambda^2=0,$$

解得特征根为

$$\lambda_1=I_1=a_{11}', \lambda_2=\lambda_3=0.$$

又因为

$$K_2=K_2'=-a_{11}'a_{24}'^2=-I_1a_{24}'^2,$$

所以

$$a_{24}'=\pm\sqrt{-\frac{K_2}{I_1}}.$$

因此,第Ⅳ类曲面的简化方程可以写成

$$I_1x'^2\pm 2\sqrt{-\frac{K_2}{I_1}}y'=0.$$

(5) 当二次曲面(6.2.1)是第Ⅴ类曲面时,有

$$I_3=I_3'=0, I_4=I_4'=0, I_2=I_2'=0, K_2=K_2'=0.$$

同(4)一样,这时二次曲面(6.2.1)有唯一的非零特征根$\lambda_1=a_{11}'=I_1$.又因为

$$K_1=\begin{vmatrix} a_{11}' & 0 \\ 0 & a_{44}' \end{vmatrix}+\begin{vmatrix} 0 & 0 \\ 0 & a_{44}' \end{vmatrix}+\begin{vmatrix} 0 & 0 \\ 0 & a_{44}' \end{vmatrix}=a_{11}'a_{44}'=I_1a_{44}',$$

于是

$$a_{44}'=\frac{K_1}{I_1}.$$

因此,第Ⅴ类曲面的简化方程可以写成

$$I_1x'^2+\frac{K_1}{I_1}=0.$$

由此还可以得到如下定理.

定理4 已知二次曲面(6.2.1),则用它的不变量来判断已知曲面为何种曲

面的条件是：

(1) 椭球面：$I_2>0, I_1I_3>0, I_4<0$；

(2) 虚椭球面：$I_2>0, I_1I_3>0, I_4>0$；

(3) 点：$I_2>0, I_1I_3>0, I_4=0$；

(4) 单叶双曲面：$I_3\neq0, I_2\leqslant0$(或 $I_1I_3\leqslant0$), $I_4>0$；

(5) 双叶双曲面：$I_3\neq0, I_2\leqslant0$(或 $I_1I_3\leqslant0$), $I_4<0$；

(6) 二次锥面：$I_3\neq0, I_2\leqslant0$(或 $I_1I_3\leqslant0$), $I_4=0$；

(7) 椭圆抛物面：$I_3=0, I_4<0$；

(8) 双曲抛物面：$I_3=0, I_4>0$；

(9) 椭圆柱面：$I_3=I_4=0, I_2>0, I_1K_2<0$；

(10) 虚椭圆柱面：$I_3=I_4=0, I_2>0, I_1K_2>0$；

(11) 两个相交于一条实直线的共轭虚平面：$I_3=I_4=K_2=0, I_2>0$；

(12) 双曲柱面：$I_3=I_4=0, I_2<0, K_2\neq0$；

(13) 两个相交平面：$I_3=I_4=K_2=0, I_2<0$；

(14) 抛物柱面：$I_3=I_4=I_2=0, K_2\neq0$；

(15) 两个平行平面：$I_3=I_4=I_2=K_2=0, K_1<0$；

(16) 两个平行的共轭虚平面：$I_3=I_4=I_2=K_2=0, K_1>0$；

(17) 两个重合平面：$I_3=I_4=I_2=K_2=K_1=0$.

6.5　利用二次曲面的主径面化简二次曲面方程

6.5.1　二次曲面的主径面方程

定义 1　二次曲面(6.2.1)的平行弦的中点轨迹是一个平面，称为**共轭于平行弦的径面**，而平行弦称为这个径面的**共轭弦**，平行弦的方向称为这个径面的**共轭方向**.

方向(X,Y,Z)若满足$\Phi(X,Y,Z)=0$，则称为**二次曲面的渐进方向**，否则称为**非渐进方向**.不难验证，二次曲面(6.2.1)对应于方向$X:Y:Z$的径面方程为

$$XF_1(x,y,z)+YF_2(x,y,z)+ZF_3(x,y,z)=0. \tag{6.5.1}$$

证明略.

如果二次曲面有中心，那么它一定在任意一个径面上.有以下结论.

定理　二次曲面的任意径面一定通过它的中心(假如曲面的中心存在).

定义 2　如果二次曲面的径面垂直于它的共轭方向，那么这个径面就称为二次曲面的主径面.

定义 3　二次曲面主径面的共轭方向(即垂直于主径面的方向)，或者二次

曲面的奇向，称为二次曲面的主方向，否则称为非奇主方向.

设方向 $X:Y:Z$ 是二次曲面(6.2.1)的渐近方向，则它成为二次曲面主方向的条件是

$$\begin{cases}a_{11}X+a_{12}Y+a_{13}Z=0,\\ a_{12}X+a_{22}Y+a_{23}Z=0,\\ a_{13}X+a_{23}Y+a_{33}Z=0\end{cases}$$

成立，这时称 $X:Y:Z$ 为二次曲面(6.2.1)的**奇向**.

如果 $X:Y:Z$ 是二次曲面(6.2.1)的非渐近方向，那么它成为二次曲面主方向的条件是与它的共轭径面

$$(a_{11}X+a_{12}Y+a_{13}Z)x+(a_{12}X+a_{22}Y+a_{23}Z)y+$$
$$(a_{13}X+a_{23}Y+a_{33}Z)z+(a_{14}X+a_{24}Y+a_{34}Z)=0$$

垂直，所以

$$(a_{11}X+a_{12}Y+a_{13}Z):(a_{12}X+a_{22}Y+a_{23}Z):(a_{13}X+a_{23}Y+a_{33}Z)=$$
$$X:Y:Z,$$

从而得

$$\begin{cases}a_{11}X+a_{12}Y+a_{13}Z=\lambda X,\\ a_{12}X+a_{22}Y+a_{23}Z=\lambda Y,\\ a_{13}X+a_{23}Y+a_{33}Z=\lambda Z.\end{cases}\tag{6.5.2}$$

因此，方向 $X:Y:Z$ 成为二次曲面(6.2.1)的主方向的充要条件是存在 λ 使得式(6.5.2)成立.把式(6.5.2)改写成

$$\begin{cases}(a_{11}-\lambda)X+a_{12}Y+a_{13}Z=0,\\ a_{12}X+(a_{22}-\lambda)Y+a_{23}Z=0,\\ a_{13}X+a_{23}Y+(a_{33}-\lambda)Z=0.\end{cases}\tag{6.5.2$'$}$$

这是一个关于 X,Y,Z 的齐次线性方程组，因为 X,Y,Z 不能全为零，所以

$$\begin{vmatrix}a_{11}-\lambda & a_{12} & a_{13}\\ a_{12} & a_{22}-\lambda & a_{23}\\ a_{13} & a_{23} & a_{33}-\lambda\end{vmatrix}=0,$$

即

$$-\lambda^3+I_1\lambda^2-I_2\lambda+I_3=0.\tag{6.5.3}$$

定义 4 方程(6.5.3)称为二次曲面(6.2.1)的**特征方程**，特征方程的根称为二次曲面(6.2.1)的**特征根**.

显然，这里的特征方程与 6.4 节中的特征方程是完全相同的.从特征方程(6.5.3)求得特征根 λ，代入式(6.5.2)或式(6.5.2$'$)，就可以求出相应的主方向 $X:Y:Z$.当 $\lambda=0$ 时，相应的主方向为二次曲面的奇向；当 $\lambda\neq 0$ 时，相应的主方向为非奇主方向，将非奇主方向 $X:Y:Z$ 代入方程(6.5.1)，可得共轭于这个非

奇主方向的主径面.

例 1　求二次曲面 $3x^2+y^2+3z^2-2xy-2xz-2yz+4x+14y+4z-23=0$ 的主方向与主径面.

解　二次曲面的系数矩阵是

$$\begin{bmatrix} 3 & -1 & -1 & 2 \\ -1 & 1 & -1 & 7 \\ -1 & -1 & 3 & 2 \\ 2 & 7 & 2 & -23 \end{bmatrix},$$

则

$$I_1=3+1+3=7,$$

$$I_2=\begin{vmatrix} 3 & -1 \\ -1 & 1 \end{vmatrix}+\begin{vmatrix} 3 & -1 \\ -1 & 3 \end{vmatrix}+\begin{vmatrix} 1 & -1 \\ -1 & 3 \end{vmatrix}=12,$$

$$I_3=\begin{vmatrix} 3 & -1 & -1 \\ -1 & 1 & -1 \\ -1 & -1 & 3 \end{vmatrix}=0.$$

二次曲面的特征方程为

$$-\lambda^3+7\lambda^2-12\lambda=0,$$

特征根为

$$\lambda=4,3,0.$$

将 $\lambda=4$ 代入式(6.5.2)或式(6.5.2′),得

$$\begin{cases} -X-Y-Z=0, \\ -X-3Y-Z=0, \\ -X-Y-Z=0. \end{cases}$$

解之得对应于特征根 $\lambda=4$ 的主方向为 $X:Y:Z=1:0:(-1)$,将其代入曲面方程(6.5.1),得共轭于这个主方向的主径面方程为

$$(3x-y-z+2)-(-x-y+3z+2)=0,$$

即

$$x-z=0.$$

将 $\lambda=3$ 代入式(6.5.2)或式(6.5.2′),得

$$\begin{cases} -Y-Z=0, \\ -X-2Y-Z=0, \\ -X-Y=0. \end{cases}$$

解之得对应于特征根 $\lambda=3$ 的主方向为 $X:Y:Z=1:(-1):1$,将其代入曲面方程(6.5.1)并化简,得共轭于这个主方向的主径面方程为

$$x-y+z-1=0.$$

将 $\lambda=0$ 代入式(6.5.2)或(6.5.2′),得

$$\begin{cases}3X-Y-Z=0,\\-X+Y-Z=0,\\-X-Y+3Z=0.\end{cases}$$

解之得对应于特征根 $\lambda=0$ 的主方向为 $X:Y:Z=1:2:1$，这个主方向为二次曲面的奇向.（注：奇向没有对应的主径面）

由 6.4 节讨论可知，二次曲面至少有一个非零特征根，因而二次曲面总有一个非奇主方向.从而可得结论：**二次曲面至少有一个主径面**.

6.5.2 利用主径面化简二次曲面方程

由二次曲面的主径面、主方向、特征根的性质可以得出，化简二次曲面方程(6.2.1)的一般步骤如下：

(1) 先求解二次曲面(6.2.1)的系数矩阵的特征方程 $-\lambda^3+I_1\lambda^2-I_2\lambda+I_3=0$，得到特征根 λ_i；

(2) 根据不同的特征根求出主方向 $X:Y:Z$；

(3) 根据主方向求出主径面方程

$$XF_1(x,y,z)+YF_2(x,y,z)+ZF_3(x,y,z)=0;$$

(4) 取不同特征根下的主径面作为新坐标平面作坐标变换，得出二次曲面的简化方程.

例 2 化简二次曲面方程 $x^2+y^2+5z^2-6xy-2xz+2yz-6x+6y-6z+10=0$.

解 二次曲面的系数矩阵为 $\begin{bmatrix}1&-3&-1&-3\\-3&1&1&3\\-1&1&5&-3\\-3&3&-3&10\end{bmatrix}$，$I_1=7, I_2=0, I_3=-36$.

所以曲面的特征方程为 $-\lambda^3+7\lambda^2-36=0$，解得二次曲面的三个特征根为 $\lambda=6,3,-2$.

与特征根 $\lambda=6$ 对应的主方向 $X:Y:Z$ 由方程组

$$\begin{cases}-5X-3Y-Z=0,\\-3X-5Y+Z=0,\\-X+Y-Z=0\end{cases}$$

确定，

$$X:Y:Z=(-1):1:2,$$

与它共轭的主径面方程为 $-x+y+2z=0$.

与特征根 $\lambda=3$ 对应的主方向 $X:Y:Z$ 由方程组

$$\begin{cases}-2X-3Y-Z=0,\\-3X-2Y+Z=0,\\-X+Y+2Z=0\end{cases}$$

确定，

$$X:Y:Z=1:(-1):1,$$

与它共轭的主径面方程为 $x-y+z-3=0$.

与特征根 $\lambda=-2$ 对应的主方向 $X:Y:Z$ 由方程组

$$\begin{cases}3X-3Y-Z=0,\\-3X+3Y+Z=0,\\-X+Y+7Z=0\end{cases}$$

确定，

$$X:Y:Z=1:1:0.$$

与它共轭的主径面方程为 $x+y=0$.

取这三个主径面为新坐标系的坐标平面，作坐标变换

$$\begin{cases}x'=\dfrac{-x+y+2z}{\sqrt{6}},\\y'=\dfrac{x-y+z-3}{\sqrt{3}},\\z'=\dfrac{x+y}{\sqrt{2}},\end{cases}$$

解出 x,y,z，代入原方程得到二次曲面的简化方程为

$$6x'^2+3y'^2-2z'^2+1=0.$$

显然，这是一个双叶双曲面.

6.6　一般二次曲面的应用示例

本章主要介绍了二次曲面的一般理论，通过化简二次曲面的方程，总可以将其写成 17 种二次曲面方程中的一种.由于曲面的形状和结构具有特殊性，因此它们在我们的日常生活中有着极为广泛的应用.

直纹曲面可以由一族或几族直线构成，易于构建，且其形状特殊，集美观与实用于一体，因此，直纹曲面在工农业生产中有着广泛的应用.在建筑中，根据直纹曲面有且仅有两组直母线并且同一组的直母线互不相交的性质，可将编织钢筋网的钢筋取为直材，并配以纬圆，其疏密程度可根据强度要求确定.

由于双曲抛物面网格结构具有造型美观、形式多变、结构轻盈、整体性好、施工方便等突出优点，不仅可以增大覆盖面积，而且能够节省钢材，降低造价，特别

适用于大、中型体育场看台顶篷和其他环形建筑，具有非常广阔的应用前景.如1992年在美国建造了世界上最大的索穹顶体育馆——佐治亚穹顶(Georgia Dome)(如图6-3)，它是目前世界上最大的双曲抛物面型张拉整体体系.该体系是由美国M-Levy开发的一种稳定性较好的三角形划分网格穹顶，其受力特点是“连续拉、间断压”，材料强度得到了最充分的发挥.

图6-3

高层建筑物的顶通常会选择双曲抛物面型，既美观又可防尘防雨.双曲抛物面型的建筑还有一个显著的优点：具有非常好的抗震能力，从而使具有这种独特形状的建筑越来越受到人们的青睐.如天津大学体育场有一座颇有名气的椭圆形健身房，椭圆平面形如悬空吊着一个大元宝，中间没有支柱，却抗过了1976年以唐山为中心的大地震，至今仍完好无恙.这座新颖别致的健身房，就是我国著名钢结构及空间网架结构专家、天津大学博士生导师刘锡良教授于1962年研究成功的马鞍形双曲抛物面悬索屋盖建筑.浙江工业建筑设计院相关人员参观后建筑了相同式样的浙江体育馆.

广州著名的星海音乐厅(如图6-4)，既体现了古典音乐庄严辉煌之气势，又反映出建筑艺术之创新精神，如同一只展翅欲飞的天鹅.这座音乐厅屋盖的曲面形式也是双曲抛物面.

图6-4

在建筑住宅和办公楼时，也常常采用直纹曲面结构.住宅结构主要有以下两种：① 薄壳结构.薄壳结构为曲面的薄壁结构，按曲面生成的形式分为筒壳、圆顶薄壳、双曲扁壳和双曲抛物面壳等，材料大多采用钢筋混凝土.壳体既能充分利用材料强度，又能将承重与围护两种功能融合为一.其中双曲抛物面壳是由一竖向抛物线(母线)沿另一凸向与之相反的抛物线(导线)平行移动所形成的曲面.此种曲面与水平面截交的曲线为双曲线，故称为双曲抛物面壳.工程中常见的各种扭壳也为其中一种类型，因其容易制作，稳定性好，能够适应建筑功能和造型需要，故应用较广泛.② 网壳结构.常见形式有圆柱面网壳、圆球网壳和双曲抛物面网壳.网壳的受力性能好、刚度大、自重小、用钢量省，是适用于中、大跨度建筑屋盖的一种较好的结构形式.其中双曲抛物面网壳是将一直线的两端沿两根在空间倾斜的固定

导线(直线或曲线)平行移动而形成的.单层网壳常用直梁作杆件,双层网壳采用直线衍架,两向正交而成双曲抛物面网壳.这种网壳大都用于不对称的建筑平面,建筑新颖轻巧.

此外,双曲抛物面凭借其良好的观赏性和可操作性,在生活用品的造型上也显示出独有的优势.目前流行的一种集使用价值和观赏价值于一体的新组合式塑料花篮,其整体结构断面就为单叶双曲面、双叶双曲面、双曲抛物面等形状.在雕刻业中,直纹曲面刨削也前景可观.

数学史话 6: 数学的“老三高”和“新三高”

代数学、几何学、分析学是数学的三大基础学科,数学各个分支的产生和发展,基本上都是围绕着这三大学科进行的.

1. 数学的“老三高”

如果把近代数学比作一座大楼,这座大楼是由三根支柱支撑的,那么这三根支柱就是高等代数、高等微积分和高等几何,它们被称为大学数学的“老三高”.

(1) 高等代数

高等代数是代数学发展到高级阶段的总称,包括许多分支.现在大学里开设的高等代数,一般包括两部分:线性代数和多项式代数。

高等代数是在初等代数的基础上对研究对象进一步扩充,引进了许多新的概念以及与通常很不相同的量,比如集合、向量和向量空间等.这些量具有和数相类似的运算特点,不过研究的方法和运算的方法更加复杂.

集合是具有某种属性的事物的全体;向量是具有数值的同时还具有方向的量;向量空间也叫线性空间,是由许多向量组成的并且符合某些特定运算规则的集合.向量空间中的运算对象不是数,而是向量,其运算性质也有很大的变化.

随着时间的推移,法国数学家伽罗华的研究成果的重要意义越来越为人们所认识.伽罗华虽然年轻,但是在数学史上做出了重要贡献,不仅仅是解决了几个世纪以来一直没有解决的高次方程的代数解的问题,更重要的是提出了“群”的概念,并由此发展了一整套关于群和域的理论,开辟了代数学的崭新的天地,直接影响了代数学研究方法的变革.从此,代数学不再以方程理论为中心内容,而是转向代数结构性质,促进了代数学的进一步发展.在数学大师们的经典著作中,伽罗华的内容是最少的,但他的数学思想却是光辉夺目的.

代数学从高等代数总的问题出发,已发展成为包括许多独立分支的一个大的数学科目,多项式代数、线性代数等都是它的分支.代数学研究的对象已经不仅仅是数,矩阵、向量、向量空间的变换等关于数的基本运算定律有时也不再适用.因此,代数学的内容可以概括为研究带有运算的一些集合,在数学中把这样的一些集合称为代数系统,比如群、环、域等.

多项式理论是以代数方程的根的计算和分布作为中心问题的,也称为方程论.研究多项式理论,主要在于探讨代数方程的性质,从而寻找简易的解方程的方法.多项式代数所研究的内容,包括整除性理论、最大公因式、重因式等.多项式的整除性质对于解代数方程是很有用的.解代数方程无非就是求对应多项式的零点,零点不存在的时候,所对应的代数方程就没有解.

众所周知,一次方程也称为线性方程,讨论线性方程的代数就称为线性代数.在线性代数中最重要的内容就是行列式和矩阵.

行列式的概念最早是由17世纪日本数学家关孝和提出的,他在1683年写了一部名为《解伏题之法》的著作,意思是"解行列式问题的方法".书中对行列式的概念和它的展开进行了清楚的叙述.欧洲第一个提出行列式概念的是德国的数学家莱布尼茨.德国数学家雅可比于1841年总结并提出了行列式的系统理论.行列式有一定的计算规则,利用行列式可以把一个线性方程组的解表示成公式,因此行列式是解线性方程组的有效工具.

随后,人们通过对行列式的研究又发现了矩阵.矩阵是由数排成行和列的数表,行数和列数可以相等,也可以不等.矩阵和行列式是两个完全不同的概念,行列式代表一个数,而矩阵仅仅是一些数的有顺序的摆法.利用矩阵这个工具,可以把线性方程组中的系数组成向量空间中的向量.这样对于一个多元线性方程组的解的情况,以及不同解之间的关系等一系列理论上的问题,就可以彻底解决.矩阵的应用是多方面的,不仅在数学领域,而且在力学、物理、科技等方面都有广泛的应用.

(2) 高等微积分

微积分在17世纪成为一门学科.但是,微分和积分的思想在古代就已经产生了.

公元前3世纪,古希腊的阿基米德在研究解决抛物弓形的面积、球和球冠面积、螺线下面积和旋转双曲体的体积等问题中,就隐含着近代积分学的思想.作为微分学基础的极限理论,早在我国古代就有比较清楚的论述.比如我国庄周所著的《庄子》一书的"天下篇"中,记有"一尺之棰,日取其半,万世不竭".三国时期的刘徽在他的割圆术中提到"割之弥细,所失弥少.割之又割,以至于不可割,则与圆周合体而无所失矣".这些都是朴素的、也是很典型的极限思想.

到了17世纪,有许多科学问题需要解决,这些问题也就成了促使微积分产生的因素.归结起来,大约有四种主要类型的问题:第一类是运动中求即时速度的问题;第二类是求曲线的切线的问题;第三类是求函数的最大值和最小值的问题;第四类是求曲线长、曲线围成的面积、曲面围成的体积、物体的重心、一个体积相当大的物体作用于另一物体上的引力的问题.

17世纪的许多著名的数学家、天文学家、物理学家都为解决上述几类问题进行了大量的研究工作,如费马、笛卡儿、罗伯瓦、笛沙格、巴罗、瓦里士、开普勒、卡瓦列利等人都提出许多很有建树的理论,为微积分的创立做出了贡献.

17世纪下半叶,在前人工作的基础上,英国科学家牛顿和德国数学家莱布尼茨分别在自己的国度里独自研究和完成了微积分的创立.他们的最大功绩是把两个貌似毫不相关的问题联系在一起,一个是切线问题(微分学的中心问题),一个是求积问题(积分学的中心问题).

牛顿和莱布尼茨建立微积分的出发点是直观的无穷小量,因此这门学科早期也被称为无穷小分析,这正是数学分析这一大分支名称的来源.牛顿研究微积分着重于从运动学来考虑,莱布尼茨却是侧重于几何学来考虑的.

牛顿在1671年写了《流数法和无穷级数》这本书,1736年出版.他在这本书中指出,变量是由点、线、面的连续运动产生的.他否定了以前自己认为的变量是无穷小元素的静止集合,把连续变量称为流动量,把这些流动量的导数称为流数.牛顿在流数术中提出的中心问题是:已知连续运动的路径,求给定时刻的速度(微分法);已知运动的速度,求给定时间内经过的路程(积分法).

莱布尼茨是一位博学多才的学者.1684年,他发表了现在世界上认为是最早的微积分文献,这篇文章有一个很长且很古怪的名字——《一种求极大极小和切线的新方法,它也适用于分式和无理量,以及这种新方法的奇妙类型的计算》,就是这样一篇说理也颇含糊的文章,却有划时代的意义.其中已含有现代的微分符号和基本微分法则.1686年,莱布尼茨发表了第一篇积分学的文献.他是历史上最伟大的符号学者之一,他所创设的微积分符号远远优于牛顿使用的符号,对微积分的发展有极大的影响.现在我们使用的微积分通用符号就是当时莱布尼茨精心选用的.

微积分学的创立,极大地推动了数学的发展,过去很多初等数学束手无策的问题,运用微积分都能迎刃而解,显示出微积分学的非凡威力.

前面已经提到,一门科学的创立绝不是某一个人的业绩,它必定是经过多少人的努力后,在积累了大量成果的基础上,最后由某个人或几个人总结完成的.微积分学也是如此.

其实,牛顿和莱布尼茨都是自己独立研究,在相近的时间里先后完成的.比较特殊的是牛顿创立微积分要比莱布尼茨早10年左右,但是正式公开发表微积分这一理论,莱布尼茨却比牛顿早3年.他们的研究各有所长.

应该指出，这与历史上任何一项重大理论的完成都要经历一段时间一样，牛顿和莱布尼茨的工作也都是不完善的.他们在无穷和无穷小量这个问题上，说法不一，十分含糊.牛顿的无穷小量，有时候是零，有时候不是零而是有限的小量；莱布尼茨也不能自圆其说.这些基础方面的缺陷，最终导致了第二次数学危机的发生.

直到19世纪初，法国科学学院以柯西为首的科学家，对微积分的理论进行了认真研究，建立了极限理论，后来又经过德国数学家魏尔斯特拉斯进一步的严格化，使极限理论成为微积分的坚实基础，从而使微积分得到了进一步的发展.

我国数学泰斗陈省身先生所研究的微分几何，便是利用微积分的理论来研究几何.这门学科对人类认识时间和空间的性质发挥了巨大的作用，至今仍然活跃在现代数学中.由俄罗斯数学家佩雷尔曼完成的庞加莱猜想便属于这一领域.

微积分的发展历史表明，人的认识是从生动的直观开始，进而达到抽象的思维，也就是从感性认识到理性认识的过程.人类对客观世界的规律性认识具有相对性，受到时代的局限.随着时代的发展，人类的认识将一步一步地由低级向高级、由不全面向比较全面发展.人类对自然的探索永远不会有终点.

(3) 高等几何

高等几何学发展的物质根源始于人类社会的生活需要.远在两千多年前，人们生活与生存的许多问题就已要求他们建立最简单的几何概念与规律，这些概念与规律发生在周围世界并且经过抽象的过程逐渐形成一门独立的学科——几何学.

随着历史的推进，人们对周围世界的对象研究的结果使其发现各种性质的几何规律，特别是与几何物体测量有关的规律或度量规律，以及与物体周围及它们的元素相互排列有关的“位置”规律.这样的规律就慢慢地形成了几何学的分支，如位置几何学、解析几何学、射影几何学等.

作为描绘客观物体的点与它在平面上或曲面上的像点之间对应关系的几何理论，其萌芽可追溯到远古时代.随着古代描画的逐渐发展，人们发现其法则是构成射影方法的起源，这种方法的迹象在许多希腊数学中已经可以看到.希腊几何学者最卓越的成就之一，就是他们所研究的圆锥曲线的初等理论.由于该研究大大超前于当时人类发展的需要，因此其后来几乎被人们所遗忘.直到16世纪天文学的迅速发展，使圆锥曲线有了重要的应用，圆锥曲线才终于发出闪亮的光芒.阿波罗尼斯已经知道了射影几何中十分重要的定理——完全四角形的调和性；巴卜斯证明了射影几何中的重要定理——巴斯加定理，即当圆锥曲线退化为相交直线时的特例(后人称之为巴卜斯定理)，在他的著作中已经有了对合概念的最初萌芽，特别是有了后期被笛沙格发现的三对点的对合关系.关于三角形截

线的梅涅劳斯定理至今还被列在初等几何、解析几何和射影几何中.

透视问题是推广射影几何的根源，奠定了射影几何的基础.1636 年，笛沙格出版了一本名为《关于透视绘图的一般方法》的小书.在此著作中，为了构成透视测尺，他第一次采用了坐标法.笛沙格的另一本著作是《试图处理圆锥与平面相交情况的计划草案》(1639 年出版，曾失传，1845 年法国几何学者及数学史学者查理偶然在巴黎的一个旧书店里得到了带有这个重要著作原稿的抄本).在书中，笛沙格第一次把圆锥截线看作圆的透视形.由此，所有关于圆锥截线的研究都采用了特别简洁的形式，三种曲线(椭圆、抛物线和双曲线)都包括在一种方法中.在利用透视作为研究的一般方法时，笛沙格不得不研究所谓空间无限远元素的问题.他认为所有平行线都相交于所谓无限远点.笛沙格奠定了空间射影概念的基础(完全的射影空间)，并使研究射影变换成为可能.笛沙格的工作打下了射影几何的科学基础，正确地说应当把他看作这个学科的创始者.

另一位著名的法国几何学家巴斯加的著作以广告的形式发表.巴斯加把他的第一个实验称为“圆锥截线研究的实验”(1649 年，16 岁时所写).在这个著作中，他已经提出关于圆锥截线内接六边形的巴斯加定理.该定理对圆锥截线的理论有很大的价值，因为它确定了圆锥截线上六个点的射影相关性.这个定理可以看作圆锥截线方程的一种“射影等值性”.

自从费马和笛卡儿创建解析几何学后，数学家们的注意力曾一度被吸引到研究几何问题的新方法上，导致几何学在射影综合方面的发展迟缓.直到笛沙格和巴斯加死后 150 年，射影几何又开始了新的创造时期.

彭斯来的主要著作是《论图形的射影性质，供研究画法几何的应用和地面几何测量者的用书》(1822 年).在这个著作里，彭斯来仿照笛沙格和巴斯加，利用中心射影法或圆锥射影法研究图形的几何性质；从投射法和截断法出发研究图形保持不变的性质即射影性质，以及点和直线配极对应的理论，并且用它研究图形的性质.

关于配极的发现和这个术语的引用，吉尔刚也和彭斯来一样做出了重要贡献.吉尔刚在他的研究中应用了对偶原理，这个原理是新几何学的一个最有效的方法.正是基于这个方法，布利安桑(1906 年)才得到了他的关于二次曲线外切六边形的定理，它是巴斯加定理的对偶定理.

卡尔诺在他的《位置几何》一书(1803 年)中引进了完全四边形的概念.

几代几何学家的不懈努力，终于奠定了射影几何成为独立学科的基础.根据克莱因的“爱尔兰根纲领”，解析几何、仿射几何都是射影几何学的一部分.

2. 数学的“新三高”

现代科学的发展日新月异，大学的基础课程也在不断更新.20 世纪后半叶，人们认为数学的“老三高”已经不够用了，应该发展“新三高”，也就是抽象代数、泛函分析和拓扑学.自20世纪开始的现代数学理论是由这三根支柱支撑的,它反映了20世纪数学的特征.

(1) 抽象代数

抽象代数即近世代数,对于全部现代数学和部分其他科学领域都有重要的影响.抽象代数学随着数学中各分支理论的发展和应用需要而得到不断的发展.伯克霍夫、冯·诺伊曼、坎托罗维奇和斯通等人在1933—1938年间做了大量的工作,确定了格论在代数学中的地位.自20世纪40年代中叶起,作为线性代数的推广的模论得到进一步的发展并产生深刻的影响.泛代数、同调代数、范畴等新领域逐渐建立和发展起来.

抽象代数在20世纪已经有了良好的开端,伽罗瓦在方程求根中就蕴蓄了“群”的概念,他被称为抽象代数的奠基人之一.后来,凯利定义了“群”的抽象概念.他在1849年的一项工作中提出了“抽象群”的概念,可惜当时没有引起反响,“过早的抽象落到了聋子的耳朵里”.直到1878年,凯利又写了抽象群的四篇文章才得到基地数学家的关注.1874年,挪威数学家索甫斯·李在研究微分方程时,发现某些微分方程的解对一些连续变换群是不变的.1882年,英国的冯·戴克把群论的三个主要来源——方程式论、数论和无限变换群——纳入统一的概念之中,并提出“生成元”的概念,20世纪初给出了群的抽象公理系统.

群论的研究在20世纪沿着各个不同方向展开.例如,找出给定阶的有限群的全体,群可分解为单群、可解群等问题一直被研究着.有限单群的分类问题在20世纪七八十年代才获得最终的解决.伯恩赛德曾提出过许多问题和猜想,如1902年提出的一个问题:若一个群G是有限生成且每个元素都是有限阶的,则G是不是有限群?并猜想每一个非交换的单群是偶数阶的.前者至今尚未得到解决,后者于1963年得到解决.

舒尔于1901年提出有限群表示的问题.群特征标的研究由弗罗贝尼乌斯首先提出.庞加莱也对群论抱有特殊的热情,他说:“群论就是那摒弃其内容而化为纯粹形式的整个数学.”这当然是过分夸大了群论的作用.

抽象代数的另一部分是域论.1910年施泰尼茨发表《域的代数理论》,成为抽象代数的重要里程碑.他提出了“素域”的概念,定义了特征数为P的域,证明了每个域可由其素域经添加而得.

环论是抽象代数中较晚成熟的.尽管环和理想的构造在19世纪的相关研究中就可以找到,但抽象理论却完全是20世纪的产物.韦德伯恩在《论超复数》一文中研究了线性结合代数,这种代数实际上就是环.环和理想的系统理论是由诺特给出的.她开始相关研究时,环和理想的许多结果都已经有了,但当她将这些结果给予适当的确切表述时,就得到了抽象理论.诺特把多项式环的理想论包括

在一般理想论中，为代数整数的理想论和代数整函数的理想论建立了共同的基础.诺特对环和理想做了十分深刻的研究.人们认为这一总结性的工作在1926年臻于完成，因此，可以认为抽象代数形成的时间为1926年.范德瓦尔登根据诺特和阿廷的讲稿，写成《近世代数学》一书(1955年第四版改名为《代数学》)，其研究对象从代数方程根的计算与分布变为数字、文字和更一般元素的代数运算规律和各种代数结构.这就发生了质变.由于抽象代数具有一般性，因此它的方法和结果带有基本的性质，渗透到各个不同的数学分支中.范德瓦尔登的《代数学》至今仍是学习代数的典范.人们从抽象代数奠基人——诺特、阿廷等人丰硕的成果中吸取营养，使代数研究有了长足的发展.

(2) 泛函分析

泛函分析是20世纪30年代形成的数学分支，是从变分问题、积分方程和理论物理的研究中发展起来的.它综合运用函数论、几何学、现代数学的观点来研究无限维向量空间上的函数、算子和极限理论.它可以看作无限维向量空间的解析几何及数学分析，主要内容有拓扑线性空间等.泛函分析在数学物理方程、概率论、计算数学等分支中都有应用，也是研究具有无限个自由度的物理系统的数学工具.泛函分析是研究拓扑线性空间到拓扑线性空间之间满足各种拓扑和代数条件的映射的分支学科.

数学家巴拿赫是泛函分析理论的主要奠基人之一，数学家兼物理学家伏尔泰拉对泛函分析的广泛应用有重要贡献.

泛函分析的特点是，它不但把古典分析的基本概念和方法一般化，而且把这些概念和方法几何化.比如，不同类型的函数可以看作“函数空间”的点或矢量，从而得到“抽象空间”这个一般的概念.它既包括以前讨论过的几何对象，也包括不同的函数空间.

泛函分析对于研究现代物理学是一个有力的工具.n维空间可以用来描述具有n个自由度的力学系统的运动，实际上需要有新的数学工具来描述具有无穷多自由度的力学系统.比如梁的振动问题就是无穷多自由度力学系统的例子.一般来说，从质点力学过渡到连续介质力学，就要由有限自由度系统过渡到无穷自由度系统.现代物理学中的量子场理论就属于无穷自由度系统.

正如研究有限自由度系统需要n维空间的几何学和微积分学作为工具一样，研究无穷自由度系统需要无穷维空间的几何学和分析学，这正是泛函分析的基本内容.因此，泛函分析也可以被通俗地称为无穷维空间的几何学和微积分学.古典分析中的基本方法，也就是用线性的对象去逼近非线性的对象，完全可以运用到泛函分析这门学科中.

泛函分析是分析数学中最“年轻”的分支，它是古典分析观点的推广，综合了函数论、几何和代数的观点研究无穷维向量空间上的函数、算子和极限理论.它在20世纪四五十年代就已经成为一门理论完备、内容丰富的数学学科.

半个多世纪来,泛函分析一方面从其他众多学科所提供的素材中提取自己研究的对象和某些研究手段,并形成自己的许多重要分支,例如算子谱理论、巴拿赫代数、拓扑线性空间理论、广义函数论等;另一方面也强有力地推动着许多其他分析学科的发展.它在微分方程、概率论、函数论、连续介质力学、量子物理、计算数学、控制论、最优化理论等学科中都有重要的应用.它还是建立群上调和分析理论的基本工具,也是研究无限个自由度的物理系统的重要而自然的工具之一.今天,它的观点和方法已经渗透到许多工程技术性的学科之中,成为近代分析的基础之一.

(3) 拓扑学

拓扑学是近代发展起来的一个研究连续性现象的数学分支.其中文名称源于希腊语 Τοπολογ 的音译,英文名称 Topology 原意为地貌,于19世纪中期由科学家引入,当时主要研究的是由于数学分析的需要而产生的一些几何问题.发展至今,拓扑学主要研究拓扑空间在拓扑变换下的不变性质和不变量,是数学中一个重要的、基础的分支.起初它是几何学的一支,研究几何图形在连续变形下保持不变的性质(所谓连续变形,形象地说,就是允许伸缩和扭曲等变形,但不许割断和黏合),现在已发展成为研究连续性现象的数学分支.

由于连续性在数学中的表现方式与研究方法具有多样性,因此拓扑学又可分成研究对象与方法各异的若干分支.19世纪末,在拓扑学的孕育阶段,就已出现点集拓扑学与组合拓扑学两个方向.之后,前者演化为一般拓扑学,后者则成为代数拓扑学.后来,又相继出现了微分拓扑学、几何拓扑学等分支.

拓扑学研究几何图形在连续改变形状时还能保持不变的一些特性,它只考虑物体间的位置关系而不考虑它们的距离和大小.举例来说,在平面几何中,把平面上的一个图形搬到另一个图形上,如果它们完全重合,那么这两个图形称为全等形.但是,拓扑学研究的图形,在运动中大小和形状都发生变化.在拓扑学里没有不能弯曲的元素,每一个图形的大小、形状都可以改变.例如,欧拉在解决哥尼斯堡七桥问题的时候画的图形就没有考虑大小、形状,仅考虑点和线的数量.这就是拓扑学思考问题的出发点.

拓扑学建立以后,由于其他数学学科的发展需要,它也得到了迅速的发展.特别是黎曼几何创立以后,黎曼把拓扑学概念作为分析函数论的基础,更加促进了拓扑学的发展.

20世纪以来,集合论被引进拓扑学,为拓扑学开拓了新的领域.拓扑学的研究对象变成了关于任意点集的对应的概念.拓扑学中一些需要精确化描述的问

题都可以用集合来论述.

因为大量自然现象具有连续性，所以拓扑学具有广泛联系各种实际事物的可能性.通过拓扑学的研究，可以阐明空间的集合结构，从而掌握空间之间的函数关系.20 世纪 30 年代以来，数学家对拓扑学的研究更加深入，提出了许多全新的概念，如一致性结构、抽象距和近似空间等.

微分几何是用微分工具来研究曲线、曲面等在一点附近的弯曲情况，而拓扑学是研究曲面的全局联系的情况，因此，这两门学科应该存在某种本质的联系. 1945 年，中国数学家陈省身建立了代数拓扑和微分几何的联系，并推进了整体几何学的发展.

拓扑学发展到今天，在理论上明显分成了两个分支.一个分支是偏重于用分析的方法来研究的，称为点集拓扑学，或者分析拓扑学；另一个分支是偏重于用代数方法来研究的，称为代数拓扑学.现在，这两个分支又有统一的趋势.

拓扑学在泛函分析、实分析、群论、微分几何、微分方程等许多数学分支中都有广泛的应用.

本章小结

这一章所介绍的内容和方法，与第 4 章的基本类似，只是将二维空间(即平面)关于一般二次曲线方程的讨论推广到三维空间的一般二次曲面方程的情形.

1. 空间直角坐标变换

移轴公式：$\begin{cases} x=x'+x_0, \\ y=y'+y_0, \\ z=z'+z_0. \end{cases}$

转轴公式：$\begin{cases} x=x'\cos\alpha_1+y'\cos\alpha_2+z'\cos\alpha_3, \\ y=x'\cos\beta_1+y'\cos\beta_2+z'\cos\beta_3, \\ z=x'\cos\gamma_1+y'\cos\gamma_2+z'\cos\gamma_3. \end{cases}$

新、旧坐标系坐标轴的夹角

新坐标系	旧坐标系		
	x 轴($\boldsymbol{i}$)	y 轴($\boldsymbol{j}$)	z 轴($\boldsymbol{k}$)
x'轴($\boldsymbol{i}'$)	α_1	β_1	γ_1
y'轴($\boldsymbol{j}'$)	α_2	β_2	γ_2
z'轴($\boldsymbol{k}'$)	α_3	β_3	γ_3

2. 二次曲面方程系数在直角坐标变换下的变化规律

在空间中,由三元二次方程

$$F(x,y,z)\equiv a_{11}x^2+a_{22}y^2+a_{33}z^2+2a_{12}xy+2a_{13}xz+2a_{23}yz+2a_{14}x+2a_{24}y+2a_{34}z+a_{44}=0$$

所确定的曲面叫作二次曲面.

(1) 移轴变换下,二次曲面方程系数的变化规律如下:

① 二次项系数不变;

② 一次项系数分别变为 $F_1(x_0,y_0,z_0)$,$F_2(x_0,y_0,z_0)$,$F_3(x_0,y_0,z_0)$;

③ 常数项变为 $F(x_0,y_0,z_0)$.

(2) 转轴变换下,二次曲面方程系数的变化规律如下:

① 二次项系数一般要改变,但只与原方程的二次项系数及旋转角有关,而与一次项系数及常数项无关;

② 一次项系数一般要改变,但只与原方程的一次项系数及旋转角有关,而与二次项系数与常数项无关;

③ 常数项不变.

3. 二次曲面的分类与化简

在直角坐标变换下,二次曲面的简化方程如下:

(Ⅰ) $a'_{11}x^2+a'_{22}y^2+a'_{33}z^2+a'_{44}=0$, $a'_{11}a'_{22}a'_{33}\neq0$;

(Ⅱ) $a'_{11}x^2+a'_{22}y^2+2a'_{34}z=0$, $a'_{11}a'_{22}a'_{34}\neq0$;

(Ⅲ) $a'_{11}x^2+a'_{22}y^2+a'_{44}=0$, $a'_{11}a'_{22}\neq0$;

(Ⅳ) $a'_{11}x^2+2a'_{24}y=0$, $a'_{11}a'_{24}\neq0$;

(Ⅴ) $a'_{11}x^2+a'_{44}=0$, $a'_{11}\neq0$.

按标准方程又可细分为 17 种曲面.

4. 利用不变量化简二次曲面方程

在直角坐标变换下,二次曲面有四个不变量 I_1,I_2,I_3,I_4 和两个半不变量 K_1,K_2.

曲面是第Ⅰ类曲面:$I_3\neq0$;

曲面是第Ⅱ类曲面:$I_3=0,I_4\neq0$;

曲面是第Ⅲ类曲面:$I_3=0,I_4=0,I_2\neq0$;

曲面是第Ⅳ类曲面:$I_3=0,I_4=0,I_2=0,K_2\neq0$;

曲面是第Ⅴ类曲面:$I_3=0,I_4=0,I_2=0,K_2=0$.

5. 利用主径面化简二次曲面方程

(1) 求二次曲面的特征方程$-\lambda^3+I_1\lambda^2-I_2\lambda+I_3=0$,求出特征根 λ_i;

(2) 根据不同的特征根求出相应的主方向 $X:Y:Z$；

(3) 根据主方向求出主径面方程

$$XF_1(x,y,z)+YF_2(x,y,z)+ZF_3(x,y,z)=0;$$

(4) 取不同特征根下的主径面为新坐标系坐标平面，作坐标变换，得出曲面的简化方程.

第 6 章练习题

1. 已知点 M 在旧、新坐标系下的坐标分别是 $M(2,3,1)$ 和 $M'(0,1,2)$，试求移轴变换公式.

2. 写出直角坐标系绕 z 轴右旋角 θ 的空间坐标变换公式.

3. 用移轴变换化简下列方程.

(1) $x^2+y^2+2z^2+4y-4z+6=0$；

(2) $x^2+y^2-z^2+2z-2=0$；

(3) $x^2+y^2+z^2-6x+8y+10z+1=0$；

(4) $x^2+y^2+2z^2+4x-6y-8z+21=0$.

4. 已知二次曲面 $36x^2+9y^2+4z^2+36xy+24xz+12yz-49=0$，写出它的系数矩阵 $\boldsymbol{A}$ 以及 I_1,I_2,I_3,I_4,K_1,K_2.

5. 求二次曲面 $x^2+y^2+z^2+2xy+6xz-2yz+2x-6y-2z=0$ 的中心.

6. 如果椭球面方程为 $F(x,y,z)=0$，则方程 $F(x,y,z)-\dfrac{I_4}{I_3}=0$ 表示什么点？

7. 作直角坐标变换，化简下列二次曲面的方程.

(1) $x^2+y^2+5z^2-6xy+2xz-2yz-4x+8y-12z+14=0$；

(2) $5x^2+7y^2+6z^2-4yz-4xz-6x-10y-4z+7=0$；

(3) $x^2+4y^2+4z^2-4xy+4xz-8yz+6x+6z-5=0$；

(4) $4x^2+y^2+4z^2-4xy+8xz-4yz-12x-12y+6z=0$；

(5) $5x^2-16y^2+5z^2+8xy-14xz+8yz+4x+20y+4z-24=0$.

8. 求二次曲面 $7y^2-7z^2-8xy+8xz=0$ 的特征根.

9. 利用不变量判断下列二次曲面为何种曲面，并求出相应的标准方程.

(1) $xy+yz+xz-a^2=0$；

(2) $7y^2-7z^2-8xy+8xz=0$；

(3) $x^2+y^2+z^2+4xy-4xz-4yz-3=0$；

(4) $x^2-2y^2+z^2+4xy-8xz-4yz-14x-4y+14z+16=0$；

(5) $2x^2+2y^2-4z^2-5xy-2xz-2yz-2x-2y+z=0$.

10. 求 a,b 应满足的条件，使二次曲面 $x^2+y^2-z^2+2axz+2byz-2x-4y+2z=0$ 表示二次锥面.

11. 讨论在 $-\infty<m<+\infty$ 内，m 取不同值时方程 $x^2+(2m^2+1)(y^2+z^2)-2xy-2yz-2zx-2m^2+3m-1=0$ 各表示什么曲面.

12. 写出一般二次曲面方程分别表示下列曲面的条件.

(1) 圆柱面；(2) 圆锥面；(3) 球面.

13. 求下列二次曲面的主方向与主径面.

(1) $2x^2+2y^2-5z^2+2xy-2x-4y-4z+2=0$；

(2) $x^2+y^2-2xy+2x-4y-2z+3=0$.

14. 利用主径面化简二次曲面方程

$$2y^2-2xy+2xz-2yz+2x+y-3z-5=0.$$

15. 证明二次曲面的两个不同特征根确定的主方向一定相互垂直.

16. 已知二次曲面的 3 个主径面 $x+y+z=0$，$2x-y-z=0$，$y-z+1=0$，以及曲面上的 3 个点 $O(0,0,0)$，$A(1,1,-1)$，$B(0,0,1)$，求曲面的方程.

第 6 章测验题

一、填空题(每小题 3 分，共 15 分)

1. 二次曲面在移轴变换下，常数项变为________________.

2. 要消去二次曲面的交叉项，需作的变换是__________.

3. 二次曲面的标准方程可以分为__________类__________种.

4. 二次曲面的特征方程为________________________.

5. 二次曲面对应于方向 $X:Y:Z$ 的径面方程为__________________________________.

二、判断题(正确的打"√"，错误的打"×"，每小题 3 分，共 15 分)

1. 二次曲面在转轴变换下，常数项不变. (　　)

2. $I_3\neq0$ 的二次曲面是中心二次曲面. (　　)

3. 二次曲面的特征根全不为 0. (　　)

4. 二次曲面方程表示椭圆柱面的条件是 $I_3=0,I_4\neq0$. (　　)

5. 二次曲面总有 3 个主径面. (　　)

三、计算题(每小题 10 分，共 50 分)

1. 用平移坐标变换化简下列方程.

(1) $x^2+2y^2-4z+2=0$；

(2) $x^2-2z^2+3y-\frac{9}{8}=0$.

2. 将坐标系绕 y 轴右旋 φ 角，求坐标变换公式.

3. 利用不变量求下列曲面的简化方程.

(1) $4x^2+5y^2+6z^2-4xy+4yz+4x+6y+4z-27=0$；

(2) $2x^2+5y^2+2z^2-2xy-4xz+2yz+2x-10y-2z-1=0$.

4. 研究曲面 $z=axy$ 的形状.

5. 求曲面 $3x^2+y^2+3z^2-2yz-2zx-2xy+4x+14y+4z-23=0$ 的主径面.

四、证明题(每小题 10 分，共 20 分)

1. 证明：I_1 是二次曲面的不变量.

2. 证明：二次曲面为圆柱面的条件是 $I_3=0, I_1^2=4I_2, I_4=0$.

参 考 文 献

[1] 田立新.高等数学(上、下册)[M].镇江:江苏大学出版社，2011.

[2] 吴光磊,田畴.解析几何简明教程[M].2 版.北京:高等教育出版社,2008.

[3] 吕林根,许子道.解析几何[M].5 版.北京:高等教育出版社,2010.

[4] 廖华奎,王宝富.解析几何教程[M].3 版.北京:科学出版社,2018.

[5] 秦衍,杨秦.解析几何[M].上海:华东理工大学出版社,2010.

[6] 杨文茂,李全英.空间解析几何[M].2 版.武汉:武汉大学出版社,2006.

[7] 尤承业.解析几何[M].北京:北京大学出版社,2004.

[8] 高孝忠,罗淼.解析几何[M].北京:清华大学出版社,2011.

[9] 高红铸,王敬赓,傅若男.空间解析几何[M].4 版.北京:北京师范大学出版社,2018.

[10] 黄宣国.空间解析几何[M].2 版.上海:复旦大学出版社,2019.

[11] 黄廷祝,成孝予.线性代数与空间解析几何[M].5 版.北京:高等教育出版社,2018.

[12] 陈东升.线性代数与空间解析几何及其应用[M].北京:高等教育出版社,2010.

[13] 杨文茂.解析几何习题选集[M].武汉:武汉大学出版社,1983.

[14] 吕林根,张紫霞,孙存金.解析几何学习指导书[M].北京:高等教育出版社,1988.

[15] 张炳汉,蔡国梁,张诚一.数学分析 高等代数 解析几何典型问题 500 例[M].开封:河南大学出版社,1993.

[16] 蔡国梁.解析几何的教学探索[J].天中学刊,1998(2):43—45.

[17] 蔡国梁.曲面的几个重要性质之间的内蕴关系[J].扬州大学学报(高教研究版),2002,5(1):14—17.

[18] 蔡国梁,李玉秀,王世环.直纹曲面的性质及其在工程中的应用[J].数学的实践与认识,2008(8):98—102.

[19] 苗宝军,梁庆利."解析几何"课程中的教学技巧分析与科研创新能力的培养[J].吉林省教育学院学报,2010,26(3):153—154.

[20] 史雪荣.对目前师范院校公共数学教学中存在问题的思考[J].长春理工大学学报(综合版),2006(4):101—103.
[21] 徐阳,赵景军.解析几何教学改革的初步探索[J].高等理科教育,2008(3):32—34.
[22] 袁威威.《解析几何》课程建设初探[J].科技信息,2009(29):34,74.
[23] 高德宝,李春雷.《空间解析几何》与空间思维能力的培养[J].通化师范学院学报,2010,31(8):87—89.
[24] 赵亚男,牛言涛.MATLAB 在解析几何教学中的应用[J].长春大学学报,2011,21(4):54—58.
[25] 史雪荣.空间解析几何教学中培养学生的创新能力[J].林区教学,2015(7):71—72.
[26] 史雪荣.师范院校空间解析几何课程的研究性教学探索[J].淮阴师范学院学报(自然科学版),2015,14(4):342—344.
[27] 杨成,秦红艳,刘治毅,等. 空间解析几何法在输油管道工程中的应用[J].现代化工,2017,37(2):214—216.
[28] 章建跃. 利用几何图形建立直观通过代数运算刻画规律:解析几何内容分析与教学思考(之一)[J]. 数学通报,2021,60(7):7—14.
[29] 章建跃. 利用几何图形建立直观通过代数运算刻画规律:解析几何内容分析与教学思考(之二)[J]. 数学通报,2021,60(8):1—10,26.

参考答案与提示

第 1 章练习题

1. (1) 8；　(2) 10；　(3) 0；

2. (1) -14；(2) -40；　(3) 0.

3. $x=2, y=3, z=2$.

4. (1) $\begin{bmatrix} -16 & -32 \\ 8 & 16 \end{bmatrix}$；　(2) $\begin{bmatrix} 0 & 14 & -3 \\ 17 & 13 & 10 \end{bmatrix}$.

5. $\begin{cases} x_1=1, \\ x_2=\dfrac{1}{3}, \\ x_3=-\dfrac{1}{3}. \end{cases}$

第 2 章练习题

1. (1) 有两个分量为零；(2) 有一个分量为零；(3) 纵坐标为± 3；(4) 竖坐标为± 5.

2. A 位于 xz 面上，B 位于 yz 面上，C 位于 z 轴上，D 位于 y 轴上.

3. A 在Ⅳ卦限，B 在Ⅴ卦限，C 在Ⅷ卦限，D 在Ⅲ卦限.

4. 点 P：(1) $(2,-3,1),(-2,-3,-1),(2,3,-1)$；
   (2) $(2,3,1),(-2,-3,1),(-2,3,-1)$；
   (3) $(-2,3,1)$.

点 M：(1) $(a, b, -c)$，$(-a, b, c)$，$(a, -b, c)$；
   (2) $(a, -b, -c)$，$(-a, b, -c)$，$(-a, -b, c)$；
   (3) $(-a, -b, -c)$.

5. 提示：$|\overrightarrow{CA}|=|\overrightarrow{CB}|=\sqrt{6}$.

6. $(0,1,-2)$.

7. $4\boldsymbol{e}_1+\boldsymbol{e}_3$，$-2\boldsymbol{e}_1+4\boldsymbol{e}_2-3\boldsymbol{e}_3$，$-3\boldsymbol{e}_1+10\boldsymbol{e}_2-7\boldsymbol{e}_3$.

8. 提示：$\overrightarrow{AD}=\overrightarrow{AB}+\overrightarrow{BC}+\overrightarrow{CD}=2\boldsymbol{a}+10\boldsymbol{b}=2\overrightarrow{AB}$.

9. $B(-2,4,-3)$.

10. $\overrightarrow{P_1P_2}=(-2,-2,-2)$，$5\overrightarrow{P_1P_2}=(-10,-10,-10)$.

11. $|\boldsymbol{a}|=\sqrt{3}$，$|\boldsymbol{b}|=\sqrt{38}$，$|\boldsymbol{c}|=3$；$\boldsymbol{a}^\circ=\left(\frac{\sqrt{3}}{3},\frac{\sqrt{3}}{3},\frac{\sqrt{3}}{3}\right)$，$\boldsymbol{b}^\circ=\left(\frac{2\sqrt{38}}{38},\frac{-3\sqrt{38}}{38},\frac{5\sqrt{38}}{38}\right)$，$\boldsymbol{c}^\circ=\left(-\frac{2}{3},-\frac{1}{3},\frac{2}{3}\right)$；$\boldsymbol{a}=\sqrt{3}\,\boldsymbol{a}^\circ$，$\boldsymbol{b}=\sqrt{38}\,\boldsymbol{b}^\circ$，$\boldsymbol{c}=3\boldsymbol{c}^\circ$.

12. $\overrightarrow{AB}=\frac{1}{2}(\boldsymbol{a}-\boldsymbol{b})$，$\overrightarrow{BC}=\frac{1}{2}(\boldsymbol{a}+\boldsymbol{b})$，$\overrightarrow{CD}=\frac{1}{2}(\boldsymbol{b}-\boldsymbol{a})$，$\overrightarrow{DA}=-\frac{1}{2}(\boldsymbol{a}+\boldsymbol{b})$.

13. $\overrightarrow{CD}=\frac{2}{3}\boldsymbol{l}-\frac{4}{3}\boldsymbol{k}$，$\overrightarrow{BC}=\frac{4}{3}\boldsymbol{l}-\frac{2}{3}\boldsymbol{k}$.

14. 提示：(方法 1) $\overrightarrow{OM}=\overrightarrow{OA}+\overrightarrow{AM}$.

(方法 2) 延长 OM 至 N，使 $\overrightarrow{ON}=2\overrightarrow{OM}$.

15. 提示：(方法 1) $\overrightarrow{OM}=\frac{1}{3}(\overrightarrow{OA}+\overrightarrow{OB}+\overrightarrow{OC})+\frac{1}{3}(\overrightarrow{AM}+\overrightarrow{BM}+\overrightarrow{CM})$.

(方法 2) 坐标法.

16. 提示：$\overrightarrow{OM}=\overrightarrow{OA}+\overrightarrow{AM}$，$\overrightarrow{OM}=\overrightarrow{OB}+\overrightarrow{BM}$，$\overrightarrow{OM}=\overrightarrow{OC}+\overrightarrow{CM}$，$\overrightarrow{OM}=\overrightarrow{OD}+\overrightarrow{DM}$.

17. 提示：取 AC 的中点 O，则 OM，ON 分别为△ABC 和△ACD 的中位线.

18. (1) $\overrightarrow{AD}=\frac{1}{2}(\overrightarrow{AB}+\overrightarrow{AC})$，$\overrightarrow{BE}=\frac{1}{2}\overrightarrow{AC}-\overrightarrow{AB}$，$\overrightarrow{CF}=\frac{1}{2}\overrightarrow{AB}-\overrightarrow{AC}$；

(2) $\overrightarrow{AD}+\overrightarrow{BE}+\overrightarrow{CF}=\boldsymbol{0}$.

19. 提示：$\overrightarrow{OP_{i-1}}+\overrightarrow{OP_{i+1}}=\lambda\,\overrightarrow{OP_i}$（其中 $|\lambda|<2$）.

20. 提示：A，B，C 三点共线转化为两个向量共线.

21. 提示：A，B，C，D 四点共面转化为三个向量共面.

22. 提示：取三边向量为基本向量，设 $\overrightarrow{AO}=\lambda\,\overrightarrow{AL}$，$\overrightarrow{BO}=\lambda\,\overrightarrow{BM}$，利用 $\overrightarrow{AB}=\overrightarrow{OB}-\overrightarrow{OA}$ 求出 λ.

23. 提示：取三边向量为基本向量，三条中线的 3∶2 分点分别为 P_1，P_2，P_3，证明 P_1，P_2，P_3 重合.

24. (1) $3\boldsymbol{a}-2\boldsymbol{b}+\boldsymbol{c}=(3,22,-3)$；(2) $5\boldsymbol{a}+6\boldsymbol{b}+\boldsymbol{c}=(37,36,33)$.

25. $A(-1,2,4)$，$B(8,-4,-2)$.

26. (1) 3，$5\boldsymbol{i}+\boldsymbol{j}+7\boldsymbol{k}$；(2) -18，$10\boldsymbol{i}+2\boldsymbol{j}+14\boldsymbol{k}$；

(3) $\cos\angle(\boldsymbol{a},\boldsymbol{b})=\frac{3}{2\sqrt{21}}$，$\sin\angle(\boldsymbol{a},\boldsymbol{b})=\frac{5}{2\sqrt{7}}$，$\tan\angle(\boldsymbol{a},\boldsymbol{b})=\frac{5\sqrt{3}}{3}$.

27. (1) $l=10$；　(2) $l=-2$.

28. (1) $5\boldsymbol{i}-13\boldsymbol{j}-9\boldsymbol{k}$；　(2) $-\boldsymbol{i}-\boldsymbol{j}$；　(3) 2.

29. (1) $3\sqrt{6}$；　(2) $\frac{3\sqrt{21}}{7}$，$\frac{3\sqrt{6}}{\sqrt{77}}$.

30. 1.

31. 提示：(1) $\boldsymbol{a}[(\boldsymbol{ab})\boldsymbol{c}-(\boldsymbol{ac})\boldsymbol{b}]=(\boldsymbol{ab})(\boldsymbol{ac})-(\boldsymbol{ac})(\boldsymbol{ab})=0$；

(2) 因为 $\boldsymbol{m}_1 \not\parallel \boldsymbol{m}_2$，$(\boldsymbol{a}-\boldsymbol{b})\cdot\boldsymbol{m}_i=0$，所以对该平面上任意向量 $\boldsymbol{c}=\lambda\boldsymbol{m}_1+\mu\boldsymbol{m}_2$，有 $(\boldsymbol{a}-\boldsymbol{b})\cdot\boldsymbol{c}=0$，利用 $\boldsymbol{c}$ 的任意性.

32. (1) 5；(2) -3；(3) $-\frac{7}{2}$；(4) 11.

33. (1) $-\frac{3}{2}$；(2) $|\boldsymbol{r}|=\sqrt{1^2+2^2+3^2}=\sqrt{14}$，$\boldsymbol{r}$ 与 $\boldsymbol{a},\boldsymbol{b},\boldsymbol{c}$ 的夹角分别为 $\arccos\frac{\sqrt{14}}{14}$，$\arccos\frac{\sqrt{14}}{7}$，$\arccos\frac{3\sqrt{14}}{14}$；(3) $\cos\angle(\boldsymbol{a},\boldsymbol{b})=\frac{\pi}{3}$；(4) $\lambda=40$.

34. (1) 向量 $\boldsymbol{a},\boldsymbol{b},\boldsymbol{c}$ 不共面，$\boldsymbol{c}$ 不能表示成 $\boldsymbol{a},\boldsymbol{b}$ 的线性组合；

(2) 向量 $\boldsymbol{a},\boldsymbol{b},\boldsymbol{c}$ 共面，$\boldsymbol{c}=\frac{1}{2}\boldsymbol{a}+\frac{2}{3}\boldsymbol{b}$；

(3) 向量 $\boldsymbol{a},\boldsymbol{b},\boldsymbol{c}$ 共面，$\boldsymbol{c}$ 不能表示成 $\boldsymbol{a},\boldsymbol{b}$ 的线性组合.

35. $B\left(10,0,\frac{13}{5}\right)$.

36. $|AB|=\sqrt{149}$，AB 边上的中线长为 $\frac{\sqrt{461}}{2}$；

$|BC|=2\sqrt{29}$，BC 边上的中线长为 $2\sqrt{35}$；

$|AC|=3\sqrt{21}$，AC 边上的中线长为 $\frac{\sqrt{341}}{2}$.

37. (1) 20； (2) 11.

38. (1) $\boldsymbol{x}\cdot\boldsymbol{y}=354$，$|\boldsymbol{x}|=\sqrt{2310}$，$|\boldsymbol{y}|=\sqrt{105}$，$\angle(\boldsymbol{x},\boldsymbol{y})=\arccos\frac{354}{\sqrt{242550}}$；

(2) $\boldsymbol{x}\cdot\boldsymbol{y}=929$，$|\boldsymbol{x}|=\sqrt{2237}$，$|\boldsymbol{y}|=\sqrt{426}$，$\angle(\boldsymbol{x},\boldsymbol{y})=\arccos\frac{929}{\sqrt{952962}}$.

39. $40-33\sqrt{3}$.

40. 略.

41. $|\overrightarrow{OL}|=\frac{\sqrt{10}}{2}$，$|\overrightarrow{OM}|=\frac{1}{3}\sqrt{15+2\sqrt{3}}$，$\angle(\overrightarrow{OL},\overrightarrow{OM})=\arccos\frac{3-\sqrt{3}}{6\sqrt{15-2\sqrt{3}}}$.

42. D 分 AB 的比为 1，T 分 AB 的比为 $\frac{a}{b}$，H 分 AB 的比为 $\frac{a^2-ab\cos\theta}{b^2-ab\cos\theta}$.

43. 略.

44. 略.

45. (1) $\boldsymbol{a}\times\boldsymbol{b}=(6,-3,-3)$，$S=3\sqrt{6}$；

(2) $\boldsymbol{a}\times\boldsymbol{b}=(-12,-26,8)$，$S=2\sqrt{221}$；

(3) $\boldsymbol{a}\times\boldsymbol{b}=(72,24,0)$，$S=24\sqrt{10}$.

46. 四面体的体积 $V=\frac{59}{6}$.

47. 提示：$(\boldsymbol{a},\boldsymbol{b},\boldsymbol{c})=0$.

48. (1) $(-2,-1,-2)$，$(2,1,2)$； (2) $(16,4,16)$；

(3) 2,2； *(4) $(3,4,5)$，$(-1,2,1)$.

49. 提示：利用 2.3.4 节二重外积的定理 1.

第 2 章测验题

一、填空题

1. Ⅵ,(4,2,−6),(4,−2,−6),(8,−4,8).

2. 68,(−5,15,−7),−34,$\frac{9}{\sqrt{299}}$.

3. 求面积,求垂直向量,证明平行问题.

4. $\boldsymbol{a}\cdot\boldsymbol{b}=0$,$(\boldsymbol{a},\boldsymbol{b},\boldsymbol{c})=0$.

5. 在三轴上的射影,一一对应.

二、判断题

1. ✓ 2. × 3. ✓ 4. × *5. ×

三、计算题

1. (1) $\boldsymbol{x}$ 与 $\boldsymbol{y}$ 共线或 $\boldsymbol{x}$ 与 $\boldsymbol{y}$ 中至少有一个为 $\mathbf{0}$;

   (2) $\boldsymbol{x}$ 与 $\boldsymbol{y}$ 共线或 $\boldsymbol{x}$ 与 $\boldsymbol{y}$ 中至少有一个为 $\mathbf{0}$.

2. $3\boldsymbol{a}+3\boldsymbol{b}-5\boldsymbol{c}$.

3. $\mathrm{Prj}_{\boldsymbol{c}}(\boldsymbol{a}+\boldsymbol{b})=-4$.

4. $3\sqrt{6}$, $2\sqrt{2}$.

5. $V=19\frac{1}{3}$,$h=4\frac{1}{7}$.

四、证明题

1. 提示:证$\overrightarrow{AD}$与$\overrightarrow{AB}$共线.

*2. 提示:$(\boldsymbol{a}\times\boldsymbol{b},\boldsymbol{b}\times\boldsymbol{c},\boldsymbol{c}\times\boldsymbol{a})=(\boldsymbol{a},\boldsymbol{b},\boldsymbol{c})^2$,利用公式(2.3.7)或 2.3.4 节例 13.

第 3 章练习题

1. (1) $4x-11y-3z-7=0$; (2) $3x-7y+5z-4=0$;

   (3) $5x+3z-7=0$; (4) $3x-y-z-6=0$;

   (5) $10x+9y+5z-74=0$, $2x+y-3z-2=0$.

2. $(x_2-x_1)\left(x-\frac{x_1+x_2}{2}\right)+(y_2-y_1)\left(y-\frac{y_1+y_2}{2}\right)+(z_2-z_1)\left(z-\frac{z_1-z_2}{2}\right)=0$.

3. $\frac{x}{\frac{3}{4}}+\frac{y}{-3}+\frac{z}{\frac{3}{2}}=1$, $\begin{cases}x=\frac{1}{4}(u-2v+3),\\ y=u,\\ z=v\end{cases}$ $(-\infty<u,v<+\infty)$.

4. (1) $\frac{1}{\sqrt{30}}x-\frac{2}{\sqrt{30}}y+\frac{5}{\sqrt{30}}z-\frac{3}{\sqrt{30}}=0$; (2) $-x-2=0$;

   (3) $-\frac{1}{\sqrt{14}}x+\frac{3}{\sqrt{14}}y-\frac{2}{\sqrt{14}}z-\frac{4}{\sqrt{14}}=0$; (4) $\frac{2}{3}x-\frac{2}{3}y+\frac{1}{3}z=0$.

5. (1) $\frac{x-2}{3}=\frac{y-5}{5}=\frac{z-8}{5}$; (2) $x=-y=z$;

(3) $\dfrac{x-2}{1}=\dfrac{y+8}{2}=\dfrac{z-3}{-3}$； (4) $\dfrac{x-1}{1}=\dfrac{y}{1}=\dfrac{z+2}{2}$.

6. $\dfrac{x-\frac{11}{3}}{1}=\dfrac{y+\frac{7}{3}}{-1}=\dfrac{z}{-1}$.

7. $36y-11z+23=0$，$9x-z+7=0$，$11x-4y+5=0$，$\begin{cases}36y-11z+23=0,\\11x-4y+5=0.\end{cases}$

8. $B=-6, D=-27$.

9. 提示：$\boldsymbol{v}\perp\boldsymbol{n}$.

10. 提示：利用公式 $\sin^2\alpha+\cos^2\alpha=1$.

11. (1) $\dfrac{1}{3}$；(2) 0；(3) $\dfrac{16}{\sqrt{14}}$.

12. (1) 同侧；(2) 异侧；(3) 不在；(4) 在.

13. $\left(0,-\dfrac{4}{3},0\right)$及$(0,-8,0)$.

14. (1) $\sqrt{5}$；(2) $\dfrac{1}{2}\sqrt{6}$.

15. (1) 相交；(2) 平行；(3) 重合.

16. (1) $\dfrac{\pi}{4}$；(2) $\arccos\dfrac{8}{21}$.

17. (1) $l-3m-9=0$；(2) $m=3, l=-4$.

18. $7x-2y-2z+1=0$.

19. $\dfrac{|D_2-D_1|}{\sqrt{A^2+B^2+C^2}}$.

20. (1) 异面；(2) 异面；(3) 相交；(4) 平行.

21. 两直线平行，它们所在的平面为 $4x+3y=0$.

22. (1) $2\sqrt{3}$；(2) $\dfrac{15}{\sqrt{41}}$；(3) 0.

23. $\arccos\dfrac{72}{77}$.

24. (1) $\begin{cases}45x-2y-17z-45=0,\\23x-20y+13z=0;\end{cases}$ (2) $\begin{cases}x+y+4z-1=0,\\x-2y-2z+3=0.\end{cases}$

25. 提示：记 $P_0(a,b,c)$，$P_1(a_1,b_1,c_1)$，$P_2(a_2,b_2,c_2)$，$\boldsymbol{v}_1=(l_1,m_1,n_1)$，$\boldsymbol{v}_2=(l_2,m_2,n_2)$.

(1) $\begin{cases}(P-P_0,P_1-P_0,\boldsymbol{v}_1)=0,\\(P-P_0,P_2-P_0,\boldsymbol{v}_2)=0;\end{cases}$ (2) $P=P_0+t(\boldsymbol{v}_1\times\boldsymbol{v}_2)$.

26. 相交$\Leftrightarrow Am+Bn+C\neq 0$；

平行$\Leftrightarrow Am+Bn+C=0, Aa+Bb+D\neq 0$；

重合$\Leftrightarrow Am+Bn+C=0, Aa+Bb+D=0$.

27. $\arcsin\dfrac{3}{133}$.

28. $x-z+2=0$ 及 $x+20y+7z-6=0$.

29. $\dfrac{\pi}{6}$.

30. $|A|=|B|,|A|=|B|=|C|$.

31. 提示：写出直线 AQ,BR,CP 的方程，它们共点的充要条件是它们的方程所组成的方程组有解.

32. 提示：由两直线相交得四元线性方程组 $A_ix+B_iy+C_iz+D_iw=0(i=1,2,3,4)$ 有非零解$(x_0,y_0,z_0,1)$,从而系数行列式等于零.

33. 提示:求出两异面直线的定点和方向向量.

34. 提示:与坐标面的交角和与三轴的交角(方向角)互余.

第 3 章测验题

一、选择题

1. D 2. A 3. A 4. A 5. D

二、填空题

1. $\dfrac{x-3}{1}=\dfrac{y-4}{\sqrt{2}}=\dfrac{z+4}{-1}$.

2. 平行.

3. 异面，$\arccos\dfrac{7}{18}\sqrt{6}$,$\dfrac{\sqrt{5}}{5}$,公垂线方程$\begin{cases}2x+y+5z-2=0,\\4x+2y+5z+5=0.\end{cases}$

4. (1) $6x+3y+14z-7=0$；(2) $3y+10z-5=0$；(3) $5x-y=0$；(4) $4x-11y-34z+17=0$.

三、解答题

1. $5x+y-13=0$.

2. $\dfrac{x+16}{-17}=\dfrac{y-11}{10}=\dfrac{z}{-1}$, $\begin{cases}x=-16-17t,\\y=11+10t,\\z=-t.\end{cases}$

3. $\dfrac{x}{0}=\dfrac{y}{2}=\dfrac{z+2}{1}$.

4. $-x+y+z+2=0$.

5. $d=1$.

6. $\theta=\arccos\dfrac{\sqrt{39}}{26}$.

7. $\cos\theta=|\cos\alpha_1\cos\alpha_2+\cos\beta_1\cos\beta_2+\cos\gamma_1\cos\gamma_2|$.

四、证明题

1. 提示：将平面方程化为法式方程,求出 p 的值.

2. 提示：方程组有非零解.

第 4 章练习题

1. M_1,M_2,M_4 在曲面上，M_3,M_5,M_6 不在曲面上；曲面是以原点为中心、半径为 7 的球面.

2. (1) $(1-m^2)(x^2+y^2+z^2)-2a(1+m^2)x+(1-m^2)a^2=0$.

提示：定点$(a,0,0)$，$(-a,0,0)$，距离之比的常数为 m.

(2) $\dfrac{x^2}{a^2}+\dfrac{y^2}{b^2}+\dfrac{z^2}{b^2}=1\ (b^2=a^2-c^2)$.

提示：定点$(\pm c,0,0)$，定常数为 $2a$.

(3) $\dfrac{x^2}{a^2}-\dfrac{y^2}{b^2}-\dfrac{z^2}{b^2}=1\ (b^2=c^2-a^2,c>|a|)$.

提示：定点$(\pm c,0,0)$，定常数为 $2a$.

(4) $x^2+y^2+(1-m^2)z^2-2cz+c^2=0$.

提示：定平面为 xy 面，定点为$(0,0,c)$，常数为 m.

3. (1) $(1,2,2)$与$(1,2,-2)$； (2) 曲面上无这种点；
   (3) $(2,1,2)$与$(2,-1,2)$； (4) 曲面上无这种点.

4. (1) $x^2+y^2+z^2-\dfrac{7}{2}x-2y-\dfrac{3}{2}z=0$；
   (2) $(x-3)^2+(y-3)^2+(z-3)^2=9$ 或$(x-5)^2+(y-5)^2+(z-5)^2=25$；
   (3) $x^2+y^2+(z-4)^2=21$.

5. $x^2+y^2+z^2=9,y=0$.

6. (1) $x=x_0+tl,y=y_0+tm,z=z_0+tn$；
   (2) $x=R\cos t,y=R\sin t,z=c$.

7. $\begin{cases}x=-t^4,\\y=2t,\\z=t^2.\end{cases}$

8. (1) $(0,0,0)$为一点，$\begin{cases}x^2=16z,\\y=0\end{cases}$为 xz 坐标面上的抛物线，$\begin{cases}9y^2=16z,\\x=0\end{cases}$为 yz 坐标面上的抛物线；

(2) $\begin{cases}x^2-4y^2=64,\\z=0\end{cases}$为 xy 面上的双曲线；$\begin{cases}x^2-16z^2=64,\\y=0\end{cases}$为 xz 面上的双曲线，与 yz 面无交线.

9. (1) $z^2+y^2-3z+1=0$，$z-x-1=0$；$x^2+y^2-x-1=0$；
   (2) $y-z-1=0$，$x^2-2z^2-2x+6z-3=0$，$x^2-2y^2-2x+2y+1=0$；
   (3) $2y+7z-2=0$，$x-z-3=0$，$7x+2y-23=0$；
   (4) $y+z-1=0$，$x^2+2z^2-2z=0$，$x^2+2y^2-2y=0$.

10. (1) $y^2+z^2-yz+6y-5z-\frac{3}{2}=0$；

(2) $x^2+y^2+3z^2-2xy-8x+8y-8z-26=0$.

11. $(x-y-1)^2+(x-z+1)^2+(y-z+2)^2=6$

或 $x^2+y^2+z^2-xy-xz-yz+3y-3z=0$.

12. $4x^2+25y^2+z^2+4xz-20x-10z=0$.

13. $18y^2+50z^2+75zx+225x-450=0$.

14. $3x^2+123y^2+23z^2-18xy-22xz+50yz+18x-54y-66z+17=0$.

15. $51x^2+51y^2+12z^2+104xy+52yz+52xz-518x-516y-252z+1279=0$.

16. $27[(x-1)^2+(y-2)^2+(z-3)^2]-4(2x+2y-z-3)^2=0$.

17. (1) 圆柱面：$5x^2+5y^2+2z^2+2xy+4yz-4xz+4x-4y-4z-6=0$；

(2) 圆锥面：$6(x-y+2z-2)^2=(3x-2y+4z-4)^2+(x+2z-2)^2+(x-y-1)^2$；

(3) 单叶双曲面：$9x^2+9y^2-10z^2-6z-9=0$；

(4) 单叶双曲面：$49(x^2+y^2+z^2)=19(2x+y-2z-2)^2-14(2x+y-2z)+77$；

(5) 部分圆柱面：$x^2+y^2=1$ $(0\leqslant z\leqslant 1)$.

18. $x^2+y^2-\alpha^2z^2-\beta^2=0$.$\alpha=0,\beta\neq 0$ 时，圆柱面；$\alpha\neq 0,\beta=0$ 时，圆锥面；$\alpha,\beta=0$ 时，为 z 轴；$\alpha\neq 0,\beta\neq 0$ 时，单叶旋转双曲面.

19. $\frac{x^2}{9}+\frac{y^2}{16}+\frac{z^2}{4}=1$.

20. $\frac{x^2}{4}+\frac{y^2}{3}+\frac{z^2}{3}=1$.

21. $16x\pm 13z=0$.

22. $y=\pm\frac{b}{c}\sqrt{\frac{a^2-c^2}{b^2-a^2}}\,z$.

23. $\lambda>A$ 时，不表示任何实图形；$B<\lambda<A$ 时，双叶双曲面；$C<\lambda<B$ 时，单叶双曲面；$\lambda<C$ 时，椭球面.

24. $x=\pm 2$.

25. $x^2+20y^2-24x-116=0$，$\begin{cases}x^2+20y^2-24x-116=0,\\ z=0.\end{cases}$

26. (1) 椭球面；(2) 双曲柱面；(3) 圆锥面；(4) 椭圆抛物面；(5) 锥面；(6) 单叶双曲面；(7) 双曲抛物面；(8) 双叶双曲面.

27. 图略.

28. 提示：消去参数 u,v，得一般方程.

*29. (1) $\begin{cases}w(x+z)=u(1+y),\\ u(x-z)=w(1-y)\end{cases}$ 与 $\begin{cases}t(x+z)=v(1-y),\\ v(x-z)=t(1+y);\end{cases}$ (2) $\begin{cases}z=xt,\\ ay=t\end{cases}$ 与 $\begin{cases}z=sy,\\ ax=s.\end{cases}$

*30. 提示：消去参数 λ. (1) $z^2=x+y$；(2) $\frac{x^2}{16}+\frac{y^2}{4}-z^2=1$.

*31. $\begin{cases}\dfrac{x}{4}+\dfrac{y}{2}=1,\\ \dfrac{x}{4}-\dfrac{y}{2}=z\end{cases}$ 及 $\begin{cases}\dfrac{x}{4}-\dfrac{y}{2}=2,\\ \dfrac{x}{4}+\dfrac{y}{2}=\dfrac{z}{2}.\end{cases}$

*32. $\dfrac{x^2}{9}-\dfrac{y^2}{4}=4z.$

*33. $x^2+y^2-z^2=1.$

第 4 章测验题

一、判断题

1. × 2. × 3. × 4. √ 5. √

二、选择题

1. B 2. D 3. A 4. B 5. C 6. C 7. A 8. B

三、填空题

1. $x^2+z^2-4z=0.$ 2. 0. 3. $\begin{cases}x=\sin\alpha\cos\beta,\\ y=\sin\alpha\sin\beta,\\ z=\cos\alpha.\end{cases}$ 4. $\dfrac{x^2}{a^2}+\dfrac{y^2}{b^2}+\dfrac{z^2}{a^2}=1.$

四、计算题

1. $(x-2)^2+(y-3)^2+(z+1)^2=9$ 或 $x^2+(y+1)^2+(z+5)^2=9.$

2. $x^2+y^2+z^2+2xz-1=0.$

3. $51(x-1)^2+51(y-2)^2+12(z-4)^2+104(x-1)(y-2)+52(x-1)(z-4)+52(y-2)(z-4)=0.$

4. $40(x-2)^2-9y^2-9z^2=0.$ 5. $\dfrac{x^2}{21}+\dfrac{3y^2}{112}+\dfrac{z^2}{7}=1.$ 6. $\begin{cases}\dfrac{x^2}{5}-\dfrac{z^2}{16}=1,\\ y=0.\end{cases}$

第 5 章练习题

1. $\begin{cases}x=x'+7,\\ y=y'-1,\end{cases}$ $A'(-4,3)$, $B'(-12,5)$, $C'(-11,0)$, $D'(-7,-1)$.

2. (1) $\begin{cases}x=x'-1,\\ y=y'+1;\end{cases}$ (2) $\begin{cases}x=x'+2,\\ y=y'+1.\end{cases}$

3. $\begin{cases}x=\dfrac{1}{2}x'+\dfrac{\sqrt{3}}{2}y',\\ y=-\dfrac{\sqrt{3}}{2}x'+\dfrac{1}{2}y',\end{cases}$

$A'\left(\dfrac{\sqrt{3}+1}{2},\dfrac{\sqrt{3}-1}{2}\right)$, $B'(1-2\sqrt{3},\sqrt{3}+2)$, $C'\left(\sqrt{3}-\dfrac{3}{2},-\dfrac{3\sqrt{3}}{2}-1\right)$, $D'\left(\dfrac{\sqrt{3}}{2},-\dfrac{1}{2}\right)$.

4.(1) $\boldsymbol{A}=\begin{bmatrix}\frac{1}{a^2} & 0 & 0\\ 0 & \frac{1}{b^2} & 0\\ 0 & 0 & -1\end{bmatrix}$，$F_1(x,y)=\frac{1}{a^2}x$，$F_2(x,y)=\frac{1}{b^2}y$，$F_3(x,y)=-1$；

(2) $\boldsymbol{A}=\begin{bmatrix}\frac{1}{a^2} & 0 & 0\\ 0 & -\frac{1}{b^2} & 0\\ 0 & 0 & -1\end{bmatrix}$，$F_1(x,y)=\frac{1}{a^2}x$，$F_2(x,y)=-\frac{1}{b^2}y$，$F_3(x,y)=-1$；

(3) $\boldsymbol{A}=\begin{bmatrix}0 & 0 & -p\\ 0 & 1 & 0\\ -p & 0 & 0\end{bmatrix}$，$F_1(x,y)=-p$，$F_2(x,y)=y$，$F_3(x,y)=-px$；

(4) $\boldsymbol{A}=\begin{bmatrix}1 & 0 & \frac{5}{2}\\ 0 & -3 & 0\\ \frac{5}{2} & 0 & 2\end{bmatrix}$，$F_1(x,y)=x+\frac{5}{2}$，$F_2(x,y)=-3y$，$F_3(x,y)=\frac{5}{2}x+2$；

(5) $\boldsymbol{A}=\begin{bmatrix}2 & -\frac{1}{2} & -3\\ -\frac{1}{2} & 1 & \frac{7}{2}\\ -3 & \frac{7}{2} & -4\end{bmatrix}$，$F_1(x,y)=2x-\frac{1}{2}y-3$，$F_2(x,y)=-\frac{1}{2}x+y+\frac{7}{2}$，

$F_3(x,y)=-3x+\frac{7}{2}y-4$.

5.(1) $\left(\frac{1}{2},-\frac{5}{2}\right)$，$(1,0)$；(2) $\left(\frac{4-2\sqrt{26}\mathrm{i}}{5},\frac{-7+\sqrt{26}\mathrm{i}}{5}\right)$，$\left(\frac{4+2\sqrt{26}\mathrm{i}}{5},\frac{-7-\sqrt{26}\mathrm{i}}{5}\right)$；

(3) $\left(\frac{1}{2},\frac{1}{6}\right)$；(4) 无交点.

6.(1) $k<-4$；　(2) $k>\frac{49}{24}$.

7.(1) $-1:1$，抛物型；　(2) $(-2\pm\sqrt{2}\mathrm{i}):3$，椭圆型；　(3) $1:0$，$0:1$，双曲型.

8.(1) 中心曲线；　(2) 无心曲线；　(3) 无心曲线；　(4) 线心曲线.

9.(1) $\left(\frac{3}{28},-\frac{13}{28}\right)$；　(2) $(-1,2)$；　(3) 无中心；

(4) 直线 $2x-y+1=0$ 上的点都是中心.

10.(1) $a\neq9$；　(2) $a=9$，$b\neq9$；　(3) $a=9$，$b=9$.

11.(1) $2x-y+1=0$，$3x+y=0$；　(2) $x-y+2=0$，$x-2y-1=0$；

(3) $x+y+1=0$.

12. (1) $9x+10y-28=0$；　(2) $x-2y=0$；　(3) $y+1=0,x+y+3=0$；
(4) $x=0$.

13. (1) $(-1,1)$；　(2) $(-1,1)$；　(3)直线 $x-y-1=0$ 上的点都是奇异点.

14. 直径方程为 $x+12y-8=0$,其共轭直径方程为 $12x-2y-23=0$.

15. $x-1=0,x-2y+3=0$.

16. 椭圆:$1:0,0:1,x=0,y=0$；　双曲线:$1:0,0:1,x=0,y=0$；
抛物线:$0:1,1:0,y=0$.

17. (1) $1:(-1),1:1,x-y=0,x+y-2=0$；
(2) $1:1,1:(-1),x+y=0,x-y+2=0$；
(3) $3:(-4),4:3,3x-4y+7=0$；
(4) 任意方向都是主方向,过中心的任意直线都是主直径.

18. 设 $\lambda_1\neq\lambda_2$,由它们确定的主方向分别为 $X_1:Y_1$ 与 $X_2:Y_2$,则有

$$\begin{cases}a_{11}X_1+a_{12}Y_1=\lambda_1X_1,\\a_{12}X_1+a_{22}Y_1=\lambda_1Y_1,\end{cases}\quad\begin{cases}a_{11}X_2+a_{12}Y_2=\lambda_2X_2,\\a_{12}X_2+a_{22}Y_2=\lambda_2Y_2,\end{cases}$$

所以

$$\begin{aligned}\lambda_1X_1X_2+\lambda_1Y_1Y_2&=(a_{11}X_1+a_{12}Y_1)X_2+(a_{12}X_1+a_{22}Y_1)Y_2\\&=(a_{11}X_2+a_{12}Y_2)X_1+(a_{12}X_2+a_{22}Y_2)Y_1\\&=\lambda_2X_2X_1+\lambda_2Y_2Y_1,\end{aligned}$$

从而有

$$(\lambda_1-\lambda_2)(X_1X_2+Y_1Y_2)=0,$$

因为 $\lambda_1\neq\lambda_2$,所以 $X_1X_2+Y_1Y_2=0$,从而主方向 $X_1:Y_1$ 与 $X_2:Y_2$ 互相垂直.

19. (1) $\begin{cases}x=\dfrac{\sqrt2}{2}x'-\dfrac{\sqrt2}{2}y',\\y=\dfrac{\sqrt2}{2}x'+\dfrac{\sqrt2}{2}y',\end{cases}$　$9x'^2+25y'^2=225$,图形略；

(2) $\begin{cases}x=\dfrac{\sqrt3}{2}x'-\dfrac{1}{2}y',\\y=\dfrac{1}{2}x'+\dfrac{\sqrt3}{2}y',\end{cases}$　$x'^2-3y'^2=24$,图形略.

20. (1) $\begin{cases}x=\dfrac{\sqrt2}{2}x'-\dfrac{\sqrt2}{2}y',\\y=\dfrac{\sqrt2}{2}x'+\dfrac{\sqrt2}{2}y',\end{cases}$　$4y'^2-\sqrt2x'+\sqrt2y'-10=0$,图形略；

(2) $\begin{cases}x=\sqrt{\dfrac{2+\sqrt2}{4}}x'-\sqrt{\dfrac{2-\sqrt2}{4}}y',\\y=\sqrt{\dfrac{2-\sqrt2}{4}}x'+\sqrt{\dfrac{2+\sqrt2}{4}}y',\end{cases}$　$\dfrac{3-\sqrt2}{2}x'^2+\dfrac{3+\sqrt2}{2}y'^2-4=0$,图形略.

21. $\begin{cases} x'=-\dfrac{1}{\sqrt{5}}(2x-y-3), \\ y'=-\dfrac{1}{\sqrt{5}}(x+2y+1). \end{cases}$

22. (1) $\dfrac{x''^2}{196}+\dfrac{y''^2}{14}=1$，$\begin{cases} x=\dfrac{1}{\sqrt{13}}(2x''-3y'')+3, \\ y=\dfrac{1}{\sqrt{13}}(3x''+2y'')-2, \end{cases}$ 图形略；

(2) $5x''^2=2y''$，$\begin{cases} x=\dfrac{1}{5}\left(3x''-4y''-\dfrac{6}{5}\right), \\ y=\dfrac{1}{5}\left(4x''+3y''+\dfrac{9}{10}\right), \end{cases}$ 图形略；

(3) $x''^2+2y''^2=0$，$\begin{cases} x=x''-2, \\ y=-x''+y''+1, \end{cases}$ 图形略；

(4) $9x''^2+y''^2-9=0$，$\begin{cases} x=\dfrac{\sqrt{2}}{2}(x''-y'')+1, \\ y=\dfrac{\sqrt{2}}{2}(x''+y'')+1, \end{cases}$ 图形略.

23. (1) $I_1=8$，$I_2=0$，$I_3=-100\neq 0$，抛物线，$8y^2\pm 5\sqrt{2}x=0$；

(2) $I_1=3$，$I_2=-4<0$，$I_3=-16\neq 0$，双曲线，$\dfrac{x^2}{4}-y^2=1$；

(3) $I_1=29$，$I_2=0$，$I_3=-25\neq 0$，抛物线，$29y^2\pm\dfrac{10}{\sqrt{29}}x=0$；

(4) $I_1=10$，$I_2=-200<0$，$I_3=4000\neq 0$，双曲线，$\dfrac{x^2}{2}-y^2=1$.

24. (1) $xy-x-4=0$；(2) $2x^2-xy-3y^2-5x+7=0$.

25. $6x^2+3xy-y^2+2x-y=0$.

26. $I_1=2\lambda$，$I_2=\lambda^2-1$，$I_3=5\lambda^2-2\lambda-3$，$K_1=5(\lambda+\lambda)-(1+1)=10\lambda-2$.

(1) $\lambda>1$ 时，椭圆型曲线，无轨迹；

(2) $\lambda<-1$ 时，椭圆型曲线，椭圆；

(3) $\lambda=1$ 时，抛物型曲线，无轨迹；

(4) $\lambda=-1$ 时，抛物型曲线，抛物线；

(5) $-1<\lambda<-\dfrac{3}{5}$ 或 $-\dfrac{3}{5}<\lambda<1$ 时，双曲型曲线，双曲线；

(6) $\lambda=-\dfrac{3}{5}$ 时，双曲型曲线，两条相交直线.

27. 提示：由于 $I_2<0$，$I_3\neq 0$，因此它表示一条双曲线. 中心 $(x_0,y_0)=(0,0)$；$\Phi(X,Y)=ABX^2-(A^2-B^2)XY-ABY^2=0$，所以渐近方向 $X:Y=A:B$ 或 $X:Y=-B:A$.

28. 提示：(x_0,y_0)为曲线的中心，满足方程$\begin{cases}a_{11}x_0+a_{12}y_0+b_1=0,\\a_{12}x_0+a_{22}y_0+b_2=0.\end{cases}$

29. 提示：(1) $I_2=1>0, I_3=-1\neq0$，且 $I_1=A_1^2+A_2^2+B_1^2+B_2^2>0$，与 I_3 异号；

(2) 令$\begin{cases}x'=A_1x+B_1y+C_1,\\y'=A_2x+B_2y+C_2,\end{cases}$方程化为标准形式：$x'^2+y'^2=1$.

30. 提示：(必要性) 由 $I_1^2=4I_2$，$I_1I_3<0$，有 $I_3\neq0, I_1\neq0, I_2>0$，原方程确定一个椭圆. 特征方程为$\lambda^2-I_1\lambda+I_2=0, \Delta=I_1^2-4I_2=0$，所以特征方程有两个相等实根，即椭圆长轴长和短轴长相等.

(充分性) 方程 $a_{11}x^2+2a_{12}xy+a_{22}y^2+2b_1x+2b_2y+c=0$ 确定一个圆，首先它是一个椭圆，所以 $I_2>0$，$I_3\neq0, I_1I_3<0$.长半轴和短半轴相等，特征方程 $\lambda^2-I_1\lambda+I_2=0$ 有两个相等特征根，所以 $\Delta=I_1^2-4I_2=0$.

31. 提示：方程表示两条平行直线，所以 $I_2=0$，$I_3=0, K_1<0$，简化方程为 $I_1y^2+\frac{K_1}{I_1}=0$，两条直线的方程为 $y=\sqrt{\frac{-K_1}{I_1^2}}$ 与 $y=-\sqrt{\frac{-K_1}{I_1^2}}$.

32. $x^2+y^2+xy+2x+y-2=0$.

33. 提示 1：简化方程为 $y'^2-\frac{468}{169}=0$.

提示 2：原方程表示两条平行直线 $2x-3y+11=0, 2x-3y-1=0$.

第 5 章测验题

一、填空题

1. 移轴变换，转轴变换.

2. $\lambda_1x^2+\lambda_2y^2+\frac{I_3}{I_2}=0$，$I_1y^2\pm2\sqrt{-\frac{I_3}{I_1}}x=0$，$I_1y^2+\frac{K_1}{I_1}=0$.

3. $I_2>0, I_2<0, I_2=0$.

4. $0\leqslant\theta\leqslant\pi$，$\cot 2\theta=\frac{a_{11}-a_{22}}{2a_{12}}$.

5. $a_{11}+a_{22}$，$\begin{vmatrix}a_{11}&a_{12}\\a_{12}&a_{22}\end{vmatrix}$，$\begin{vmatrix}a_{11}&a_{12}&a_{13}\\a_{12}&a_{22}&a_{23}\\a_{13}&a_{23}&a_{33}\end{vmatrix}$，$\begin{vmatrix}a_{11}&a_{13}\\a_{13}&a_{33}\end{vmatrix}+\begin{vmatrix}a_{22}&a_{23}\\a_{23}&a_{33}\end{vmatrix}$.

6. $\begin{cases}F_1(x_0,y_0)=0,\\F_2(x_0,y_0)=0.\end{cases}$

二、判断题

1. × 2. √ 3. √ 4. √ 5. × 6. √ 7. √ 8. × 9. √ 10. ×

三、计算题

1. $\frac{x''^2}{2}+\frac{y''^2}{12}=1$，坐标变换公式为$\begin{cases}x=\frac{1}{\sqrt{10}}(3x''-y''),\\ y=\frac{1}{\sqrt{10}}(x''+3y'')+2,\end{cases}$ 图形略.

2. $I_1=a_{11}+a_{22}=-1$，$I_2=a_{11}a_{22}-a_{12}^2<0, I_3=0$，方程可以分解为$(x-y-4)(x+2y-7)=0$.因此,方程的图形是两条相交的直线.

3. $\lambda=4$.

4. $x+2y+1=0$，$x+4y-3=0$.

四、证明题

1. 提示:二次曲线方程中，a_{11}, a_{12}, a_{22}中至少有一个不为 0,且 $I_1=a_{11}+a_{22}=0$.

2. 提示:坐标变换公式为$\begin{cases}x=x'\cos\theta-y'\sin\theta,\\ y=x'\sin\theta+y'\cos\theta;\end{cases}$

$a'^2_{13}+a'^2_{23}=(a_{13}\cos\theta+a_{23}\sin\theta)^2+(-a_{13}\sin\theta+a_{23}\cos\theta)^2=a_{13}^2+a_{23}^2$.

3. 提示：(1) 线心曲线 $\Leftrightarrow\begin{cases}a_{11}x_0+a_{12}y_0+a_{13}=0,\\ a_{12}x_0+a_{22}y_0+a_{23}=0\end{cases}$为同解方程$\Leftrightarrow\frac{a_{11}}{a_{12}}=\frac{a_{12}}{a_{22}}=\frac{a_{13}}{a_{23}}$，$I_2=I_3=0$.

(2) 无心曲线$\Leftrightarrow$方程$\begin{cases}a_{11}x_0+a_{12}y_0+a_{13}=0,\\ a_{12}x_0+a_{22}y_0+a_{23}=0\end{cases}$无解$\Leftrightarrow\frac{a_{11}}{a_{12}}=\frac{a_{12}}{a_{22}}\neq\frac{a_{13}}{a_{23}}\Leftrightarrow I_2=0, I_3\neq 0$.

第 6 章练习题

1. $\begin{cases}x=x'+2,\\ y=y'+2,\\ z=z'-1.\end{cases}$

2. $\begin{cases}x=x'\cos\theta-y'\sin\theta,\\ y=x'\sin\theta+y'\cos\theta,\\ z=z'.\end{cases}$

3. (1) $x'^2+y'^2+2z'^2=1$； (2) $x'^2+y'^2-z'^2=1$；
   (3) $x'^2+y'^2+z'^2=49$； (4) $x'^2+y'^2+2z'^2=0$.

4. $\boldsymbol{A}=\begin{bmatrix}36 & 18 & 12 & 0\\ 18 & 9 & 6 & 0\\ 12 & 6 & 4 & 0\\ 0 & 0 & 0 & -49\end{bmatrix}$，$I_1=49, I_2=I_3=I_4=K_2=0, K_1=-2401$.

5. $(1,1,-1)$.

6. 椭球面的中心.

7. (1) $6x'^2+3y'^2-2z'^2+6=0$； (2) $3x'^2+2y'^2+z'^2-1=0$；
   (3) $3x'^2+2y'^2=0$； (4) $x'^2-2y'=0$；

(5) $2x'^2-3y'^2+2z'=0$.

8. $\lambda=9,-9,0$.

9. (1) 单叶双曲面,$x^2+y^2-2z^2=2a^2$;　(2) 两个相交平面,$x^2-y^2=0$;

(3) 双叶双曲面,$\frac{x^2}{\frac{3}{5}}-\frac{y^2}{3}-\frac{z^2}{3}=1$;　(4) 二次锥面,$\frac{x^2}{\frac{1}{2}}-y^2-z^2=0$;

(5) 椭圆抛物面,$\frac{x^2}{1}+\frac{y^2}{\frac{1}{2}}=2z$.

10. $I_3\neq0, I_4=0$.所以 $I_4=4a^2+b^2-4ab-2a-4b+4=0$.

11. 当 $-\infty<m<-1$ 时为椭球面;当 $m=-1$ 时为圆柱面;当 $-1<m<\frac{1}{2}$ 时为单叶双曲面;当 $m=\frac{1}{2}$ 时为二次锥面;当 $\frac{1}{2}<m<1$ 时为双叶双曲面;当 $m>1$ 时为椭球面.

12. (1) $I_3=I_4=0, I_1^2=4I_2$;

(2) $I_4=0, I_1I_3$ 或 $I_2\leqslant0$ 且有两个特征根相等;

(3) $I_4<0, 3I_2=I_1^2, 27I_3=I_2^2$.

13. (1) $1:(-1):0$, $1:1:0$, $0:0:1$; $x-y+1=0$, $x+y-1=0$, $5z+2=0$;

(2) $1:(-1):0$, $1:1:(-1)$, $1:1:2$; $2x-2y+3=0$.

14. $-x'^2+3y'^2=2$.

15. 提示:利用主方向方程组.

16. $4(x+y+z)^2-3(2x-y-z)^2+(y-z+1)^2=1$.

第 6 章测验题

一、填空题

1. $F(x_0,y_0,z_0)$.　2. 转轴.　3. 5,17.　4. $-\lambda^3+I_1\lambda^2-I_2\lambda+I_3=0$.

5. $XF_1(x,y,z)+YF_2(x,y,z)+ZF_3(x,y,z)=0$.

二、判断题

1. ✓　2. ✓　3. ×　4. ×　5. ×

三、计算题

1. (1) $\frac{x'^2}{4}+\frac{y'^2}{2}=z'$;　(2) $-\frac{x'^2}{3}+\frac{2}{3}z'^2=y'$.

2. $\begin{cases} x=x'\cos\varphi+z'\sin\varphi, \\ y=y', \\ z=-x'\sin\varphi+z'\cos\varphi. \end{cases}$

3. (1) $2x'^2+5y'^2+8z'^2-32=0$;　(2) $3x'^2+6y'^2-6=0$.

4. $\begin{cases} x=\frac{1}{\sqrt{2}}(x'-y'), \\ y=\frac{1}{\sqrt{2}}(x'+y'), \\ z=z'. \end{cases}$ 曲面方程 $z'=\frac{a}{2}x'^2-\frac{a}{2}y'^2$,双曲抛物面.

5. 特征根 $\lambda_1=0,\lambda_2=3,\lambda_3=4$. λ_1 无对应的主径面；λ_2 对应的主径面为 $x-y+z-1=0$；λ_3 对应的主径面为 $x-z=0$.

四、证明题

1. 提示：利用移轴公式和转轴公式，证明 I_1 在移轴变换和转轴变换下不变.

2. 提示：利用圆柱面的简化方程，以及特征方程 $-\lambda^3+I_1\lambda^2-I_2\lambda=0$ 有两个相同的根.